石灰石—石膏湿法烟气脱硫优化运行

禾志强　祁利明　周　鹏
赵丽萍　孙丙新　王福斌　编著

中国电力出版社
CHINA ELECTRIC POWER PRESS

内 容 提 要

本书以石灰石—石膏湿法烟气脱硫优化运行为核心，全面详细地阐述了湿法烟气脱硫优化运行的各种途径和方式，包括湿法烟气脱硫的运行调整、故障诊断处理、设计优化和运行优化。运行调整主要围绕参数调整和系统控制展开，讲述了湿法脱硫的主要运行控制方式；故障诊断处理以脱硫系统最为常见的故障类型为对象，阐述了故障出现的原因、相应的处理方法及预防措施；设计优化从系统设计和设备选型两个方面进行了探讨，力求从根源上保证脱硫系统的优良性；优化运行则以系统运行经济性和可靠性为衡量标准，说明了湿法烟气脱硫优化运行的思路和方案，并结合实际优化运行案例，详尽讨论了优化运行的实际价值和实施措施。书中还介绍了国内外现有的烟气脱硫技术及其特点和应用情况。

本书理论联系实际，实际工程数据和案例丰富，可供从事湿法烟气脱硫设计、设备选型、运行、维护、生产服务、科研、教学等相关专业人员参考使用。

图书在版编目（CIP）数据

石灰石—石膏湿法烟气脱硫优化运行/禾志强等编著．—北京：中国电力出版社，2011.11（2018.6重印）

ISBN 978-7-5123-2327-8

Ⅰ.①石…　Ⅱ.①禾…　Ⅲ.①湿法—烟气脱硫—工艺优化　Ⅳ.①X701.3

中国版本图书馆CIP数据核字（2011）第229737号

中国电力出版社出版、发行

（北京市东城区北京站西街19号　100005　http://www.cepp.sgcc.com.cn）

航远印刷有限公司印刷

各地新华书店经售

*

2011年11月第一版　2018年6月北京第三次印刷

787毫米×1092毫米　16开本　16印张　372千字

印数4001—5000册　定价 **42.00** 元

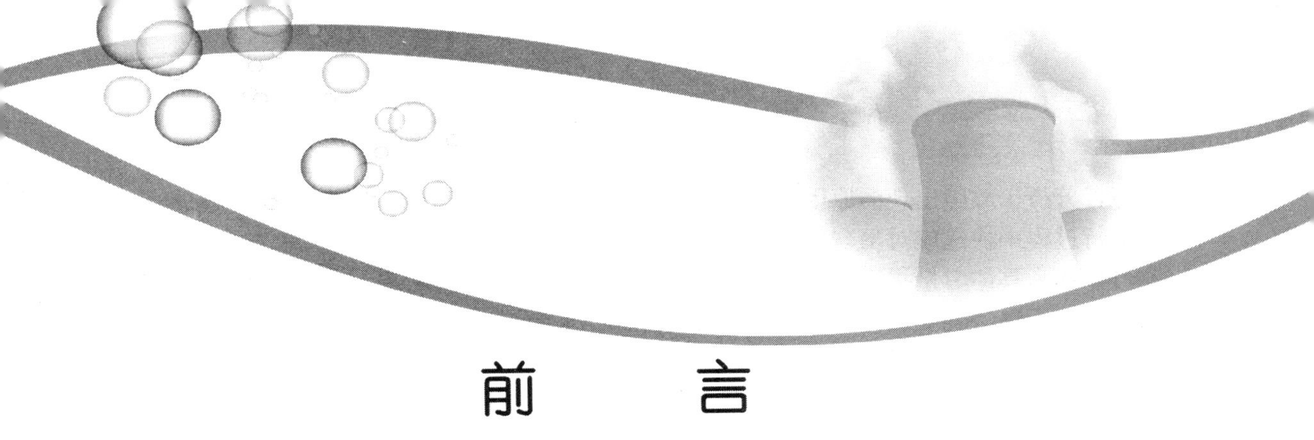

前　　言

我国煤产量居世界第一位，2010年产煤33亿t，预计到2015年，我国煤炭需求可能达到38亿t。煤在我国的一次能源中占68.7%。在今后较长的一段时间内，电力工业以煤炭为主的能源结构不会改变。火电厂以煤作为主要燃料进行发电，煤燃烧后释放出大量的SO_2，造成大气环境污染。随着装机容量的递增，SO_2的排放量也在不断增加。《2010年中国环境公报》指出，2010年我国浓度达到或优于二级标准的城市占94.9%。113个环境保护重点城市空气质量有所提高，空气质量达到一级标准的城市占0.9%，达到二级标准的占72.6%，达到三级标准的占25.6%，劣于三级标准的占0.9%。监测的494个市（县）中，出现酸雨的市（县）有249个，占50.4%；酸雨发生频率在25%以上的有160个，占32.4%；酸雨发生频率在75%以上的有54个，占11.0%。2010年，我国二氧化硫排放量为2185.1万t，比2009年下降了1.3%，其中，工业二氧化硫排放量为1864.4万t，占二氧化硫排放总量的85.32%，比2009年增加了1.05%。火电厂燃煤是工业二氧化硫排放的主要来源，我国电力工业面临的烟气治理形势严峻。

烟气脱硫是控制火电厂SO_2排放的有效手段，目前我国火电燃煤机组多已装设烟气脱硫装置。迄今为止，国内外已开发出了数百种烟气脱硫技术，其中石灰石—石膏湿法烟气脱硫技术最为成熟，占世界已投运烟气脱硫系统的85%左右，我国的200MW以上机组，除以煤矸石等为燃料的能源综合利用型发电机组采用循环流化床脱硫技术外，其他机组多采用石灰石—石膏湿法烟气脱硫技术，该技术也是目前国内脱硫专业人员研究的重点领域。

脱硫系统是火电厂的能耗大户，用电量约占厂用电率的1%～2%，此外，石灰石、工艺水、压缩空气、蒸汽消耗也相当大，而由于系统故障停运及相关运行参数不达标带来的检修费用、排污费用大幅增加，无疑更加重了脱硫运行的负担，因此，随着湿法脱硫技术在火电行业的广泛应用，如何通过优化运行手段，提高脱硫系统运行的经济性和可靠性就成了具有很强实际应用价值的研究课题。本书正是基于上述原因，以湿法烟气脱硫为研究对象，结合具体的工程实例，在参阅大量文献资料并进行相关试验研究的基础上编写而成。

全书共分六章。第一章介绍了目前国内外主要应用的烟气脱硫技术，并对其技术特点及使用情况进行了比较。第二章详细介绍了石灰石—石膏湿法烟气脱硫技术，包括系统组成、主要运行参数和运行调整方式。第三章从优化设计角度讨论了湿法脱硫系统的工艺选择、系统布局和设备选型等内容，将脱硫系统优化的理念提前到设计阶段，从根源上保证了脱硫系统的优良性。第四章主要探讨了湿法烟气脱硫系统运行过程中常见的故障，分析了故障出现的原因，并提出了相应的处理办法和预防措施，为运行人员在实际运行过程中快速应对出现的事故、采取正确的处理手段提供了指导。第五章以经济性和可靠性为具体考量指标，详细阐述了脱硫系统优化运行的思路、方案，并结合工程案例，指明了湿法脱硫优化运行的具体实施办法。第六章介绍了湿法烟气脱硫日常化学监督项目、监督方法。

本书在编写过程中，得到了内蒙古电力（集团）有限责任公司、北方联合电力有限责任公司相关领导，内蒙古电力科学研究院领导、内蒙古电力科学研究院环保所各位同事的大力支持和帮助；达拉特发电厂相关领导和运行人员在脱硫优化运行试验中给予了大力支持和协助；内蒙古电力科学研究院的赵全中、沈建军、李浩杰、吴宇、李昂、郝素华等同志参与了达拉特发电厂 8 号机组脱硫系统优化运行试验，为本书的编写提供了翔实的现场素材，在此对他们表示真挚的谢意！

除了书中所列的参考文献外，作者在编写书稿过程中还参阅了许多近年来我国电力、环保、化工等专家及行业技术人员撰写的总结、文献和资料，恕难一一详列，在此一并向各位专家、同仁致谢！

限于作者水平，书中难免存在疏漏与不足之处，恳请读者谅解并批评指正！

编著者

2011 年 10 月

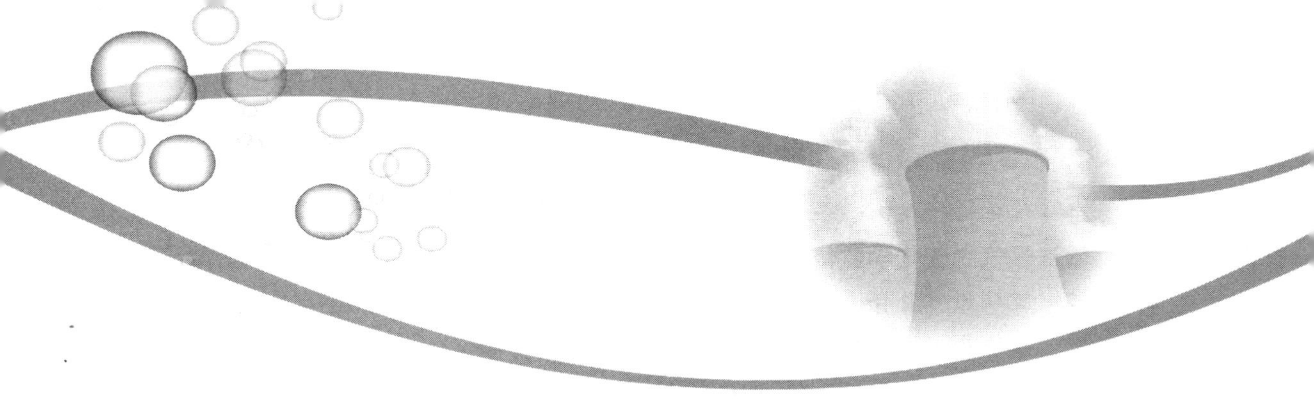

目　录

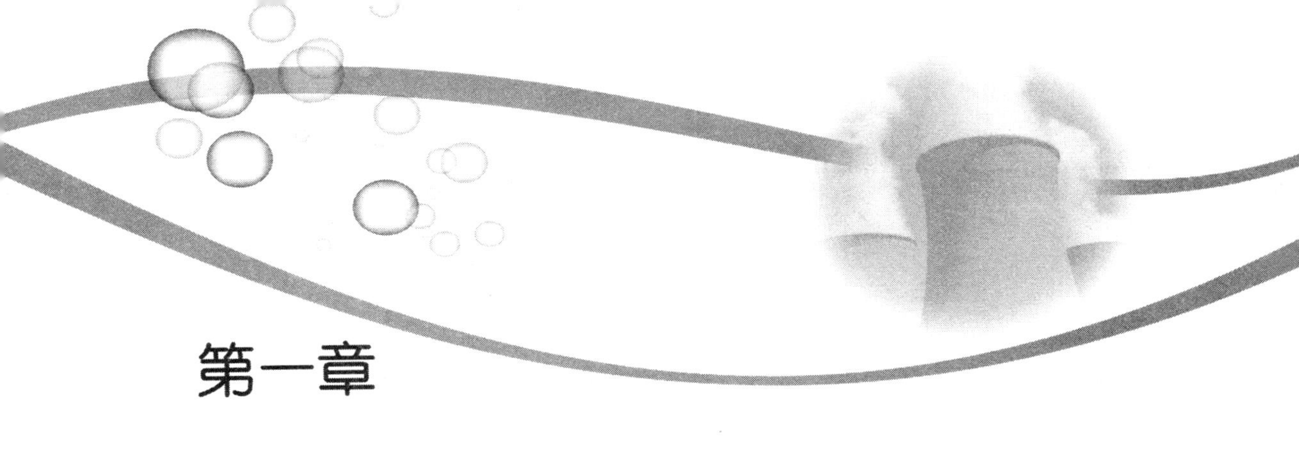

第一章

烟气脱硫技术概述

第一节　烟气脱硫技术分类

烟气脱硫（Flue Gas Desulfurization，FGD）是世界上唯一大规模商业化应用的脱硫方法，是控制酸雨和二氧化硫污染的最有效和主要的技术手段。

目前，各国对烟气脱硫都非常重视，已开发了数十种行之有效的脱硫技术，但是，其基本原理都是以一种碱性物质作为 SO_2 的吸收剂，即脱硫剂。按脱硫剂的种类划分，烟气脱硫技术可分为如下几种方法：

（1）以 $CaCO_3$（石灰石）为基础的钙法；

（2）以 MgO 为基础的镁法；

（3）以 Na_2SO_3 为基础的钠法；

（4）以 NH_3 为基础的氨法；

（5）以有机碱为基础的有机碱法。

世界上普遍使用的商业化脱硫技术是钙法，所占比例在 90%以上。

烟气脱硫装置相对占有率最大的国家是日本。日本的燃煤和燃油锅炉基本上都装有烟气脱硫装置。众所周知，日本的煤资源和石油资源都很缺乏，也没有石膏资源，而其石灰石资源却极为丰富，因此，FGD 的石膏产品在日本得到了广泛的应用。这便是钙法在日本得到广泛应用的原因。其他发达国家的火电厂锅炉烟气脱硫技术多数是由日本技术商提供的。

在美国，镁法和钠法得到了较深入的研究，但实践证明它们都不如钙法。

在我国，氨法具有很好的发展土壤。我国是一个粮食大国，也是化肥大国。氮肥以合成氨计，我国的需求量目前达到 33Mt/a，其中近 45%是由小型氮肥厂生产的，同时这些小型氮肥厂的分布很广，每个县基本都有氮肥厂。因此，每个电厂在周围 100km 内，都能找到可以提供合成氨的氮肥厂，SO_2 吸收剂的供应很丰富。更有意义的是，氨法的产品本身就是化肥，具有很好的应用价值。

在电力行业，尤其是脱硫行业，还有两种分类方法：一种方法是将脱硫技术根据脱硫过程是否有水参与及脱硫产物的干湿状态分为湿法、干法和半干（半湿）法；另一种分类方法是以脱硫产物的用途为根据，分为抛弃法和回收法。在我国，抛弃法多指钙法，回收法多指氨法。

第二节 湿法烟气脱硫技术

湿法烟气脱硫（Wet Flue Gas Desulfurization，WFGD）是世界上大规模商业化应用的脱硫方法之一，湿法烟气脱硫成为控制酸雨和SO_2污染最有效和主要的技术手段。

湿法脱硫工艺应用最多，占脱硫总装机容量的85%。其中占主导地位的石灰石—石膏法是目前技术上最成熟、实用业绩最多、运行状况最稳定的脱硫工艺，已有近30年的运行经验，其脱硫效率在90%以上，副产品石膏可回收利用也可抛弃处置。20世纪70年代末，石灰石—石膏法FGD技术在美国、德国和英国基本过关，开始大规模推向市场，到80年代中期，这些国家的FGD市场渐趋饱和。各供应商在完成项目的过程中不断积累经验，形成了各自的特点，但从总体上看，还是大同小异，共性大于个性。值得一提的是，德国的SHU公司（黑尔环境工程公司）的工艺，在吸收剂石灰石浆液中加入少量甲酸（HCOOH，即蚁酸），效果很好；脱硫反应中间生成物不是难溶的$CaSO_3$而是易溶的$Ca(HSO_3)_2$，避免了一般石灰石/石灰—石膏法操作不当时出现$CaSO_3$结垢和堵塞现象；石灰石的溶解度增加80～1000倍，可使液气比减少25%～75%。据称，美国环保局评估后认为SHU石灰石—石膏法是脱硫效果最好且最经济的一种工艺。此外，日本千代田公司的CT-121法也颇有特点，其核心是JBR射流沸腾反应器，烟气沸腾状通过浆液发生反应，该工艺省去了再循环泵、雾化喷嘴、氧化槽和浓缩装置等，使投资及运行费用大为降低，运行稳定可靠，为湿法烟气脱硫注入了活力。

此外，常见的湿法脱硫工艺还有海水法、氨法、双碱法、氢氧化镁和氧化镁法、氢氧化钠法、WELLMAN-LORD（威尔曼－洛德法）等。

一、石灰石—石膏法

目前，国内外大型燃煤发电厂使用较多的脱硫工艺就是石灰石湿法烟气脱硫，这种脱硫系统是利用石灰石（$CaCO_3$）作为吸收剂，吸收并除去烟气中的二氧化硫，生成副产品石膏（$CaSO_4 \cdot 2H_2O$）。整个工艺过程如下：锅炉排出的烟气经过除尘→引风机→脱硫增压风机加压→热交换器→吸收塔，烟气逆流而上与吸收塔上部喷淋下来的石灰石浆液进行充分的气液接触，反应生成亚硫酸（$CaSO_3$），流入吸收塔的氧化槽中，通过向氧化槽通入空气，使$CaSO_3$强制氧化生成石膏，然后对湿石膏作脱水处理后生成固态石膏。若石膏的纯净度和洁白度符合要求则可作为建材综合利用，否则则与炉渣一并废弃处理。洗涤净化后的烟气从吸收塔顶部通过除雾器除去雾滴而引出到热交换器并升温至约85℃后经烟道、烟囱排入大气。

石灰石—石膏法烟气脱硫工艺是一套非常完善的系统，它包括烟气换热系统、吸收塔脱硫系统、脱硫剂浆液制备系统、石膏脱水系统和废水处理系统。系统非常完善和相对复杂也是湿法脱硫工艺一次性投资相对较高的原因，上述脱硫系统的四大分系统，只有吸收塔脱硫系统和脱硫剂浆液制备系统是脱硫必不可少的；而烟气换热系统、石膏脱水系统和废水处理系统则可根据各个工程的具体情况简化或取消。典型的石灰石—石膏法烟气脱硫工艺流程如图1-1所示。

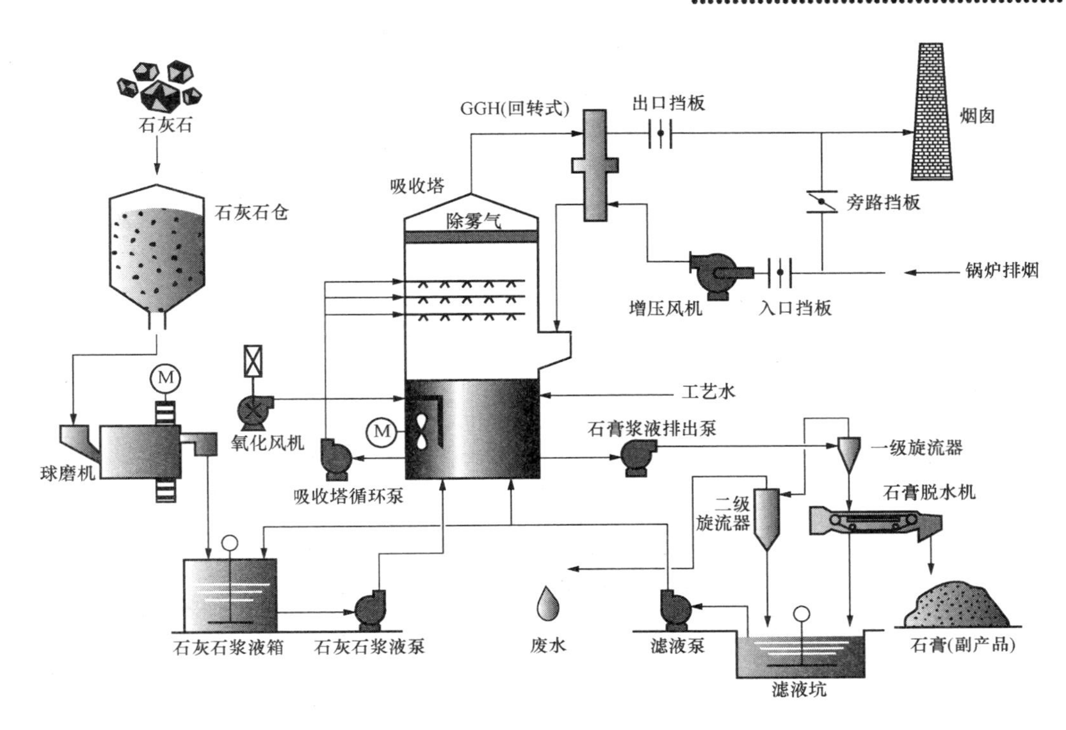

图 1-1　石灰石—石膏法烟气脱硫工艺流程

脱硫反应过程主要如下：

$$吸收:SO_2 + H_2O \rightarrow H_2SO_3 \rightarrow H^+ + HSO_3^- \rightarrow 2H^+ + SO_3^{2-} \quad (1-1)$$

$$溶解:CaCO_3 + H^+ \rightarrow Ca^{2+} + HCO_3^- \quad (1-2)$$

$$中和:HCO_3^- + H^+ \rightarrow CO_2 + H_2O \quad (1-3)$$

$$氧化:HSO_3^- + 1/2O_2 \rightarrow SO_4^{2-} + H^+ \quad (1-4)$$

$$SO_3^{2-} + 1/2O_2 \rightarrow SO_4^{2-} \quad (1-5)$$

$$结晶:Ca^{2+} + SO_3^{2-} + 1/2H_2O \rightarrow CaSO_3 \cdot 1/2H_2O \quad (1-6)$$

$$Ca^{2+} + SO_4^{2-} + 2H_2O \rightarrow CaSO_4 \cdot 2H_2O \quad (1-7)$$

该工艺运行可靠性高，脱硫效率高，能够适应大容量机组、高浓度 SO_2 含量的烟气条件，工业应用中脱硫效率可达 95%以上，同时吸收剂价廉、易得且可利用率高，副产品石膏具有综合利用的商业价值；但一次性投资费用高，工艺运行中需消耗大量的水，且容易造成结垢堵塞，添加添加剂能防止结垢，但却增加成本。石膏若销路不好，会造成固体排放物的堆积问题，造成二次污染。为解决上述工艺缺点，各国不断致力于对石灰石—石膏法进行有效改进，取得了一定的成果。

二、千代田公司 CT-121 脱硫工艺

千代田化工自行开发的 CT-121 脱硫工艺是一种先进的湿式石灰石法脱硫工艺。该工艺尤其对高硫煤、燃油产生的烟气显示出了优越的性能。该工艺能够达到 95%以上稳定连续的脱硫率、最低 $10mg/m^3$（标准）以下的粉尘排放率及优异的可靠性和实用性。

1971 年，千代田开发出了第一个脱硫工艺 CT-101，并建成了 13 个商业装置。千代田化工继续改进和发展这项技术，于 1976 年开发出了更为先进的 CT-121 工艺。这项先进的技术将 SO_2 的吸收、氧化、中和、结晶及除尘等工艺过程合并到一个单独的气—液—固相反应器中进行，该反应器就是鼓泡式吸收塔（JBR）。

鼓泡塔技术在世界范围内获得了广泛应用，目前有 30 多个 CT-121 脱硫工艺商业装置的投入运行。鼓泡塔技术目前已应用于单机装机容量最大为 1000MW 的脱硫装置中。

CT-121 的烟气脱硫工艺流程如图 1-2 所示。

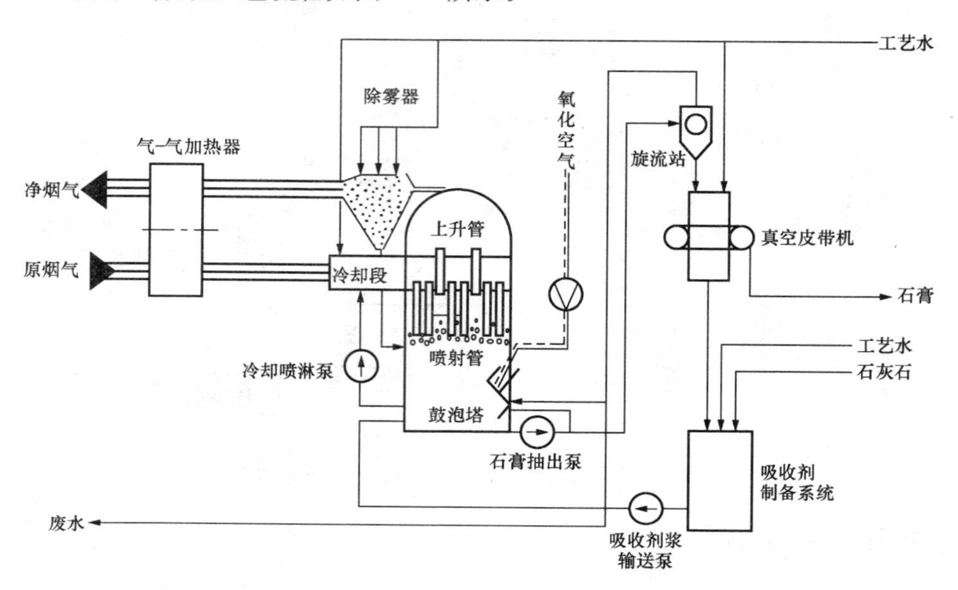

图 1-2　鼓泡塔基本构造

鼓泡塔提供了高效的气—液接触方式，可以在稳定和可靠的基础上高效地脱除 SO_2 和粉尘。通过鼓泡装置，烟气均匀地扩散到浆液中，使得 JBR 达到了很高的性能。首先，烟气进入烟气冷却烟道，通过烟气冷却泵（浆液），辅以补充水和滤液被冷却到饱和状态。然后，烟气通过浸没在浆液液面以下的许多喷射管喷射到浆液中，并产生一个气泡层，这个气泡层促进了烟气中 SO_2 的吸收。此外，JBR 在设计上将酸性物质的中和、亚硫酸氧化生成石膏及石膏的结晶等几个过程同时在鼓泡塔中完成。最后，处理后的净烟气通过除雾器除去携带的液滴，然后经 GGH 升温后排入烟囱。

（一）工艺说明

CT-121 是世界上第一个应用 LSFO（石灰石湿法强制氧化）工艺的烟气脱硫装置。当今，许多石灰石湿法脱硫工艺改进为 LSFO 工艺，但是基于鼓泡原理的 CT-121 工艺仍是最先进的脱硫工艺。

保证 CT-121 工艺高性能的机理非常简单，但它从根本上改变了湿法烟气脱硫的设计理念。在传统的湿法烟气脱硫中，烟气是连续相，液态吸收剂通过喷淋扩散到烟气或通过塔内的填料或塔盘与烟气接触。这种方式会导致脱硫率的边际效应，致使传质过程和化学反应动力弱化，从而引起运行过程中的结垢和堵塞。

CT-121 工艺正好与传统的概念相反。在其设计中，液相吸收剂是连续相，而烟气是离

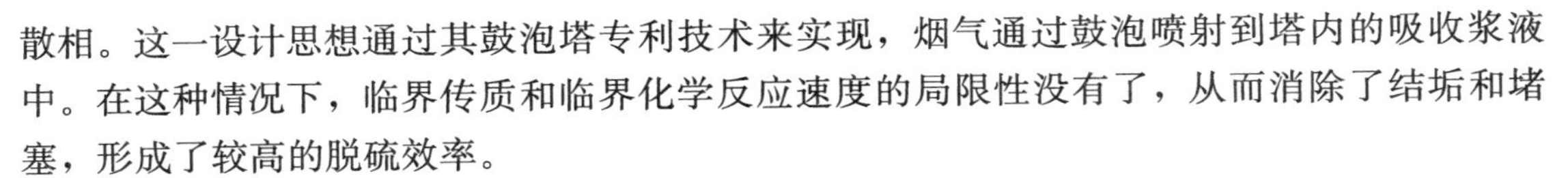

散相。这一设计思想通过其鼓泡塔专利技术来实现，烟气通过鼓泡喷射到塔内的吸收浆液中。在这种情况下，临界传质和临界化学反应速度的局限性没有了，从而消除了结垢和堵塞，形成了较高的脱硫效率。

（二）鼓泡式吸收塔

鼓泡塔是 CT-121 工艺的核心，烟气通过喷射管均匀分布到 JBR 的浆液中。按化学方法推算，当气泡上升通过鼓泡层时，JBR 产生多级的传质过程，由于气—液的多级接触和庞大的接触面积（是通常喷淋工艺的数十倍），传质速率很高。原烟气进入由上下隔板形成的封闭容器中。喷管安装在下隔板上，将原烟气导入吸收塔的浆液区。烟气自浆液中鼓泡上升，流经贯通上下隔板的上升管。由于烟速很低，烟气中携带的液滴在上层隔板的空间被沉降分离，处理后的净烟气流出吸收塔，通过除雾器除去剩余携带的液滴，后经 GGH 升温后排入烟囱。

鼓泡塔中浆液分鼓泡区和反应区两个区。SO_2 的吸收、亚硫酸氧化成硫酸、硫酸中和生成石膏、石膏的结晶反应在鼓泡塔中同时完成。

1. 鼓泡区

鼓泡区是一个由大量不断形成和破碎的气泡组成的连续气泡层，原烟气流经喷射管进入浆液内部产生气泡，从而形成气泡层，如图 1 - 3 所示。

在鼓泡区形成了很大的气—液接触区，在这个区域中，烟气中的 SO_2 溶解在气泡表面的液膜中。烟气中的飞灰也在接触液膜后被除去。气泡的直径为 3～20mm（在这样大小的气泡中存在小液滴）不等。大量的气泡产生了巨大的接触面积，使 JBR 成为一个非常高效的多级气—液接触器。

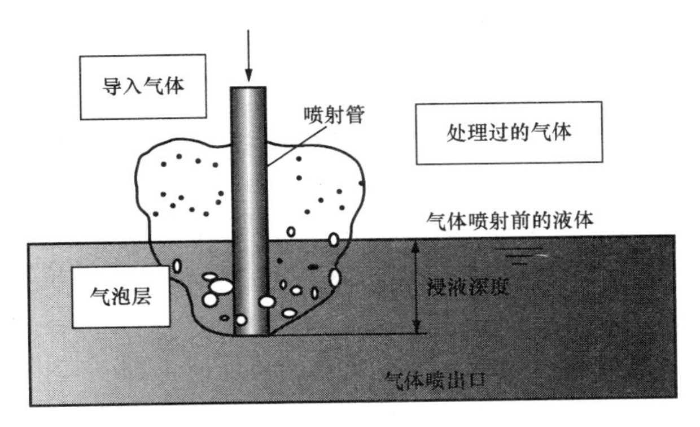

图 1 - 3　鼓泡塔向液体内喷射气体的原理

鼓泡区气泡大量并迅速地不断生成和破裂使气—液接触能力进一步加强，从而不断产生新的接触面积，同时将反应物由鼓泡区传递至反应区，并使新鲜的吸收剂与烟气接触。脱硫率取决于喷射管的浸没深度和浆液的 pH 值。在燃煤、$S_{t,ar}=1\%$、正常的 pH 定值、浸液深度通常为 150mm 左右时，脱硫率大于 95%。通过调节从石膏脱水系统返回的液量，可以对浸液深度进行自动调节。

2. 反应区

反应区在鼓泡区以下，石灰石浆液直接补入反应区。鼓泡塔浆池容积在设计上考虑了 15～20h 的浆液滞留时间，为氧化空气在浆液中充分溶解、吸收的亚硫酸氧化成硫酸、石灰石溶解、石灰石与硫酸中和、石膏晶体生成过程提供了充分的反应时间。

JBR 的运行 pH 值设计为 4.5～5.2，这种相对较低的 pH 值使石灰石溶解更加快速彻底。低 pH 值环境下快速和完善的氧化系统是 JBR 成功运行的关键。浆液中鼓入空气并排挤出溶解的CO_2，进一步促进了石灰石的溶解。因而，JBR的浆液成分主要是石膏晶体。通过排出一定的浆液至脱水（和废水处理）系统，使JBR内浆液中固形物浓度保持在10%～25%的范围内。

3. 内部浆液循环

传统的FGD工艺采用的气—液接触方式，通过一系列大流量浆液循环泵和管道将大量的吸收剂提升至喷淋层进行循环，形成一个气—液接触区，从而有了液—气比（L/G）这个概念。而JBR中大直径、低转速的搅拌器与喷入的氧化空气形成的搅动，一起为鼓泡区和反应区吸收剂的交换提供了循环动力。所有的浆液循环都是在浆池内部的循环，不需要外部的循环泵和管道。因此，在CT-121工艺中，L/G这个参数已没有实际意义。JBR的内部循环速度相当于浆液的流动速度，为0.1～0.3m/s。在JBR底部，液体由中心向外侧流动，并沿筒壁垂直上升，至JBR浆液层顶部以后，液体由外侧向中心流动，并沿搅拌器轴向下降，形成了一个对流循环过程。

（三）化学过程特点

尽管CT-121工艺与传统的湿式石灰式工艺的化学反应大致相似，但化学反应的机理是不同的。两者之间最大的不同在于运行中的pH值。

工艺的低pH值增强了石灰石的溶解和亚硫酸的氧化，提高了石灰石的利用率。当pH值在4.5～5.3的范围内时，石灰石的溶解非常迅速和完全，JBR的浆液中基本不存在固态的碳酸钙。JBR的低pH值和较长的滞留时间，使石灰石的利用率在98%～100%的范围内。此外，在低pH值下，由于氢离子（H^+）和亚硫酸根离子（HSO_3^-）的浓度增大，氧化速度也大大加快。

JBR中，氧化过程与SO_2的吸收过程在同一区域内进行，因而提高了SO_2的传质速率，这种快速的氧化过程保证了液体中SO_2处于低浓度状态，使得在低pH值的条件下，有更多的气态SO_2被吸收。

式（1-8）是CT-121工艺的总反应，即

$$SO_2 + CaCO_3 + 1/2O_2 + 2H_2O \rightarrow CaSO_4 \cdot 2H_2O + CO_2 \tag{1-8}$$

1. 鼓泡区的化学反应

在JBR中同时发生五种反应过程（吸收、氧化、中和、石灰石溶解和结晶），反应最初发生于鼓泡区并在泡沫区下部的反应区里完成。首先，SO_2被气泡表面的液体吸收并溶解于水中，反应式为

$$SO_2(g) \rightarrow SO_2(aq) \tag{1-9}$$

然后，溶解的SO_2与水反应生成亚硫酸，反应式为

$$SO_2(aq) + H_2O \rightarrow H_2SO_3 \tag{1-10}$$

亚硫酸分解为离子，亚硫酸根离子被溶解在液体中的氧气氧化生成硫酸根离子，即

$$H_2SO_3 \rightarrow HSO_3^- + H^+ \tag{1-11}$$

$$HSO_3^- + 1/2O_2(aq) \rightarrow SO_4^{2-} + H^+ \tag{1-12}$$

CT-121工艺的一个重要优点就是部分亚硫酸的氧化发生在鼓泡层。当亚硫酸被氧化以后，它的浓度就会降低，因而促进了SO_2的吸收，石灰石溶解并离解产生钙离子，并与硫

酸根离子发生中和反应生成石膏，反应式为

$$CaCO_3(s) \longleftrightarrow CaCO_3(aq) \tag{1-13}$$

$$CaCO_3(aq) + 2H^+ \longleftrightarrow Ca^{2+} + CO_2 + H_2O \tag{1-14}$$

$$Ca^{2+} + SO_4^{2-} + 2H_2O \rightarrow CaSO_4 \cdot 2H_2O \tag{1-15}$$

在鼓泡区，SO_2 的气相传质过程和 $CaCO_3$ 的离解过程是控制反应速度的主要过程。这两个过程都在 JBR 特有的运行环境下得到强化。同时，SO_2 向液相的传质过程通过鼓泡区的搅动得到增强，碳酸钙的离解由于低 pH 值而得到加强。

2. 反应区的化学反应

反应区为空气中氧气的溶解和石膏晶体的形成提供了足够的液体滞留时间。JBR 中的搅拌器使得反应区中的组分充分混合，以便向鼓泡区输送所需的组分。

由靠近 JBR 底部注入的空气中的氧气溶解过程为

$$O_2(g) \rightarrow O_2(aq) \tag{1-16}$$

在鼓泡区没有被氧化的亚硫酸根在反应区被氧化成硫酸根，反应式为

$$HSO_3^- + 1/2O_2(aq) \rightarrow SO_4^{2-} + H^+ \tag{1-17}$$

亚硫酸根离子的氧化产生了 H^+，使 JBR 内形成了所需的酸性环境，酸性溶液和液体中溶解的碳酸钙促进了中和反应的发生并生成了石膏。反应过程的反应方程式为

$$CaCO_3(s) \longleftrightarrow CaCO_3(aq) \tag{1-18}$$

$$CaCO_3(aq) + 2H^+ \longleftrightarrow Ca^{2+} + CO_2(g) + H_2O \tag{1-19}$$

$$Ca^{2+} + SO_4^{2-} + 2H_2O \rightarrow CaSO_4 \cdot 2H_2O \tag{1-20}$$

$$CaSO_4 \cdot 2H_2O \rightarrow \text{晶体生成} \tag{1-21}$$

O_2 的溶解过程和副产品石膏的结晶过程是控制反应速度的关键过程。

3. 化学需氧量

与其他工艺不同，CT-121 工艺实际上并不需要化学需氧量，这是其非常重要的优点。这就使得 CT-121 FGD 装置产生的废水 COD 很小，可以很容易排放。在低 pH 值的环境下，石灰石的溶解和亚硫酸的氧化过程被强化了，石灰石迅速溶解，基本没有固态碳酸钙存留，这样不仅吸收剂利用率高，而且消除了除雾器中的结垢倾向。在除雾器中，雾滴中携带的石灰石形成的硬垢，是导致除雾器结垢的主要原因。

根据式（1-22），石灰石的溶解速率与 pH 值呈指数增加关系，关系式为

$$R = K[CaCO_3][H^+] \tag{1-22}$$

$$pH = -\log[H^+]$$

因此，pH 值为 4 时的溶解速率比 pH 值为 6 时的溶解速率高 100 倍。低 pH 值和较长的反应滞留时间使得吸收剂的利用率大大提高，长成的石膏结晶粒径大，避免了结垢并使副产品易于脱水。

（四）鼓泡塔的技术优点

（1）SO_2 脱除率高。

1）JBR 压降。CT-121 工艺用石灰石而无须其他的化学添加剂就能将高含硫烟气中的 SO_2 脱除 95%以上。SO_2 的吸收发生在 JBR 中，随着 JBR 浸液深度的增加，脱硫率也会相

应提高。

浸液深度和脱硫率之间的关系是通过对大量的CT-121运行装置的运行数据总结得出的。通过设定正确的浸液深度，CT-121装置能够获得预期的脱硫率。

2）优异的烟气流量分配性能。在任何一个FGD系统中，烟气均匀分配是获得预期脱硫率的关键。在大型FGD吸收塔运行中，影响脱硫率的一个主要的不确定因素就是烟气分配不均匀，喷淋塔中液—气分配不均匀可能会降低循环浆液的利用率。随着吸收塔尺寸的增加，烟气分配不均匀的可能性也会增加。对于鼓泡塔，克服浸液深度产生的压降，使原烟气仓成为一个天然的均压箱，而大压降保证了烟气流量的均匀分配，使得每个喷射管喷出的烟气在很大范围内是等速均匀的，因此鼓泡塔工艺能够确保在15%～100%的负荷范围内运行，而不降低脱硫性能。

JBR具有均匀的气流分布是区别于喷淋塔的重大优点，特别是当需要较高的SO_2脱除率时。

（2）运行可靠、简便。区别于传统工艺的化学特点和传质特点，CT-121工艺可靠性高，并且操作简便。世界上采用CT-121装置的实际运行业绩中，可靠性大于99%。可靠性，不仅是指设备的运行能力，而且也包括根据不同的SO_2排放量依然能够良好运行的工艺能力。此工艺具有固有的化学稳定性和较小的设备容量，使系统很容易获得高可靠性，大大减少了维护工作量和费用。

传统工艺要求溶解的钙类碱性物质来供给脱硫所需的驱动力。这些物质与其他溶解物之间的动态平衡会被阻碍石灰石溶解的氟化铝、抑制pH值的氯化物、气—液流量的不均匀分配三个因素所破坏。平衡被破坏的结果就导致了结垢、SO_2脱除率降低、石灰石消耗量增加和氧化反应不完全。

CT-121工艺由于并不依靠溶解的碱性物质来提高吸收效率，因此可以在低pH值下运行，低pH值带来的重要优点是不易结垢、石灰石利用率高和氧化反应完全。

（3）无结垢。在FGD系统中，当浆液中易结垢物质浓度过饱和结晶失控时，就会发生结垢。在CT-121工艺中，不会出现结垢。

在CT-121工艺中，SO_2被吸收后会立即被就地氧化，不容易生成中间产物亚硫酸钙，而低pH值环境也会很好地抑制结垢的发生。另外，从热力学角度看，从溶液中析出的石膏沉淀到石膏晶体表面的能耗要比沉淀到塔壁上需要的功少。其结果是，结晶过程发生在硫酸钙临界超饱和点以下，这就使得CT-121工艺不会有大的化学结垢发生。上升的气泡不断破碎和再生，气泡层会不断产生新的气液接触面。传统的FGD工艺中的气液接触面是通过喷淋的液滴来提供的，这样则不会生成新的气液接触面，传质条件略差。从吸收液中出来的烟气流速比喷淋塔的要慢，与喷淋式塔或托盘式塔相比，从JBR中被带到除雾器的液滴要少得多。此外，由于进入除雾器的溶和不溶的碱性物质的浓度很低，不会在除雾器中二次吸收SO_2，所以就不会引起化学结垢。因此，JBR工艺中的除雾器冲洗只需除去沉积在除雾器元件上的石膏灰尘。除雾器的冲洗水可采用石膏脱水后的滤液水。

（4）石灰石的利用率高，氧化反应完全。作为SO_2脱除的化学反应之一的石灰石溶解，在CT-121工艺的酸性环境下反应非常迅速；此外，氧化空气将CO_2从溶液中排挤掉，进一步加速了石灰石的溶解。因此，CT-121 工艺中的石灰石利用率非常高。CT-121 JBR 中的低 pH 值环境也有利于亚硫酸根的充分氧化。

相比较而言，在传统的强制氧化 FGD 工艺中亚硫酸的氧化过程需要分两段完成，在喷淋段液滴中的氧未被完全溶解，亚硫酸不能被充分氧化，剩余的 50%需在浆池中完成氧化，而喷淋区不完全氧化容易导致结垢。CT-121 工艺使 SO_2 的吸收和氧化过程在同一区域中进行，在低 pH 值条件下可以确保充分氧化。

传统 FGD 系统在低 pH 值条件下维持高脱硫率是不可靠的，因为随着亚硫酸物的增多，会在溶液中产生一个 SO_2 分压，这个 SO_2 分压会阻止 SO_2 溶于浆液，从而进一步限制 SO_2 脱除率。所以，传统的 FGD 工艺要求在高 pH 值条件下运行，以达到预期的 SO_2 脱除率。而在 CT-121 工艺中不需要强化 SO_2 的吸收和氧化反应就可以把亚硫酸根迅速地氧化成硫酸根，从而大大地减少 SO_2 的分压。另外，低 pH 值会增加浆液中金属离子浓度，对氧化反应起到催化作用。

（5）粉尘排放减少。CT-121 的 JBR 具有高效的粉尘脱除能力。JBR 之所以具有高效的粉尘脱除率，是因为气液接触面积大且接触区烟气滞留时间长。对于 1μm 以下的粉尘，JBR 的脱除率高于传统的喷淋工艺（鼓泡塔 1μm 以下粉尘脱除效率可达 60%，而喷淋塔只能达到 20%）。

此外，鼓泡塔采用一个水平流向的除雾器，具有优异的液滴收集效率。在烟气水平流向除雾器部件时，烟气中夹带的液体就会沿着部件流下，其结果是穿过水平流向除雾器的烟气携带的液滴比穿过垂直流向除雾器的液滴少。烟气携带的液滴少对于湿烟囱的运行也很重要，因为湿烟囱中的烟气含有的液滴减少，可以减少对烟囱的酸性冲刷。GGH 的出口烟温也能相应提高，因为蒸发液滴需要的能量较少。

（6）封闭系统操作可以在高浓度氯离子下高效运行。由于不依靠碱性物质和高 pH 值来强化 SO_2 的吸收，鼓泡塔在高氯化物浓度下可以高效运行，这已在实际运行中得到证实。鼓泡工艺中 SO_2 吸收动力是通过溶液中吸收的 SO_2 的直接氧化和较大的气液接触面积来保证的。

传统的喷淋工艺依靠吸收液有较高的 pH 值来确保吸收动力，而高的 pH 值需要浆液中保持较高的碱性物质浓度。在一个封闭或接近封闭系统的状态下，脱硫工艺会把吸收液从烟气中吸附溶解的氯化物浓缩到很高的浓度。这些溶解的氯化物会产生高浓度的溶解钙，主要是 $CaCl_2$。高浓度的溶解钙离子，会使溶解的碱性物质减少，也就会降低 SO_2 的吸收动力。这是由于“共同离子作用”造成的，在“共同离子作用”下，来自 $CaCl_2$ 的溶解钙就会阻碍石灰石中碳酸钙的溶解。这反过来会引起石灰石溶解率降低，抑制 pH 值，造成 SO_2 吸收能力降低。

在传统的 FGD 系统中，当这些问题发生时，通常的解决方法是增加石灰石补给量或添加有机酸缓冲剂来恢复 SO_2 的吸收率。增加石灰石补给量会增大结垢堵塞倾向，因而应避免采用；而添加有机酸缓冲剂代价昂贵。但是这些问题在鼓泡塔工艺中都不会发生，因为它是在低 pH 值下运行的。

（7）避免石灰石溶解闭塞问题。传统工艺在高 pH 值环境下运行时，溶解的铝和氟化物的浓度过高，会产生氟化铝沉淀物，该沉淀物会把未溶解的石灰石颗粒包裹起来，阻碍石灰石的溶解。在传统的FGD工艺中如果发生这种情况，通常的解决办法是降低铝或氟的带入量或增大它们的放出量。降低铝或氟的带入量可能会涉及改变使用的煤种，这种做法代价昂贵，并不可行；增大它们的放出量会增加装置的水耗量，并会使所需的废水处理系统容量增大，也不可行。

在CT-121工艺中，因为pH值较低，石灰石迅速溶解。在pH值为4.5的典型的CT-121工艺中，与铝浓度的范围很大、pH值为6的典型的传统FGD工艺相比，石灰石的溶解速度要大很多。氟化铝的问题在CT-121工艺中并不会发生。

(8) 石膏脱水简单。CT-121工艺能够生成高质量的副产品石膏，生成高质量石膏的关键是在JBR中滞留的时间要长，从而形成较大的晶体（晶体的尺寸分布在50～100μm范围内）。这使得脱水系统可以简化（省略通常的一级水力旋流站），直接用真空皮带脱水机就能产出含水80%～93%的干石膏。另外，附着在大粒径石膏表面的杂质也容易被冲洗掉。

在CT-121工艺中，因为不需要大型浆液循环泵，搬运浆液带来的结晶破坏被减少到了最低限度。除了产生较大的石膏晶体以外，由于较高的石灰石利用率，进入最终石膏产品中残余的石灰石很少，石膏产品的纯度较高。

三、文丘里吸收塔烟气脱硫技术

文丘里脱硫吸收塔是DUCON EEC公司专有的技术，它是在20世纪60年代的玻璃球层专有技术基础上发展起来的，并于1978年获得美国化工工程的最高级荣誉奖（Top Honors）和威乐奖（Valar Award）。

（一）文丘里脱硫吸收塔技术原理

文丘里脱硫吸收塔的原理为：从电除尘器排出的原烟气，经引风机、增压风机、GGH换热后进入脱硫塔，烟气自下而上流动，与喷淋层喷射向下的石灰石浆液滴经传质、传热并发生化学反应，洗涤SO_2、SO_3、HF、HCl等有害组分。在吸收过程中，自上而下的浆液在高温和高速流动烟气的作用下，浆液表面形成了复杂的物理和化学反应，一方面，浆液表面的水吸收烟气中的SO_2，并在浆液颗粒内产生由外向内的扩散过程，在浆液颗粒内，有一个SO_2的浓度梯度；另一方面，浆液表面的水分逐渐蒸发，表面水分逐渐变少，水分从浆液内部向表面扩散。在浆液液滴的吸收和蒸发过程中，表面的水分逐步减少，表面SO_2的浓度逐步升高。因此，浆液液滴在蒸发和吸收的过程中逐步饱和，吸收过程趋于停止。液滴在下降过程中，液滴相互碰撞，使小液滴变为大液滴，减少了吸收剂的表面积。这个过程的综合结果是在液滴离开喷头的下落过程中，吸收速度逐渐变慢。设置文丘里后，错位布置的文丘里棒形成了无数个文丘里，一方面，由于文丘里减小了烟气在塔中的流通截面，因而提高了烟气通过时的流速，脱硫循环液经喷淋落下，在文丘里棒层与逆流而上的热烟气形成强烈湍流，强烈破碎含石灰石的浆滴，极大地增加了气液相之间的传质、传热表面；另一方面，烟气通过文丘里层时，以“液体包围气体”的鼓泡传质过程，提高了传质效率。

（二）文丘里棒层

DUCON EEC公司与麻省理工大学合作，对吸收过程强化传质进行了研究；与密西西比大学合作，进行了石灰石化学反应的研究，并在实验室和小试验装置上进行了文丘里强化

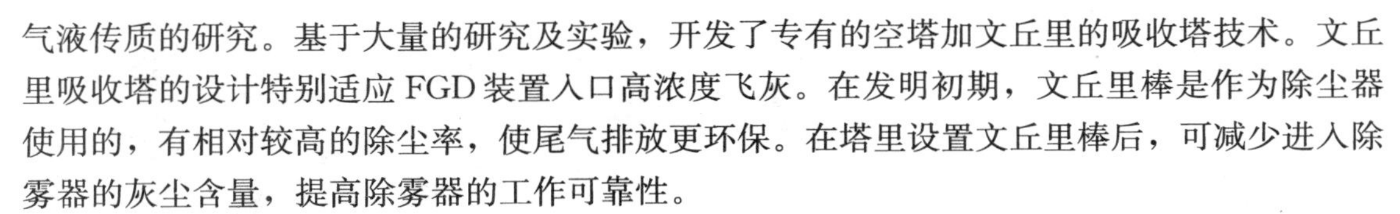

气液传质的研究。基于大量的研究及实验，开发了专有的空塔加文丘里的吸收塔技术。文丘里吸收塔的设计特别适应FGD装置入口高浓度飞灰。在发明初期，文丘里棒是作为除尘器使用的，有相对较高的除尘率，使尾气排放更环保。在塔里设置文丘里棒后，可减少进入除雾器的灰尘含量，提高除雾器的工作可靠性。

1. 文丘里棒层结构

DUCON EEC公司开发的文丘里棒是一种气液混合分布的低压装置，已成功应用在200～500MW湿法烟气脱硫系统的吸收塔中。文丘里棒层设置在吸收塔烟气入口上方，目前应用最多的是吸收塔设置两层文丘里棒层，每层棒层间有一定的距离，两层棒层设不同的开孔率。由于文丘里层对气流分布及气液传质的特殊贡献，此技术的浆液循环量比其他湿法脱硫技术低50%左右，液气比仅为8～10 L/m^3。由于循环量减少，系统电耗可降低17%～25%。文丘里层及吸收塔如图1-4所示。

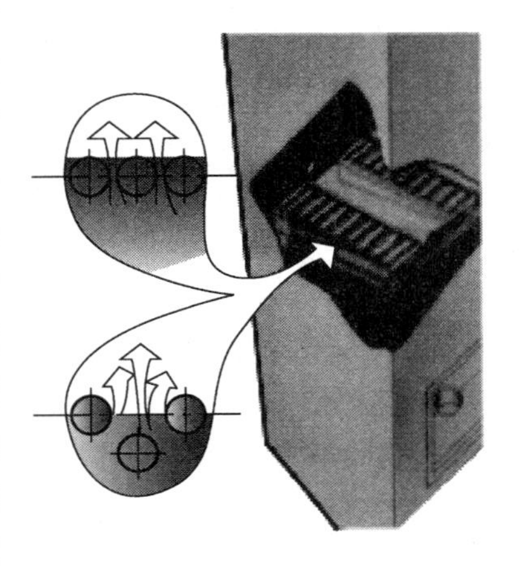

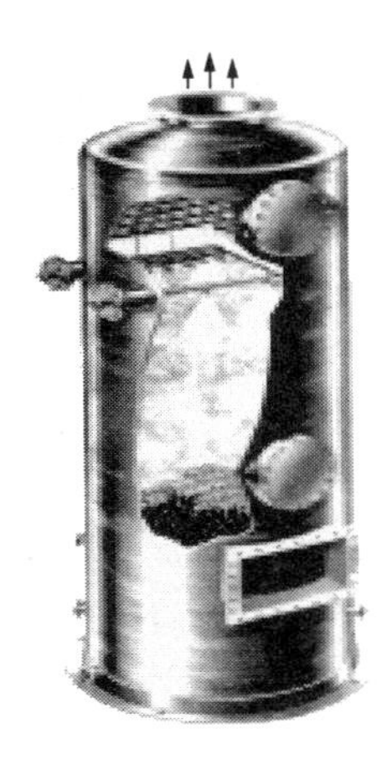

图1-4 文丘里层及吸收塔

2. 文丘里棒层的作用

文丘里棒层有以下的作用：

（1）强化塔内烟气在塔截面上的均匀分布；

（2）加快气液相表面的相对流速，加快 SO_2 在液相中的溶解及扩散；

（3）气液相间的湍流，极大地增大了反应表面，使塔中 SO_2 的溶解吸收区分布更宽，减轻了喷淋吸收区的脱硫负荷，明显减小循环量；

（4）因 SO_2 的溶解吸收区前移，浆液pH值较低，有利于继续氧化反应，保障石膏的质量；

（5）高速气流能有效去除 SO_3 和灰尘。

（三）文丘里塔的技术特点

文丘里吸收塔充分吸收了填料塔和传统喷淋塔的优势。

（1）脱硫塔。与传统的喷淋塔相比，文丘里吸收塔的体积较小，因为它可以接受相对较高的烟气流速。高速气流设计增强了传质能力，强化 SO_2 的吸收，降低系统的成本。

（2）文丘里棒层。文丘里棒的布置特点，改善了气流在脱硫塔内的均匀性，使得化学反应稳定，脱硫效率高达95%以上；吸收剂利用率高，钙硫摩尔比小于1.03。文丘里棒不仅具有强化浆液与烟气传质、传热的功能，而且不会出现结垢和磨损现象，运行前和运行后的变化不大，如图1-5所示。

（3）液气比。常规全塔喷淋，其液气比为18.2L/m^3，若不添加强化学添加剂，脱硫效率达到95%，一般需要4～6层喷淋。如果采用文丘里技术，其液气比为11.2L/m^3，一般

(a)

(b)

图 1-5　运行前后文丘里棒的对比

(a) 运行前；(b) 运行后

只需要 3 层喷淋，而且循环泵的数量也相应减少。在相同的脱硫效率下，文丘里脱硫塔可减少 20%～25%的循环泵浆液量，同时可减少 15%～20%的功率消耗，从而节约了成本投入。

(4) 负荷适应性。文丘里吸收塔对系统的适应性较强。在文丘里吸收塔中，文丘里棒层是一个独立完整的部件，对锅炉负荷变化的适应性强（30%～100%BMCR），即使在低烟气流量下，文丘里棒也可保证加大烟气流速，形成湍流，强化气液传质效果，使吸收剂表面不断更新，提高脱硫剂的利用率。文丘里吸收塔可适应煤含硫量的波动。当预计燃烧的煤的硫含量会长期增加时，可以降低文丘里棒层的开孔率，即增加文丘里棒层上湍流层的高度；当煤的硫含量降低时，可以去除部分文丘里棒，增加文丘里棒层的"开孔面积"，这样可以减少增压风机的压头，减少 FGD 的电耗。

DUCON EEC 公司首次在中国市场投放的烟气脱硫装置已运行在大唐集团唐山热电厂。经测试，该烟气脱硫装置的脱硫率达到 95%，石膏纯度达到 91.5%以上，系统设计合理，系统操作灵活、方便，能长周期安全运行，在低负荷下，可运行两台循环泵。广东湛江电厂 4×300MW 机组烟气脱硫工程、甘肃靖远电厂 3×300MW 机组烟气脱硫工程都采用了该套装置。

四、液柱塔烟气脱硫技术

液柱塔烟气脱硫技术是日本三菱重工自主研发的专有技术，经过 30 多年 200 多套脱硫装置成功运行业绩的检验，是世界范围内技术最成熟、投运台数最多的先进脱硫技术。该技术稳定、可靠，具有系统简单、性能优良、投资节省、运行经济、维护方便等优点，特别是对煤种含硫量和大容量机组具有广泛的适应性。

液柱塔为空塔塔型，塔体为方形钢结构。液柱塔为母管制配置，循环泵将吸收塔中的循环浆液送至喷浆母管中，再分散到各个平行支管中向上喷出。吸收塔内喷浆管定型单层布置。在液柱塔内，喷浆管布置在塔体底部，浆液自下向上喷出，原烟气通过液柱，液柱在上升、下降过程中与原烟气进行两次充分接触，使吸收剂浆液与烟气完成吸收反应。即液柱上升到达顶部后分散成细小的液滴，下落的细小液滴又与上升的液滴碰撞，更新传质表面，形成高密集液滴层，提高烟气与吸收液的混合，使气—液高效接触，加速 SO_2 的吸收反应。

液滴在下降过程中互相碰撞，表面不断更新，保持吸收能力，与上升的烟气进行吸收反应，这就是液柱塔的双倍接触吸收反应过程，故称为双接触式液柱塔，即DCFS（Double Contact Flow Scrubber）。

（一）液柱塔的构造

图1-6显示了液柱塔的构造。烟气从塔下部进入，与吸收液接触净化后，经除雾器排到塔外。吸收液自设置在塔底部的耐磨特殊喷嘴向上喷出，与烟气发生气液接触后使之脱硫。

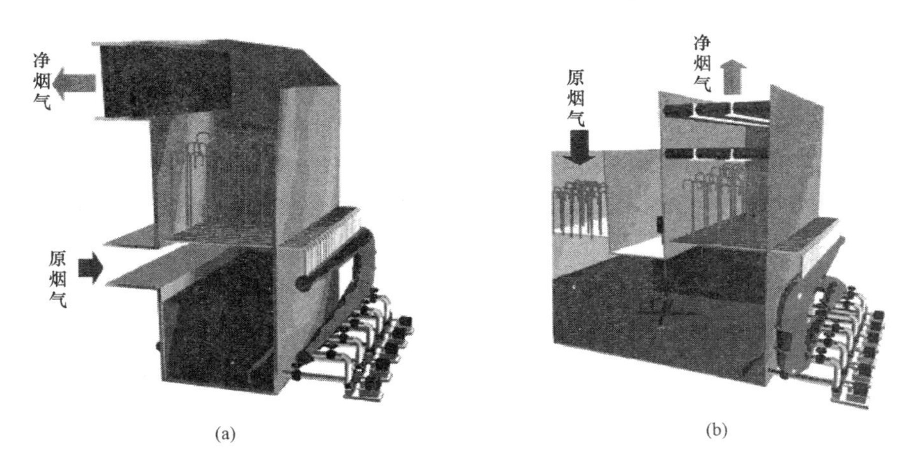

图1-6　液柱塔构造

（a）单塔式；（b）双塔式

图1-7为液柱塔喷出模式。从喷嘴向上喷出的吸收液在液柱顶部分开落下，形成大气液接触面积的液滴层。历来的吸收塔内部一般要装入填充物和大量喷雾管道或气体分散板，而液柱塔只在塔底部设置喷管。

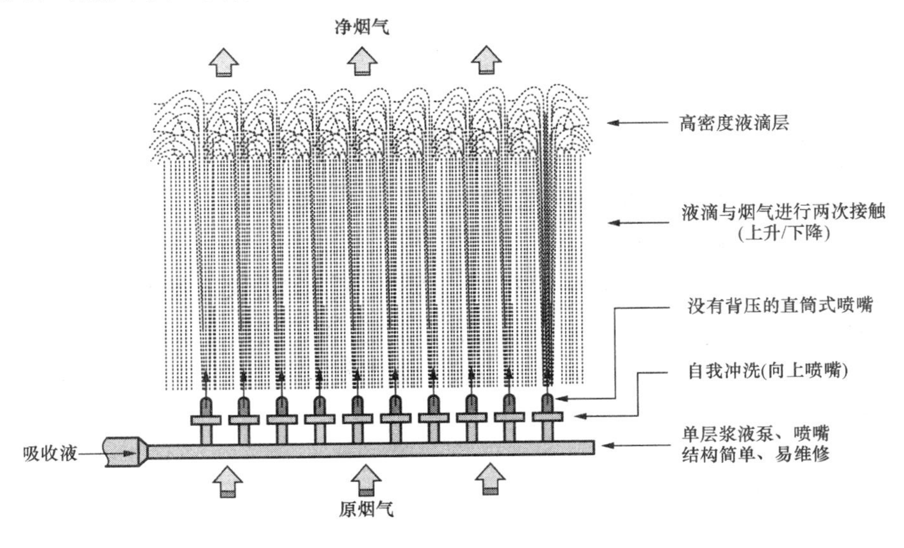

图1-7　液柱塔喷出模式

（二）液柱塔的特点

（1）脱硫效率高，对煤种的适应性强。在满足入口二氧化硫浓度在 400mg/m³（标态）至 22 000mg/m³（标态）之间的各种条件，都具有较高的脱硫效率，最高可达 99.9%的脱硫效率。

（2）适应机组容量大。单塔可满足 1000MW 以下的各容量机组脱硫要求。

（3）吸收塔高度低。由于吸收塔与烟气接触为双接触，其塔的高度大大低于常规的单向流塔，尤其对于中高硫煤，液柱塔采用合理简洁的单层喷浆管道避免了喷淋塔多层复杂的喷淋层布置，大大降低了吸收塔的总体高度。

（4）氧化池容积小。液柱塔浆液浓度一般为 30%，其浓度相对喷淋塔的 20%左右要大，氧化池所需要的容积要小许多。

（5）电耗低。由于喷浆管布置在吸收塔底部，喷管和喷嘴低位布置，大口径中空轴流喷嘴无需背压，不像传统喷淋塔喷嘴那样要用足够高的压力将浆液充分雾化，循环泵的扬程大大降低，因此吸收塔循环泵的电耗相对较低。通过调节液柱的高度，来实现节能运行，见图 1-8。

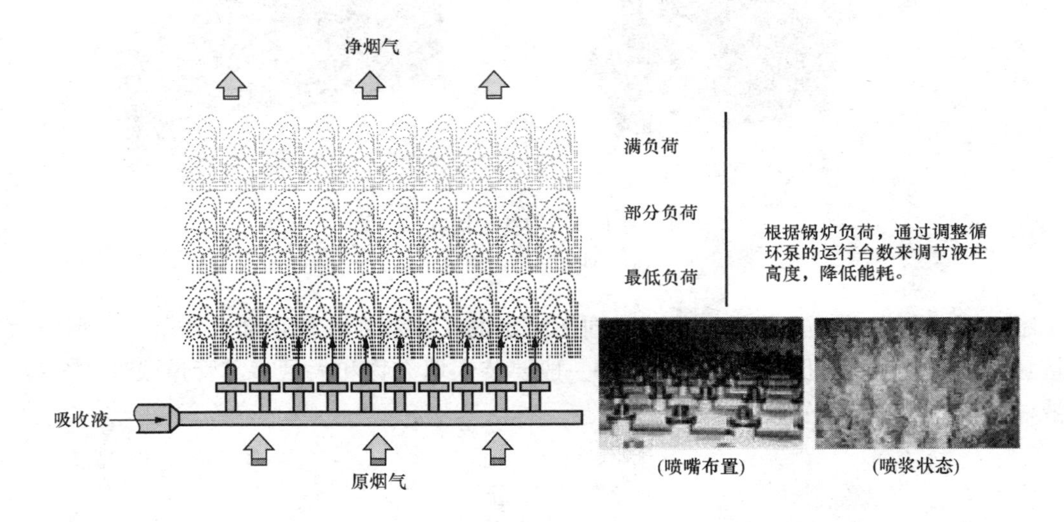

图 1-8　不同负荷下液柱塔液柱的调节

（6）喷浆管采用母管制，循环泵可以根据需要设置一台或多台，循环泵的型号相同，从备件到运行维护都大大降低了成本。

（7）维护简单。液柱塔塔内结构非常简洁，烟气从下部进入吸收塔后直接进入喷淋层，无任何其他设施，塔体基本可以实现无垢运行。同时，由于喷浆管布置在下部，喷嘴通过螺栓与喷管连接，垂直向上安装，检修非常方便，无需复杂的脚手架，只需要几块简单的木板，工作人员就可以完成喷浆管的维护、检修。

不同类型的吸收塔性能对比见表 1-1。

五、氧化镁烟气脱硫技术

氧化镁烟气脱硫是湿法镁基脱硫的代表工艺。以美国化学基础公司开发的（Chemico-

Basic）氧化镁浆液再生法发展最快。氧化镁烟气脱硫在日本、东南亚及中国台湾地区也得到了广泛的应用，全采用辽宁、山东的氧化镁作为脱硫剂。近年来，随着烟气脱硫在我国的快速发展，氧化镁烟气脱硫技术也得到了广泛应用。

表 1-1　　不同类型的吸收塔性能对比

项目	喷淋塔	格栅式	鼓泡塔	液柱塔
原理	吸收剂浆液在吸收塔内经喷淋雾化，在与烟气接触过程中，吸收并去除 SO_2	吸收剂浆液在吸收塔内沿格栅填料表面下流，形成液膜与烟气接触，去除 SO_2	吸收剂浆液以液层形式存在，而烟气以气泡形式通过，吸收并去除 SO_2	吸收剂浆液由布置在塔内的喷嘴垂直向上喷射形成液柱并在上部散开落下，在高效气液接触中，吸收并去除 SO_2
脱硫效率（%）	>95	>95	90 左右	>95
运行维护	喷嘴易磨损、堵塞，需定期检修更换	格栅易结垢、堵塞，系统阻力较大	系统阻力较大，无喷嘴堵塞问题，运行稳定可靠	能有效防止喷嘴堵塞、结垢问题，运行稳定可靠
自控水平	高	较高	较高	较高

（一）脱硫原理

镁法烟气脱硫技术是用氧化镁作为脱硫剂进行烟气脱硫的一种湿法脱硫方式，也称为氧化镁湿法烟气脱硫技术。氧化镁的脱硫机理与氧化钙的脱硫机理相似，都是碱性氧化物与水反应生成氢氧化物，再与二氧化硫溶于水生成的亚硫酸溶液进行酸碱中和反应，反应生成亚硫酸镁和硫酸镁，亚硫酸镁氧化后生成硫酸镁。

氧化镁浆液制浆过程的化学反应为

$$MgO + H_2O = Mg(OH)_2 \tag{1-23}$$

$$MgO + 2CO_2 + H_2O = Mg(HCO_3)_2$$

镁法烟气脱硫过程的基本化学反应为

$$Mg(OH)_2 + SO_2 = MgSO_3 + H_2O \tag{1-24}$$

$$Mg(HCO_3)_2 + SO_2 = MgSO_3 + H_2O + 2CO_2 \tag{1-25}$$

$$MgSO_3 + H_2O + SO_2 = Mg(HSO_3)_2 \tag{1-26}$$

$$MgO + Mg(HSO_3)_2 = 2MgSO_3 + H_2O \tag{1-27}$$

脱硫产物的氧化反应为

$$MgSO_3 + 1/2O_2 = MgSO_4 \tag{1-28}$$

要完成此过程，MgO 要有 16%的过量。

（二）工艺流程

氧化镁烟气脱硫工艺流程如图 1-9 所示。

镁法烟气脱硫工艺由烟气系统、氧化镁脱硫剂浆液制备与输送系统、二氧化硫吸收系统、脱硫塔排空系统、亚硫酸镁脱水系统、供水与排水系统、杂用和仪用压缩空气系统等组成。其工艺流程是，先将粒径符合一定要求的氧化镁配制成氢氧化镁和重碳酸镁浆液，浓度

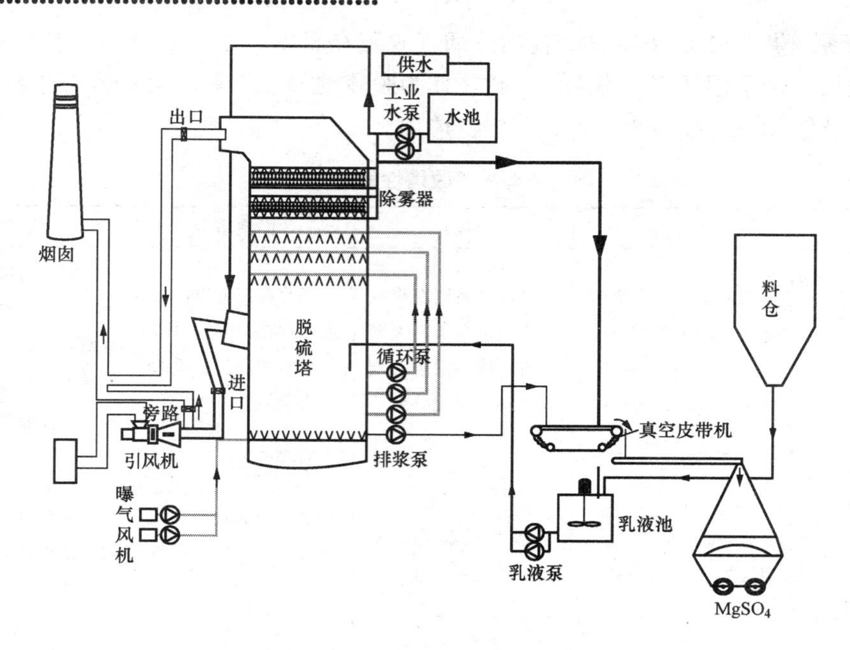

图 1-9　氧化镁湿法脱硫工艺流程

为 15%～25%，送入脱硫塔；锅炉烟气引入烟气脱硫预处理装置，去除部分烟尘、氢卤酸、氢氟酸、三氧化硫等成分后送入脱硫塔；在脱硫塔中，烟气中的二氧化硫与脱硫剂浆液中的氢氧化镁和重碳酸镁反应，生成亚硫酸镁，从而将烟气中的二氧化硫去除；当脱硫吸收循环过程稳定后，循环浆液即可进入副产品处理系统。

（三）工艺特点

相对于石灰石—石膏钙法脱硫，镁法脱硫具有如下一些特点：

(1) 技术成熟。从美国、日本两国首先利用氧化镁和氢氧化镁进行烟气脱硫至今已有近40 年的历史，积累了丰富的经验，其成熟度仅次于钙法烟气脱硫工艺，国外有大量的工程应用业绩，且可根据需要而采用不同的脱硫和副产物回收模式，无论哪种模式都富有成效，且在不断改进、提高和完善。

(2) 脱硫效率高。由于镁剂脱硫较钙剂在反应活性方面高出 10 倍以上，而脱硫所要求的喷淋水量（即液气比）仅相当于达到同样脱硫效率的钙法的 1/3～1/5，因此，无论是用氧化镁还是氢氧化镁，均可取得较高的脱硫效率，一般均在 95%以上。

(3) 投资省。由于镁质脱硫剂本身所具有的独特性能，从而在吸收塔的结构设计、循环料浆量的大小、系统的整体规模及设备功率方面都可适当缩小或减少，其中主体设备脱硫吸收塔的高度仅为钙法的 2/3，因此投资费用通常要比钙法降低 20%～30%。虽然氧化镁单价高于石灰或石灰石，但氧化镁的相对分子质量（41）是氧化钙（56）的 73%，是碳酸钙（100）的 41%，换言之，脱除等量的 SO_2 所需的氧化镁要比钙法所用的氧化钙或碳酸钙少很多。此外，镁法脱硫系统规模小，占地面积小；相对于钙法，在镁剂运输、储存和浆料制备方面也大大简化。

(4) 作业稳健。由于脱硫产物亚硫酸镁、硫酸镁均具有较高的溶解度，从而在系统中可

避免结垢、堵塞等现象发生，作业稳健安全顺畅。

(5) 副产物可回收利用。镁法脱硫可获得诸如亚硫酸镁、硫酸镁一类的副产物，前者可经煅烧生成氧化镁和 SO_2，氧化镁可返回系统循环使用，SO_2 则可去制酸或直接加工成亚硫酸镁用作造纸工业的调浆剂；后者可生产含硫镁肥。

(6) 镁资源丰富，价格低廉。我国拥有丰富的镁质资源，且品质优良、价格低廉，能满足长期使用的需要，在原料方面无后顾之忧。

（四）经济性分析

随着镁法脱硫的技术特点逐渐为人们所认同，其技术经济指标和相关的运行参数也成为人们共同关注的焦点。近来，国内有关这方面的研究探讨日趋深入，唐志刚以一台 220t/h 的锅炉为例，煤含硫量为 0.58%，年运行 6500h，就不同脱硫剂消耗、镁法与钙法工程投资估算及能耗等诸多方面作了考核，结果表明镁法和钙法脱硫剂成本基本相近，镁法工程投资一般比钙法低 20%～30%，镁法能耗仅为钙法的 50%。相关数据见表 1-2～表 1-4。

表 1-2　不同脱硫剂消耗成本比较

项目名称	石灰石	氧化镁	项目名称	石灰石	氧化镁
纯度 (%)	90	85	价格 (元/t)	150	350
钙硫比或镁硫比	1.05	1.02			
消耗量 (t/a)	4120	1695	脱硫剂成本 (万元/a)	61.8	59.3

表 1-3　镁法、钙法脱硫投资成本估算　万元

项目名称	氧化镁	石灰石	项目名称	氧化镁	石灰石
工程费用	1430.66	1868.35	工艺管道	57.60	57.60
工艺设备	676.71	920.53	自动控制	252.25	252.25
烟气系统	148.23	148.23	电气	279.70	359.28
浆液制备系统	17.81	17.67	土建	142.41	199.86
吸收系统	510.67	617.98	其他	22.00	31.81
副产物及废水处理系统	0	136.65			

表 1-4　镁法、钙法脱硫运行能耗对比　万元

项目名称	石灰石	氧化镁	项目名称	石灰石	氧化镁
最大液气比	20	5	吸收阻力 (Pa)	650	800
循环泵总流量 (m^3/h)	580	1960	增压风机功率 (kW)	150	165
循环泵总功率 (kW)	70	200	主要设备功率 (kW)	405	810

某学者以 2×225MW 机组为例，煤含硫量为 1.5%，年运行 6000h，对镁法与钙法的综合性能进行了比较，并探讨了该技术在辽宁应用的前景。根据当地镁资源丰富这一特点及镁法技术的优越性，该作者认为对辽宁地区电厂脱硫项目而言，镁法技术是最优选择方案。镁法、钙法脱硫综合性能对比见表 1-5。

表 1-5　　镁法、钙法脱硫综合性能对比

项目名称	氧化镁	石灰石
技术成熟度	比较成熟	成熟
液气比	5	15
脱硫效率（%）	≥95	≥95
吸收塔	空塔，无结垢，无堵塞，单塔流量	同镁法，但底部易结垢、堵塞
脱硫剂来源	山东、辽宁	全国各地
可靠性	工艺简单，流程短，可靠性高	应用业绩最多，可靠性高

我国镁矿资源丰富，最大的生产商——山东镁矿，已探明的地质储量为2032.5万t，因此，发展氧化镁烟气脱硫技术具有独特的资源优势和保障。

六、氨法烟气脱硫技术

20世纪70年代，日本、意大利等国开始研究氨法脱硫工艺并相继获得成功。由于氨法脱硫工艺主体部分属化肥工业范畴，当时该技术未能在电力行业得到广泛应用，随着合成氨工业的不断发展及对氨法脱硫工艺的不断完善和改进，进入90年代后，氨法脱硫工艺逐步得到了推广。

国外研究氨法脱硫技术的企业主要有：美国的GE、Marsulex、Babcock&Wilcox、Pircon，德国的LentjesBischoff、Krupp Koppers，日本的NKK、IHI、千代田、住友、三菱、荏原等。

（一）湿式氨法脱硫工艺

湿式氨法脱硫工艺是目前较成熟、已工业化的脱硫工艺，用氨吸收剂洗涤含二氧化硫的烟气，形成$(NH_4)_2SO_3$-NH_4HSO_3-H_2O的吸收液，该吸收液中的$(NH_4)_2SO_3$对SO_2具有很好的吸收能力，它是湿式氨法中的主要吸收剂。吸收SO_2以后的吸收液，用不同的方法处理可得到不同的产品。根据过程和副产物的不同，湿式氨法脱硫工艺又可分为氨—酸法、氨—亚硫酸铵法、氨—硫酸铵法等。氨—酸法、氨—亚硫酸铵法早在20世纪30年代就开始应用于工业生产，但由于氨—酸法工艺需要消耗大量的硫酸，同时分解脱吸出来的二氧化硫气体必须有配套的制酸系统处理，而氨—亚硫酸铵法工艺脱硫副产品为亚硫酸铵，产品出路有一定问题，因此在一定程度上限制了氨—酸法、氨—亚硫酸铵法工艺在烟气脱硫领域的运用。氨—硫酸铵法脱硫工艺系统较简洁，副产品硫酸铵可用作农用肥料，能较好地适应我国烟气脱硫发展的需要。下面主要介绍氨—硫酸铵法脱硫工艺。

1. 工艺原理

氨—硫酸铵法脱硫工艺是用氨吸收剂吸收烟气中的二氧化硫，吸收液经压缩空气氧化生成硫酸铵，再经加热蒸发结晶析出硫酸铵，过滤干燥后得到产品。主要包括吸收、氧化和结晶过程。

（1）吸收。在吸收塔中，烟气中的SO_2与氨吸收剂接触后，发生反应如下

$$NH_3 + H_2O + SO_2 = NH_4HSO_3 \qquad (1-29)$$

$$2NH_3 + H_2O + SO_2 = (NH_4)_2SO_3 \tag{1-30}$$

$$(NH_4)_2SO_3 + H_2O + SO_2 = 2NH_4HSO_3 \tag{1-31}$$

在吸收过程中所生成的酸式盐 NH_4HSO_3 对 SO_2 不具有吸收能力，随着吸收过程的进行，吸收液中的 NH_4HSO_3 数量增多，吸收液的吸收能力下降，因此需要向吸收液中补充氨，使部分 NH_4HSO_3 转化为 $(NH_4)_2SO_3$，以保持吸收液的吸收能力。反应式为

$$NH_4HSO_3 + NH_3 = (NH_4)_2SO_3 \tag{1-32}$$

湿式氨法吸收过程实际上是利用 $(NH_4)_2SO_3$-NH_4HSO_3 不断循环来吸收烟气中的 SO_2，补充的 NH_3 并不直接用来吸收 SO_2，只是保持吸收液中 $(NH_4)_2SO_3$ 的浓度比例相对稳定。

烟气中含有的 SO_3、HCl 等酸性气体也会同时被吸收剂吸收，反应式为

$$(NH_4)_2SO_3 + SO_3 = (NH_4)_2SO_4 + SO_2 \tag{1-33}$$

$$(NH_4)_2SO_3 + 2HCl = 2NH_4Cl + SO_2 + H_2O \tag{1-34}$$

当烟气中含有氧气时（如电厂燃煤锅炉烟气），则会发生氧化副反应。

（2）氧化。氧化过程实际上是用压缩空气将吸收液中的亚硫酸盐转变为硫酸盐，主要的氧化反应为

$$2(NH_4)_2SO_3 + O_2 = 2(NH_4)_2SO_4 \tag{1-35}$$

$$2NH_4HSO_3 + O_2 = 2NH_4HSO_4 \tag{1-36}$$

$$NH_4HSO_4 + NH_3 = (NH_4)_2SO_4 \tag{1-37}$$

氧化过程可在吸收塔内进行，也可在吸收塔后设置专门的氧化塔。而在氧化塔中发生的氧化反应仅有式（1-35）的反应，这是由于吸收液在进氧化塔前已经过加氨中和，使其中的 NH_4HSO_3 全部转变为 $(NH_4)_2SO_3$，以防止二氧化硫的逸出。

（3）结晶。氧化后的吸收液经加热蒸发，形成过饱和溶液，硫酸铵从溶液中结晶析出，过滤干燥后得到副产品硫酸铵。加热蒸发可利用烟气的余热，亦可用蒸汽。

2. 工艺流程

氨—硫酸铵法脱硫工艺主要运用于燃烧烟气脱硫，最早的工艺是由德国克卢伯（Krupp Koppers）公司于20世纪70年代开发的Wahhar工艺，80年代初得到了一定的应用，其中一套装置处理烟气量为7.5Mm^3/h。后经世界各国多年研究，原有氨法脱硫气溶胶问题得到了改进，进入了工业推广使用阶段。目前世界上典型的氨—硫酸铵法脱硫工艺主要有Walther工艺、AMASOx工艺、GE（Marsulex）工艺、NKK工艺等，它们的主要区别在于吸收方式（吸收塔）和氧化方式（吸收塔内氧化或吸收塔外氧化）的不同。

（1）Walther工艺。Walther工艺流程为：烟气经电除尘器除尘后进入气—气换热器，换热后再从洗涤塔上方进入，与25%的氨水并流接触，落入池中，再用泵抽出循环喷淋烟气。脱氮后的烟气则经除雾器后进入快速洗涤塔，将残存的盐溶液洗涤出来，清洁烟气经气—气换热器加热后从烟囱排放。Walther工艺流程见图1-10。

（2）AMASOx工艺。能捷斯—比晓夫公司买断Walther工艺后，对该工艺进行了改进和完善，改进后的Walther工艺称为AMASOx工艺。主要的改进是将传统的多塔改为结构紧凑的单塔，并在塔内安置湿式电除雾器解决气溶胶问题。整个反应均在洗涤吸收塔内进

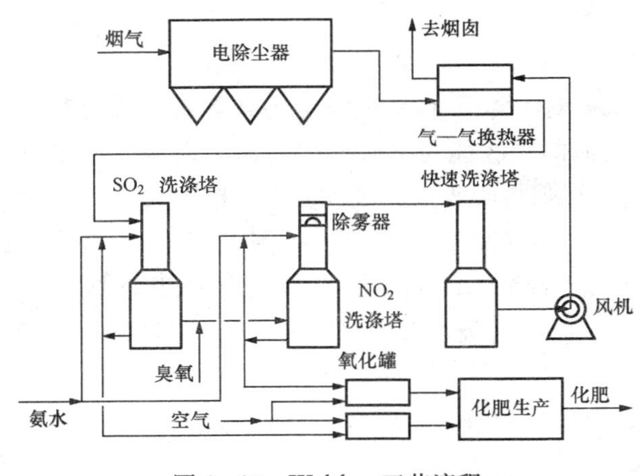

图 1-10 Walther 工艺流程

行，有效地降低了投资成本和能耗，其工艺流程见图 1-11。

(3) GE 工艺。20 世纪 90 年代，美国 GE 公司（现 Marsulex 公司）开发了 GE 氨法工艺，并在威斯康星州 Kenosha 电厂配套一座 500MW 机组建成工业性示范装置，其工艺流程见图 1-12。除尘后的烟气经换热器换热后进入冷却装置，用高压喷淋水除雾降温、除尘，温度冷却到接近饱和温度和露点的洁净烟气进入吸收塔。塔内布置有两段吸收洗涤层，使洗涤液和烟气充分混合接触，脱硫后的烟气经塔内的湿式电除雾器除烟雾后，再进入换热器升温，然后经烟囱排放。脱硫后的洗涤液进入结晶系统生成副产品硫酸铵。

(4) NKK 工艺。NKK 工艺是日本钢管公司开发的工艺，其流程见图 1-13。吸收塔从下往上分三段，下段作用是预洗涤除尘和冷凝降温，此段未加入吸收剂；中段是加入吸收剂的第一吸收段；上段为第二吸收段，不加吸收剂，只加工艺水。吸收后的烟气经加热器升温后由烟囱排放。亚硫酸铵在单独的氧化塔中用压缩空气氧化。从氧化塔顶部出来的气体进入吸收塔。

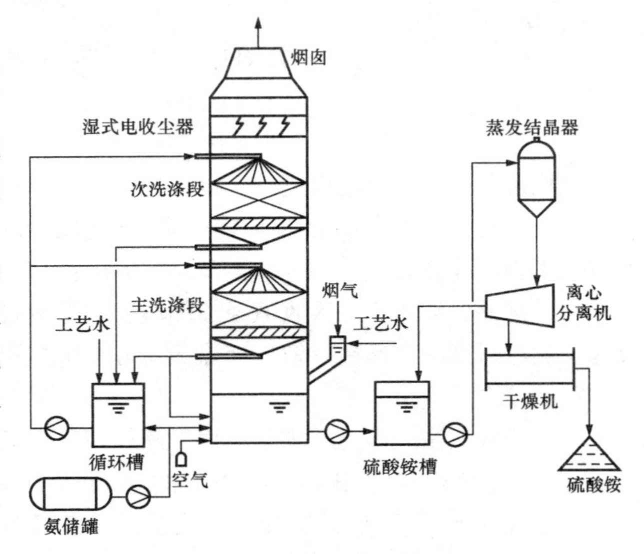

图 1-11 AMASOx 工艺流程

（二）氨法脱硫技术特点

(1) 反应速度快，脱硫效率高，脱硫效率大于 95%；脱硫的同时，兼有 20%～40%的脱硝效率和大于 40%的除尘效率。

(2) 适应烟气特性变化较大的工况条件，无结渣、堵塞现象，系统运行稳定。

(3) 生成副产品硫酸铵，可以回收利用硫资源，脱硫运行成本低。

(4) 主辅工艺系统较复杂，工程造价适中。

(5) 可以采用塔基湿烟囱，减少脱硫设施占地，减小脱硫系统阻力。

(6) 没有废渣排放，废水循环利用，二次污染小。

（三）氨法脱硫工艺需注意的问题

(1) 结垢。由于吸收液中亚硫酸铵、亚硫酸氢铵及硫酸铵均易溶于水，不易结垢，如有

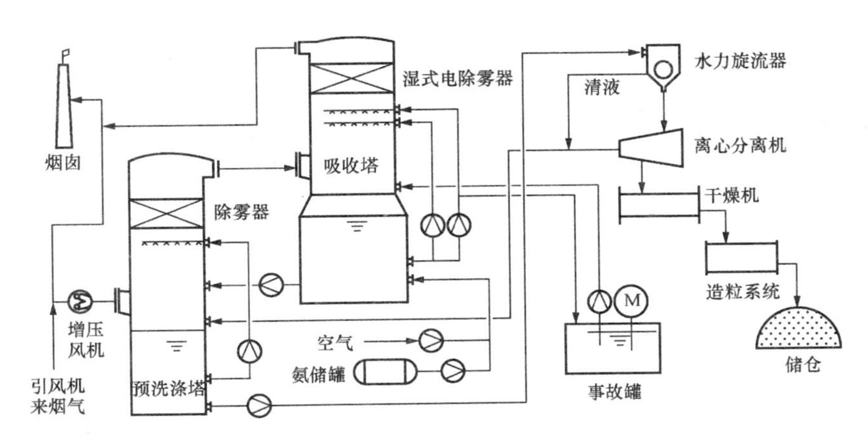

图 1-12　GE 氨法工艺流程

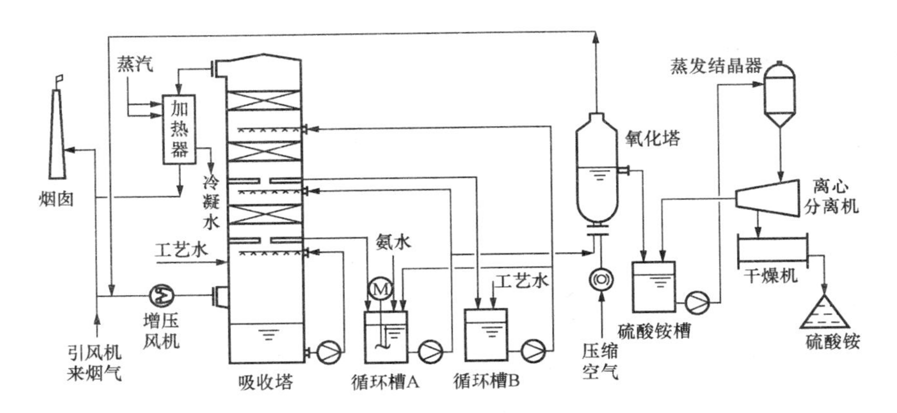

图 1-13　NKK 氨法工艺流程

结垢和堵塞，只需水洗即可解决。

（2）腐蚀。由于硫酸铵具有腐蚀性，所以对设备的防腐要求较为严格。通常预洗涤塔和吸收塔采用玻璃钢制造。采用石灰石—石膏法所用的内衬玻璃鳞片树脂的吸收塔亦是可行的，也可以采用合金钢制造，加拿大奥尔贝塔省的辛克鲁德电厂（500MW）氨法脱硫装置的吸收塔就是用 A59 合金钢制造的，无内衬。

（3）烟气排放中的气溶胶（烟雾）控制。完全可以通过调整吸收液的 pH 值、氧化程度和氨的加入方式等解决排放烟气中的气溶胶问题。

（4）氯离子的处理。定期抽取部分吸收液喷洒在硫酸铵干燥机中干燥生成氯化铵，因此氨法脱硫工艺不产生废水，系统不需要设置废水处理系统。

（5）不能去除重金属、二恶英等多种污染物。

七、海水烟气脱硫技术

20 世纪 60 年代后期，美国加州柏克莱大学 Bromkley 教授研究了海水脱硫的机理，在此基础上，挪威 ABB-Flakt 公司和 Norsk-Hydro 公司合作开发了 Flakt-Hydro 工艺，此工艺于 20 世纪 70 年代研发成功，相继应用到炼油厂、炼铝厂及电站锅炉的烟气治理中。现在，挪威的火电厂全部采用海水脱硫。美国Bechtel公司在洗涤系统中加入石灰来提高脱硫率，开发了Bechtel海水脱硫工艺，并于1983年应用在美国Colstrip的3号机组上。掌握海水脱硫工艺的还有日本的富士化水工业株式会社、法国的Stein公司和德国的FBE等企业。西门子公司也在Paition电厂（2×610MW）安装了海水脱硫装置。

海水脱硫受到世界各沿海国家的日益重视，西班牙、英国、印度尼西亚、马来西亚、印度等国也都安装了一定数量的海水脱硫装置，海水脱硫工艺得到了较快发展和广泛应用。目前世界上已投运或在建有近百台海水脱硫装置用于发电厂和冶炼厂的烟气脱硫，机组总容量超过2×10^4MW，单机最大容量为700MW。

天然海水中含有大量的可溶盐，其主要成分是氯化物、硫酸盐和碳酸盐。pH值一般为7.9～8.4，对酸性气体如SO_2具有很强的吸收和中和能力。SO_2被海水吸收后，最终产物为可溶性硫酸盐，对海洋的影响较小。海水脱硫工艺是利用海水洗涤烟气，脱除烟气中的SO_2，最终达到烟气净化的目的，该工艺已被沿海电厂广泛采用，对沿海钢厂的烧结烟气脱硫也具有一定的可行性。

目前，海水脱硫工艺按是否添加化学吸收剂可分为两种，一种是不添加任何化学物质，用纯海水作为SO_2吸收剂的工艺，以挪威ABB公司开发的Flakt-Hydro工艺为典型，已得到广泛的工业化应用；另一种是在海水中添加一定量的石灰（或NaOH），调节吸收液的碱度，以提高脱硫率，以Bechtel工艺为代表，在美国建成了示范工程，近年来逐步得到推广应用。本书中主要讨论前一种纯海水脱硫工艺。

我国目前海水脱硫应用情况见表1-6。

表1-6　　海水脱硫技术在我国火电厂的应用概况

电厂名称	机组容量（MW）	技术方	SO_2浓度（mg/m³）	脱硫率（%）
青岛电厂	4×300	阿尔斯通	2732（6%O_2、标态、干基）	90
嵩屿电厂	4×300	东方锅炉	1517（6%O_2、标态、干基）	95
黄岛电厂	3×660	阿尔斯通		90
日照电厂	2×350 2×680	阿尔斯通	178（6%O_2、标态、干基）	90
秦皇岛电厂	2×300	阿尔斯通		90
华能海门电厂	6×1000	阿尔斯通		90
深圳西部电厂	6×300	阿尔斯通	含硫量0.63%	92
漳州后石电厂	6×600	富士化水	2345（6%O_2、标态、干基）	91

（一）海水脱硫工艺原理

1. 吸收和氧化过程

海水吸收烟气中的SO_2气体生成H_2SO_3，H_2SO_3分解成H^+与HSO_3^-，HSO_3^-亦不稳定，继续分解成H^+与SO_3^{2-}。SO_3^{2-}与海水中的溶解氧结合生成SO_4^{2-}，此间脱硫后的海水H^+浓度增加，酸性增强，pH值约为3，为强酸性。其化学反应方程式为

$$SO_2(g) + H_2O = H_2SO_3 \quad (1-38)$$

$$H_2SO_3 \rightarrow H^+ + HSO_3^- \quad (1-39)$$

$$HSO_3^- \rightarrow H^+ + SO_3^{2-} \quad (1-40)$$

$$SO_3^{2-} + 1/2O_2 \rightarrow SO_4^{2-} \quad (1-41)$$

2. 酸碱中和作用

在脱硫后的酸性海水中加入大量新鲜海水，碱性海水与脱硫后酸性海水混合，H^+ 与碳酸根离子发生中和反应，pH 值提高到正常值，实现脱硫全过程。化学反应方程式为

$$H^+ + HCO_3^- \rightarrow H_2CO_3 \quad (1-42)$$

$$H_2CO_3 \rightarrow CO_2 \uparrow + H_2O \quad (1-43)$$

（二）工艺流程

目前电厂采用的海水脱硫系统主要由烟气系统、SO_2 吸收系统、海水供排系统及海水恢复系统（曝气池）四部分组成。一般一台机组配置一套单元制海水脱硫系统。典型的海水脱硫工艺流程如图 1-14 所示。

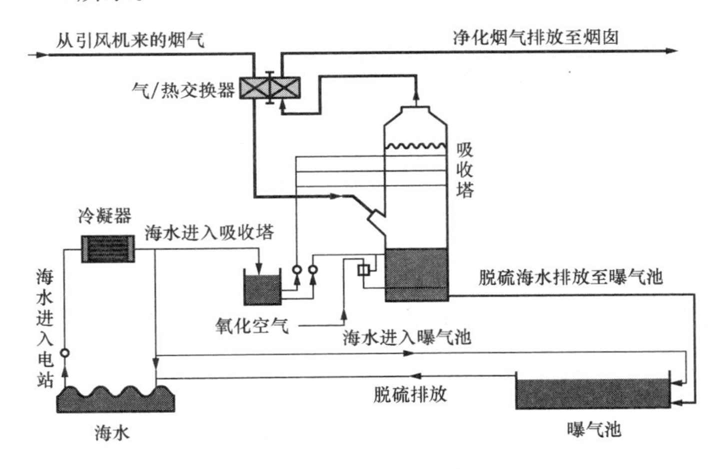

图 1-14　海水脱硫工艺流程

锅炉烟气通过电除尘器后，由引风机经过脱硫系统入口控制挡板，再通过增压风机升压以克服脱硫系统的阻力，进入烟气—烟气换热器，换热降温后进入脱硫吸收塔底部，含硫烟气与从吸收塔顶部经过填料层自上而下的海水充分混合，发生化学反应，生成 H^+ 和 SO_3^{2-}，海水 pH 值下降变为酸性；脱硫洗涤后的烟气依次经过吸收塔顶部的除雾器除去雾滴，换热器加热升温后，经出口挡板进入烟囱，实现脱硫排放。

电厂用作冷却水的海水被部分引入到脱硫系统中，这部分海水一部分经过海水增压泵送至脱硫塔上部用作脱硫介质，对烟气进行脱硫洗涤；另一部分作为新鲜海水被送入海水恢复系统（曝气池）中，在海水恢复系统中完成脱硫的中和反应和曝气过程。从吸收塔出来的酸性海水含大量不稳定的亚硫酸，在酸性条件下可能生成 SO_2，造成 SO_2 重新溢出，需要与新鲜海水混合以提高 pH 值，防止发生可逆反应。在中和反应的同时，曝气风机向曝气池中鼓入大量空气，其作用是增加溶解氧，将 SO_3^{2-} 氧化成为稳定的 SO_4^{2-}，并使海水的 pH 值与化学需氧量（COD）调整达到排放标准后排入大海。

（三）工艺特点

海水脱硫工艺具有以下优点：

(1) 工艺简单，运行可靠。

(2) 只需要海水和空气，不需添加脱硫剂（如脱硫效率要求高时，需使用添加剂），节省了脱硫剂的采购、加工、运输和储存等费用。

(3) 节约淡水资源，不需要设置陆地废弃物处理场，减少了二次污染，节省占地。

(4) 设备运行维护简单，不会产生结垢和堵塞，具有较高的系统可利用率。

(5) 投资和运行费用低，投资占电厂投资的7%～8%，电耗占机组发电量的1%～1.5%。

同时，海水脱硫工艺也受以下条件的制约：

(1) 海水对SO_2的吸收容量小，不能处理高含硫烟气，这是由海水的性质所决定的。海水的正常pH值范围一般为7.8～8.3，呈弱碱性，其含盐量约为3.5%，具有一定的离子强度，这使得海水虽能吸收SO_2，但吸收容量不太大。因此，海水烟气脱硫目前仅适用于处理中低硫煤（含硫量≤1.5%）燃烧产生的烟气。

(2) 脱硫率和排水pH值普遍偏低。海水烟气脱硫的脱硫率一般在90%左右，而我国新环保标准对排水pH值的要求由6.5提高到6.8，导致早期投运的海水烟气脱硫机组必须进行改进，同时也对在建机组提出了更高的要求。

(3) 曝气池占地面积较大，使得海水烟气脱硫装置规模过于庞大，成本增加。

(4) 脱硫后的烟气由于结露而呈现严重的腐蚀性，加之脱硫后的海水呈酸性，这对脱硫设备使用的材料提出了更高的要求。

(5) 海水烟气脱硫技术和关键设备国产化率较低。我国已投运的和在建的海水烟气脱硫装置所采用的技术主要来源于挪威ABB-Alstom公司、日本富士化水公司和我国东方锅炉股份有限公司。

海水烟气脱硫与石灰石—石膏法烟气脱硫工艺参数及投资对比见表1-7。

表1-7　　2×300MW机组不同脱硫方案工艺参数和投资比较

脱硫工艺	海水脱硫	石灰石—石膏法	脱硫工艺	海水脱硫	石灰石—石膏法
Ca/S	无	1.03	脱硫剂消耗	无	石灰石4.0t/h
脱硫效率	90%～95%	95%～98%	单位投资（万元/kW）	587	913
年利用率（%）	95	98	脱硫单位成本（元/t）	4925.2	5718.9

八、双碱法烟气脱硫技术

双碱法烟气脱硫技术是为了克服石灰石—石膏法容易结垢的缺点而发展起来的。传统的石灰石—石膏湿法烟气脱硫工艺采用钙基脱硫剂吸收二氧化硫后生成的亚硫酸钙、硫酸钙，其溶解度较小，极易在脱硫塔及管道内形成结垢、堵塞现象。双碱法是采用钠基脱硫剂进行塔内脱硫，由于钠基脱硫剂碱性强，吸收二氧化硫后反应产物溶解度大，不会形成过饱和结晶，不会造成结垢、堵塞问题。另外，脱硫产物被排入再生池内用氢氧化钙进行还原再生，再生出的钠基脱硫剂再被打回脱硫塔循环使用。双碱法烟气脱硫工艺由此应运而生，并得到了越来越广泛的应用。

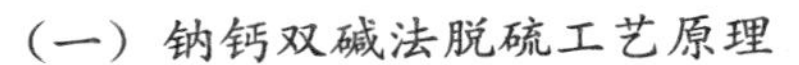

（一）钠钙双碱法脱硫工艺原理

钠钙双碱法烟气脱硫技术是利用氢氧化钠溶液作为启动脱硫剂，通过将配制好的氢氧化钠溶液直接打入脱硫塔洗涤脱除烟气中 SO_2 来达到烟气脱硫的目的，然后脱硫产物经脱硫剂再生池还原成氢氧化钠再打回脱硫塔内循环使用。脱硫工艺主要包括吸收剂制备与补充、吸收剂浆液喷淋、塔内雾滴与烟气接触混合、再生池浆液还原钠基碱、石膏脱水处理五个部分。

钠钙双碱法烟气脱硫工艺同石灰石/石灰等其他湿法脱硫反应机理类似，主要反应为烟气中的 SO_2 先溶解于吸收液中，然后离解成 H^+ 和 HSO_3^-；使用 Na_2CO_3 或 NaOH 溶液吸收烟气中的 SO_2，生成 HSO_3^{2-}、SO_3^{2-} 与 SO_4^{2-}。

（1）脱硫反应，反应式为

$$Na_2CO_3 + SO_2 \rightarrow NaSO_3 + CO_2\uparrow \quad (1-44)$$

$$2NaOH + SO_2 \rightarrow Na_2SO_3 + H_2O \quad (1-45)$$

$$Na_2SO_3 + SO_2 + H_2O \rightarrow 2NaHSO_3 \quad (1-46)$$

其中，式（1-44）为启动阶段 Na_2CO_3 溶液吸收 SO_2 的反应；式（1-45）为再生液 pH 值较高（高于 9）时，溶液吸收 SO_2 的主反应式；式（1-46）为溶液 pH 值较低（5～9）时的主反应。

（2）氧化过程（副反应），反应式为

$$Na_2SO_3 + 1/2O_2 \rightarrow Na_2SO_4 \quad (1-47)$$

$$NaHSO_3 + 1/2O_2 \rightarrow NaHSO_4 \quad (1-48)$$

（3）再生过程，反应式为

$$Ca(OH)_2 + Na_2SO_3 \rightarrow 2NaOH + CaSO_3 \quad (1-49)$$

$$Ca(OH)_2 + 2NaHSO_3 \rightarrow Na_2SO_3 + CaSO_3 \cdot 1/2H_2O + 3/2H_2O \quad (1-50)$$

（4）氧化过程，反应式为

$$CaSO_3 + 1/2O_2 \rightarrow CaSO_4 \quad (1-51)$$

式（1-49）为第一步发生再生反应，式（1-50）为再生至 pH 值低于 9 以后继续发生的主反应。脱下的硫以亚硫酸钙、硫酸钙的形式析出，然后将其用泵打入石膏脱水处理系统，再生的 NaOH 可以循环使用。

（二）工艺流程

来自锅炉的烟气先经过除尘器除尘，除尘后的烟气从塔下部进入脱硫塔。在脱硫塔内布置若干层不锈钢旋流板，旋流板塔具有良好的气液接触条件，从塔顶喷下的碱液在旋流板上进行雾化使得喷淋的碱液与烟气中的 SO_2 充分反应。经脱硫洗涤后的净烟气经过布置在塔上部的除雾器脱水后经引风机通过烟囱排入大气，基本工艺流程如图 1-15 所示。

（三）工艺特点

与石灰石湿法脱硫工艺相比，双碱法原则上有以下优点：

（1）用 NaOH 脱硫，循环水基本上是 NaOH 的水溶液，在循环过程中对水泵、管道、设备均无腐蚀与堵塞现象，便于设备运行与保养。

（2）吸收剂的再生和脱硫渣的沉淀发生在塔外，这样就避免了塔内堵塞和磨损，提高了

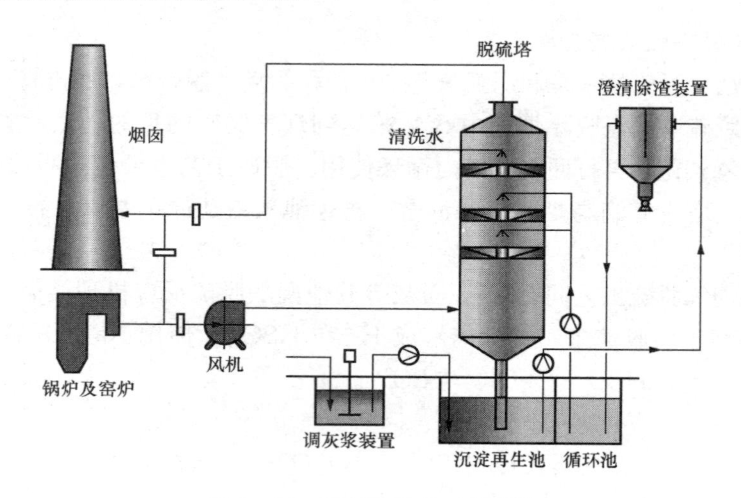

图 1-15　双碱法脱硫工艺流程

运行的可靠性；同时可以用高效的板式塔或填料塔代替喷淋塔，使系统结构更紧凑，降低了设备费用。

(3) 钠基吸收液吸收 SO_2 的速度快，故可用较小的液气比，达到较高的脱硫效率，一般在 90%以上。

(4) 对脱硫除尘一体化技术而言，可提高石灰的利用率，降低运行费用。

缺点是：

(1) Na_2SO_3 氧化副反应产物 Na_2SO_4 较难再生，需要不断地补充 NaOH 或 Na_2CO_3 而增加碱的消耗量。另外，Na_2SO_4 的存在也将降低石膏的质量。

(2) 实际使用中存在脱硫后的烟气带水问题，因此脱水工艺和设备需要进一步改进。

第三节　其他烟气脱硫技术

一、干法炭基烟气脱硫技术

在干法脱硫技术中，基于炭基材料的干法脱硫技术，由于其脱硫过程所吸附的硫资源较容易通过再生回收，并可以同时脱硝、脱汞、脱 VOC 等，具有广阔的发展前景，在美国政府的调查报告中被认为是最先进的烟气净化技术。

活性焦脱硫技术已有近 50 年研究应用的历史，最早是由德国 BF 公司（现在的 DMT 公司）于 20 世纪 60 年代开发的。日本的三井矿山（Mitsu Mining）公司根据日本的环境标准对其进行了改进，吸收了 BF 公司的成功经验，于 1982 年在枥木进行了 $1000m^3/h$（标态）规模的试验；1984 年 10 月，在此基础上，Mitsu 又在其下属的燃煤电厂建立了处理能力 $30\,000m^3/h$（标态）的工业试验装置。经过改进和调整，达到长期、稳定、连续运转，脱硫率几乎达到 100%，脱氮率在 80%以上，被日本通商产业省认定为第一号商品化装置，并定名该技术为 Mitsu-BF 法。该工艺的工艺流程如图 1-16 所示。

干法炭基脱硫技术指的是以纯粹的活性焦/炭或者是负载了活性组分的活性焦/炭作为脱

硫吸附剂用于脱除烟气中的硫氧化物。活性炭/焦（AC）脱除 SO_2 的途径主要有两种：①AC作为吸附剂，将 SO_2 物理吸附在其微孔内；②AC 充当催化剂，SO_2、H_2O 和 O_2 被催化氧化生成硫酸储存在其微孔中。AC 脱硫往往是吸附和催化氧化交织进行，很难完全区分。有关 AC 的脱硫机理，大多认为

$$SO_2 + C \rightarrow C\text{-}SO_2 \quad (1-52)$$

$$1/2O_2 + C \rightarrow C\text{-}O \quad (1-53)$$

$$C\text{-}SO_2 + C\text{-}O \rightarrow C\text{-}SO_3 + C \quad (1-54)$$

$$H_2O + C \rightarrow C\text{-}H_2O \quad (1-55)$$

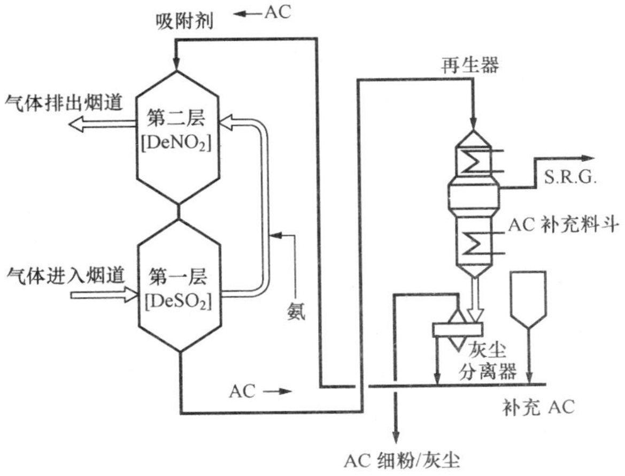

图 1-16 Mitsu-BF 干法脱硫脱硝工艺流程

$$C\text{-}SO_3 + C\text{-}H_2O \rightarrow C\text{-}H_2SO_4 + C \quad (1-56)$$

$$C\text{-}H_2SO_4 \rightarrow H_2SO_4 + C$$

首先，SO_2 和 O_2 被表面活性位吸附，随后 SO_2 被氧化为 SO_3，SO_3 与水反应生成的 H_2SO_4 迁移至微孔储存，最后释放活性吸附位继续吸附 SO_2。吸硫饱和的 AC 则需要通过再生以释放硫的储存位，再生后的 AC 可继续循环使用。目前，工业上应用最广的再生工艺是热再生（一般在 400℃左右、惰性气氛中再生）。热再生所释放的高浓度 SO_2 气体（20%～30%）可加工成 H_2SO_4、单质 S 等多种化工产品。普遍认可的热再生机理为

$$2H_2SO_4 + C \rightarrow 2SO_2 + CO_2 + 2H_2O \quad (1-57)$$

除热再生外，也有采用水洗再生和还原再生的相关工艺或研究。以德国鲁奇和日本住友等为代表的工艺采用的是水洗工艺，但这种再生方法对负载了金属活性组分的活性焦脱硫剂不太适用，因为这样会导致活性组分迅速流失，催化剂性能大幅衰减，近年来已很少有这方面的研究。此外，国内外大量学者还对还原再生进行了研究，主要包括 H_2 再生、C 再生、NH_3 再生和 CH_4 再生等。天津大学、山西煤化所、华东理工大学及台湾大学等的学者对其中的 NH_3 再生和 C 再生研究较多，这两种再生方法也被认为是最具工业应用潜力的技术；国外学者对再生技术的研究也主要集中在 NH_3 再生和 C 再生。

50 多年的时间，活性焦脱硫技术经历了从无到有、从 1000m^3/h（标态）到 178.2 万 m^3/h（标态）的规模发展。目前，活性焦脱硫工艺主要在日本、德国得到了较广泛的工业应用，我国才刚刚起步，而国外已经进入同时脱硫脱硝、脱除重金属及其他有毒物质的阶段。随着环保要求的日益严格，资源与环境可持续发展及循环经济进一步被人们所重视，现有的主流脱硫技术（湿法钙基脱硫）逐渐暴露出弊端，更需要一种多种污染物的深度脱除技术，而炭法烟气脱硫技术恰恰能适应这一发展趋势。

二、NID 干法烟气脱硫技术

NID（Novel Integrated Desulfurization）技术是 Alstom 公司在传统干法/半干法脱硫技术的基础上，研究开发出的新一代干法烟气脱硫技术，广泛应用于燃煤/燃油电厂、垃圾焚

烧等行业的脱硫除尘。NID半干法脱硫技术与湿法相比，具有占地面积小、运行费用低、设备简单、维修方便等优点，比较适合我国的具体国情，因此在我国燃煤电厂烟气脱硫技术中占有重要地位。

（一）工艺原理

NID脱硫技术的工艺原理是利用干CaO粉或$Ca(OH)_2$粉作为吸收剂，粉体表面经潮解后吸收烟气中的SO_2，反应式为

$$CaO + H_2O \rightarrow Ca(OH)_2 \quad (1-58)$$

$$Ca(OH)_2 + SO_2 \rightarrow CaSO_3 \cdot 1/2H_2O + 1/2H_2O \quad (1-59)$$

$$Ca(OH)_2 + 2HCl + 2H_2O \rightarrow CaCl_2 \cdot 4H_2O \quad (1-60)$$

$$CaSO_3 \cdot 1/2H_2O + 3/2H_2O + 1/2O_2 \rightarrow CaSO_4 \cdot 2H_2O \quad (1-61)$$

NID脱硫工艺常用的脱硫剂为生石灰CaO，生石灰在一个Alstom专利设计的消化器中加消化水消化成$Ca(OH)_2$粉，这种新鲜消化不经仓储停留的消石灰具有极好的脱硫反应活性。然后这些$Ca(OH)_2$粉与从除尘器及沉降室除下的大量的循环灰相混合进入增湿器，在此加水增湿使混合灰的水分含量从1%增湿到5%左右，然后以流化风为动力借助导向板进入直烟道反应器。由于在反应器内具有很大的蒸发表面，水分蒸发很快，烟气相对湿度很快增加，而烟气温度也从160℃左右冷却到70℃左右，形成较好的脱硫工况，从而除去烟气中的SO_x等酸性气体分子。最终产物脱硫灰则由气力输送装置送至灰库存储，再用罐装车运走。

（二）系统流程

NID干法脱硫脱硝工艺流程见图1-17。

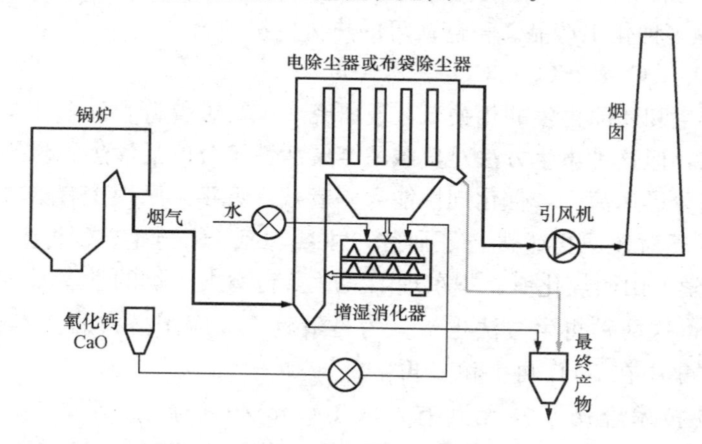

图1-17　NID干法脱硫脱硝工艺流程

从锅炉来的未处理的热烟气交替通过一级电除尘器，经烟气分布器后进入NID反应器，与增湿的可自由流动的灰和石灰混合粉接触，其中的活性组分立即被混合粉中的碱性组分吸收，同时，水分蒸发使烟气达到有效吸收SO_2需要的温度。气体分布、粉末流速和分布、增湿水量的有效控制确保了SO_2最适宜脱除率的最佳条件。处理过的废烟气流经脱硫后除尘器，在这里烟气中的粉尘被脱除，洁净后的烟气在露点温度20℃以上，无须再热，经引风机排入烟囱。颗粒除尘器出口的烟气由引风机输送到烟囱。收集下来的固体颗粒通过增湿系统再循环到NID系统，除尘器除掉的粉尘经增湿后进入NID反应器，灰斗的灰位计控制副产品的排出。

（三）技术特点

鉴于传统干法（半干法）烟气循环流化床脱硫技术吸收剂消化系统的复杂性及应用中产生的一系列黏结、堵塞等问题，NID烟气脱硫技术采用生石灰（CaO）的消化及灰循环增湿

的一体化设计，且能保证新鲜消化的高质量消化灰［$Ca(OH)_2$］立刻投入循环脱硫反应，对提高脱硫效率十分有利，同时也降低了吸收剂消化系统的投资和维修费用。

利用循环灰携带水分，当水与大量的粉尘接触时，不再呈现水滴的形式，而是在粉尘颗粒的表面形成水膜。粉尘颗粒表面的薄层水膜在一瞬间蒸发在烟气流中，烟气在降温的同时湿度增加，在尽可能短的时间内形成温度和湿度适合的理想反应环境。NID 技术的烟气在反应器内的停留时间只需 1s 左右，可有效地降低脱硫反应器高度。

脱硫副产物为干态，系统无污水产生。终产物流动性好，适应用气力输送。脱硫后的烟气不必再加热，可直接排放。循环灰的循环倍率可达 100～150 倍，使得吸收剂的利用率提高到 95%以上。脱硫效率高，脱硫效率可达 90%以上。

三、旋转喷雾干燥法烟气脱硫技术

该工艺于 20 世纪 70 年代初至中期开发成功，第一台电站喷雾干燥脱硫装置于 1980 年在美国北方电网的河滨电站投入运行，此后该技术在美国和欧洲的燃煤电站实现了商业化。该法利用石灰浆液作为吸收剂，以细雾滴喷入反应器，与 SO_2 边反应边干燥，在反应器出口，随着水分蒸发，形成了干的颗粒混合物，该副产物是硫酸钙、硫酸盐、飞灰及未反应的石灰组成的混合物。工艺流程如图 1-18 所示。

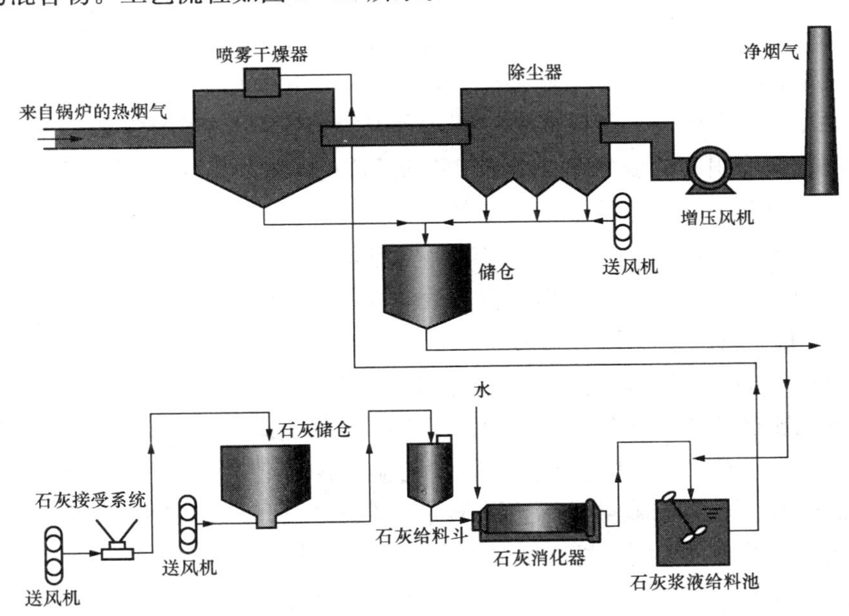

图 1-18 旋转喷雾半干法烟气脱硫脱硝工艺流程

其反应机理为

$$SO_2 + H_2O \rightarrow H_2SO_3 \tag{1-62}$$

$$Ca(OH)_2 + H_2SO_3 \rightarrow CaSO_3 + 2H_2O \tag{1-63}$$

$$CaSO_3(l) \rightarrow CaSO_3(g) \downarrow \tag{1-64}$$

$$CaSO_3(l) + 1/2O_2 \rightarrow CaSO_4(l) \tag{1-65}$$

$$CaSO_4(l) \rightarrow CaSO_4(g) \downarrow \tag{1-66}$$

喷雾干燥技术在燃用低硫煤和中硫煤的中小容量机组上应用较多。当用于高硫煤时，石灰浆液需要高度浓缩，因而带来了一系列技术问题；同时，由于石灰脱硫剂的成本较高，也影响了其经济性。但是近年来，燃用高硫煤的机组应用常规旋转喷雾技术的比例有所增加。喷雾干燥法可脱除70%～95%的SO_2，但副产物的处理和利用一直是个难题，且易出现沉积、结垢现象。

国内于1990年1月在白马电厂建成了一套中型试验装置，处理气量达7万m^3/h，经后续运行考核，Ca/S为1.4时，脱硫率可达到80%以上。后来，山东黄岛电厂100MW机组也采用此脱硫工艺，技术已基本成熟。

第四节　烟气脱硫技术发展趋势

为寻找经济适用且具有较高效率的烟气脱硫方法，国内外科研人员一直进行着不断努力，冯治宇等研制了$FeSO_4/Ac$脱硫剂，并对$FeSO_4/Ac$脱硫剂的脱硫性能进行了试验研究。结果表明，当$n(O_2)$：$n(SO_2)$＝7～10、$n(H_2O)$：$n(SO_2)$＝3～5、脱硫温度为120℃时，$FeSO_4/Ac$脱硫剂具有良好的脱硫性能，脱硫效率可达92.1%～96.8%。$FeSO_4/Ac$脱硫剂能够再生重复使用，采用水蒸气加热再生法对$FeSO_4/Ac$脱硫剂进行再生，实验结果显示，经四次加热法再生的$FeSO_4/Ac$脱硫剂的脱硫效率仍能达到91%。

Arturo等制取了CuO-CeO_2吸附催化剂，并通过TEM法、N_2吸附法、X-射线衍射法及程序降温法描述了此吸附—催化剂的特性。由于中孔及小CuO颗粒在二氧化铈载体上的分布，所以物质具有很高的表面积，其对于脱硫反应的催化特性比传统的吸附催化剂要高很多。该吸附催化剂对于SO_2吸附能力的改善主要取决于Cu元素与二氧化铈之间更好的分布及交互作用。依成武等利用介质阻挡强放电产生的非平衡等离子体，进行了烟气脱硫模拟。从优化结果可以看出，当SO_2的初始体积分数为3.45×10^{-4}～3.55×10^{-4}、含氧量为21%（体积分数）左右、电源频率为12.0kHz、外加电压为3.5kV、含水量为2.05%（体积分数）、停留时间为0.85s时，脱硫效率可以达到80%以上。

湿法烟气脱硫技术以其脱硫效率高、适应范围广、钙硫比低、技术成熟、副产物石膏可作为商品出售等优点，成为当今占主导地位的烟气脱硫方法。但是，该技术具有投资大、动力消耗大、占地面积大、设备复杂、运行费用和技术要求高等缺点，却限制了它的发展速度。与湿法脱硫技术相比，干法脱硫技术具有投资少、占地面积小、运行费用低、设备简单、维修方便、烟气无需再热等优点，可是它却存在钙硫比高、脱硫效率低、副产物不能商品化等缺点。

国内多所高校、科研单位及生产单位，近年来一直致力于开发适用于我国国情的烟气脱硫技术，主要研究成果见表1-8。

表1-8　　我国烟气脱硫技术研究发展现状

脱硫方法	研究单位	脱硫剂	烟气量（m^3/h）	脱硫率（%）
石灰石—石膏	上海闸北电厂等	石灰石	2500	80～90
亚纳循环法	湖北三厂等	纯碱	10 000	90
催化氧化吸收法	上海南厂市电厂等	H_2SO_4，Fe^{3+}	500	90

续表

脱硫方法	研究单位	脱硫剂	烟气量（m^3/h）	脱硫率（%）
磷铵肥法	西安热工研究所	磷灰石浆液	5000	95
磷矿石脱硫法	湖南大学	碳酸盐型磷矿石	5000	80
电石渣湿式脱硫	浙江大学	电石渣	20 000	75
电厂飞灰脱硫	昆明工学院等	飞灰		95
碱式硫酸铝法	重庆天原化工厂电站	碱式硫酸铝	10 000	95
	沈阳冶炼厂		13 000	93～96
湿式除尘脱硫法	北京劳保所等	灰水		60～80
文丘里湿式脱硫	电力部环保研究所	碱性溶液	75 000	63～70
含氰废水脱硫法	冶金部环保所	含氰废水	1000	98
旋转喷雾干燥法	西南电力设计院	$Ca(OH)_2$	70 000	85
锅炉烟气旋转喷雾干燥法	沈阳黎明公司	$Ca(OH)_2$	2000～50 000	80
炉内喷射增湿活化法脱硫	北京轻工学院	石灰石		75
	哈尔滨机械研究所	白云石		
钢渣吸附法	同济大学	转炉钢渣	200	60～80
电子束照射法	上海原子核研究所	NH_3	25	90
脉冲电晕等离子体法	大连理工学院等	NH_3	10	95
含碘活性炭吸附	湖北松木坪发电厂等	含碘活性炭	5000	90
流化床锅炉脱硫	清华大学	钙系复合剂		90

目前，烟气脱硫技术在实际应用中仍存在一些问题，需要研发具有综合作用的设备，研究和解决这些问题是今后工作的重点。综合我国国情和资源分布特点，烟气脱硫技术的研究应从以下五个方面着手：

（1）研究低浓度 SO_2 烟气脱硫的实用技术，改进传统工艺技术，解决单方治理 SO_2 造成的二次污染与综合效益差的矛盾。

（2）结合现有锅炉有除尘设施的特点，探索适合中小型锅炉烟气脱硫的工程投资和运行费用低、占地面积小、脱硫效率高、脱硫剂耗量少、回收价值高、不产生二次污染的技术。

（3）开展新型烟气脱硫的机理、技术和工艺研究。扩大烟气脱硫技术工业应用研究，尽快转化为生产力。

（4）开展脱硫副产物综合利用研究，扩展应用领域。

（5）应用烟气脱硫的工艺与其他设备的结合，研究多功能的设备，并应用于工业，提高效率，节约能源。

就目前而言，石灰石—石膏湿法脱硫工艺在未来的一段时间内仍将是国内外应用最广的烟气脱硫工艺，在新建电厂应用会更广，简易湿法则特别适用于老机组的改造。

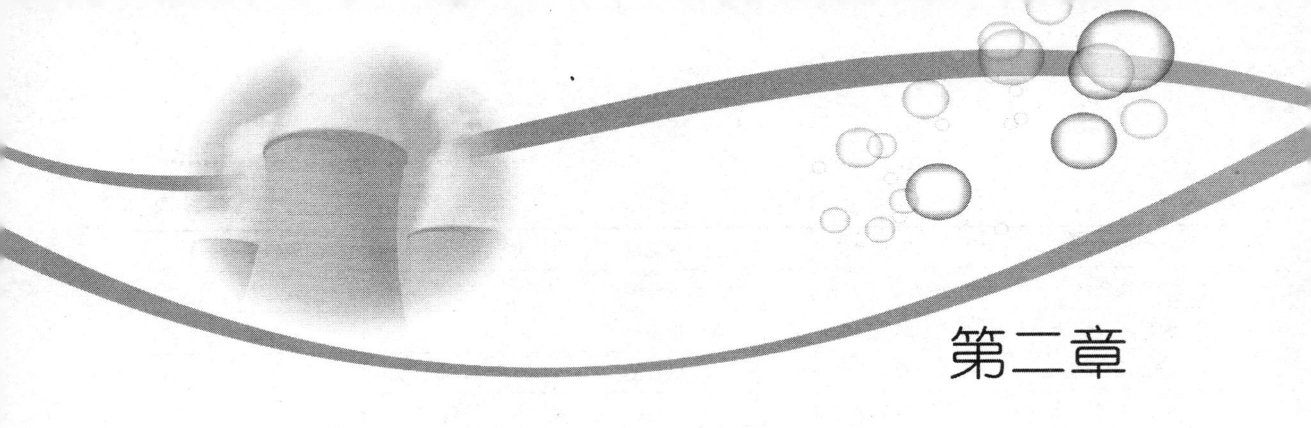

第二章

湿法烟气脱硫技术概述

石灰石—石膏法是我国电力行业目前应用最为广泛成熟的烟气脱硫技术，通常以石灰石或石灰作为脱硫剂，与烟气接触后，吸收并脱除烟气中的SO_2，达到净化烟气的目的，脱硫反应生成的石膏有多种用途。本章主要介绍石灰石—石膏法烟气脱硫的系统组成及主要运行控制方式。

第一节　湿法烟气脱硫技术工艺流程

石灰石—石膏湿法脱硫工艺采用价廉、易得的石灰石作为脱硫吸收剂，石灰石经破碎磨细成粉状，与水混合搅拌制成吸收剂浆。在吸收塔内，吸收剂浆液与烟气接触混合，烟气中的SO_2与浆液中的碳酸钙及鼓入的氧化空气进行化学反应，最终反应产物为石膏。脱硫后的烟气经除雾器除去带出的细小液滴，经加热器（如有）加热升温后排入烟囱。脱硫石膏浆经脱水装置脱水后回收。由于吸收剂浆的循环利用，脱硫吸收剂的利用率很高。该工艺适用于任何含硫量的煤种的烟气脱硫，脱硫效率可达到95%以上。

石灰石—石膏湿法脱硫工艺是目前世界上技术最成熟、应用最多的脱硫工艺，特别是在美国、德国和日本，应用该工艺的机组容量约占电站脱硫装机总容量的90%，应用的最大单机容量已达1300MW。典型的石灰石—石膏法烟气脱硫工艺流程如图2-1所示。

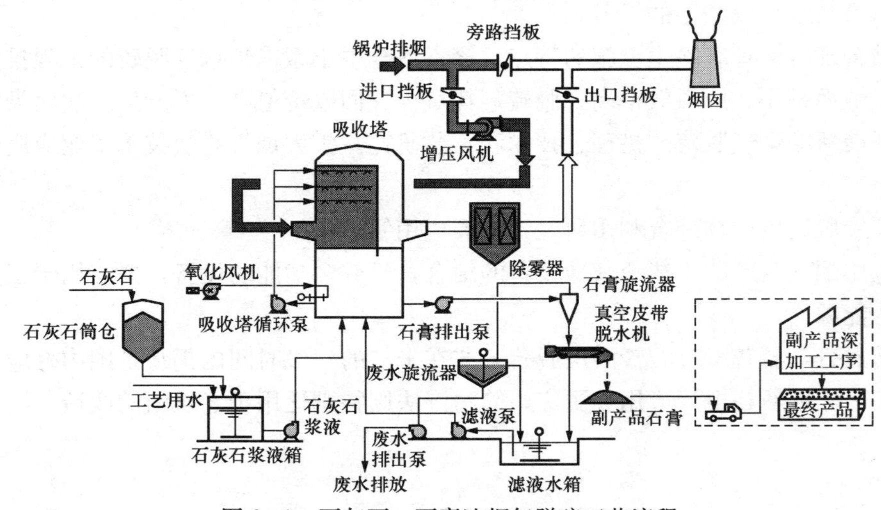

图2-1　石灰石—石膏法烟气脱硫工艺流程

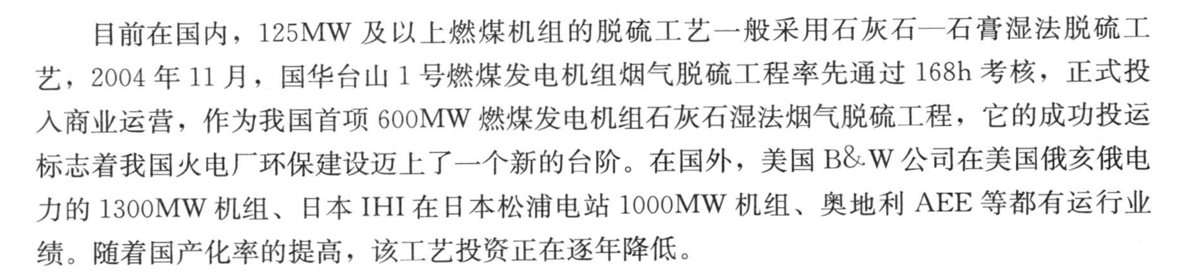

目前在国内，125MW 及以上燃煤机组的脱硫工艺一般采用石灰石—石膏湿法脱硫工艺，2004 年 11 月，国华台山 1 号燃煤发电机组烟气脱硫工程率先通过 168h 考核，正式投入商业运营，作为我国首项 600MW 燃煤发电机组石灰石湿法烟气脱硫工程，它的成功投运标志着我国火电厂环保建设迈上了一个新的台阶。在国外，美国 B&W 公司在美国俄亥俄电力的 1300MW 机组、日本 IHI 在日本松浦电站 1000MW 机组、奥地利 AEE 等都有运行业绩。随着国产化率的提高，该工艺投资正在逐年降低。

第二节　湿法烟气脱硫系统组成

典型的石灰石—石膏法烟气工艺系统包括烟气系统、吸收塔系统、吸收剂制备系统、石膏脱水及储存系统、废水处理系统及公用系统（工艺水、电气、压缩空气等）。

一、烟气系统

（一）系统简介

从锅炉引风机后的主烟道上引出的烟气，通过增压风机升压后进入吸收塔。在吸收塔内向上流动，穿过托盘及喷淋层，在此烟气被冷却到饱和温度，烟气中的 SO_2 被石灰石浆液吸收，然后经过除雾器除去水雾后，再接入主烟道经烟囱排入大气，在主烟道上设置旁路挡板门（可不设），在锅炉启动和 FGD 装置故障停运时，烟气由旁路烟道经烟囱直接排放。

烟道上设有挡板系统，以便于 FGD 系统正常运行和事故时旁路运行。挡板通常配有密封系统，以保证“零”泄漏。在正常运行时，FGD 进、出口挡板开启，旁路挡板关闭。在故障情况下，开启烟气旁路挡板门，关闭 FGD 进、出口挡板，烟气通过旁路烟道绕过 FGD 系统直接排到烟囱。

在锅炉从最低稳燃负荷到 BMCR 工况条件下，FGD 装置的烟气系统都能正常运行，并留有一定的余量，当烟气温度超过 160℃时，报警并开启烟气旁路。

烟气脱硫装置设置旁路烟道，所有的烟气挡板门应易于操作，在最大压差的作用下应具有 100%的严密性。在烟气脱硫装置的进、出口烟道上设置双百叶密封挡板，用于锅炉运行期间脱硫装置的隔断和维护。旁路挡板门的开启时间应能满足脱硫装置故障时不引起锅炉跳闸的要求。

（二）主要设备

烟气系统主要设备包括增压风机、烟气挡板、膨胀节等。

1. 增压风机

增压风机用于烟气增压，以克服 FGD 系统烟气阻力。增压风机可选用静叶或动叶可调轴流式风机，增压风机通常设置在热烟气侧，避免了低温烟气的腐蚀，从而减轻了风机制造和材料选型的难度。风机叶片材质主要考虑防止叶片磨损，以保证长寿命运行，在结构上考虑叶轮和叶片的检修和更换的方便性。

辅助设备包括风机配有独立的液压控制油站、润滑油站。增压风机配备必要的仪表和控制设备，主要是监控主轴温度的热电偶、振动测量装置、失速报警装置等。

2. 烟气挡板

FGD烟道系统设有烟气挡板，包括旁路挡板门、原烟道进口挡板门、净烟道出口挡板门。烟气挡板通常采用单轴双叶片百叶窗挡板，具有开启/关闭功能，采用电动执行机构驱动。FGD正常运行时，旁路挡板关闭，烟气经过原烟气挡板（进口挡板），进入脱硫岛系统内的升压风机，经吸收塔、净烟气挡板（出口挡板），通过烟囱排入大气。FGD事故时，旁路挡板快速打开，原烟气挡板及净烟气挡板关闭，烟气通过旁路挡板排入大气。为了系统安全考虑，通常要求旁路挡板能够在15s内快速开启；所有挡板要求在设计压力及设计温度下具有100%的气密性；为防止冷风进入烟气系统造成低温腐蚀，密封风机出口将设置电加热器。典型的单轴双叶片百叶窗烟气挡板如图2-2所示。

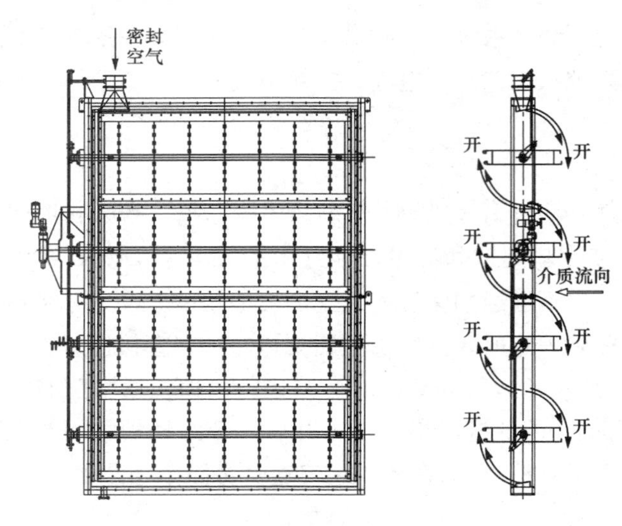

图2-2　单轴双百叶窗烟气挡板门结构

烟气挡板的材质要求为：原烟气挡板设置在烟气的高温区，此时烟气温度高于酸露点，不会发生低温腐蚀，故原烟气挡板的叶片及框架一般选取Q235-B即可；净烟气挡板设置在烟气的低温区，易于发生低温腐蚀，故凡是与烟气接触的地方均考虑防腐措施；旁路挡板在FGD正常运行时，一侧与高温烟气接触，一侧与低温烟气接触，为防止发生腐蚀，与低温烟气接触的部分需考虑防腐措施，与高温烟气接触的部分则可采用普通碳钢。

烟气挡板配一套密封空气系统，设备有挡板门密封风机。密封气压力至少比烟气压力高500Pa以上，风机在设计上考虑有足够的容量和压头。

二、吸收塔系统

SO_2吸收系统是烟气脱硫系统的核心，主要用于脱除烟气中的SO_2、SO_3、HCl、HF等污染物及烟气中的飞灰等物质。在吸收塔内，烟气中的SO_2被吸收浆液洗涤并与浆液中的$CaCO_3$发生反应，反应生成的亚硫酸钙在吸收塔底部的循环浆池内被氧化风机鼓入的空气强制氧化，最终生成石膏，石膏由石膏排出泵排出，送入石膏处理系统脱水。烟气经过塔顶的二级除雾器，以除去脱硫后烟气夹带的细小液滴，使烟气含雾量低于75mg/m^3（标态、干态）。

吸收塔系统包括吸收塔本体系统、浆液再循环系统、氧化空气系统、石膏排出系统等子系统。

（一）吸收塔本体系统

吸收塔自下而上可分为三个主要的功能区：①氧化结晶区，该区即为吸收塔浆液池区，其主要功能是石灰石溶解、亚硫酸钙氧化和石膏结晶；②吸收区，该区包括吸收塔入口及其以上的托盘和喷淋层，其主要功能是用于吸收烟气中的酸性污染物及飞灰等物质；③除雾区，该区包括两级除雾器，用于分离烟气中夹带的雾滴，降低对下游设备的腐蚀，减少结垢并降低吸收剂和水的损耗。

烟气通过吸收塔入口从吸收塔浆液池上部进入吸收区。在吸收塔内，热烟气通过托盘均布与自上而下的浆液接触发生化学吸收反应，并被冷却。脱硫浆液由各喷淋层多个喷嘴喷出。浆液从烟气中吸收硫的氧化物（SO_x）及其他酸性物质。在液相中，硫的氧化物（SO_x）与碳酸钙反应，形成亚硫酸钙和硫酸钙。

吸收塔上部吸收区的 pH 值较高，有利于 SO_2 等酸性物质的吸收；下部氧化区域在低 pH 值下运行，有利于石灰石的溶解，有利于副产品石膏的生成。从吸收塔排出的石膏浆液含固浓度为 20%（质量分数）。

脱硫后的烟气依次经过除雾器除去雾滴，再由烟囱排入大气。

由于在吸收塔内吸收剂浆液通过循环泵反复循环与烟气接触，则吸收剂利用率很高。

吸收塔塔体通常采用钢结构，玻璃鳞片树脂内衬。吸收塔顶布置除雾器，可以分离烟气中的绝大部分浆液雾滴，经收集后，烟气夹带出的雾滴均返回吸收塔浆池中。除雾器配套喷淋水管，通过控制程序进行脉冲冲洗，用以去除除雾器表面上的结垢并补充因烟气饱和而带走的水分，以维持吸收塔内要求的液位。常用的喷淋吸收塔结构如图 2-3 所示。

常用的除雾器形式如图 2-4 所示，除雾原理如图 2-5 所示。

在吸收塔下部浆液池中布置搅拌器或脉冲悬浮扰动泵，使浆液保持流动状态，从而使其中的脱硫有效物质（$CaCO_3$ 固体微粒）也保持在浆液中的均匀悬浮状态，保证浆液对 SO_2 的吸收和反应能力。常用的搅拌器形式如图 2-6 所示。

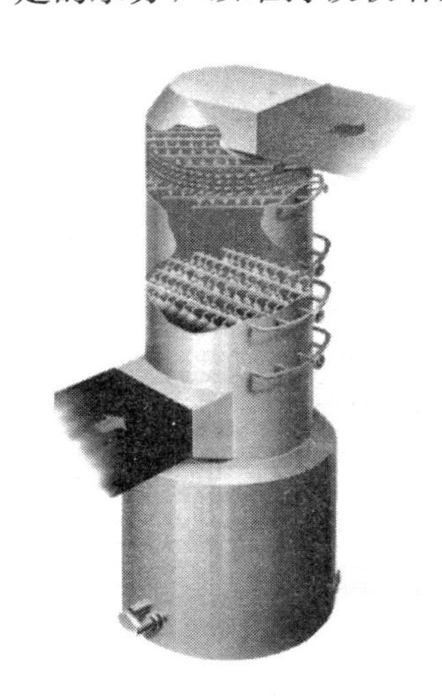

图 2-3　喷淋吸收塔结构

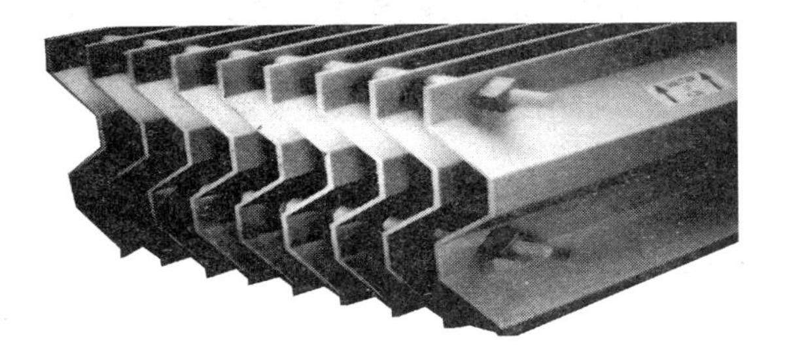

图 2-4　常用的吸收塔除雾器叶片

（二）浆液再循环系统

浆液再循环系统由浆液循环泵、喷淋层、喷嘴及其相应的管道和阀门组成。浆液循环泵的作用是将吸收塔浆液池中的浆液经喷嘴循环，并为产生颗粒细小、反应活性高的浆液雾滴提供能量。通常每层喷淋层对应配置一台浆液循环泵。在吸收塔浆液池上设置溢流管道，溢流液可以通过吸收塔排水坑泵返回吸收塔回用。

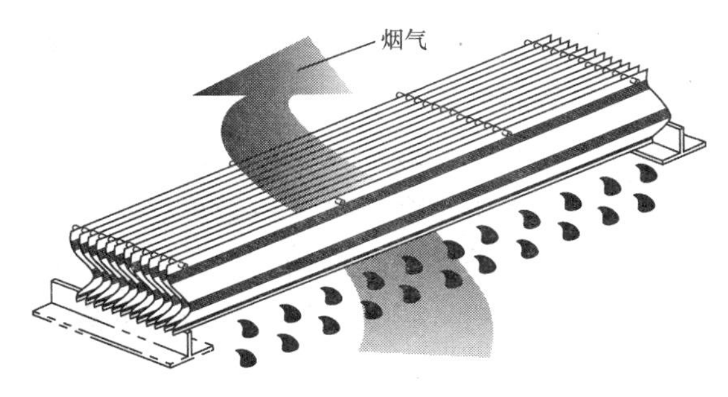

图 2-5　吸收塔除雾器工作原理

（三）氧化空气系统

烟气中本身的含氧量不足以氧化反应生成的亚硫酸钙，因此，需提供强制氧化系统为吸收塔浆液提供氧化空气。氧化系统会将脱硫反应中生成的 $CaSO_3 \cdot 1/2H_2O$ 氧化为 $CaSO_4 \cdot 2H_2O$，即石膏。氧化空气系统将为这一过程提供氧化空气。

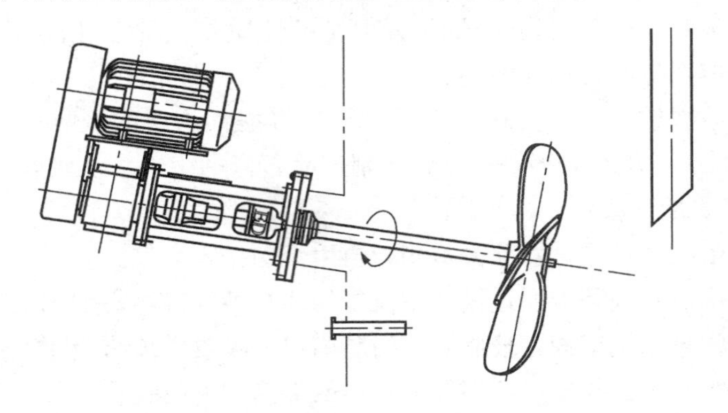

图 2-6　吸收塔搅拌器

氧化空气通过氧化空气喷枪均匀地分布在吸收塔底部反应浆液池中，将亚硫酸钙氧化为硫酸钙。氧化空气喷枪在吸收塔内的工作情况如图 2-7 所示。

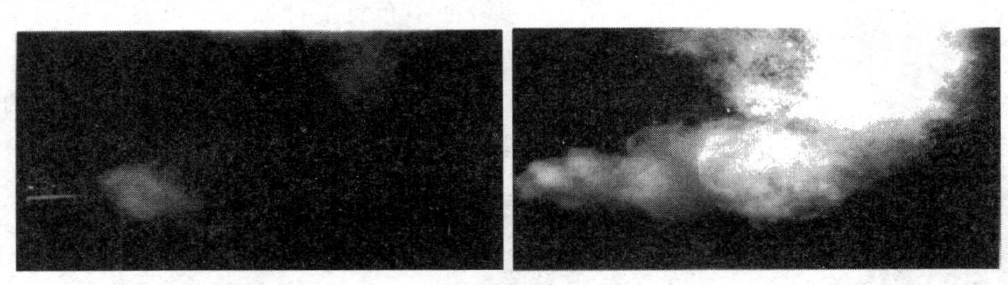

图 2-7　氧化喷枪在吸收塔内的工作情况

三、石灰石浆液制备系统

（一）系统简介

FGD 烟气脱硫系统通常要求石灰石成品细度为 325 目或 250 目筛余量小于 10%。可以选用干粉制浆或湿式球磨机制浆，干粉制浆为石灰石粉加工艺水直接配制，工艺简单，本节只介绍湿式球磨机制浆系统。典型的湿式球磨机制浆系统如图 2-8 所示。

经破碎的石灰石由称重给料机送入球磨机，在球磨机内被钢球砸击、挤压和碾磨。在球磨机入口加入一定比例的携带水，此水会同两级旋流器的底流流经球磨机筒体，将碾磨后的细小石灰石颗粒带出筒体进入一级再循环箱，而石灰石中的杂物则被球磨机出口的环形滤网滤出，进入置于外部的杂物箱。进入一级再循环箱的石灰石浆液被一级再循环泵打入一级旋流器进行初级分离，浆液中的大颗粒被分离到旋流器的底部，并被底流带回到球磨机入口重新碾磨。浆液中的小颗粒则被溢流携带进入二级再循环箱，由二级再循环泵打入二级旋流器进行二级分离。二级旋流器由若干个小旋流筒构成，石灰石浆液中的粗颗粒被底流带回到球磨机入口重新碾磨。溢流出的合格石灰石浆液进入石灰石浆液箱备用。

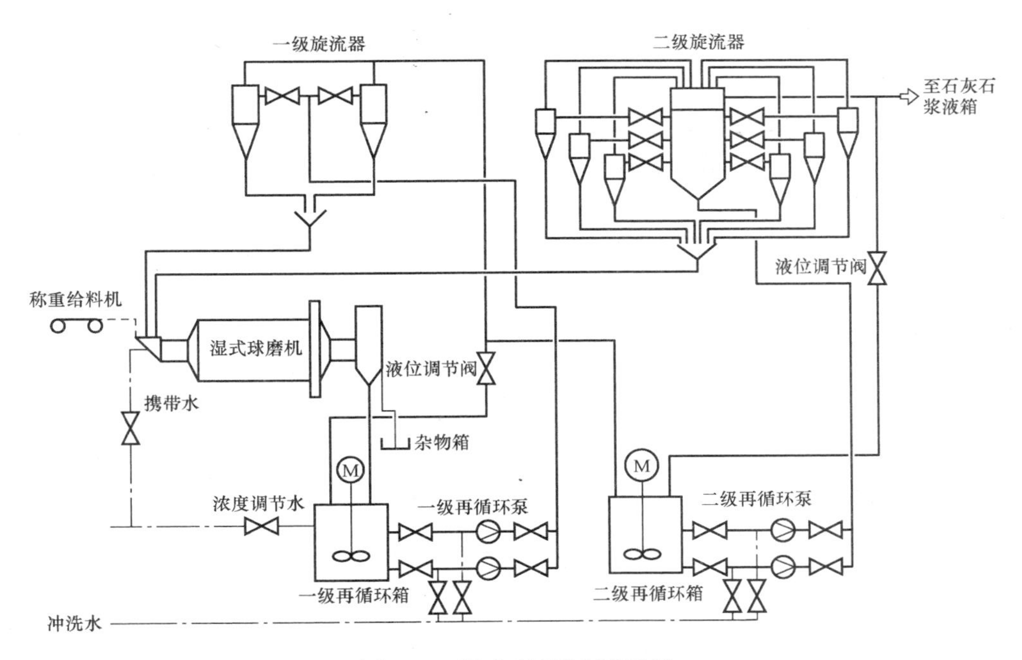

图 2-8 湿式球磨机制浆系统

——石灰石浆液；—·—水；----石灰石

（二）主要设备

1. 球磨机

脱硫系统常用的湿式球磨机如图 2-9 所示。

电动机通过离合器与球磨机小齿轮连接，驱动球磨机旋转。润滑油系统包括低压润滑油和高压润滑油系统。低压润滑油主要是对传动齿轮进行润滑和降温，高压润滑油系统的主要作用是在启动/停止时将球磨机轴承顶起。

图 2-9 湿式球磨机

2. 旋流站

旋流器是石灰石颗粒分离的关键设备，其结构同一般的离心式旋风器相同。石灰石浆液由切向进入筒体旋转，在离心力的作用下，大粒径的颗粒被甩向筒壁落下并由底流带出旋流器，小粒径的颗粒由中心管向上由溢流带出。旋流器下部的底流喷嘴可拆换，通过使用不同口径的喷嘴，可以调整底流与溢流的比例。旋流器对入口浆液中固体物的分离效率取决于旋流器的结构（筒径、入口尺寸、中心管直径及插入深度等）和运行工况（入口浆液速度、入口固体颗粒度等）。在入口固体颗粒度一定的条件下，提高入口浆液速度即可提高旋流器的分离效率，从而在溢流中得到较细的固体颗粒。

四、脱水系统

在吸收塔浆液池中不断产生石膏。为了使浆液密度保持在合理的运行范围内，需将石膏浆液（18%～22%固体含量）从吸收塔中抽出。浆液通过石膏排出泵泵至石膏旋流器，进行石膏一级脱水，使旋流器底流石膏固体含量达50%左右，底流直接送至皮带脱水机给料分配联箱，通过真空皮带过滤机进一步脱水至含水10%以下。石膏旋流器溢流液流入废水给料箱，通过废水泵输送到废水旋流器进一步分离，废水旋流器的底流流进滤液水箱，溢流直接送至废水处理车间进行处理。滤出液一部分返回吸收塔作为补充水，以维持吸收塔内的液面平衡，一部分进入石灰石浆液制备系统。旋流器的上清液一部分返回吸收塔，一部分进入废水处理系统。

常见的真空皮带石膏脱水系统如图2-10所示。

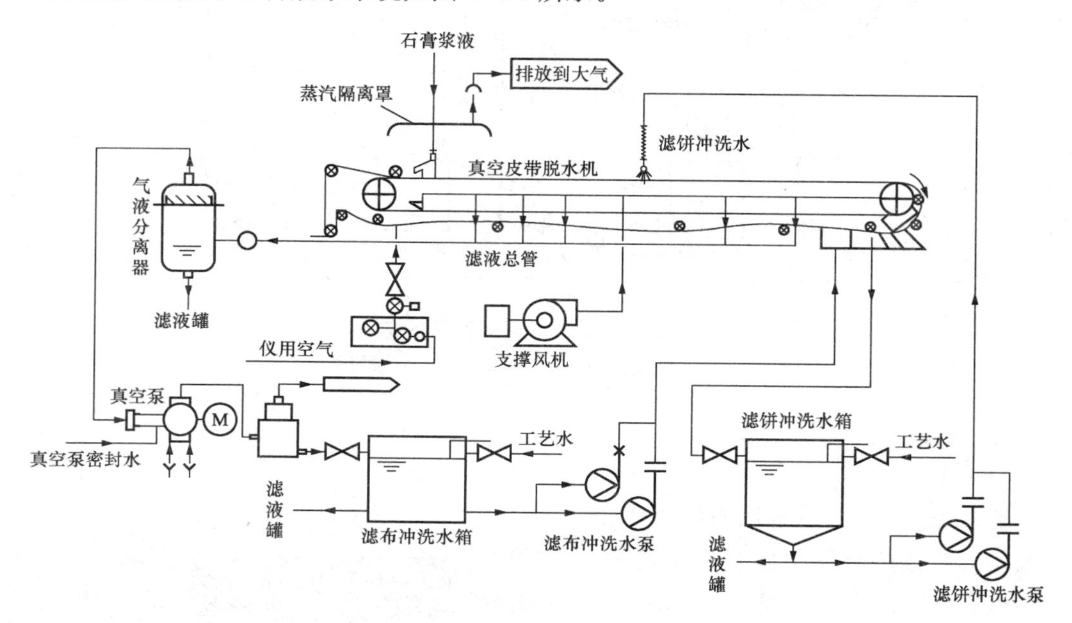

图2-10　脱硫石膏真空皮带脱水系统

（一）吸收塔排出泵系统

吸收塔设置石膏浆液排出泵，石膏排出泵通过管道将石膏浆液从吸收塔中输送到石膏旋流器，石膏排出泵还用来在事故或检修状态下将吸收塔浆液排到事故浆液箱中。

（二）石膏一级脱水系统（石膏旋流器）

在吸收塔浆液池中形成的石膏通过石膏排出泵输送到石膏旋流器。每台石膏旋流器包含五个石膏旋流子，将石膏浆液通过离心旋流而脱水分离，使石膏水分含量从80%降至40%～50%。

石膏浆液进入分配器，被分流到单个的旋流子。旋流器利用离心力加速沉淀，作用力使浆液流在旋流器进口切向上被分离，使浆液形成环形运行。粗颗粒被抛向旋流器的环状面，细颗粒留在中心，通过没入式管澄清的液体从上部溢流出来，浓厚的浆液从底部流走，而石膏浆液较稀的部分进入溢流。含粗石膏微粒的浓缩的旋流器底流被直接流入真空皮带脱水机进行二级脱水，而含固量为3.1%左右的溢流则进入废水旋流器。

（三）石膏二级脱水系统

从一级脱水系统来的旋流器底流，直接进入真空皮带脱水机进行过滤、冲洗，得到主要副产物石膏。通常真空皮带脱水机在设计上考虑两台炉在 BMCR 工况燃用设计煤种时 150% 的石膏处理量设计。脱水后石膏的品质为：湿度低于 10%，含 Cl^- 浓度小于 100ppm。脱水后的石膏饼落入石膏库存放，再由汽车运走。石膏脱水机运行示意见图 2-11。

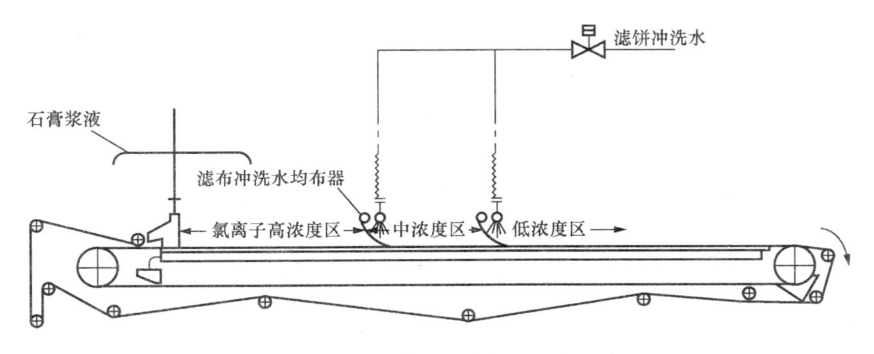

图 2-11　真空皮带脱水机运行示意

五、工艺水系统

FGD 的工艺水系统主要功能如下：

(1) 石灰石制浆和吸收塔氧化槽液位调整；

(2) 吸收塔除雾器冲洗；

(3) 石膏及真空皮带脱水机冲洗；

(4) 氧化风机系统和其他设备的冷却水及密封水；

(5) 各种管道、设备的冲洗；

(6) 脱硫场地冲洗；

(7) 设计中需要的各种其他用水。

六、排空系统

排空系统主要由事故池、集水池、集水沟等构筑物和石膏浆液排空泵，抛弃泵，搅拌器等设备组成。事故池需满足吸收塔检修排空和其他浆液（如集水池等）的排空要求。吸收塔事故检修时，塔内浆液通过石膏浆液排出泵输送到事故池暂存。事故池内的浆液可由浆液泵送至灰场抛弃，也可返回吸收塔作为下次 FGD 重新启动时的石膏晶种。在吸收塔区域、石膏脱水区域分别设置独立的集水池。该区域内的废水、冲洗水及其他浆液通过就近的集水沟排入集水池，通过集水池设置的浆液排空泵输送到事故池，再由事故池浆液抛弃泵送至灰场或返回吸收塔或制浆系统重复利用。事故池和集水池内设置搅拌机，防止浆液沉淀、淤积。该系统的设备、管道等设置有冲洗系统，在停运时可通过自动冲洗排出设备、管道内残存的浆液，从而避免设备、管道的堵塞。主要功能：①收集事故时吸收塔排放的浆液；②运行时收集各设备冲洗水、管道冲洗水、吸收塔区域冲洗水及其他区域冲洗水；③将收集的浆液、冲洗水回收剂制浆系统或灰场。

七、废水处理系统

脱硫装置浆液内的水在不断循环的过程中，会富集悬浮物、重金属元素（汞、镍、铜、铅、锌等）和 Cl^-、F^- 等。这些物质的富集，一方面会加速脱硫设备的腐蚀，另一方面将影响石膏的品质，因此，脱硫装置要排放一定量的废水。脱硫废水由废水暂存箱泵至FGD废水处理系统，经中和、絮凝和沉淀等一系列处理过程，达标后排放至电厂工业废水下水道。

第三节　湿法烟气脱硫运行操作

一、影响脱硫效率的因素及调整

脱硫效率是脱硫系统运行状况的综合指标，是运行人员调整的主要参数，石灰石—石膏法脱硫工艺涉及一系列的化学过程，脱硫效率取决于多种因素。主要的影响因素包括：①吸收塔入口烟气参数，如烟气温度、SO_2 浓度、氧量等；②石灰石的品质、消溶特性、纯度和粒度分布等；③运行因素，如浆液浓度、浆液 pH 值、吸收液的过饱和度、液气比 L/G 等。

（一）吸收塔入口烟气参数对脱硫效率的影响

1. 烟气温度的影响

烟气温度对脱硫效率的影响如图 2-12 所示。

脱硫效率随吸收塔进口烟气温度的降低而增加，这是因为脱硫反应是放热反应，温度升高不利于脱除 SO_2 化学反应的进行。设置 GGH 的脱硫系统，可以使由吸收塔出来的烟气温度由 45～55℃升至 80℃以上，同时也使原烟气温度由 120～140℃降至 90～100℃后进入吸收塔。进入吸收塔的温度没有自动控制装置，只有通过定时、非定时地启动空气及高压水清洗装置来保证 GGH 的换热效果，使 GGH 下游烟道烟气温度维持在设计值 95℃左右，从而保证吸收塔内烟气温度在 50℃左右。

2. 烟气中 SO_2 浓度的影响

一般认为，当烟气中 SO_2 浓度增加时，有利于 SO_2 通过浆液表面向浆液内部扩散，加快反应速度，脱硫效率随之提高。事实上，烟气中 SO_2 浓度的增加对脱硫效率的影响在不同浓度范围内是不同的。

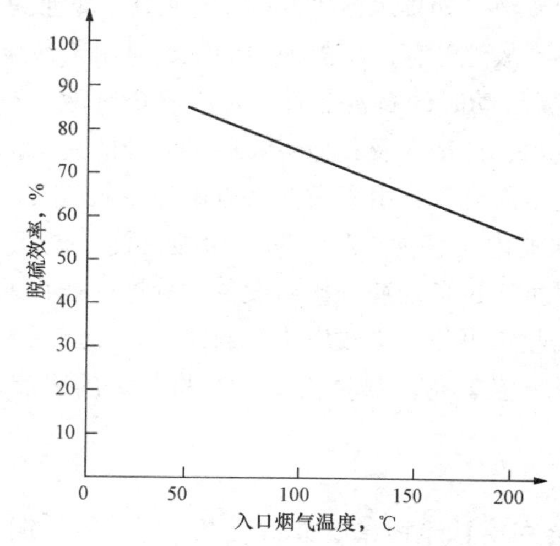

图 2-12　烟气温度对脱硫效率的影响

在钙硫摩尔比（Ca/S）一定的条件下，当烟气中 SO_2 浓度较低时，根据化学反应动力学，其吸收速率较低，吸收塔出口 SO_2 浓度与入口 SO_2 浓度相比降低幅度不大。由于吸收过程是可逆的，各组分浓度受平衡浓度制约。当烟气中 SO_2 浓度很低时，由于吸收塔出口 SO_2 浓度不会低于其平衡浓度，所以不可能获得很高的脱硫效率。因此，工程上的共识为，烟气中 SO_2 浓度低则不易获得很高的脱硫效率，浓度较高时容易获得较高的脱硫效率。实际上，按某一入口 SO_2 浓度设计的 FGD 装置，当烟气中 SO_2 浓度很高时，脱硫效率会有所下降。

因此，在 FGD 装置和 Ca/S 一定的情况下，随着 SO_2 浓度的增大，脱硫效率存在一个峰值，亦即在某一 SO_2 浓度值下脱硫效率达到最高。图 2-13 是某电厂烟气中 SO_2 浓度对脱硫效率影响的试验结果。当烟气中 SO_2 浓度低于这个值时，脱硫效率随 SO_2 浓度的增加而增加；超过此值时，脱硫效率随 SO_2 浓度的增加而减小。

3. 烟气中 O_2 浓度的影响

在吸收剂与 SO_2 的反应过程中，O_2 参与其化学过程，使 HSO_3^- 氧化成 SO_4^{2-}。图 2-14 是某电厂烟气中 O_2 浓度对脱硫效率的影响。实验表明：在烟气量、SO_2 浓度、烟气温度等参数一定的情况下，随着烟气中 O_2 含量的增加，脱硫效率有增大的趋势；当烟气中 O_2 含量增加到一定程度后，脱硫效率的增加逐渐减缓。随着烟气中 O_2 含量的增加，吸收浆液滴中 O_2 含量增大，加快了 $SO_2+H_2O \rightarrow HSO_3^- \rightarrow SO_4^{2-}$ 的正向反应进程，有利于 SO_2 的吸收，脱硫效率呈上升趋势。

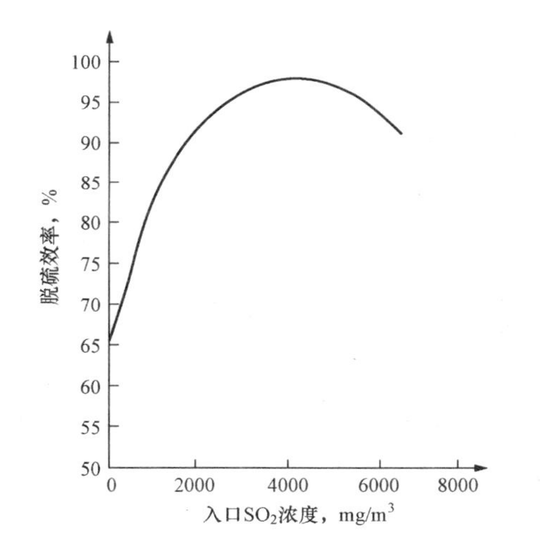

图 2-13　烟气中 SO_2 浓度对脱硫效率的影响

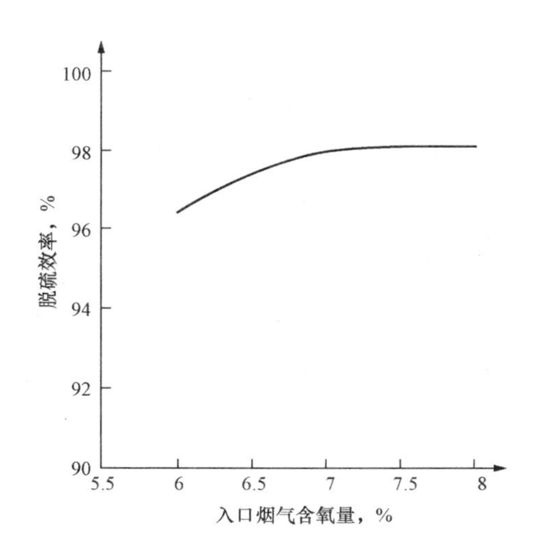

图 2-14　烟气中 O_2 含量对脱硫效率的影响

但是，并非烟气中 O_2 浓度越高越好。因为烟气中 O_2 浓度很高则意味着系统漏风严重，进入吸收塔的烟气量大幅度增加，烟气在塔内的停留时间减少，导致脱硫效率下降。通常吸收塔内的氧含量保持在 5%～6%。

4. 烟气含尘浓度的影响

通常，锅炉烟气经过除尘器后，烟气中的飞灰浓度仍然较高，一般为 50～200mg/m^3（标态）。经过吸收塔洗涤后，烟气中绝大部分飞灰留在了浆液中。浆液中的飞灰在一定程度上阻碍了石灰石的消溶，降低了石灰石的消溶速率，导致浆液 pH 值降低，脱硫效率下降。同时，飞灰中溶出的一些重金属如 Hg、Mg、Cd、Zn 等的离子会抑制 Ca^{2+} 与 HSO_3^- 的反应，进而影响脱硫效果。此外，飞灰还会降低副产品石膏的白度和纯度，增加脱水系统管路堵塞、结垢的可能性。运行过程应严格控制烟气中粉尘含量不高于 200mg/m^3，以降低烟气含尘浓度对脱硫效率的影响。

(二) 石灰石的品质、纯度和粒度对脱硫效率的影响

1. 石灰石品质和纯度的影响

石灰石中的杂质对石灰石颗粒的消溶起阻碍作用，并且杂质含量越高，这种阻碍作用就越强。石灰石浆液中 Mg、Al 等杂质对提高脱硫效率虽有有利的一面，但更不利的是，当吸收塔 pH 值降至 5.1（运行控制要求在 5.5 左右）时，烟气中的 F^- 与 Al^{3+} 化合成 AlF_x 络合物，形成包膜覆盖在石灰石颗粒表面。Mg^{2+} 的存在对包膜的形成有很强的促进作用。这种包膜的包裹会使得石灰石的活性降低，也就降低了石灰石的利用率。另外，杂质 $MgCO_3$、Fe_2O_3、Al_2O_3 均为酸易溶物，它们进入吸收塔浆液体系后均能生成易溶的镁、铁、铝盐类。由于浆液的循环，这些盐类将会逐步富集起来，浆液中大量增加非 Ca^{2+} 离子，将弱化 $CaCO_3$ 在溶液体系中的溶解和电离。所以，石灰石中这些杂质的含量若较高，则会影响脱硫效果。此外，石灰石中的杂质 SiO_2 难以研磨，若含量高会导致研磨设备功率消耗大，系统磨损严重。若石灰石中的杂质含量高，必然会导致脱硫副产品石膏品质的下降。因此，石灰石品质高，则其消溶性能好，浆液吸收 SO_2 等相关反应速率快，这对提高脱硫效率和石灰石的利用率是有利的。

石灰石纯度越高，价格就越高，因此，采用高纯度的石灰石做脱硫剂将使系统运行成本增加，但这可以通过出售高品位的石膏来加以弥补。通常石灰石纯度要求在 90%以上。

2. 石灰石颗粒粒度的影响

石灰石颗粒的粒度越小，质量比表面积就越大。由于石灰石的消溶反应是固—液两相反应，其反应速率与石灰石颗粒比表面积成正相关，因此，较细的石灰石颗粒的消溶性能较好，各种相关反应速率较高，脱硫效率及石灰石利用率较高；同时，由于副产品脱硫石膏中石灰石含量低，则有利于提高石膏的品质。但石灰石的粒度越小，破碎的能耗越高。通常要求的石灰石粉通过 325 目或 250 目筛的过筛率达到 90%以上。

(三) 运行因素对脱硫效率的影响

1. 浆液 pH 值的影响

浆液 pH 值是石灰石湿法烟气脱硫系统的重要运行参数。浆液 pH 值升高，一方面，由于液相传质系数增大，SO_2 的吸收速率增大；另一方面，由于在 pH 值较高（大于 6.2）的情况下，脱硫产物主要是 $CaSO_3 \cdot 1/2H_2O$，其溶解度很低，极易达到过饱和而结晶在塔壁和部件表面上，形成很厚的垢层，造成系统严重结垢。浆液 pH 值低，则 SO_2 的吸收速率减小，但结垢倾向减弱。当 pH 值低于 6 时，SO_2 的吸收速率下降幅度减缓；当 pH 值降到 4.0 以下时，浆液几乎不再吸收 SO_2。

浆液 pH 值不仅影响 SO_2 的吸收，而且影响石灰石、$CaSO_3 \cdot 1/2H_2O$ 和 $CaSO_4 \cdot 2H_2O$ 的溶解度，随着 pH 值的升高，$CaSO_3 \cdot 1/2H_2O$ 的溶解度显著下降；$CaSO_4 \cdot 2H_2O$ 的溶解度增加，但增加的幅度较小。因此，随着 SO_2 的吸收，浆液 pH 值降低，$CaSO_3 \cdot 1/2H_2O$ 的量增加，并在石灰石颗粒表面形成一层液膜，而液膜内部 $CaCO_3$ 的溶解又使 pH 值升高，溶解度的变化使液膜中的 $CaSO_3 \cdot 1/2H_2O$ 析出并沉积在石灰石颗粒表面，形成一层外壳，使石灰石颗粒表面钝化。钝化的外壳阻碍了石灰石的继续溶解，抑制了吸收反应的进行，导致了脱硫效率和石灰石利用率的下降。由此可见，浆液的低 pH 值有利于石灰石的溶解和

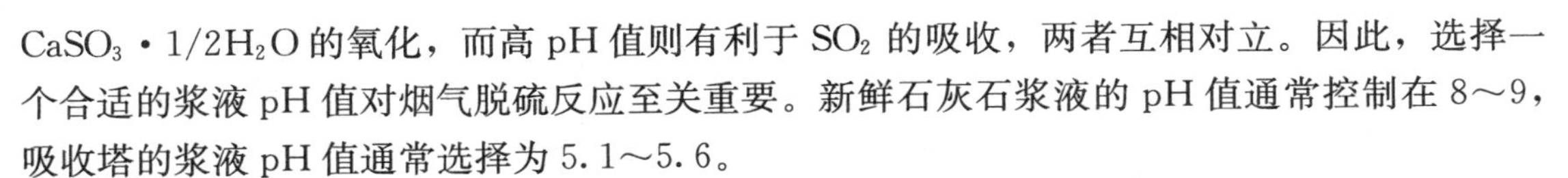

$CaSO_3 \cdot 1/2H_2O$ 的氧化，而高 pH 值则有利于 SO_2 的吸收，两者互相对立。因此，选择一个合适的浆液 pH 值对烟气脱硫反应至关重要。新鲜石灰石浆液的 pH 值通常控制在 8～9，吸收塔的浆液 pH 值通常选择为 5.1～5.6。

2. 液气比 L/G 的影响

液气比决定吸收酸性气体所需要的吸收表面。在其他参数值一定的情况下，提高液气比，相当于增大吸收塔内的喷淋密度，使液气间的接触面积增大，吸收过程的推动力增大，脱硫效率也将增大。但液气比超过一定程度，吸收率将不会有显著提高，而吸收剂及动力的消耗将急剧增大。液气比 L/G 对脱硫效率的影响如图 2-15 所示。

从图 2-15 中可以看到，液气比 $L/G<15L/m^3$ 时，随 L/G 的增大，脱硫效率显著增大；$L/G>15L/m^3$ 后，随 L/G 的增大，脱硫效率增加幅度很小。

实际运行中，提高 L/G 将会使浆液循环泵总的流量增大，相应地要增加循环泵投运数量，运行成本增大；提高 L/G 还会使吸收塔内的压力损失增大，风机能耗提高。研究表明，在浆液中加入添加剂（如钠碱、己二酸等），在保证较高的脱硫效率的前提下，可以适当降低 L/G，从而降低初投资和运行费用。

图 2-15　液气比对脱硫效率的影响

3. 浆液循环量的影响

新鲜的石灰石浆液喷淋下来与烟气接触后，SO_2 等气体与吸收剂的反应并不完全，需要不断地循环反应，以提高石灰石的利用率。增加浆液循环量、提高 L/G 的同时，也就增加了浆液与 SO_2 的接触反应时间，从而提高了脱硫效率。此外，增加浆液循环量，将促进混合液中的 HSO_3^- 氧化成 SO_4^{2-}，有利于石膏的形成。但是，过高的浆液循环量将导致初投资和运行费用增加。

4. 浆液停留时间的影响

浆液在反应池内停留时间长将有助于浆液中石灰石与 SO_2 完全反应，并能使反应生成物 $CaSO_3$ 有足够的时间完全氧化成 $CaSO_4$，形成粒度均匀、纯度高的优质脱硫石膏。但是，延长浆液在反应池内的停留时间会导致反应池的容积增大，氧化空气量和搅拌机的容量增大，土建和设备费用及运行成本增加。

5. 吸收液过饱和度的影响

石灰石浆液吸收 SO_2 后生成 $CaSO_3$ 和 $CaSO_4$。石膏的结晶速度依赖于石膏的过饱和度，在循环操作中，当超过某一相对饱和度值后，石膏晶体就会在悬浊液内已经存在的石膏晶体上生长。当相对饱和度达到某一更高值时，就会形成晶核，同时石膏晶体会在其他物质表面上生长，导致吸收塔浆液池表面结垢。此外，晶体还会覆盖那些还未反应的石灰石颗粒表面，造成石灰石利用率和脱硫效率下降。正常运行的脱硫系统过饱和度一般应控制在 120%～130%。由于 $CaSO_3$ 和 $CaSO_4$ 的溶解度随温度变化不大，所以用降温的办法难以使两者从溶液中结晶出来。因为溶解的盐类在同一盐的晶体上结晶比在异类粒子上结晶要快得多，故在循环母液中添加 $CaSO_4 \cdot 2H_2O$ 作为晶种，使 $CaSO_4$ 过饱和度降低至正常浓度，可以减少因 $CaSO_4$ 而引起的结垢。$CaSO_3$ 晶种的作用较小，所以在脱硫系统中设置充气槽将 $CaSO_3$ 氧化成 $CaSO_4$，从而不至于干扰 $CaSO_4 \cdot 2H_2O$ 的结晶。

向吸收液中添加含有 Mg^{2+}、$CaCl_2$ 或己二酸等的添加剂，也可降低 $CaSO_3$ 和 $CaSO_4$ 的过饱和度，不仅可以防止结垢，而且可以提高石灰石的活性，从而提高脱硫效率。己二酸可起缓冲溶液 pH 值的作用，抑制气液界面上由于 SO_2 溶解而导致的 pH 值降低，使液面处的 SO_2 浓度提高，加速液相传质，可大大提高石灰石的利用率，从而提高 SO_2 的吸收率。

6. Ca/S 的影响

在保持液气比不变的情况下，钙硫比增大，注入吸收塔内吸收剂的量相应增大，引起浆液 pH 值上升，可增大中和反应的速率，增加反应的表面积，使 SO_2 吸收量增加，提高脱硫效率。但是，由于石灰石的溶解度较低，其供给量的增加，将导致浆液浓度的提高，会引起石灰石的过饱和凝聚，最终使反应的表面积减小，脱硫效率降低。对于石灰石—石膏湿法 FGD 装置，吸收塔的浆液浓度一般为 20%～30%，Ca/S 为 1.02～1.05。

7. 吸收塔内烟气流速的影响

在其他参数维持不变的情况下，提高吸收塔内的烟气流速，一方面，可以提高气液两相的湍动，降低烟气与液滴间的膜厚度，提高传质系数；另一方面，喷淋液滴的下降速度将相对降低，使单位体积内持液量增大，增大了传质面积，增加了脱硫效率。但是，烟气流速增大，则烟气在吸收塔内的停留时间减小，脱硫效率下降。因此，从脱硫效率的角度来讲，吸收塔内烟气流速有一个最佳值，高于或低于此气速，脱硫效率都会降低。

在实际工程中，烟气流速的增加无疑将减小吸收塔的塔径，减小吸收塔的体积，对降低造价有益。然而，烟气流速的增加将对吸收塔内除雾器的性能提出更高的要求，同时还会使吸收塔内的压力损失增大，能耗增加。通常将吸收塔内的烟气流速控制在 3.5～4.5m/s 较合理。

二、吸收塔浆液成分的影响因素及调整

吸收塔浆液的成分直接关系到石膏品质的好坏和脱硫效率的高低。吸收塔浆液的主要成分为 $CaSO_4 \cdot 2H_2O$，此外还有少量的 $CaSO_3 \cdot 1/2H_2O$ 和 $CaCO_3$ 等。从脱硫反应机理来分析，加入较多的石灰石有利于石膏的生成，但过多的石灰石将使浆液的 pH 值上升，从而降低 H^+ 的浓度，造成反应速度的降低，影响石膏品质。因此，实际运行中可将吸收塔浆液中的 $CaCO_3$ 含量作为评价吸收塔浆液品质的重要指标之一。

从脱硫反应机理中可以发现，浆液中较低的 HSO_3^- 浓度和足够的氧气量，可保证石膏含量的提高。因此，如何降低 HSO_3^- 浓度，即减少吸收塔浆液中的 $CaSO_3$ 含量，是吸收塔运行的重要调整目标之一。

（一）吸收塔浆液 pH 值对浆液成分的影响

浆液 pH 值过低意味着浆液 H^+ 浓度升高，影响 $CaSO_4$ 的生成，从而使浆液中 HSO_3^- 的含量增加，造成吸收塔浆液成分中 $CaSO_3$ 含量的增加，影响石膏品质。过高的 pH 值影响 Ca^{2+} 的生成及 Ca^{2+}、HSO_3^- 和 O_2 三者间的氧化反应速度，造成浆液中 HSO_3^- 的含量增

加，影响石膏品质。因此，应将吸收塔的 pH 值控制在适当的范围内，不宜过高或过低。合适的吸收塔 pH 值有利于提高吸收塔浆液的品质，可降低浆液中 $CaSO_3$ 含量。

较低的吸收塔 pH 值能降低浆液中的 $CaCO_3$ 含量，改善石膏品质，但吸收塔 pH 过低会降低脱硫效率，因此调整吸收塔 pH 值时应同时兼顾脱硫效率与 $CaCO_3$ 含量间的平衡关系；在吸收塔的调试和运行过程中，应根据不同的吸收塔类型，进行吸收塔 pH 值的调整试验，找到较为合适的吸收塔 pH 值控制点。

（二）吸收塔浆液密度对浆液成分的影响

在不同的吸收塔浆液密度条件下，吸收塔外排石膏的能力有所不同，吸收塔浆液成分也有所变化。过低的密度不利于 $CaCO_3$ 反应的进行，过高的密度也将抑制 $CaCO_3$ 反应的进行，只有保持在合适的浆液密度条件下，才能使石膏中的 $CaCO_3$ 含量保持在较低的水平，并将脱硫效率维持在较高的水平；而 $CaSO_3 \cdot 1/2H_2O$ 的含量则随着吸收塔浆液密度的增加也出现增大的趋势。

因此，在吸收塔的运行控制中，应加强对浆液的成分分析，找到较为合理的吸收塔浆液密度，以保证石膏品质和脱硫效率均在较高的水平。

（三）吸收塔液位对吸收塔浆液成分的影响

吸收塔的液位与石膏排出泵的排出能力决定了吸收塔浆液在吸收塔内的理想停留时间，停留时间越长，反应的程度越彻底，石膏品质越高。一般来说，石膏排出泵的排出能力是固定的，而吸收塔的液位可以在一定的范围内变化，因此适当改变吸收塔的液位可以改善石膏品质。

随着吸收塔控制液位的上升，浆液在吸收塔内的停留时间也不断增加，浆液中的 HSO_3^-、H_2SO_4 与石灰石浆液中的石灰石微粒接触反应时间、HSO_3^- 的氧化反应时间也不断延长，促进了浆液中各离子间的反应更加完全，因此提高吸收塔的液位有利于石膏品质的改善，在吸收塔的运行过程中，应根据吸收塔的实际情况，尽量提高吸收塔的控制液位。

（四）二氧化硫浓度对吸收塔浆液成分的影响

原烟气中二氧化硫浓度变化，意味着进入吸收塔系统的石灰石量也要变化，当二氧化硫浓度降低时，生成 HSO_3^- 的速度和吸收塔的石灰石加入量均随之下降。在控制吸收塔外排密度区间不变的情况下，吸收塔密度从 1080kg/m^3 上升至 1100kg/m^3 所需的时间也不断延长，浆液在吸收塔内的反应时间也不断延长，有利于吸收塔浆液和石膏品质的提高。实际运行结果也证明了这一点，在吸收塔 pH 值不变和进入吸收塔氧量风量恒定的条件下，当原烟气二氧化硫浓度降低时，浆液中 $CaSO_3 \cdot 1/2H_2O$ 含量由 0.33%下降到 0.20%。

（五）原烟气中的烟尘对吸收塔浆液成分的影响

原烟气中的飞灰（即粉煤灰）在吸收塔中将会不断溶出一些金属离子，如 Al、Fe、Cd 等部分重金属离子，它们既降低了石灰石中 Ca^{2+} 离子的溶出速率，又会抑制 Ca^{2+} 和 HSO_3^- 的反应；同时，粉煤灰的存在一定程度上阻碍了石灰石与 SO_2 的接触，因此过高的原烟气烟尘浓度将大大影响吸收塔的浆液品质。试验证明，在吸收塔外排水量不变的条件下，如果原烟气中的烟尘浓度不断上升，则吸收塔浆液中的 $CaSO_3 \cdot 1/2H_2O$ 和 $CaCO_3$ 含量也会不断上升，而 $CaSO_4 \cdot 2H_2O$ 含量会不断下降，影响了吸收塔的浆液品质。

三、石膏脱水效果的影响因素及调整

真空皮带机脱水效果的好坏直接关系到石膏副产品的质量。送入真空皮带机处理的物料通常是经过初级浓缩后的石膏浆液，其主要成分为 $CaSO_4 \cdot 2H_2O$，此外还含有少量的 $CaSO_3 \cdot 1/2H_2O$ 和 $CaCO_3$ 及飞灰杂质等，其含固量约为 50%，经过真空皮带机脱水处理后，石膏含水率降至 10%以下，因此石膏含水率通常可作为评价真空皮带机运行效果的一个主要参数。

（一）石膏浆液物料的特性

石膏浆液物料的特性决定了其脱水性能的好坏，对多个已投运装置运行情况的研究表明，影响石灰石—石膏湿法脱硫工艺石膏浆液脱水性能的主要物理特性包括石膏颗粒的大小、石膏浆液中所含杂质的多少、石膏浆液中氯离子含量等，这些都是在湿法脱硫工艺运行中应掌握的重要因素。

1. 石膏中所含杂质

石膏中的杂质主要有两个来源：一个是烟气中的飞灰，来自煤燃烧后的残余物；另一个是石灰石中的杂质。这些杂质不参与吸收反应，通过废水排放到系统之外，而石膏中这些杂质的含量增加时，石膏的脱水性能将下降，表 2 - 1 是对某电厂真空皮带机运行情况考察得到的数据。

表 2 - 1　　不同杂质含量下的石膏含水率　　%

项目		1	2	3	4
石膏成分	$CaSO_4 \cdot 2H_2O$	62.070	61.190	88.270	89.680
	$CaSO_3 \cdot 1/2H_2O$	0.053	0.077	0.058	0.138
	$CaCO_3$	1.987	0.770	2.827	3.116
	其他杂质	35.890	37.960	8.845	7.060
含水率		18.710	23.670	7.360	7.860

从表 2 - 1 可看出，当石膏中杂质含量增加时，石膏的脱水性能显著下降，严重影响副产物石膏作为商品的质量，对运行企业的经济效益会产生负面影响。因此，在石灰石—石膏湿法烟气脱硫运行中，必须将石膏中杂质的含量控制在一定范围内。

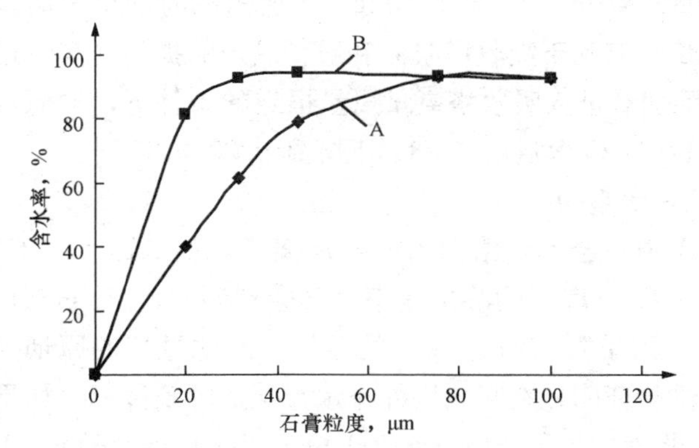

图 2 - 16　不同含水率时石膏粒度分布曲线比较

2. 石膏粒度分布

石膏粒度分布情况主要受工艺条件的影响。对某电厂烟气脱硫装置的运行检测表明，石膏脱水率与石膏粒度分布有很大关系。图 2 - 16 列出了石膏含水率

在合格（9.03%，曲线A）和严重超标（18.71%，曲线B）时的石膏浆液粒度分布情况。

从图2-16可看出，A石膏浆液中59.7%的石膏粒径在20μm以上，B石膏浆液只有17.5%的石膏粒径在20μm以上，A石膏浆液的平均粒径（d_{50}≈12μm）大于B的平均粒径（d_{50}≈27μm），而A石膏浆液的脱水性能远好于B，因此，石膏粒径越大，其脱水性能越好。

3. 氯离子含量

石膏浆液中氯离子主要来自烟气中的HCl和工艺水，其含量的多少对石膏脱水效果也有重要的影响。表2-2列出了某电厂在不同氯离子含量下石膏含水率的统计结果（未投入冲洗）。

表2-2　　不同氯离子含量下石膏含水率

序号	吸收塔浆液参数			石膏含水率（%）
	密度（g/cm³）	Cl^-浓度（mg/L）	pH值	
1	1.100	14 640	5.1	14.2
2	1.099	14 958	5.2	16.5
3	1.092	5492	5.4	9.28
4	1.093	2146	5.2	7.29
5	1.096	2154	5.2	8.47

由表2-2可看出，氯离子含量过高，会对石膏含水率产生不利影响，使石膏脱水性能急剧下降。

（二）真空皮带机的运行

1. 滤饼厚度

在石膏浆液成分及粒度分布一定（皮带机真空度一定）的情况下，位于滤布上的滤饼厚度对石膏脱水效果有显著影响，在石膏浆液给料量恒定的情况下，皮带机的转速降低时，滤饼厚度增加；相反，皮带机的转速升高时，滤饼厚度降低。图2-17为两家典型皮带机厂家生产的皮带机的运行特性。

从图2-17中可以发现，随着滤饼厚度的降低，石膏含水率经历了一个逐渐降低然后又升高的过程，即相对于最低的含水率，石膏滤饼厚度有一个最佳值。因此，要获得最好的脱水效果，即得到最低的含水率，应将滤饼厚度控制在某一范围内（试验表明该范围为20～25mm），过大或过小的厚度都会使含水率上升，影响石膏的脱水效果。

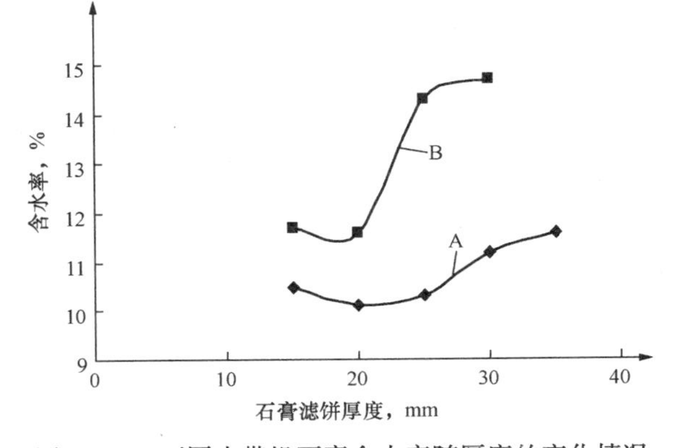

图2-17　不同皮带机石膏含水率随厚度的变化情况

2. 设备运行故障导致真空损失

设备运行故障会导致真空度下降，进而导致石膏含水率升高。其原因有：①真空箱密封水失控；②滤布破损；③真空泵运行故障；④皮带机运行轨迹不平；⑤真空系统泄露；⑥真空箱和皮带之间有缝隙；⑦摩擦带有损坏等。

(三) 工艺因素

石灰石—石膏湿法脱硫工艺条件直接决定了石膏的物理特性，间接地对石膏的脱水性能产生影响，石膏结晶过程控制的好坏直接关系到晶体的大小、形状，反应进行的程度直接关系到石膏的成分。影响石膏脱水性能的主要工艺条件有吸收塔浆池的停留时间、原烟气中的飞灰含量、吸收塔浆液的搅拌强度和氧化空气的供应量等。

1. 停留时间

吸收塔浆池停留时间的长短会影响吸收塔中石膏的结晶效果。石膏的结晶需要一定的时间，过短的停留时间将造成石膏颗粒细小，在进一步的脱水工艺中造成滤饼细密不易脱水，副产品石膏含水率增大。

2. 烟气中的飞灰含量

当烟气中飞灰含量过高时，将会对石灰石的溶解性产生负面影响。经电除尘处理后的烟气中的飞灰，其颗粒度很小，进入浆液系统后，覆盖在石灰石颗粒的表面，对石灰石的溶解产生屏蔽作用，不但会使石膏浆液中含有过多细小的石灰石颗粒，而且还会使浆液 pH 值下降，对石膏结晶造成不利影响，导致石膏的脱水性能下降。

3. 浆液的搅拌强度

浆液的搅拌强度，对石膏结晶也有影响。搅拌强度不足或不均匀时，石膏结晶体可能形成片状、针状等，脱水时易形成毡体，使石膏的脱水性能下降。

4. 氧化空气量

氧化空气量不足会导致石膏的氧化过程反应不完全，使浆液中存在过多的 $CaSO_3 \cdot 1/2H_2O$，从而影响石膏的品质，并导致石膏脱水性能下降，因此必须提供足够量的氧化空气。

四、运行事故处理

(一) 事故情况处理原则

(1) 在日常运行中，如遇突发故障，应严格按照运行规程和运行岗位责任制的要求进行，沉着冷静地做好设备的安全工作，使之稳定地运行，切忌盲目乱动设备；

(2) 在事故发生或认为将要发生情况下，运行人员应对相应设备仔细进行检查，确认是否有保护动作，并做好记录，在此之前不得轻易复位，并迅速将情况向值长等有关领导汇报，按规程规定和领导的指示进行处理，在紧急情况下应先迅速处理事故，然后尽快向上级领导汇报；

(3) 事故处理完毕后，值班人员应将事故发生、处理的详细情况记入值班日志，记录内容应包括事故前的运行状况、事故现场的描述、保护动作、事故处理时间、处理顺序和处理结果，如有设备损坏应描述损坏情况；

(4) 如 72h 内无法恢复 FGD 正常运行，需将吸收塔内浆液排入事故浆池，并进行冲洗。

(二) SO_2 脱除效率低

运行过程脱硫效率下降是常见的问题，可能引起这种情况的原因分析及处理如表 2-3 所示。

表 2-3　　脱硫效率低的原因分析及处理

影响因素	原　因	解决方法
SO_2 测量	SO_2 测量不准确	校正 SO_2 测量仪
pH 值测量	pH 测量不准确	校正 pH 测量仪
烟气	SO_2 入口浓度增大	严密监视脱硫效率、真空皮带机真空度
浆液 pH 值	pH 值过低	检查石灰石剂量，加快石灰石加料速度，检查石灰石反应性能
粉尘含量	大于 200mg/m^3（标态），石灰石活性降低	检查除尘器除尘效果
液气比	循环流量减小	检查运行的循环泵数量和泵的出力
氯化物浓度	氯化物浓度过高	检查废水排放量是否太低

塔内化学反应不理想，也可能引起脱硫效率降低，可能的原因及处理如表 2-4 所示。

表 2-4　　化学原因造成的脱硫效率降低及处理

原因	分析指示	纠正措施
石灰石浆液不足	洗涤塔固体中分析测得的碳酸根低	提高 pH 值设定点
亚硫酸根闭塞	吸收剂利用率低，可溶性亚硫酸根浓度偏高	验证氧化空气系统的运行，必要时纠正
氟化铝闭塞	吸收剂利用率低，铝及氟离子浓度偏高	提高吸收塔上游的除尘效率
石灰石品质差或研磨细度不合格	石灰石的成分分析及筛分	改进研磨回路及/或用更好的石灰石

此外，设备运行故障也是脱硫效率下降的原因之一，可能造成脱硫效率下降的设备原因及处理如表 2-5 所示。

表 2-5　　设备原因造成的脱硫效率低及处理

原　因	分析指示	纠正措施
喷淋管或喷嘴堵塞	循环泵电流指示循环流量低	停运期间修理
喷淋管破损	循环泵电流指示	
循环泵出力下降	循环泵电流指示循环流量低	

（三）吸收塔浆液浓度高

若脱水系统发生故障，则可将石膏浆液留在吸收塔中。石膏在塔中储存的最长时间取决于锅炉负荷、SO_2 浓度和吸收塔的尺寸。塔内浆液浓度不可超过 1200kg/m^3，若达到此浓度，则必须用石膏排出泵将其打到事故浆液箱中。当脱水系统恢复正常后，再将事故存储罐中的浆液打回吸收塔。

若石膏浆液不能及时打出吸收塔，则塔内浆液浓度将不断增大，其原因列于表 2-6 中。

表 2-6　　吸收塔浆液浓度高的原因分析及处理

影响因素	原因	解决方法
测量不准确	石膏浆液浓度过低	检查密度测量仪器
	烟气流量过大	检查流量测量表计
	SO_2 入口浓度过高	检查 SO_2 测量表计
石膏排出泵	出力不足	检查出口压力和流量，启动备用泵
石膏旋流器	运行的分离器数量太少	增加运行的旋流子数量
	入口压力太低	检查石膏排出泵的出口压力和流量
	石膏旋流器积垢	清洗石膏旋流器
石膏浆液	浓度过低	检查浓度测量仪
		检查旋流器底流的浓度
	输送能力过低	检查排出泵出口压力和流量

第四节　湿法烟气脱硫系统主要调节回路

湿法烟气脱硫工艺过程中的主要调节回路有 SO_2 脱除效率控制、吸收剂浆液流量控制、烟气流量控制、吸收塔液位和浆液密度控制、除雾器冲洗控制、石灰石制备系统控制等。由于工艺流程设置不同，可能还有其他调节回路。例如，如果采用管式 GGH 或 SGH，则有 FGD 出口烟温调节回路及真空皮带过滤机走速控制等。

一、SO_2 脱除效率控制回路

脱硫效率（或 SO_2 排放量）是烟气脱硫工艺过程中要监控的主要性能变量，无论是机组在稳定工况下运行，还是处于负荷或燃料含硫量变化时，脱硫效率的调节系统都必须使脱硫效率满足环保法规的强制性要求，同时调节系统还应能找寻出运行费用最低的运行条件。

可以用来控制脱硫效率的工艺变量是有限的，以下工艺变量直接影响脱硫效率，因此可以调节这些工艺变量来控制系统的脱硫效率：①处理烟量与旁路烟量；②吸收塔循环浆流量（即吸收塔循环泵投运台数）；③吸收塔循环浆液 pH 值；④吸收塔循环浆液中化学添加剂的浓度。

表 2-7 列出了可以用来控制 FGD 系统脱硫效率的调节方案，并比较了这些调节方案的优缺点。从表 2-7 中可看出，所有的方案都将 FGD 系统出口 SO_2 浓度作为主要输入参数，从位于烟囱入口的 CEMS 获得此主参数的过程值。

表 2-7　　控制 SO_2 脱除效率的方法

控制方法	传感器	被调变量	调节机构	优点	缺点
调节处理烟气量	CEMS、旁路挡板、风机导叶开度	烟气量	旁路挡板、风机导叶	响应快，有简单的连续响应特性，不影响脱硫反应	旁路混合区有腐蚀，旁路挡板门的泄漏限制了最高脱硫效率

续表

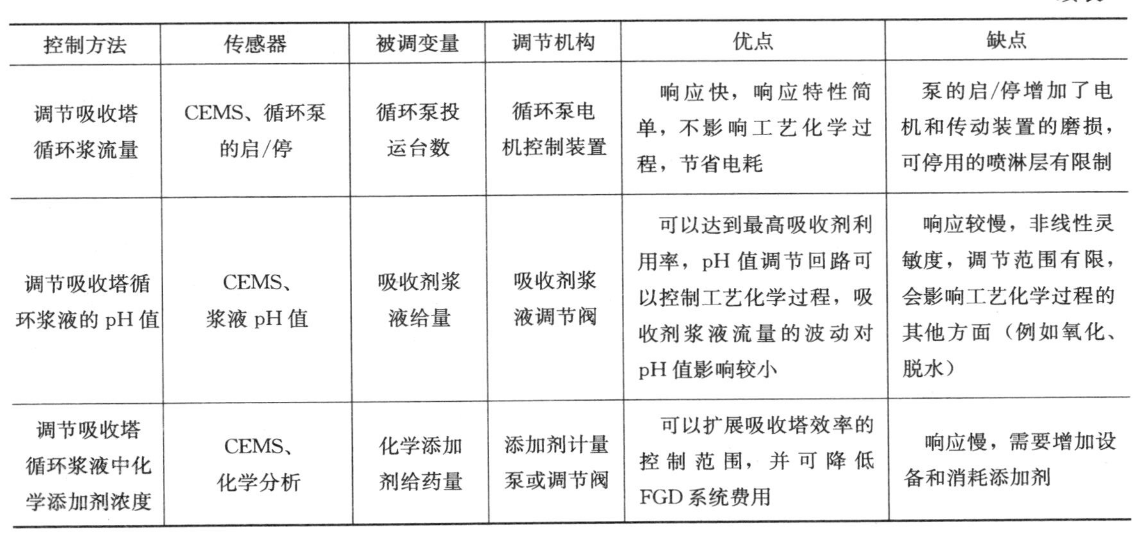

控制方法	传感器	被调变量	调节机构	优点	缺点
调节吸收塔循环浆流量	CEMS、循环泵的启/停	循环泵投运台数	循环泵电机控制装置	响应快，响应特性简单，不影响工艺化学过程，节省电耗	泵的启/停增加了电机和传动装置的磨损，可停用的喷淋层有限制
调节吸收塔循环浆液的 pH 值	CEMS、浆液 pH 值	吸收剂浆液给量	吸收剂浆液调节阀	可以达到最高吸收剂利用率，pH 值调节回路可以控制工艺化学过程，吸收剂浆液流量的波动对 pH 值影响较小	响应较慢，非线性灵敏度，调节范围有限，会影响工艺化学过程的其他方面（例如氧化、脱水）
调节吸收塔循环浆液中化学添加剂浓度	CEMS、化学分析	化学添加剂给药量	添加剂计量泵或调节阀	可以扩展吸收塔效率的控制范围，并可降低 FGD 系统费用	响应慢，需要增加设备和消耗添加剂

（一）调节吸收塔循环浆液流量控制脱硫效率

表 2-7 中控制脱硫效率的第二种调节方式是通过调整吸收塔循环泵的投运台数来改变吸收塔循环浆流量，由此来提高或降低 L/G。这种方法更多地用来适应吸收塔入口烟气流量发生大幅度变化的工况，使 L/G 维持在一定范围内。这种方式实行起来简单，通过手动操作，吸收塔脱硫效率能迅速地随 L/G 变化，对工艺化学过程没有明显的影响；但这种调节方式仅适合一台循环泵对应一个喷淋层的喷淋吸收塔和填料塔，不适合吸收塔循环泵出口管道采用母管制的吸收塔。对采用母管制的喷淋塔，减少循环泵投运台数将影响喷嘴的压力和流量，从而会影响喷嘴的喷雾特性。对液柱塔来说，通常会影响液柱高度并使液柱之间露出空隙，易造成烟气“短路”。现在，这种调节方式主要是用于锅炉低负荷时，在保证脱硫效率的前提下，节省 FGD 系统的能耗，并不将其视作一种控制系统脱硫效率的方法。

（二）调节吸收塔循环浆液 pH 值控制脱硫效率

表 2-7 所列的第三种方法是通过调节吸收塔浆液 pH 值来控制脱硫率，调节方式如图 2-18所示。

目前的 FGD 系统几乎都是采用吸收塔循环浆液 pH 值来控制系统的脱硫效率。在多数情况下，改变浆液 pH 值将改变 SO_2 的脱除效率。在该调节方式中，通过改变供入吸收塔吸收剂浆液的流量来提升或降低循环浆液 pH 值，从而使 SO_2 的脱除效率随 pH 值改变。吸收塔循环泵投运台数确定后，在负荷稳定时，通过人为或自动调整 pH 值给定值可以达到预期的 SO_2 脱除效率。手动方式时，人为设定 pH 值给定值，烟囱入口 SO_2 浓度信号不参与调节。自动方式时，SO_2 调节器对烟囱入口 SO_2 测定值和预期的 SO_2 浓度进行比较，向 pH 值调节器输出 pH 值给定值 pH_{sp}，pH_{sp}的调节范围受某一高值和低值的限制。这种调节方式具有连续可调节性，可以使 FGD 装置在满足 SO_2 排放要求的前提下，以最低 pH 值运行，达到节约吸收剂耗量、提高石膏品质的目的。由于采用了 pH 值与浆液流量的串级调节，因此大大减少了浆液流量波动对 pH 值的影响。但是，由于吸收塔浆液体积庞大，浆液 pH 值

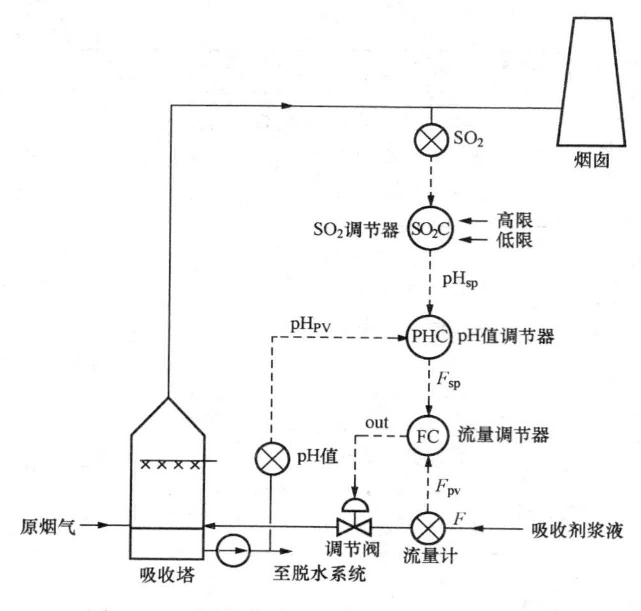

图 2-18　调节浆液 pH 值控制出口 SO_2 浓度

响应相对较慢，但在锅炉负荷和燃料含硫量大幅度波动时间不超过 1～2h 的工况下，这种调节方式是非常有效的。

当在低 pH 值下运行时，调节 pH 值对脱硫效率的改变很灵敏；而在高 pH 值下运行时，则显得有些迟缓，也就是说 pH 值对脱硫效率的调节是非线性的。另外，调节 pH 值会影响工艺过程的其他参数，如氧化效率、石灰石利用率和石膏脱水性能等。

二、吸收剂浆液流量控制回路

表 2-8 列出了四种控制吸收剂给浆量的方法，并简单对比了各自的优缺点。

表 2-8　吸收剂给浆量控制方式

控制方式	传感器	被调变量	调节机构	优点	缺点
根据浆液 pH 值调节吸收剂给浆量	pH 值计、浆液流量计	吸收剂浆液流量	吸收剂浆液调节阀	可以使过程 pH 值处于合适的范围	pH 值传感器需要经常维护和校验，响应慢且是非线性响应
入口 SO_2 负荷作为调节前馈信号；浆液 pH 值作为反馈信号，细调吸收剂给浆量	锅炉负荷、CEMS、剂浆液流量、密度计、pH 值计	吸收剂浆液流量	吸收剂浆液调节阀	比 pH 值简单调节回路有较好的响应时间、过程 pH 值可处于合适的范围内	需要 CEMS 或连续分析燃料含硫量、pH 值传感器需经常维护和校验
根据浆液 pH 值调节吸收剂给浆量，依据出口 SO_2 浓度调整 pH 值设定值	浆液 pH 值计、CEMS、浆液流量计	吸收剂浆液流量	吸收剂浆液调节阀	可以获得吸收剂量高利用率，过程 pH 值可处于合适的范围内	需要经常维修和校验 pH 值计，不能及时跟踪锅炉负荷的变化；当锅炉负荷短时间上升时，脱硫率往往会下降，响应时间较慢且是非线性响应
根据连续测得浆液中未反应碳酸钙量来调节吸收剂给浆量	自动滴定仪、浆液流量计	吸收剂浆液流量	吸收剂浆液调节阀	可以达到吸收剂最高利用率，不依赖浆液 pH 值与吸收剂利用率之间的相互关系	连续测定浆液中未反应 $CaCO_3$ 含量的在线分析仪仍处在开发之中

以日本三菱公司设计的石灰石浆液流量控制方法为例，控制概念图见图 2 - 19。通过一个选择器将入口 SO_2 负荷前馈/吸收塔 pH 值反馈调节系统与入口 SO_2 负荷前馈/出口 SO_2 浓度反馈调节系统组合在一起，使调节较为灵活，为操作人员提供了控制方式的选择。

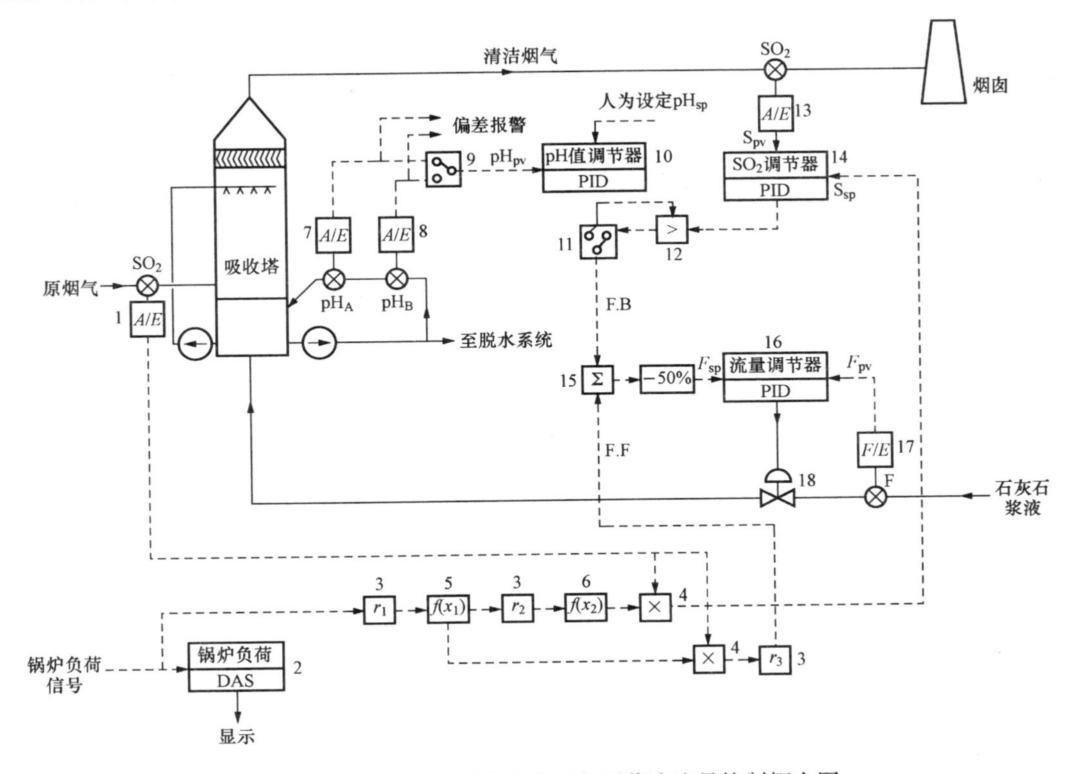

图 2 - 19　FGD 系统脱硫率和石灰石浆液流量控制概念图

1—入口 SO_2 浓度传感器；2—锅炉负荷数据收集器；3—比值设定器；4—乘法器；5—锅炉负荷与烟气流量函数发生器；6—烟气流量与（$1-\eta_{SO_2}$）函数发生器（η_{SO_2}：脱硫率）；7、8—pH 值传感器；9—pH_A/pH_B 选择器；10—pH 值调节器；11—出口 SO_2/pH 值控制方式选择器；12—高选器；13—出口 SO_2 浓度传感器；14—SO_2 调节器；15—加法器；16—流量调节器；17—石灰石浆流量传感器；18—调节阀

这种调节方法仍然以吸收塔入口 SO_2 负荷作为前馈信号，经选择器可人为选择吸收塔浆液 pH 值作为反馈信号来控制脱硫率和石灰石浆流量，这时出口 SO_2 浓度不参与调节；或者选择出口 SO_2 浓度（即脱硫率）作为反馈信号来控制。在后一种调节方式下，SO_2 调节器选择串级（CAS）方式，而 pH 值调节器选择自动方式，当出口 SO_2 浓度（S_{pv}）高于出口 SO_2 浓度设定值（S_{sp}）时，高选器自动选择 SO_2 调节器的输出作为反馈信号，只有当 $S_{pv} \leqslant S_{sp}$ 时，pH 值才有可能被选为反馈信号。pH 值设定值 pH_{sp} 需人为设定，一般选择 $S_{pv} \approx S_{sp}$ 时的 pH 值过程值 pH_{pv} 为 pH_{sp}。当锅炉负荷稳定、FGD 系统运行稳定时，适合选择 pH 值作为反馈控制，在达到规定脱硫率的前提下，逐渐降低 pH 值设定值，以获得较高石灰石利用率和石膏品质。选择出口 SO_2 浓度控制石灰石浆流量时，由于采用了高选器，可以在维持脱硫效率不低于预期值的情况下，保持浆液 pH 值稳定。

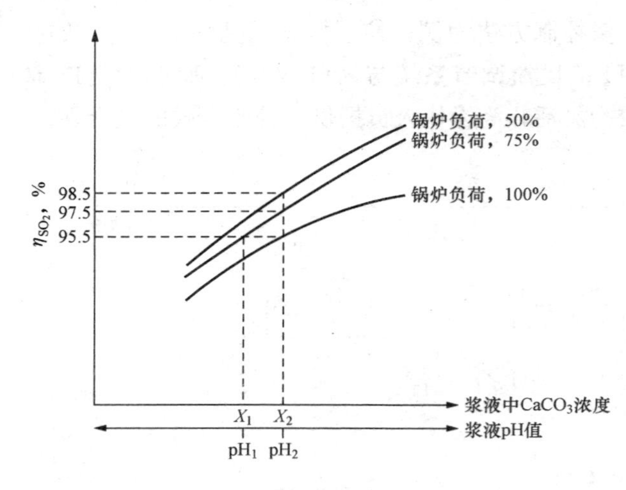

图 2-20　脱硫率设定值 η_{SO_2} 与浆液 pH 值、$CaCO_3$ 浓度的关系示意

这种调节方式的另一个特点是，脱硫效率设定值 η_{SO_2} 随锅炉负荷改变。锅炉负荷低，设定值 η_{SO_2} 高，这使得在负荷变化时，可以保持浆液 pH 值和浆液中过剩 $CaCO_3$ 含量不变，从而使得石膏副产品的质量保持稳定，也使得脱硫率能很快跟踪负荷变化。图 2-20 中可以看出上述特点的基本设计思想，假定锅炉负荷为 75%时 η_{SO_2}＝95.5%，浆液 pH 值为 pH_1，浆液中过剩 $CaCO_3$ 浓度为 X_1；当负荷升至 100%，如果仍维持 η_{SO_2}＝95.5%，那么浆液 pH 值应提升至 pH_2，$CaCO_3$ 浓度提高到 X_2，由于吸收塔浆液体积很大，注入大量石灰石浆液短时也无法达到 X_2，而且浆液 $CaCO_3$ 浓度的变化还将影响石膏质量的稳定。如果将负荷 75%时的 η_{SO_2} 设定为 97.5%，当负荷提升到 100%时，η_{SO_2} 取 95.5%，那么可以维持浆液 pH 值和 $CaCO_3$ 浓度始终分别为 pH_2 和 X_2，并且脱硫率能迅速跟踪负荷的变化，石膏质量也能保持稳定。

随着 CEMS 的普遍应用，采用实测烟气流量，并用烟气参数和石灰石浆液密度分别修正烟气和石灰石浆液流量能进一步提高调节品质。

三、烟气流量控制回路

烟气流量控制是指对引入系统烟气流量的控制方法。对烟气流量控制方法的要求是，不仅能将要求脱硫的烟气量引入 FGD 系统，而且能迅速跟踪锅炉负荷变化，增压风机的启、停和运行不能影响锅炉炉膛工作压力。

对烟气流量的控制方法可以分成两类：一类是旁路烟道不设挡板，用锅炉负荷信号来控制进入 FGD 系统的烟气流量，这种烟气流量控制方法最简单，对锅炉运行也最安全，但增压风机的电耗大；另一类是旁路挡板关闭运行，采用烟气压力来控制烟气流量，这种控制方法中，通常采用锅炉负荷信号或锅炉炉膛压力和 ID 开度作为烟气流量控制回路的前馈信号，采用旁路挡板两侧压差或 ID 出口烟道的烟气压力为反馈信号，图 2-21 为这种控制方法在三个 FGD 系统中的应用实例。

图 2-21（a）所示烟气流量控制是以锅炉负荷信号为前馈（F.F）控制信号，以旁路挡板两侧压差为反馈（F.B）控制信号。锅炉负荷信号经比值设定 r_1，函数发生器 $f(x_1)$ 转变成烟气流量信号，后者再经比值设定器 r_2、函数发生器 $G(x)$ 转变成增压风机风门开度信号。当锅炉负荷发生变化时，增压风机风门开度立即根据前馈信号作出响应，并根据旁路挡板两侧压差设定值自动调整增压风机风门开度，使挡板两侧压力保持平衡。旁路挡板两侧的差压设定值为 0Pa，当采用单百叶窗式挡板时，为防止原烟气经旁路泄漏至清洁烟气一侧，挡板下游侧与上游侧差压设定为 0～100Pa。

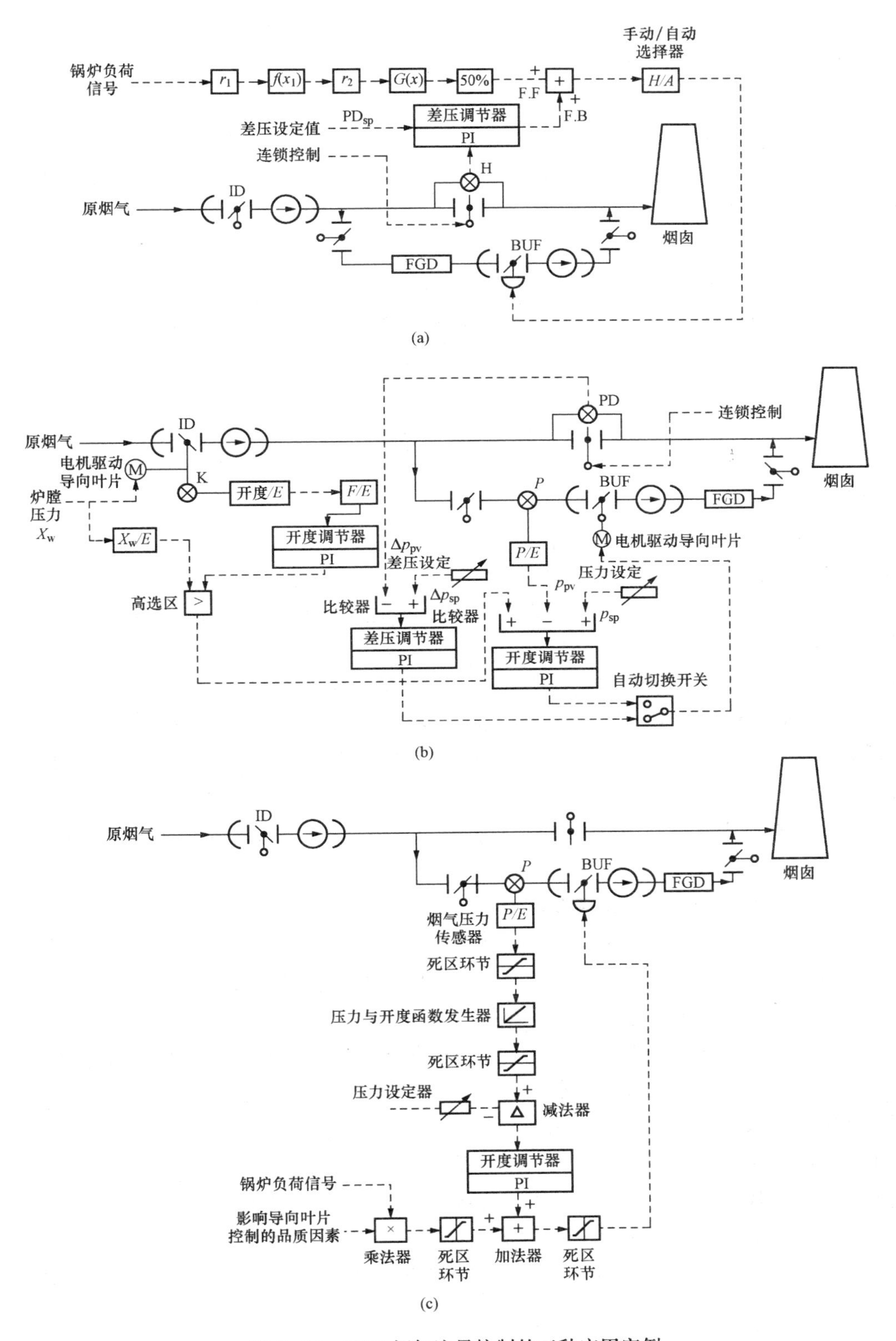

图 2－21　FGD 烟气流量控制的三种应用实例

FGD系统是在锅炉投运稳定并停止烧油助燃后再启动增压风机，增压风机的启动可以经选择器选择手动或自动启动方式。但为稳妥起见，主张手动启动。风机启动顺序（指风机前后的烟气挡板、导叶开启和电机启动的顺序）因风机类型的不同而不同，可按风机制造厂的启动步骤执行。风机带上一定负荷后，逐步关闭旁路挡板，同时增加增压风机负荷，待稳定后再进一步关闭旁路挡板。对于旁路挡板，有的将其设计成三组，先上后下最后关闭中间一组挡板，但目前更多的是设计成1～2组（视烟道大小而定），可同步，无级逐步关小旁路挡板开度，具有15～20s快开功能。

图2-21（b）所示的烟气流量控制系统有差压调节回路和烟气压力调节回路两个调节回路。增压风机启动时采用差压调节回路，当缓慢关闭旁路挡板时，挡板两侧压差控制增压风机的导向叶片缓缓开启，维持挡板两侧为恒定压差。当挡板关闭后，自动切换成根据增压风机上游侧烟道烟气压力来控制增压风机，并维持此烟气压力为设定值。此压力设定值一般为微负压至零压。在此烟气流量控制回路中，通过高选器来选择ID导向风门开度或炉膛压力作为前馈信号。在有些控制回路设计中，也有选取控制引风机导叶开度的信号作为增压风机的前馈信号。

图2-21（c）所示的烟气流量控制方式与图2-21（b）的基本相同，只是前者的前馈信号选取锅炉负荷信号。另外不同的是增压风机的启动过程，图2-21（c）所示控制回路可以完成增压风机的自动启动，但增压风机动叶的开启和旁路挡板的关闭需手动操作，即自动程序完成系统入口挡板开启→系统出口挡板开启→增压风机动叶以最小角度启动。然后，在手动逐步调大风机动叶角度的同时，逐步关小开度可调节式旁路挡板，控制增压风机上游侧烟道烟气压力在－500Pa左右，当旁路挡板关闭95%时，将调节回路切至自动控制方式，然后全关旁路挡板，增压风机动叶角度将自动跟踪锅炉负荷和烟气压力变化。

上述三种控制烟气流量方法均能满足锅炉和FGD系统运行要求，连续跟踪锅炉负荷，不影响锅炉炉膛压力。

四、吸收塔液位和浆液密度控制回路

吸收塔液位和浆液密度是两个重要的控制参数。吸收塔的水平衡是负平衡，即吸收塔中蒸发至烟气中的水分、废水处理系统外排水量及脱水副产物带离系统的水分超过进入吸收塔的水流量。控制吸收塔液位实质上就是维持这一水平衡。

维持吸收塔正常液位可以保证浆液有适当的停留时间，也有利于保持浆液密度的稳定；过低的液位有可能造成循环泵吸入空气而降低效率和引起气蚀；液位过高对逆流塔可能造成浆液漫入吸收塔入口烟道，进入GGH。

维持吸收塔浆液密度的稳定，对于保持吸收塔中适当的化学反应过程是十分必要的，对脱硫效率、固体物停留时间、石膏结晶、石膏纯度和防止结垢有最直接、明显的影响。由于吸收塔液位与浆液密度调节密切相关，所以将这两部分内容放在一起讨论。

表2-9汇列了控制吸收塔液位和浆液密度的几种方法，并对其优缺点作了简单比较。

五、除雾器冲洗控制回路

对除雾器必须定时冲洗，以防止除雾器流道堵塞，冲洗顺序、冲洗时间和间隔时间可以预先设定。当出现正水平衡或冲洗效果不理想时，由自动控制工程师离线调整冲洗时间和冲洗频率。由于冲洗后的水流回反应罐，成为水平衡中的补加水，因此设计固定冲洗时间和频率时应考虑系统的水平衡。由于这种设计是按锅炉最大工况来考虑冲洗时间和频率的，当低负荷时，浪费了冲洗水，还有可能造成正水平衡，影响反应罐液位和浆液密度的控制。因此，有些 FGD 系统设计了除雾器冲洗控制回路，用以控制反应罐液位（见图 2-22），这种控制回路根据锅炉负荷（即烟气流量和反应罐液位）来改变冲洗间隔时间，当锅炉负荷高、吸收塔内水分蒸发量大或液位偏低时，增大冲洗频率；当负荷下降或液位偏高时，则延长冲洗间隔时间，以此达到控制反应罐液位、调节补加水量的目的。

表 2-9　　控制吸收塔液位和浆液密度的方法

控制方式	传感器	被调变量	调节机构	优点	缺点
通过溢流浆液维持罐体液位，调节回收水流量保持浆液密度	吸收塔液位计、浆液密度计、回收水流量计	回收水流量	回收水流量调节阀	调节方式简单，调节设备少，回收水调节阀不易磨损	设溢流浆池和泵；当液位或密度偏低时，不能自动调节，需手动干预
调节回收水流量保持液位、通过排浆调节阀保持浆液密度		回收水流量、浆液排放流量	回收水流量调节阀、浆液排放流量调节阀	液位和密度的调节效果较为灵敏	浆液排放阀易磨损，影响循环浆液流量稳定，排浆调节阀出口易堵塞
调节回收水流量保持液位、通过调速出浆泵维持浆液密度			回收水流量调节阀、调速电机	液位密度的调节效果较好，较为灵敏，出浆泵有连续流量，不会发生管道堵塞，采用调速泵有节能效果	需要配置单独的出浆泵；当低负荷、浆液密度偏低时，密度提升慢
用工业水保持液位、用调节阀调节出浆流量控制浆液密度		工业水流量、回收水流量、浆液排放流量	工业水调节阀、浆液排放流量调节阀、回收水调节阀	调节灵敏，响应快	出浆调节阀易磨损，出浆流量、压力不稳定
通过调整除雾器冲洗时间来控制吸收塔液位、启停脱水设备控制浆液密度	罐体液位计	除雾器冲洗水量	除雾器冲洗程序器	无须增加液位调节设备，只需通过编程就可实现对液位的控制，无需密度调节设备	有可能影响冲洗效果；调节不灵敏；浆液密度变化大；当密度低、吸收塔液位高时，调节困难

AE&E 在为某电厂 2×125MW 燃煤机组提供的一套 FGD 装置中，对除雾器冲洗采取的控制方法是：建立除雾器冲洗间隔时间与烟气量和吸收塔液位的函数关系式，根据测量的

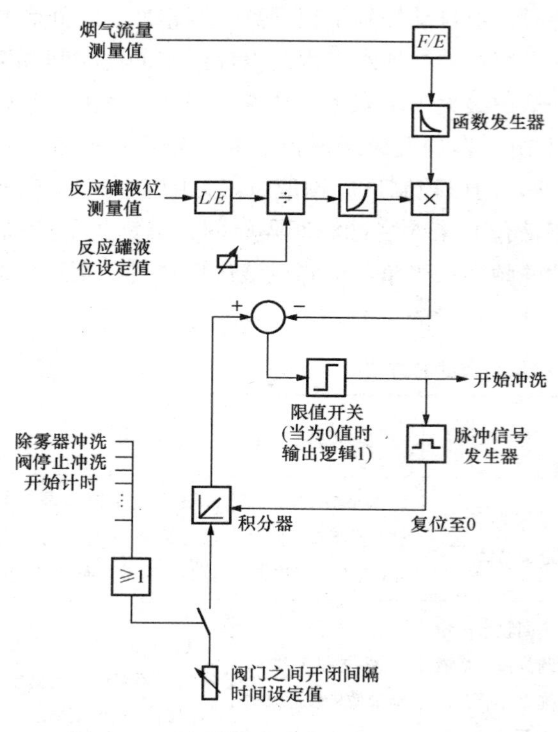

图 2-22　除雾器冲洗及反应罐液位控制

烟气量和液位实时计算出冲洗间隔时间。采用这种控制方法也可以很好地控制吸收塔的液位，并保证除雾器的清洁。

六、系统水平衡控制

总水平衡控制是 FGD 系统一项复杂而又重要的控制项目，也是运行管理的一项重要工作。在现有的一些装置中，总水量控制混乱成了造成许多运行问题的根源。在设计阶段，应通过对系统总水平衡的计算确定不同运行工况下的平均耗水量和最大耗水量，使得 FGD 系统无论是短期还是长期都尽可能保持负水平衡，并对过渡工况提供足够的平衡容量。

一般用补加水来维持回收水罐的液位以控制 FGD 系统的总水量。在低负荷期间，系统可能耗水较少而造成正水平衡，在这种情况下应将过量水储存起来。临时储水量有可能大于回收水罐的有效储水量，这取决于系统的负荷曲线。许多 FGD 系统设置了储水池（或罐），用于储存多余的水，当系统停运或设备检修时，这种储水池（或罐）还可以用来腾空反应罐或其他浆罐的浆液。当系统高负荷运行时，可以将储水池（或罐）中的水返回系统，当吸收塔模块重新启动时则可以将浆液返回吸收塔。

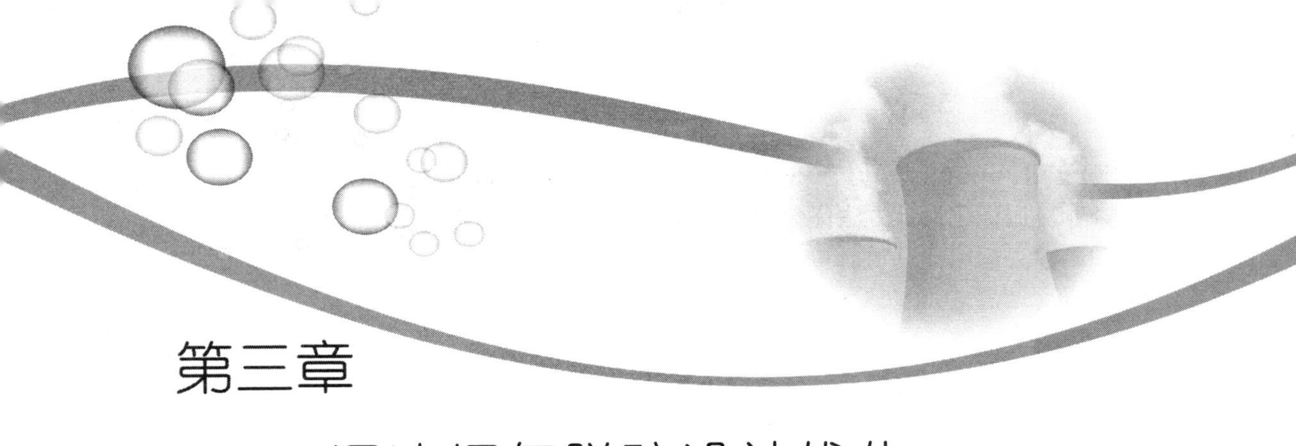

第三章

湿法烟气脱硫设计优化

石灰石—石膏湿法烟气脱硫系统建设的初投资费用高，占电厂总投资的10%～20%，FGD技术的选用、设计和设备上存在不合理，是烟气脱硫系统投资及运行费用高、系统投运率低、运行效果差的主要原因。设计工作是烟气脱硫工程的起点和总体规划，对脱硫系统的运行有着深远影响，一旦设计方案确定。系统的核心参数、系统的配置、主要设备的选型也随之确定。如果在设计过程中，参数计算、裕量预留、设备选型、运行策略等方面存在不足或不尽合理之处，就很难通过运行方式的调整予以弥补，系统运行经济性、安全性也就难以保证。因此，优选适宜的脱硫工艺流程，仔细设计优化脱硫系统运行策略，合理配置设备，是降低烟气系统的投资和运行维护费用、节约利用场地的根本所在。

脱硫系统的优化设计是一个综合性的系统工程，其主要内容包括以下几个方面：

(1) 根据电厂的实际情况，如燃煤品质、烟气特性、烟气流量等主要参数，提出脱硫系统总体布置方案，并进行优化选择，优化主要依据包括系统一次性投资费用、运行及检修成本，系统故障率等。

(2) 脱硫率、系统能耗等关键参数的设计优化选择。

(3) 主要系统的设计、优化及设备的取舍精减、选型，经济性对比分析等。

(4) 设计方案对运行操作总体影响分析，从系统整个使用期全盘分析并优化设计，特别相近方案的详尽对比分析。

优化设计的最终目的就是在实现系统功能的基础上，最大程度地简化系统，节约系统一次性投资，降低系统运行成本和故障概率，为优化运行奠定基础。

第一节　湿法烟气脱硫系统设计理念

现代设计方法的核心是以工程设计的新理论、新方法为基础，以计算机计算为手段，使结果达到最优化，主要特点是系统分析定量化、工况分析动态化、质量分析可靠性化、设计结果最优化、设计过程高效化，非常适合于烟气脱硫设计多变求精的要求。

按脱硫系统与主体工程统筹考虑有机嵌合的总体思路，脱硫系统设计优化和系统分析计算的方案如下：

(1) 建立运用价值工程和可靠性设计理论确定脱硫系统结构、设备配置、冗余/裕度的分析计算模型。

（2）应用优化设计方法优化脱硫系统参数的数学模型建模。

（3）建立运用计算机辅助工程（CAE）进行脱硫系统要点部分流动/传质/传热等要素的方法。

从脱硫工程设计实施角度而言，应着重注意以下几个方面：

（1）在脱硫工艺选择上，尽量选用技术成熟、运行可靠、投资少、运行及检修维护成本低、国产化程度高的脱硫工艺，特别是对于老厂增设脱硫改造工程，要特别注意所选工艺与现场预留场地和技术条件是否匹配。

（2）充分综合考虑机组特殊性，如对于老机组要特别注意脱硫系统设计寿命应与机组剩余使用寿命相符，对于燃用低硫煤的机组可以考虑配置简易烟气脱硫工艺。

（3）脱硫关键参数设计上，要从经济性和技术指标两个角度权衡，以脱硫效率为例，脱硫系统的投资与脱硫效率呈指数关系，设计脱硫效率从30%增加到50%时，系统投资增加1倍；脱硫效率增加至70%时，系统投资是脱硫效率为30%时的4倍。因此，在设计时，要避免出现片面追求高的脱硫效率，而使投资及运行成本大幅攀升的现象。

（4）以锅炉实际燃用煤种和烟气特性为基础，考虑脱硫系统设计裕量，最大程度地降低初始投资，同时避免裕量不足带来二次增容改造等后续投资。以某电厂为例，脱硫系统设计煤种含硫量为1.8%，而锅炉设计煤种含硫量为1.6%，实际燃用煤种含硫量为0.8%，致使脱硫系统设计负荷条件较实际大1倍之多，设备性价比大大下降。此外，低负荷运行时，脱硫增压风机还存在在失速区运行的可能，系统安全性也随之降低。

（5）选用高效率的辅机设备，提高运行效率，降低系统能耗。

（6）提高自动化程度，提高运行操作可靠性，降低事故风险概率。

（7）充分考虑脱硫系统对机组运行及周边环境的安全影响。

第二节　烟气系统设计优化方案

一、增压风机

（一）增压风机的选型

增压风机用来克服脱硫系统的阻力，对于老机组增设脱硫装置的改造工程是必不可少的设备，是脱硫系统最大的耗电设备，约占整个系统耗电量的40%，增压风机的选型对于系统运行的经济性和可靠性有较大的影响。

对于脱硫用增压风机，目前普遍采用轴流风机，早期也有部分厂家采用离心风机，但因离心风机与负荷的调控性能较差，故一般不推荐采用。轴流风机分为动叶可调式（简称动调）和静叶可调式（简称静调）两种。两种风机在目前的脱硫市场上均被接受，市场占有率约各占50%。离心风机（含双速、定速离心风机）虽然具有压力升可以比较大、体积比较小、容易布置、对烟气中粉尘浓度不敏感的主要优点，但是离心式风机在部分负荷时效率会明显下降，另外单台离心风机风量是有一定限制的。除非确认配套该脱硫系统的机组不作为调峰机组，设计时才可以考虑采用离心风机，由于离心风机在烟气脱硫工程增压风机选型中很少应用，本书不作详细介绍。

动调风机和静调风机各有优缺点，比较分析如下：

（1）设备结构方面。

静调风机结构比较简单，流道为叶轮子午面，沿着流动方向急剧收敛，气流速度迅速增加获得动能，后导叶、扩压器的设计是风机性能的关键；对叶轮入口条件不太敏感，采用简单的入口调节方式可以获得较好的调节性能；转速比动调风机低。

动调风机有液压调节系统，结构较复杂。通过液压调节系统在运行中调节动叶片的安装角，与运行工况相适应；风机尺寸较静调风机小，但转子外沿线速度较高，风机转速较高，转子和整机质量较小，转动惯量较小，配用电机较小。

（2）效率及功耗方面。

静调风机效率曲线近似呈圆面，风机在 T.B 点和 BMCR 工况时，也能达到较高的效率。在带基本负荷并可调峰的锅炉机组上，它与动调风机的电耗相差不大，但当机组在汽轮机带额定负荷工况或更低负荷下运行时，风机效率下降的幅度比动调风机大。

动调风机效率曲线近似呈椭圆面，长轴与烟风系统的阻力曲线基本平行，风机运行的高效区范围大，风机在 T.B 点和 BMCR 工况时，均能达到较高效率。当机组在汽轮机带额定负荷工况或更低负荷下运行时，风机效率下降幅度在几类风机中是最小的，风机耗功少，运行费用低。

（3）运行成本方面。

静调风机运行调节灵活性不如动调风机，特别是在低负荷时，风机效率低，加之电机功率大，所以功耗大，运行成本高。

动调风机运行调节灵活性好，适应负荷变化能力强，经济性好，运行成本低。

（4）维护费用方面。

静调风机结构比较简单，需要维护的部分少；后导叶是最主要的易损件，通常后导叶设计成可拆卸式的，更换方便；叶轮叶片经过 1～2 个大修后还可在原轮毂上实现 3～4 次更换叶片的处理，能进一步延长叶轮的寿命。

动调风机有一套复杂的液压调节机构，检修工作量较大（主要是密封件的检修维护、油系统漏油问题）；需要经常检修维护的部件主要是动叶片，维护、检修费用较高。

（5）初投资方面。

静调风机初投资较低，动调风机初投资较高。

通过以上五个方面的比较可以看到：

（1）动调风机的优点是可随负荷变化调节叶片开度，调节方式灵活，在低负荷时效率比离心风机和静调风机高，运行功耗小，经济性好；缺点是带有液压系统，结构比较复杂，动部件较多，安全系数较低，初投资和维修费用较高。

（2）静调风机的优点是结构简单，转速较低，可靠性较高，初投资和维修费用低；但就调节效率而言，它低于动调风机，对负荷的适应性不如动调风机好，运行时功耗大，运行费用高，风机体积较大。

由于动调风机和静调风机在结构特性、运行维护、功率消耗及初投资等方面各有特点，不同的工程应根据具体实际情况进行分析和选择。另外，如增压风机布置在脱硫系统原烟气

GGH 前位置，其运行条件与锅炉引风机相同，为保持调节一致，脱硫风机最好选用与锅炉引风机同种类型甚至同种型号的。

综上所述，静调风机在初投资和维修方面有优势，而动调风机在运行性能方面有优势，在具体采用哪一类轴流风机时，应综合考虑场地、负荷的稳定性、一次投资及运行维护成本等各方面因素。

以邹县发电厂四期 2×1000MW 机组烟气脱硫新建工程为例，表 3-1 为与脱硫增压风机设计选型相关的参数。

表 3-1　增压风机选型相关参数

项目	工况 1	工况 2	工况 3	工况 4
锅炉负荷（%）	100	70	50	40
风量（体积流量，m^3/s）	653.3	464.5	311.9	263.5
风量（质量流量，kg/s）	581.393	415.247	284.765	242.111
温度（℃）	114.50	112.38	105.63	103.39
密度（kg/m^3）	0.888	0.894	0.913	0.919

表 3-2 为该厂的机组运行模式。按表 3-2 的运行模式，电价分别按 0.25、0.35、0.40 元/（kW·h）考虑，则以静调风机为基准计算的动调风机年节电量、运行效率、功耗、年节电收益比较见表 3-3。

表 3-2　机组设计运行模式

负荷（%）	100	70	50	40
年运行小时数（h）	4200	2100	1180	300

表 3-3　动、静调风机运行效率和轴功率及节电效益分析

项　目		工况 1	工况 2	工况 3	工况 4
锅炉负荷（%）		100	70	50	40
静调风机	效率（%）	85.0	79.6	60.3	40.7
	轴功率（kW）	4500	2124	1473	1052
	电机功率（kW）	96	95	94	90
	输入功率（kW）	4688	2236	1567	1169
	投运台数（台）	2	2	2	2
动调风机	效率（%）	86.7	83.1	70.0	51.0
	轴功率（kW）	4411	2034	1269	763
	电机功率（kW）	96	95	94	90
	输入功率（kW）	4595	2141	1350	848
	投运台数（台）	2	2	2	2

续表

<table>
<tr><th colspan="2">项　　目</th><th>工况 1</th><th>工况 2</th><th>工况 3</th><th>工况 4</th></tr>
<tr><td colspan="2">动调风机少耗功率（kW）</td><td>93</td><td>95</td><td>217</td><td>321</td></tr>
<tr><td colspan="2">年运行小时数（h）</td><td>4200</td><td>2100</td><td>1180</td><td>300</td></tr>
<tr><td colspan="2">动调风机每年省电量（kW·h）</td><td>391 475</td><td>201 288</td><td>256 060</td><td>96 367</td></tr>
<tr><td colspan="2">动调风机每年省电量综合（kW·h）</td><td colspan="4">945 190</td></tr>
<tr><td rowspan="3">动调风机每年省电费（万元）</td><td>0.25* 元/（kW·h）</td><td colspan="4">23.63</td></tr>
<tr><td>0.35** 元/（kW·h）</td><td colspan="4">33.08</td></tr>
<tr><td>0.40 元/（kW·h）</td><td colspan="4">37.81</td></tr>
</table>

*　每千瓦时电量的发电成本，表示所节省的电量不能销售到电网上去的情况。

**　每千瓦时电量的销售价格，如果所节省的电量能够销售到电网上，则等于在不增加成本的情况下多销售了这些电。

从表 3-3 可以看出，动调风机比静调风机运行费用节省了 23.63 万～37.81 万元/年。动调风机比静调风机初投资高出约 100 万元，按照 5.5%的银行利息、每年动调风机比静调风机多支出 5.5 万元计算，则动调风机投资收益为节电量费用－（动调维修费－静调维修费）－5.5 万元。

若节省电量不能上网销售，按 0.25 元/(kW·h) 计算，动调风机投资收益为 23.63－25－5.5＝－6.87（万元），表示选用动调风机的成本比选用静调风机的成本每年多 6.87 万元。

若节省的电量全部都能销售到网上，按 0.35 元/(kW·h) 计算，动调风机投资收益为 33.08－25－5.5＝2.58（万元），表示选用动调风机的成本比选用静调风机的成本每年少 2.58 万元，若按照 0.4 元/(kW·h) 计算，动调风机投资收益为 37.81－25－5.5＝7.31（万元）。所以，电价越高，动调风机节省的电费就越多。

从以上分析可以看出，与选用静调风机相比，选用动调风机的成本可能高也可能低，这主要取决于其负荷分配、运行模式、上网电价等方面的因素。从综合成本方面来讲，选用动调风机和静调风机基本差别不大。

动调风机与静调风机目前在国内市场均有较好的应用，尽管静调风机以其低成本、低维护费用在国内仍受到青睐，对于中型以上规模的机组，脱硫系统选用静调风机的比例也不小；但毕竟动调风机具有快速调节及高效节能的优势，在倡导节能环保的政策导向下，动调风机应更具发展前景。

在增压风机选型时应充分考虑各种裕量。国家发展与改革委员会（简称国家发展改革委）于 2004 年颁布的《火力发电厂烟气脱硫设计技术规程》规定，增压风机选型时需要考虑 10%的风量裕量、不低于 10℃的温度裕量及 20%的压力裕量。

对于配套有 GGH 的烟气脱硫工程，根据国内的实际运行情况，已发现有多个电厂出现了脱硫系统运行压力损失远大于设计值的情况，分析原因可能有：①除雾器结构形式选择欠合理或除雾器冲洗功能未完全发挥作用；②GGH 的冲洗设计功能欠合理或冲洗功能未完全发挥作用。上述两个因素综合作用的结果是洁净烟气中携带的石膏浆液在 GGH 的密封表面结垢，引起系统阻力升高。所以，为配有 GGH 的脱硫系统选增压风机时，除了要优化对除雾器和 GGH 的冲洗系统设计，并提高冲洗装置的可靠性外，增压风机设计的压力裕量应充分考虑此因素。风机在正常运行过程中其流量、温度裕量已经足够，所以在选择风机时应优先保证其压力裕量。

增压风机布置于原烟气 GGH 前时，对于风机本身的要求相对较低，但是由于脱硫系统与主机隔绝，在系统停运时，如果入口挡板关闭不严或者塔内水汽经过 GGH 进入风机，则均可能出现脱硫风机本体处的酸冷凝，导致对风机本体及其附属设备的腐蚀，所以在脱硫增压风机选型时，应考虑提高风机叶片等主要部件、密封围带、风机出口膨胀节、动叶调节执行机构等部件的耐酸腐蚀性。

鉴于风机在低负荷状态下运行或者启动阶段的低负荷状态下可能出现失速喘振现象，在风机选型时，应根据主机的最低运行负荷与风机理论失速线作比较，如有必要可以在进气箱和扩压器之间装设旁通烟道，风机接近喘振点运行时打开旁通烟道上的挡板门使其有效地避免进入喘振区。

（二）增压风机的布置

通常来说，对于设有 GGH 的脱硫系统，增压风机的布置一般有如图 3-1 所示的四种方案。

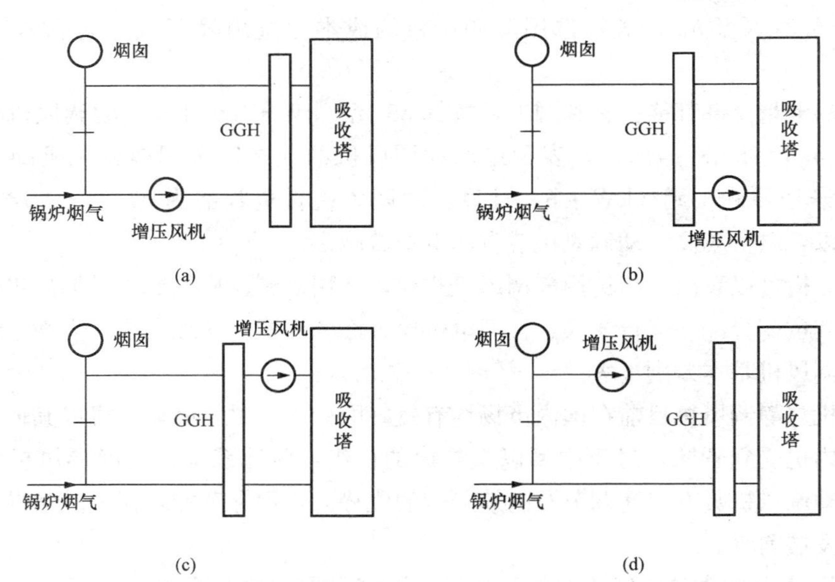

图 3-1 增压风机布置方案

(a) 方案 A；(b) 方案 B；(c) 方案 C；(d) 方案 D

上述四种方案对比情况见表 3-4。

表 3-4　　增压风机布置方案对比

风机布置方案	A	B	C	D
排烟温度（℃）	100～150	70～110	45～59	70～100
磨损	少	少	无	无
腐蚀	无	有	有	少
沾污	少	少	有	无
漏风率（%）	≤3.0	≤0.3	≤0.3	≤3.0
能耗（%）	100	90	82	95
布置实现难易程度	容易	困难	困难	较容易

方案 A 的优点是烟气温度高，不易产生酸腐蚀。缺点是原烟气中含有一定量的尘，对风机叶片有磨损；脱硫系统在正压下运行，尤其在系统设置回转式烟气加热器时，由于存在未处理的原烟气向净烟气侧泄漏的问题，对系统的密封要求非常高；方案 A 中的增压风机位处的烟气温度在四个方案中是最高的，所以增压风机的工作流量及风机的动力能耗也最大。

方案 B 的优点是原烟气向净烟气侧的泄漏少或几乎不泄漏，动力消耗较方案 A 稍有下降；但缺点是原烟气经 GGH 后温度降低到 90～100℃，非常接近烟气的酸露点，因而存在明显的酸腐蚀现象，需选用防腐蚀风机。

方案 C 的优点是由于吸收塔系统为负压操作，不存在系统泄漏问题，而 GGH 等烟气加热系统的冷端为正压运行，所以对于系统密封要求低，能够大大简化配置，节省投资；与方案 A 相比，由于吸收塔出口烟气温度较低，风机的功耗降低约 10%；方案 C 布置的缺点是烟气大量带水而存在严重的酸腐蚀，对于风机本身的防腐蚀要求相当高，另外当吸收塔处于负压运行时，在一定条件下存在衬胶脱落的风险。根据国外的实际运行经验，该位置布置的风机使用寿命短，维护工作量大。

方案 D 的优点是风机能耗较低；缺点是虽经换热烟气温度升高到 80℃左右，但仍存在酸结露腐蚀问题，所以有防腐要求，同时其布置方式导致 GGH 冷端为负压操作，同样有防泄漏要求。

方案 A 和方案 C 比较常用。方案 A 的优点是常规的风机就可作为引风机；而方案 C 可将回转式换热器的泄漏量减少到最小，并将残余液滴进行预干燥，但由于其工作在水蒸气饱和的烟气中，腐蚀结垢倾向特别严重，其运行环境非常恶劣。在国内外的诸多工程中，选择方案 A 的居多，并且长期运行中并没有发生严重故障；而方案 C 的湿风机运行一段时间后叶片还是损坏。

对于没有设置 GGH 的工程，增压风机有两种布置方式：①吸收塔之前；②吸收塔之后。由于没有设置 GGH，从吸收塔出来的烟气为饱和的湿烟气，腐蚀性强，对风机的防腐要求很高，费用增大，从工程具体的运行实例来看，即使是加强了防腐，风机叶片还是很容易被腐蚀损坏，维修费用提高，影响系统正常运行。因此，考虑电厂的安全运营，以及降低

FGD系统整体造价和维护费用，保证其经济利益，宜采用将增压风机装于高温原烟气侧，即吸收塔之前。

（三）增压风机与引风机的合并

对于增压风机与引风机的布置形式而言，有两种方案：①合并引风机和脱硫增压风机；②单独设置引风机和增压风机。前者存在如下优点：

（1）风机本体的初投资及运行费用较分别设置引风机和增压风机小。

（2）占地面积小，布置相对紧凑。

但同时也存在如下缺点：

（1）对于锅炉抗爆压力需提高，锅炉本体投资需增加，存在一定的风险性。

（2）对于引风机的要求提高，导致投资增多。

（3）事故工况下FGD系统退出运行时引风机出力降低较多，经济性较差。

脱硫增压风机与锅炉引风机合一设置的布置方式如图3-2所示。

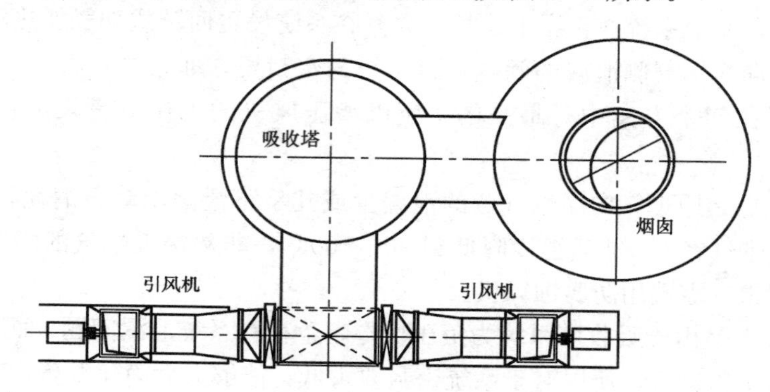

图3-2　增压风机与引风机合一布置

国外采用锅炉引风机与脱硫增压风机合一技术的电厂有许多成功的运行业绩，如美国Kestone电厂2×1300MW机组、英国West Burton电厂4×600MW机组、德国许多600MW机组，由于采用无脱硫旁路和烟塔合一技术，均采用了引风机和增压风机合一的方式。目前国内近年来也有多台机组采用了引风机与增压风机合一的方式，如河北国华三河电厂2×300MW机组和山东黄岛电厂2×660MW机组、国华呼伦贝尔一期2×600MW机组等，特别是新建机组，常采用该方式。

对于新建电厂，火力发电厂建设主机时同步建设脱硫装置，由于脱硫装置与锅炉尾部烟气排放系统是一个整体，机组负荷变化、锅炉烟气量和系统阻力也随之发生变化，引风机或者增压风机需作相应调节。对于引风机和增压风机分设的方案，在机组负荷变化时，需同时调节串联的两种风机，调节系统比较复杂。如果引风机与增压风机合一，调节对象单一，烟气系统响应负荷变化较分设方案迅速、准确。

从经济性角度而言，两种方案会对系统的初始投资和运行费用造成不同影响。以下以某600MW机组配套脱硫装置为例进行分析。

1. 初投资分析

如600MW机组采用锅炉引风机与脱硫增压风机合一技术，则每台机组由原来的两台引

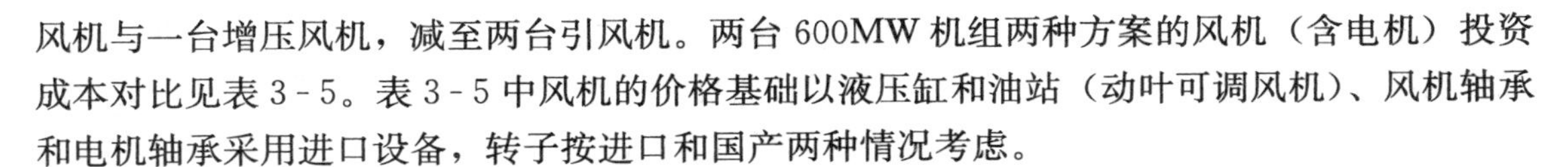

风机与一台增压风机，减至两台引风机。两台 600MW 机组两种方案的风机（含电机）投资成本对比见表 3-5。表 3-5 中风机的价格基础以液压缸和油站（动叶可调风机）、风机轴承和电机轴承采用进口设备，转子按进口和国产两种情况考虑。

表 3-5　　两台 600MW 机组风机设备初始投资对比　　万元

方案		合一方案	分设方案		
			小计	引风机	增压风机
动叶可调	进口转子	760	1145	580	565
	国产转子	415	615	315	300
静叶可调	进口转子	—	1055	530	525
	国产转子	—	515	260	255

由表 3-5 可知，对于 600MW 机组，如分设方案的引风机和脱硫增压风机都采用动叶可调风机，则两台机组风机合一方案比分设方案风机的设备费用低 200 万～385 万元；如合一方案采用动叶可调风机、分设方案都采用静叶可调风机，则两台机组风机合一方案比分设方案风机的设备费低 100 万～295 万元。

考虑风机安装所需的土地占用、土建结构、脱硫烟道材料、防腐材料的变化，风机合一方案比分设方案初投资低 50 万元。

由于锅炉引风机与脱硫增压风机合一，合并后的引风机需要采用较高的静压升，为防止炉膛内出现内爆问题，需要提高炉膛设计压力，相对增加锅炉构架费用 30 万元。

风机合一方案比风机分设方案减少初投资达 120 万～405 万元。

2. 运行费用分析

假设两种方案的维护技术难度相近，由于风机合一方案的风机数量减少使维护费用相应降低。600MW 机组引风机和增压风机分设与合一方案不同负荷时的电耗见表 3-6。

表 3-6　　风机在不同负荷时效率和电耗分析

项目		合一方案	分设方案	
			增压风机	引风机
机组 100%负荷、锅炉 90%MCR	风机效率（%）	87	88	85
	风机轴功率（kW）	3866	2491	2676
机组 75%负荷、锅炉 67.5%MCR	风机效率（%）	78.6	79	80.7
	风机轴功率（kW）	2785	1762	1973
机组 55%负荷、锅炉 50.5%MCR	风机效率（%）	71.8	74	75
	风机轴功率（kW）	2018	1394	1558
机组 35%负荷、锅炉 33.5%MCR	风机效率（%）	52	55	55
	风机轴功率（kW）	2008	1294	1390
风机年耗电量（万 kW·h）		2158	1393	1519

根据表3-6的数据，按厂用电计算运行费用，电价按0.25元/（kW·h）计算，两台机组风机分设方案每年运行电费为2216万元；风机合一方案每年运行电费为2158万元。两台机组如采用风机合一方案，则每年可节约运行电费58万元。

可以看出，采用风机合一技术，不仅能节省设备初投资，而且运行维护费用低，符合我国节能减排方针。对于初始设计增压风机与引风机分设的系统，如果进行增压风机、引风机合一改造，在两年内即可收回改造投资，经济效益十分显著。

（四）高压变频器的应用

高压变频器在发电行业已有较为广泛的应用，技术成熟。

所谓高压变频器，一般情况下是指电压高于交流380V的变频器，常见的有0.69、2.3、3、6、10kV电压等级。

随着变频调速技术的不断发展，高压电动机采用变频调速技术进行调速运行的应用实例越来越多，特别是在火力发电厂生产辅机中，高压电动机为数众多，在数量和容量上占据主导地位。高压电动机采用变频调速控制技术既解决了电动机软启动和实现无级调速、满足生产工艺需要的问题，又可以大幅节约能源、降低生产成本，是一举多得的好事。

高压变频器按其拓扑结构分类，主要有高—低—高型变频器和直接高压型变频器两种，其中，直接高压型变频器又有电流源型高压变频器、三电平电压源型高压变频器和单元串联多电平型高压变频器几种形式。

目前，国内高压变频器市场上以欧美产品占主导地位，也有少量的日本产品，常见的品牌有ABB、美国罗宾康（已被西门子收购）、美国ROCKWELL、西门子、东芝、富士等。国内变频器经过多年的发展，也已形成了一定的产业规模，在设计水平、生产工艺和性能等方面已逐渐缩短了与国外品牌的差距，具有一定的知名度。

一般火电机组，无论是调峰还是带基荷的机组，在运行中负荷通常都在50%～100%的范围内变化，锅炉处理及流经脱硫增压风机的风量也会作出相应的调整。脱硫增压风机如果采用传统的改变风机叶片角度的方式来调节，尽管有一定的节能效果，但是节流损失将会很大，特别是在低负荷时节流损失会更大。

由于风机泵类流量、压力、功率与转速 n 的关系是流量 Q 与 n 成正比，压力 H 与 n^2 成正比，功率 P 与 n^3 成正比，因此，假设额定流量为 Q_0，额定功耗为 P_0，所需流量为 Q_1，功耗 P_{gin}，则有以下关系式

$$\frac{P}{n^3}=\frac{P_{gin}}{n_1^3} \tag{3-1}$$

所以，采用变频器调速后，变频器的输入功率为

$$P_{gin}=\left(\frac{n_1}{n_2}\right)^3 P_0 \tag{3-2}$$

考虑变频器和电机效率后，输入功率为

$$P_{gin}=\left(\frac{n_1}{n_2}\right)\frac{P_0}{\eta} \tag{3-3}$$

式中　P_0——被拖动电机的轴功率；

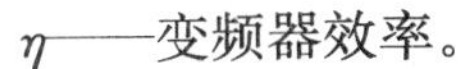

η——变频器效率。

采用高压变频器后，不同负荷情况下的节能效果曲线如图 3-3 所示。在图 3-3 中，横坐标代表风机的负荷状态。

曲线③没有考虑调速装置本身的效率，也忽略了调速后风机本身效率的变化情况，综合考虑这两个因素后，曲线③将略微下降。

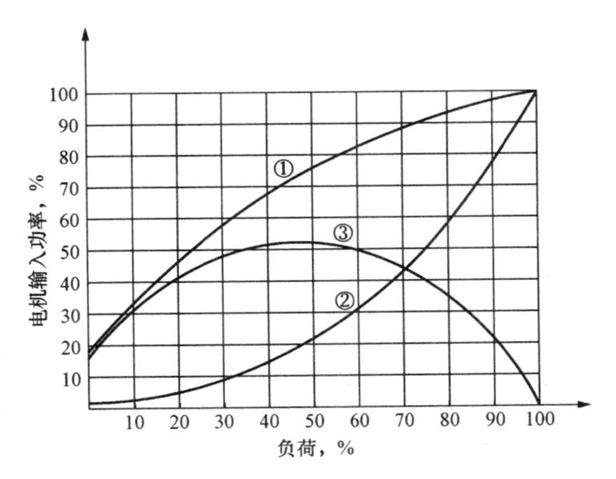

图 3-3　不同负荷下风机节能效果

①—调节阀门时电机输入功率的曲线；②—调节风机转速时电机输入功率的曲线；③—采用变频调速方法时，相对于调节阀门而带来的节能效益曲线

当转速降低时，额定工作参数相应降低，但风机效率不会降低，有时甚至会提高。因此，在满足操作要求的前提下，风机仍能在同样甚至更高的效率下工作。变频调速 50Hz 满载时功率因数接近 1，工作电流比电机额定电流值要低许多，这是由于变频装置的内滤波电容产生的改善功率因数的作用，可以节约 20%左右的耗电量。但当变频器工作在 50Hz 满载以下时，此时的节能效果将更加显著。根据实际运行情况来看，平均可节约 45%左右的耗电量。

另外，当采用工频 50Hz 电网直接启动时，对电网和机械的冲击较大，声响很大，启动一次的损耗很大，而变频软启动损耗很小，只有工频启动的 1/10，则每年的启动节能也是很可观的。

采用轴功率法，对动叶可调增压风机与静叶变频调速增压风机的方案节能比较计算如下。

设风量为 q_V，全压为 p，风机效率为 η_f，风机有效功率为 P_e，风机轴功率为 P_g，则

$$P_e = q_V p \tag{3-4}$$

$$P_g = P_e/\eta_f \tag{3-5}$$

当增压风机负荷为 70%时，烟气量为 $q_V=453m^3/s$，全压为 $p=1411Pa$，动叶可调增压风机效率为 $\eta_f=0.65$，静叶变频调速增压风机效率取 $\eta_f=0.85$，则

风机的有效功率为 $P_e=639kW$

对动叶可调增压风机

$$P_{g动} = P_e/\eta_{f动} = 639/0.65 = 983kW \tag{3-6}$$

对静叶变频调速增压风机

$$P_{g静} = P_e/\eta_{f静} = 639/0.85 = 752kW \tag{3-7}$$

考虑到变频器损失（按 5%计算）

$$P'_{g静} = P_{g静}/0.95 = 792kW \tag{3-8}$$

采用静叶变频调速增压风机比动叶可调增压风机节能（983－792)/983＝19.5%，增压风机负荷为 100%、90%、80%、70%、50%、37.5%时的计算结果见表 3-7。

表 3-7　变频风机节能计算

风机负荷（%）	烟气量（m^3/h）	动调风机效率（%）	变频风机效率（%）	有效功率（kW）	动调风机轴功率（kW）	变频风机轴功率（kW）
100	647	87	87	1669	1919	1919
90	582	84	87	1238	1474	1423
80	517	77	86	904	1174	1051
70	453	65	85	639	983	752
50	323	53	83	294	555	355
37.5	242	30	82	108	361	132

风机负荷（%）	考虑变频损失后功率（kW）	节能（kW）	节能比例（%）	运行天数（d）	年节电量（kW·h）	经济效益（元）
100	2020	−101	−0.053	15	−36 354	−13 633
90	1498	−24	−0.016	20	−11 557	−4334
80	1107	68	0.058	145	235 055	88 146
70	792	192	0.195	135	621 434	233 038
50	373	182	0.328	10	43 698	16 387
37.5	139	222	0.615	40	212 849	79 818

从表 3-7 中可算出，采用静叶变频调速增压风机的方案与采用动叶可调增压风机相比，每年可节电 107×10^4kW·h，按厂用电价 0.375 元/(kW·h) 计算，每年节电费用约 40 万元。

当风机负荷为 100%和 90%时，由于变频器的损失，静叶变频调速风机比动叶可调增压风机能耗更多。如果在该工况下对变频器采用工频旁路，则该部分能耗可以避免。

二、GGH

GGH 是脱硫系统的重要设备，它的存在形式和运行状况对于脱硫系统的正常投运有较大的影响，其主要作用如下：

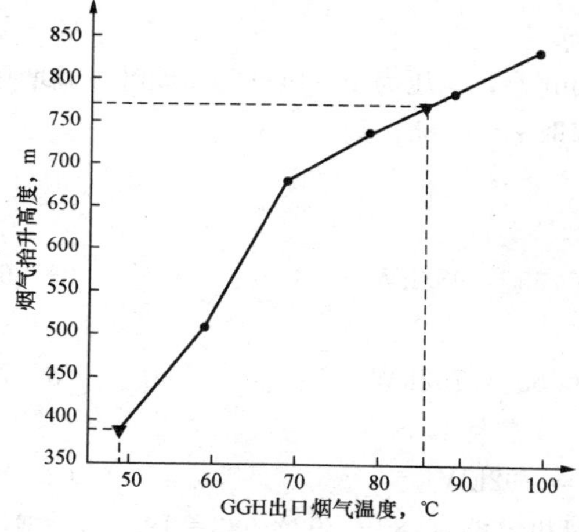

图 3-4　GGH 出口烟温与烟气抬升高度的关系

（1）提高净烟气的温度和抬升高度。GGH 的主要作用是将原烟气中热量传递给脱硫后的净烟气，以提高排烟温度。即由引风机来的温度为 120～140℃的原烟气在 GGH 原烟气侧将温度降到 85～100℃后进入吸收塔；从吸收塔流出温度为 40～50℃的净烟气通过 GGH 的净烟气侧升温至约 80℃，流经净烟道后排入烟囱。净烟气温度提高以后，烟气的抬升高度相应升高，有利于降低污染物落地浓度，GGH 出口烟温与烟气抬升高度的关系见图 3-4。

（2）减轻烟囱冒白烟现象。经过湿法脱硫

后排出的烟气处于湿饱和状态，在环境温度较低时，烟囱出口附近的凝结水汽会形成白色的烟羽，产生所谓的“白烟”问题。白烟的长度随环境温度、相对湿度及烟气温度等参数的变化而变，可从数十米到数百米。白烟长度对环境的相对湿度相当敏感，环境湿度越大，白烟长度越长；同时，白烟的长度随温度的升高而缩短，在我国南方城市，烟羽一般在冬天出现，而在北方环境温度较低的地区，出现的概率则较大。设置GGH以后，排烟温度达到80℃左右，烟气中的水蒸气重新达到不饱和状态，使得烟囱出口附近的烟气不产生凝结，可消除白烟或使白烟在更远的地方形成，降低烟气的可见度，改善周围地区的环境。日本电厂中普遍采用GGH的一个主要的目的便是为了防止烟囱冒“白烟”。

（3）降低脱硫系统的水耗。增加了GGH以后，进入脱硫系统的烟气温度大大降低，从而使烟气在脱硫系统中的降温幅度得到减小，烟气带走的水蒸气量也会减少，因而减少了系统水耗。

但是，从多年来的实际运行经验来看，由于GGH处于干湿烟气交替环境中运行，原烟气在GGH中由130～150℃降到90℃左右，因此在GGH的热侧会产生大量黏稠性的浓酸液，这些酸液不但对GGH的加热元件和壳体有很强的腐蚀作用，而且还会使原烟气带来的飞灰黏结在加热元件上，阻碍烟气的正常流动和换热元件的换热。另外，穿过除雾器的微小浆液液滴黏附在加热元件的表面上，蒸发后会形成固体结垢物，这些结垢物会堵塞加热元件的通道，容易引起腐蚀和堵灰现象，因而故障率较高，是脱硫系统中故障率最高的设施，降低了脱硫系统的可靠性，同时也增加了维护费用。据德国脱硫公司介绍，经过多年的运行，发现GGH是整个烟气脱硫系统的故障点，大大影响了FGD的可用率，几乎所有的GGH均在运行过程中出现过故障。因此，在设计过程中关于GGH的优化就显得十分重要。

（一）GGH选型

烟气换热器通常有非蓄热式和蓄热式两种形式。非蓄热式烟气换热器通过蒸汽或天然气燃烧等将冷烟气重新加热，这种加热方式投资省，但能耗大，适用于脱硫装置年利用小于4000h的情况，因此在设计中较少采用，本书对此不作详细介绍。

蓄热式烟气换热器利用未脱硫的热烟气加热冷却烟气，简称GGH。蓄热式烟气换热器又分为回转式烟气换热器、管式烟气换热器和热管式烟气换热器，三者均通过载热体或载热介质将热烟气的热量传递给冷烟气。

1. 回转式GGH

回转式GGH是目前大型烟气脱硫装置中应用最为普遍的换热器类型，其结构布置如图3-5所示。它占用空间大，投资高，但运行成本低。

回转式GGH在结构上主要由转子与外壳两部分组成。转子作为蓄热体，

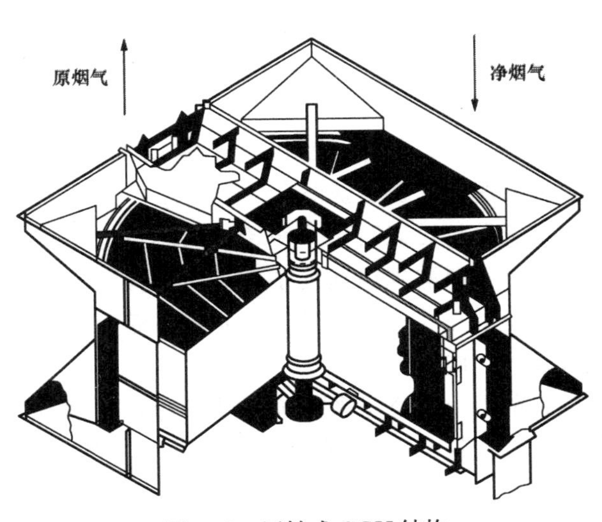

图3-5 回转式GGH结构

通常以 0.75～2r/min 的转速旋转，其蓄热部件交替通过原烟气和净烟气通道。在通过原烟气通道时，蓄热部件吸收了原烟气的热量，温度上升；转到净烟气通道时，蓄热部件释放热量，加热净烟气。如此循环，依靠转子蓄热部件的热容作用，实现原烟气与净烟气之间连续的热交换。还有另外一种回转形式，转子保持静止不动，外壳转动，同样可达到冷热烟气换热的效果。回转式 GGH 的工作原理是利用从锅炉尾部来的温度较高的原烟气通过 GGH 换热元件时与换热面进行热交换，将热量蓄于换热元件，经过热交换的原烟气温度降低后进入吸收塔；从吸收塔出来的饱和净烟气经过 GGH 换热元件时，换热元件从原烟气中吸收的热量释放出来加热净烟气，使净烟气温度升高，达到设计要求的烟气排放温度。

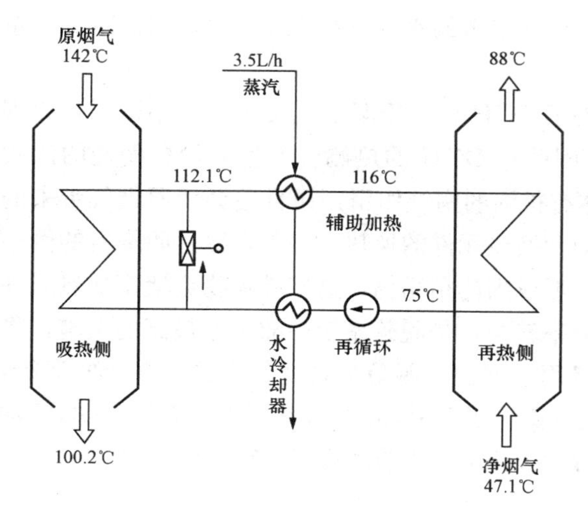

图 3-6　管式 GGH 流程

2. 管式 GGH

管式 GGH 属于无泄漏型换热器，需要循环水泵。管内循环水为载热介质，原烟气通过管壁的热传导作用加热净烟气；但传热系数较小，烟气处理量小，易发生低温腐蚀、堵灰和磨损等问题。管式 GGH 可分为热烟气室和净烟气室两部分。在热烟气室，热烟气将部分热量传给管内的循环水；在净烟气室，净烟气再将热量吸收。重庆珞璜电厂的 FGD 装置采用了这种换热器，流程如图 3-6 所示，需要蒸汽辅助加热。

3. 热管式 GGH

热管式 GGH 也称蒸汽换热器，属于无泄漏型换热器。热管是一种新型高效换热元件。如图 3-7 所示，工质在密闭的热管内部，在热流体端吸热气化，至冷流体端气体工质放热变成液体，同时热量通过管壁传导给管外的冷流体。由热管组成的换热器传热效率高，传热面积小，结构紧凑，烟气流动阻力小，热媒循环过程不需外加动力，无烟气泄漏，但与其他类型换热器一样，面临低温腐蚀和积灰堵塞问题。热管换热器目前还没有在脱硫工程上获得广泛应用。

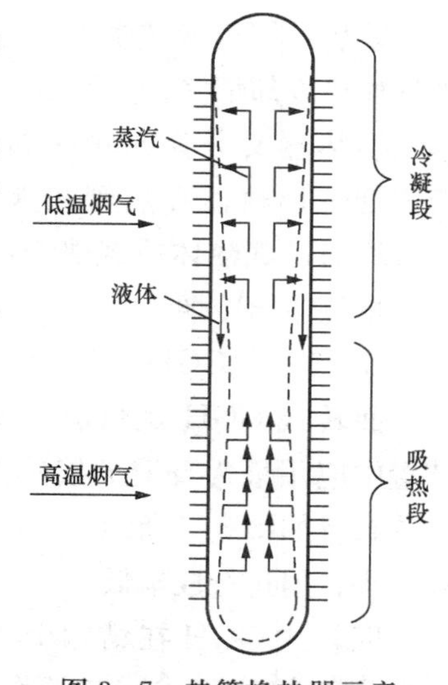

图 3-7　热管换热器示意

综合分析可以看出，回转式换热器应用较多，但会有小部分原烟气泄漏到净烟气中，且堵塞问题严重时会严重影响脱硫系统的正常运行；管式换热器设备庞大，电耗大，需要消耗蒸汽，应用较少。

目前国内某公司采用了一种其特有的大通道易通型直波形元件，在其 GGH 设备和改造项目中，均能有效地维持或降低 GGH 差压，且能保证 GGH 设备长期稳定在低压差下运行，其换热元件与普通换热元件对比如图 3-8 所示。

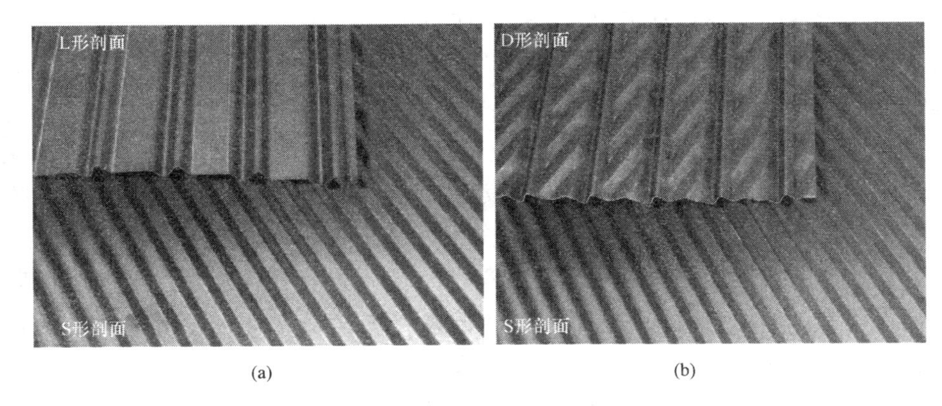

(a)　　(b)

图 3-8　易通型与紧凑型热器元件对比（左侧为易通型）
(a) 易通型；(b) 紧凑型

其换热元件特点如下：

(1) 防堵性。

该波形采用大通道的波纹板（L 形），而不采用紧凑型的波纹板（DU、DNF 或其他）。其特点为：烟气流通截面大，波形平滑，在 GGH 运行中石膏等副产物不易附着，也易于清除，因而 GGH 不易堵塞，GGH 长期运行后压力损失不会上升。

而使用紧凑型波纹板（DU、DNF 或其他）的 GGH，在运行中容易出现堵塞、压降增加等运行障碍，电厂需要加大增压风机输出功率，增加高压水清洗次数等，其运行费用明显增高。

有些 GGH 厂商认为降低换热元件的高度会改变 GGH 的堵塞，使得 GGH 便于清洗。但事实表明，换热元件的高度降低，并不能改变因波形选择因素造成的 GGH 易于堵塞的问题。波形的选择才是根本原因。直通道波纹，石膏等产出物在最初时刻就无法附着，即在附着的最初时刻就被吹扫清洗了。而紧凑型波纹，一是易于附着；二是一旦附着，就很难清除（存在吹扫盲点），即使高压水清洗后，也会再次如初次那样，如此反复。

(2) 防腐性。

1) 极强的耐腐蚀性。湿法静电喷涂在瓷釉的原料中添加了抗腐蚀材料和黏结剂，在生产过程中，由于添加了抗腐蚀材料，其耐腐蚀性能是干法静电喷涂换热元件的 2～3 倍。同时，由于原料中添加了黏结剂，瓷釉在母材上黏得更牢，更不容易剥落，钢板的耐腐蚀性能也得到了提高。

2) 极高的边缘包裹。众所周知，腐蚀一般都是从裸露的钢板开始的，湿法静电喷涂同样由于工艺特点（添加了特殊材料），其生产的涂搪元件具有极好的边缘包裹（搪瓷层呈露滴状），其包裹率可达 99%以上；而干法静电喷涂工艺生产的涂搪元件，其边缘包裹只在 80%左右；浸涂工艺生产的换热元件的边缘包裹仅在 40%～45%，极易出现腐蚀问题。

3) 极低的气孔率。喷完搪瓷粉的钢板，在高温炉里烘烤时，钢板里面的 C 分子会以 CO 及 CO_2 的形式逃逸出来，在搪瓷层表面形成气孔，在今后运行时，出现气孔的地方就是腐蚀点，因此，低的气孔率是达到良好的防腐蚀要求的一个必要条件，而低的气孔率又是通过低的含碳量来实现的，该产品采用含碳量不高于0.004%的零碳钢，气孔率可以控制在15个/m^2 以下，保证了元件的耐腐蚀性，增加了使用寿命。

4）极好的柔韧性。湿法静电喷涂工艺生产的换热元件还具有很好的柔韧性。换热元件在装篮的过程中，在篮子的两端施加 5000～8000kgf/m^2 的压力进行装篮，以确保在 GGH 实际运行时，换热元件不会在烟气的冲击下发生颤动，因颤动易引发元件搪瓷的裂纹，从而产生腐蚀，减少元件的使用寿命。

目前，该波形的换热元件在国内已有近 60 台 GGH 设备投入运行，整体运行良好。所有已投运的设备中，均没有出现因 GGH 差压偏大导致脱硫系统不正常运行的情况，GGH 整体压差长期稳定在保证值 1000Pa 以下，有些甚至长期稳定在 600～700Pa。

使用高效防堵型元件，可以大大降低人工水冲洗次数，按目前的情况看，一般需要 3 个月（甚至 1 个月）冲洗一次，按一次 8 万元计算，一年可节省约 32 万元。

使用高效防堵型元件，可有效起到节能效果，国内某 2×600MW 机组，在没做改造之前，原烟气侧压差最大为 1400Pa，增压风机电流最大将近 600A，在更换了这种大通道直波形的元件后，GGH 原烟气压差稳定在 350～400Pa，增压风机电流更是降至 300A，其增压风机电流，在压差最大和最小时，可降低近 300A，一年可节电约 1050 万 kW・h，一年可节约 400 万元。

（二）取消 GGH 方案

实际运行证明，GGH 已成为脱硫系统的最大故障点，严重影响了系统运行的经济性和安全性，近年来，关于取消 GGH 的观点得到了很多研究人员的支持，实际运行情况也证明了，只要对脱硫系统烟道、烟囱等设施予以合理的防腐措施，取消 GGH 不会对系统安全运行造成不利影响。

我国于 2005 年 4 月 1 日实施的 DL/T 5196—2004《火力发电厂烟气脱硫设计技术规程》的 6.2.3 中规定：烟气系统宜装设烟气换热器，设计工况下脱硫后烟囱入口的烟气温度一般应达到 80℃及以上排放。在满足环保要求且烟囱和烟道有完善的防腐和排水措施并经技术经济比较合理时也可不设烟气换热器。

由国家环境保护总局于 2005 年 6 月 14 日发布、2005 年 10 月 1 日实施的《火电厂烟气脱硫工程技术规范　石灰石/石灰—石膏法》（HJ/T 179—2005）的 5.2.5 中规定：现有机组在安装脱硫装置时应配置烟气换热器。新建、扩建、改建火电厂建设项目，在建设脱硫装置时，宜设置烟气换热器，若考虑不设置烟气换热器，应通过建设项目环境影响报告书审查批准。

由此可见，并未对脱硫系统配置 GGH 作出强制性规定。

为了降低电厂排烟中 SO_2 对周围环境的污染，国内电厂于 20 世纪 80 年代末逐步开始装设脱硫装置，到 21 世纪初，随着国内经济实力的增强及环保政策的逐步严格，国内安装脱硫装置的电厂越来越多。

从目前国内正在运行的湿法脱硫装置来看，基本都安装了 GGH。在对新建、扩建、改建火电项目的调查中显示，约有 80%的脱硫装置装设了 GGH。例如采用日本三菱技术的重庆珞璜电厂一、二期工程，采用了水媒管式 GGH；其后引进德国 Steinmuller 公司技术的重庆电厂、浙江半山电厂、北京第一热电厂，均装设了技术比较先进的再生回转式GGH；还有一些采用引进技术、国内自行设计的火电厂湿法烟气脱硫装置，例如北京石景山热电厂、北京一热二期工程、山东黄台电厂、江阴夏港电厂、浙江钱清电厂、广东瑞明电厂和沙角A电厂也均装设了GGH。

而近年来新建机组则多数不设GGH，将吸收塔处理后的烟气直接排放，如福建漳州后石电厂、常熟电厂、陡河电厂、唐山电厂、国华呼伦贝尔发电有限公司一期工程、海拉尔热电厂和西柏坡电厂等。

国际上，关于是否取消GGH目前尚无统一结论。

德国自20世纪70年代起，开始在火电厂设置烟气脱硫装置。由于德国的排放标准要求锅炉烟囱排放的烟气最低温度为72℃，因此当时的脱硫装置都设GGH，否则无法满足标准要求。

然而，德国的排放标准只规定经锅炉烟囱排放的烟气最低温度，对通过其他途径排放的烟气温度未作规定。因此，德国的工程技术人员及大气环境专家经过论证，最终找到通过冷却塔排放未经加热湿烟气的解决方案。这种方案在德国获得了广泛的认可，因此，德国近十年来出现了不少通过冷却塔排放烟气的电厂（见表3-8），单机容量达到1000MW等级。

表3-8　德国通过冷却塔排放烟气的电厂　MW

电厂名称	燃煤种类	机组容量	电厂名称	燃煤种类	机组容量
Boxberg IV	褐煤	1900	Lipperdorf	褐煤	2900
Janschwalde	褐煤	6500	Staudingger 5	烟煤	2510
Schwarze Pumoe	褐煤	2800			

加入欧盟以后，为了保持与欧共体2001/80/EC的一致性，德国取消了对通过烟囱排放烟气最低温度保持在72℃的规定。近年来，欧洲（包括德国）开始通过烟囱排放未经加热的湿烟气（见表3-9）。

表3-9　欧洲通过烟囱排放湿烟气的电厂　MW

电 厂 名 称	燃 煤 种 类	机 组 容 量
Iskenderun（土耳其）	烟煤	2650
Voerde（德国）	烟煤	2650
Megalopolis（希腊）	褐煤	2800

美国的法规从未对排烟温度有过限制，因此美国的FGD系统只有少部分安装了GGH。一些美国电厂考虑到由于不安装GGH，烟温过低时可能会对周围环境产生不利影响，于是在烟囱底部安装了燃烧洁净燃料的燃烧器，在气象条件不利于扩散时，可对脱硫后的烟气进行临时加热。这种方法的投资很低，运行费用也很低，同时，也保护了环境，是一种结合实际的解决方案。

日本由于是一个面积小、地形狭长的岛国，为了减轻对其本土的污染，一直采用高烟温排放，以增强烟气的扩散能力。因此，在日本几乎所有的FGD系统全部安装了GGH。

不设置 GGH 的脱硫系统有以下特点：

（1）能耗降低。由于取消了 GGH，烟道长度也相应减少，烟气系统阻力降低约 1.2kPa，由此降低了增压风机的能耗。另外，由于取消 GGH 后避免了烟气漏风，在总脱硫率相同的情况下，吸收塔脱硫效率可比有 GGH 方案的降低（根据 GGH 漏风率的不同，可降低 0.5%～1.5%），因而可减小浆液循环量并相应降低浆液循环泵的能耗。同时，取消 GGH 后，GGH 本身及其附属设备的能耗也不复存在。

（2）系统简单可靠。由于没有 GGH，脱硫系统简化，运行可靠性提高，维护和检修工作量也相应减少。取消 GGH 后，炉后布置优化，烟道和设备布置更简洁合理，安装和检修空间增大，施工场地增加，施工安装更方便。

（3）排烟温度降低，对烟囱腐蚀加大。不设 GGH 时，吸收塔后的净烟气直接进入烟囱，排烟温度较低（约为 50℃），烟气的抬升高度降低，地面局部污染物浓度有所增加。净烟气中含腐蚀性化学物质量增大，主要腐蚀性介质为水蒸气、二氧化硫、三氧化硫，低温下含饱和水蒸气的净烟气容易冷凝产生腐蚀性的酸液（硫酸、亚硫酸等），这些酸液对烟道和烟囱有较强的腐蚀性，烟温越低，烟气的腐蚀性越强，对烟道及烟囱材料的要求越高。

（4）工艺水耗量增加。不设 GGH 后，进入吸收塔的烟气温度增大，对一般的 600MW 机组来说，吸收塔烟气入口温度约为 120℃，而设置 GGH 后的吸收塔烟气入口温度约为 90℃，这样，前者的水蒸发量要大于后者，为保证吸收塔浆池内浆液浓度的稳定性，必须增加工艺水补充量。

设置 GGH 与不设置 GGH 的两种方案技术比较见表 3-10。

表 3-10　设置 GGH 与不设置 GGH 的技术对比

项　目	设置 GGH	不设置 GGH
厂用电率	高	低
耗水量	低	高
烟气泄漏量增加值	0.5%～1.5%	0
装置布置	复杂	简单
烟道长度	较长	较短
净烟气腐蚀性	较弱	较强
运行可靠性	增加系统故障概率，降低运行可靠性	由于无 GGH，故障率很低
运行维护工作量	多	少

以某电厂 2×660MW 超临界燃煤发电机组为例，排烟量为 6 566 672 m^3/h，烟囱高度为 240m，煤的含硫量为 1%，FGD 系统每年脱除的 SO_2 为 86 688t。设置 GGH 与不设置 GGH 的经济性分析如下：

（1）固定资产投入。安装 GGH 需要增加很多的设备，比如烟气换热器本体设备、低泄漏的风机系统、GGH 吹灰器系统和冲洗系统等，折合固定资产投入约需要增加 3877.6 万元，详见表 3-11。

表 3-11　GGH 固定资产投入　万元

项目		名称	数量	单价	总价
GGH 及其附属系统		GGH 本体及驱动电机	2	1300.0	2600.0
		增压风机	2	150.0	300
		低泄漏风机	2	90	0
		高压冲洗水泵	2	27	0
		吹灰器	2	10	0
		GGH 支架	2	200	0
		GGH 进出口膨胀节	8	10	0
烟道	有 GGH	从主烟道至增压风机	2	36.0	72.0
		从增压风机出口至 GGH	2	48.0	96.0
		从 GGH 原烟气侧至吸收塔入口	2	47.2	47.2
		从吸收塔出口至 GGH 净烟气侧	2	84.0	168.0
	无 GGH	原烟道	2	105.6	211.2
		净烟道	2	69.2	138.4
烟道防腐	有 GGH	从 GGH 原烟气侧至吸收塔入口	100.0		
		从吸收塔出口至 GGH 净烟气侧	150.0		
		GGH 净烟气出口	110.0		
	无 GGH	烟道	150.0		
总投资		有 GGH			4377.2
		无 GGH			499.6
		差额			3877.6

若贷款利率按 5%计算，5 年还清本利，共计 4847 万元，脱硫系统的寿命为 20 年，因此，每年的固定资产投入为 242.35 万元。因固定资产投入使得脱硫成本的增加为 0.0279 元/kg。

(2) 水耗。由于使用了 GGH，原烟气在脱硫系统中的降温幅度将大大下降，从而减少了系统的水耗。经计算，若使用 GGH，可使用水量减少 66t/h，按年运行 6000h、水价为 2 元/t 计算，每年节约的水耗成本为 79.2 万元。因节约用水而使得脱硫成本减少0.0091 元/kg。

(3) 电耗。安装 GGH 后，烟气在 GGH 本体和烟道内的阻力约增加 1100Pa，为保证烟气的正常排放，需要加大引风机的功率。试验得出风机功率相应增加 4000kW，按年运行 6000h、厂用电价为 0.3 元/(kW·h) 计算，每年增加的电耗支出为 720 万元。因电耗而使得脱硫成本增加 0.083 元/kg。

(4) 大修费用。大修费率按固定资产原值×2.25%计算，GGH 大修费用为 87.25 万元，因大修费用而增加的脱硫成本为 0.01 元/kg。

综上，安装 GGH 后费用的增加见表 3-12。

表 3-12　安装 GGH 增加费用

项目	年增加费用（万元）	脱硫成本增加（元/kg）	项目	年增加费用（万元）	脱硫成本增加（元/kg）
电耗	720.0	0.083	大修费用	87.3	0.010
水耗	−79.2	−0.009			
固定资产投入	242.4	0.028	合计	970.4	0.112

由于安装了GGH，整个系统的投资与电耗大大增加，并且由于GGH部件的腐蚀和换热元件堵塞造成的增压风机的运行故障已成为阻碍脱硫系统长期稳定运行的主要因素之一，降低了脱硫系统的可用率，增加了维修费用，因上述原因而导致脱硫成本增加约970万元/年。

对于已安装GGH的脱硫系统，取消GGH带来的经济效益和运行可靠性同样可观。以某2×600MW机组为例，取消GGH后烟囱及烟道防腐需要增加一次性投资约1300万元，而运行及大修费用每年可减少500万元，考虑还贷因素后，2.5年即可收回投资，而且取消GGH，系统可靠性大大提高，有利于提高脱硫系统的投运率，降低排污费用，缓解发电企业环保工作压力。

需要说明的是，无论是新建机组还是已安装GGH的脱硫系统，取消GGH都必须得到环保部门和环评的认可，方可实施。

（三）湿烟囱防腐工艺

对于不设GGH的脱硫系统，进入烟囱的烟气温度仅为50℃左右；脱硫后的出口烟气内仍含有如SO_3、HCl、HF等强腐蚀性介质，烟气温度的降低使得烟温低于酸露点，产生凝结，对烟囱内壁产生腐蚀作用，并且腐蚀速率随硫酸浓度和烟囱壁温的变化而变化：

（1）当烟囱壁温达到酸露点时，硫酸开始在烟囱内壁凝结，产生腐蚀，但此时凝结酸量尚少，浓度也高，故腐蚀速度较低。

（2）烟囱壁温继续降低，凝结酸液量进一步增多，浓度却降低，进入稀硫酸的强腐蚀区，腐蚀速率达到最大。

（3）烟囱壁温进一步降低，凝结水量增加，硫酸浓度降到弱腐蚀区，同时腐蚀速度随壁温降低而减小。

（4）烟囱壁温达到水露点时，壁温凝结膜与烟气中的SO_2结合成H_2SO_3溶液，烟气中残存的HCl/HF也会溶于水膜中，对金属和非金属均会产生强烈腐蚀，故随着壁温降低腐蚀重新加剧。

脱硫后的烟气腐蚀性不但没有降低，反而由于烟温的降低而大大增加，根据国际烟囱工业协会的定义，湿法脱硫后的烟囱需按照强腐蚀环境考虑。按照烟囱设计规范的要求，当用于排放强腐蚀性烟气时，宜采用多管式或套筒式烟囱结构形式，即将承重的钢筋混凝土外筒和排烟内筒分开，使外筒受力结构不与强腐蚀性烟气接触，避免烟气对其产生腐蚀。

排烟内筒可分为砖砌内筒和钢内筒，砖砌内筒由于其分段支撑处的接缝及形成砌体后的砖缝抗渗密闭性和整体性较差，不可避免地存在渗透和腐蚀的问题；另外，检修和维护，甚至内筒的更换施工均不便。钢内筒整体性强，自重轻，气密性好，烟气在管内流动阻力小，烟气扩散效果好，维修方便，是国际上常采用的结构形式。因此，对于新建电厂，建议采用可维修式的套管式多管钢烟囱。老电厂增设无 GGH 脱硫系统或取消 GGH，也应像新建电厂一样，对烟囱进行特殊的防腐处理。

由于国内脱硫烟囱的设计及运行历史较短，专项的腐蚀调查研究资料较少，经验也不多，因此，对于湿法脱硫后烟气对烟囱结构的腐蚀性分析及防腐处理仍处于探索阶段。

在烟囱内部进行防腐处理主要是指采用一些耐高温、耐腐蚀的特种材料，贴衬或涂抹在原有烟囱内壁，形成一道屏障，隔离湿烟气与烟囱基底，从而防止在露点温度下凝结的酸液对烟囱的腐蚀。因为采用同一根烟囱来排放干、湿两种类型的烟气，工作环境比较恶劣，防腐材料的特性无疑对防腐效果有着决定性的作用。目前采用的防腐材质主要有以下几种：

(1) 采用合金钢贴衬。

合金钢是一种防腐性能很好的材料，主要类型有钛合金板（$TiCr_2$）和镍基合金板（C-276）。钛是一种高耐腐蚀的材料。钛的性质与温度及其存在形态、纯度有着极其密切的关系。致密的金属钛在自然界中是相当稳定的，但是钛中杂质的存在，显著影响了钛的物理性能、化学性能、机械性能和耐腐蚀性能。特别是一些间隙杂质，它们会使钛晶格发生畸变，从而影响钛的各种性能。常温下钛的化学活性很小，能与 HF 等少数几种物质发生反应，但温度增加时钛的活性迅速增加，特别是在高温下，钛可与许多物质发生剧烈反应而产生腐蚀。

国外湿法脱硫后电厂烟囱有应用钛板内衬的实例。国内有台塑集团福建省漳州后石电厂 6 台 600MW 机组烟囱（海水脱硫不设 GGH）采用现场挂贴钛板内衬、常熟电厂 3 台 600MW 机组（不设 GGH）烟囱采用钛复合钢板内衬及山西武乡发电厂 2 台 600MW 机组（不设 GGH）等工程的烟囱防腐采用了钛板内衬方案。

C-276 是一种含钨的镍—铬—钼合金。其硅、碳的含量极低，在氧化和还原状态下，对大多数腐蚀介质具有优异的耐腐蚀性。尤其具有出色的耐点腐蚀、缝隙腐蚀和应力腐蚀的性能。较高的钼、铬含量使合金能够耐氯离子的侵蚀，钨元素的存在也进一步提高了该合金板的耐腐蚀性。

C-276 在 10% 硫酸沸腾试验溶液中的腐蚀速率为 0.35mm/年，而 316L 不锈钢为 16.15mm/年，317 不锈钢为 7.85mm/年。采用 C-276 内衬、钢内筒结构设计计算时，不必预留腐蚀富裕度，合金板内侧也不必采取防腐措施。钢内筒钢板与 C-276 内衬合金板有工厂轧制复合和现场挂贴等多种方式。

近年来，国内外市场镍价持续上涨，使得 C-276 合金材料初期成本较高，制约了 C-276 合金在脱硫烟囱中的应用。国内尚无 C-276 合金应用于烟囱内筒耐腐内衬的工程实例，国外该合金已广泛应用于脱硫塔及烟囱中。

无论钛合金还是镍合金均是一种防腐性能很好的材料。但由于其价格过高，达数千元每立方米，且合金贴衬质量较重，增加了烟囱的承重负荷。对于合金贴衬的施工要求也较高，因此，一直未能在国内推广使用。

(2) 采用耐高温鳞片树脂涂料。

采用耐高温鳞片树脂涂料作为烟囱的防腐材质是一种较为经济的方案，鳞片树脂防腐的原理主要是迷宫效应，一般采用喷涂或镘刀涂抹的施工方法，但厚度较薄，仅为2mm左右。鳞片树脂涂料价格较为经济，单价为合金材料的10%～20%，但是该材料的防腐能力较弱，耐高温性能较差，寿命较短，需要定期检查、补缺。

（3）采用聚脲涂料。

采用聚脲涂料作为烟囱的防腐材质也是一种较为经济的方案。一般采用喷涂的施工方法，厚度为1～3mm，一次成形，不会受空气中水分或温度变化的影响，材料不易燃。施工采用喷涂方式，简单易行，时间短，材料对不同工况适应性较好。

聚脲涂料价格也较为经济，单价略小于鳞片树脂，其抗腐蚀、抗冲击、耐磨性能好，具有高抗张强度，柔韧性好，对基底要求不高，但耐高温性能较差。

聚脲可以喷涂在混凝土基底的烟囱内壁，但目前国内尚无烟囱防腐的应用业绩。

（4）采用轻质发泡耐酸玻璃砖内衬。

发泡耐酸玻璃砖是以硼酸玻璃为基础制成的，耐各种浓缩酸和包括氯化物在内的废气冷凝液的腐蚀，导热性低。由发泡耐酸玻璃砖及黏结剂人造橡胶形成的防腐衬里，在化学环境与温度变化的情况下，都具有防腐能力。由于其导热性低，将原来的烟囱内衬和保温层结构合二为一。

玻璃砖由黏合材料直接粘贴于烟内筒内表面，并由黏合材料对玻璃砖间的缝隙勾缝，阻断了烟气对内筒结构的腐蚀。黏结料的防腐性和耐久性是关键，其老化、开裂都将直接影响整体内衬系统的防腐性能。美国公司从1979年开始，已将发泡耐酸玻璃砖应用于烟囱内衬。取数个不同时期烟囱内黏合材料实样进行试验，从试验数据延伸推断，黏结料在烟囱的使用寿命为30～40年。

该种玻璃砖在高温和高浓度的SO_2和SO_3气氛中有很强的抗腐蚀能力，可靠，耐用，维护量小，对基地要求也较低，可直接黏贴在钢板、混凝土和砖面上，无须锚固，施工简单，施工时间短。此外，该材料的绝热性较好，能起到烟囱保温的作用。但这种硼硅玻璃砖单价较高，一般为涂料的3～4倍，相对而言价格偏高，且玻璃砖比较厚，在38mm左右。

目前国内的霍二电厂、利港电厂采用了贴玻璃砖的防腐方案，同时未设置GGH。

（5）采用SL300复合高温防腐抗渗涂料。

SL300复合高温防腐抗渗涂料是专门针对湿法脱硫后且不设置GGH的混凝土烟道、烟囱防腐抗渗的一种材料。它通过渗透作用，沿耐酸砖表面形成深度达10mm的复合防腐层。复合防腐层具有耐酸、耐高温、耐磨损、抗渗透的功能。

复合涂层间良好的配伍性和特点明显的功能叠加，形成了复合涂层的优异性能：抗渗层厚，高温性能优良，耐酸性能优良，热稳定性好，使用寿命长。

新建烟囱的特点是施工周期长、资金较为充足、烟囱施工和防腐可同时进行，从长期安全运行的角度考虑，应优先采用合金内衬设计；但合金钢价格高，且合金贴衬质量较大，增加了烟囱的负荷，施工要求也比较高。因此，对于新增烟气脱硫系统的烟囱防腐工程，考虑施工周期短、施工难度大、资金相对紧张等因素，建议采用高温鳞片树脂涂料及聚脲涂料等方案。

三、排烟方式

西方发达国家自 20 世纪 70 年代末到 80 年代末，相继完成了燃煤电厂的烟气脱硫装置的建设，其中大部分脱硫装置采用的是湿法脱硫工艺。随着湿法脱硫技术发展的日臻成熟，像副产品石膏的综合利用和二合一功能冷却塔烟气排放技术等与之伴随的衍生技术不断应运而生，并获得了广泛应用。早在 1970 年，国外就开始对烟气通过冷却塔与塔内热气混合排放进行了研究。1982 年，德国的 SHU 公司建成新型的 Voilingen 实验电厂，通过不断的试验、研究、分析和改进，这一技术已日趋成熟。

近年来，在西方国家新建的闭式循环的发电厂，无论大小，几乎都看不见代表发电厂的烟囱，取而代之的是用冷却塔将脱硫后的烟气排放到大气中去；国内多个电厂，如华能北京热电厂 1～4 号机组，国华三河发电有限公司 3、4 号机组，天津东北郊热电厂，哈尔滨第一热电厂，大唐锦州热电厂和天津军粮城热电厂，均采用了烟塔合一技术，自投产以来，运行稳定，排烟高度、污染物落地浓度均能满足设计及环保要求。

典型的烟塔合一烟气脱硫工艺流程如图 3 - 9 所示。

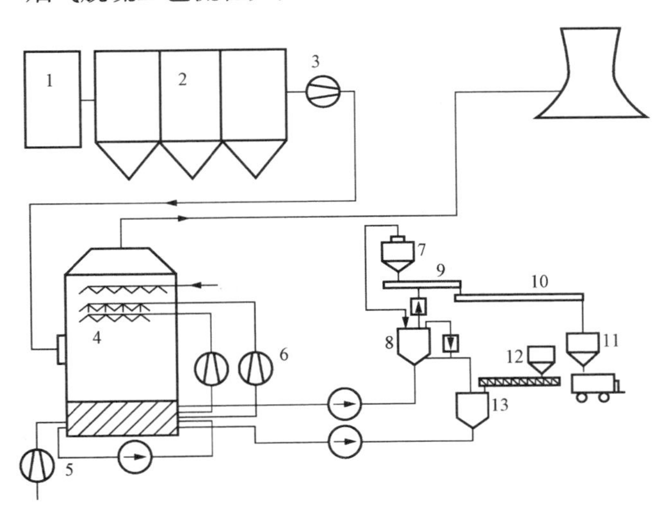

图 3 - 9　烟塔合一烟气脱硫工艺流程

1—锅炉；2—除尘器；3—引风机；4—吸收塔；5—氧化风机；6—循环泵；7、8—旋流器；9—真空皮带机；10—输送机；11—石膏仓；12—石灰石仓；13—石灰石浆液

烟塔合一技术取消了传统的高烟囱，将脱硫后的烟气通过烟道直接引入自然通风冷却塔与水蒸气混合后，由冷却塔出口排入大气。经环评分析，尽管传统烟囱一般比双曲线冷却塔要高，烟囱排放的烟气温度也比冷却塔排出混合气体的温度要高，但由于烟气通过冷却塔排放，烟气和冷却塔的热汽混合一起排放，具有巨大的热释放率，冷却塔排放烟气时其热抬升高度及扩散效果与烟囱相当。

从根本上来说，烟塔合一与脱硫无旁路及取消 GGH 是相辅相成、不可分割的。烟塔合一技术从根本上决定了脱硫不能设计旁路，否则就会造成未经脱硫系统的锅炉烟气携带大量空气污染物、粉尘甚至煤粉进入冷却塔，对冷却塔的壳体、烟道支架、配水装置、淋水装置等造成危害（如混凝土层疏松、粉化、脱落，进而造成内部的钢筋产生腐蚀）；同时，冷却塔里循环水必然会被污染，降低了 pH 值，使循环水呈酸性，增加了循环水悬浊物的浓度，进而威胁机组正常、稳定运行。所以，只有保证脱硫系统正常投运，烟气经过脱硫系统再进入冷却塔才能够保证绝对安全。

有无 GGH 的问题主要考虑的是出口烟道和烟塔材料设备的防腐蚀程度。如果烟道和烟塔没有防腐涂层，当脱硫系统烟气出口温度低于露点温度时，就会对这些设备造成很大的腐蚀。在这种情况下，必须利用 GGH 加热脱硫吸收塔出口烟气，才可以进入没有防腐措施的烟道和烟塔。而对于新建机组，在脱硫吸收塔出口烟道采用玻璃钢烟道，烟塔内附着防腐涂层，避免了被湿烟气腐蚀的危险，从而具备了取消 GGH 的条件。

在烟气脱硫的电厂中，采用二合一功能冷却塔排放烟气的技术是成熟的，由于少了烟囱而减少了用地，省去了烟气再热系统而节省了投资，减少了运行和维护费用，经济效益是显而易见的。

对比烟塔合一技术与传统烟囱排烟方式如下。

（一）综合费用分析

以德国某 600MW 的机组在方案论证阶段所作比较的一些数据为例，采用烟塔合一技术的经济效益分析见表 3-13。

表 3-13　烟气排放方式经济效益分析　百万马克

项　目	烟囱排烟	外置式烟塔合一系统	内置式烟塔合一系统	项　目	烟囱排烟	外置式烟塔合一系统	内置式烟塔合一系统
原烟道部分	4.0	7.5	1.0	烟气加热器系统投资	15.0	0	0
脱硫后净烟道部分	4.0	9.0	12.0	脱硫装置在冷却塔内的特殊安装	0	0	1.5
冷却塔烟道接口开孔	0	2.0	2.0	安装工期少发电的费用	0	0	1.0
脱硫装置建筑物	10.0	10.0	3.0	运行费用的增加（15 年）	5.0	0	0
烟囱	8.0	0	0	总费用（未计节约用地的费用）	46.0	36.5	29.0
冷却塔内防腐	0	8.0	8.0	占内置式烟塔合一系统总费用的百分比（%）	159	126	100
脱硫装置在冷却塔内的特殊布置	0	0	0.5				

从表 3-13 中的数据可以看出，采用二合一功能冷却塔排放烟气技术，尤其是内置式烟塔合一系统排放烟气技术，经济效益是非常显著的。

（二）环境效益分析

根据德国导则规范的烟囱排放烟气抬升高度计算公式如下：

（1）不稳定条件下，计算式为

$$\Delta h = 3.34Q^{0.333}x^{0.667}u^{-1} \tag{3-9}$$

$$\Delta h_{max} = 146Q^{0.600}u^{-1} \tag{3-10}$$

$$\Delta h + H \leqslant 1100 \tag{3-11}$$

式中　Q——排放热量，MW；

x——距离排放源的水平距离，m；

u——源高风速，m/s；

Δh——烟气抬升高度，m。

（2）中性条件下，计算式为

$$\Delta h = 2.84Q^{0.333}x^{0.667}u^{-1} \tag{3-12}$$

$$\Delta h_{max} = 102Q^{0.600}u^{-1} \tag{3-13}$$

$$\Delta h + H \leqslant 800 \tag{3-14}$$

（3）稳定和极稳定条件下，计算式为

$$\Delta h = 3.34Q^{0.333}x^{0.667}u^{-1} \tag{3-15}$$

$$\Delta h_{max} = 74.4Q^{0.333}u^{-0.333}（极稳定） \tag{3-16}$$

$$\Delta h_{max} = 85.2Q^{0.333}u^{-0.333}（稳定） \tag{3-17}$$

其中，源高处环境风速为

$$u(H) = u_a\left(\frac{H}{Z_a}\right)^m \tag{3-18}$$

式中　u_a、Z_a——地面常规风速和观测高度；

m——随稳定度变化的指数，其中，极不稳定条件下 $m=0.09$，不稳定条件下 $m=0.20$，中性条件下Ⅰ $m=0.22$，中性Ⅱ条件下 $m=0.28$，稳定条件下 $m=0.37$，极稳定条件下 $m=0.42$。

在大气不稳定状况下，不同风速的抬升高度计算结果见图 3-10。当风速为 1.5m/s 时，通过冷却塔排放烟气可抬升到 1100m，而通过烟囱排放则只能达到 600m。当风速为 3.0、4.5m/s 时，通过冷却塔排放烟气可抬升到 550、400m，而通过烟囱排放则只能达到 300、200m。

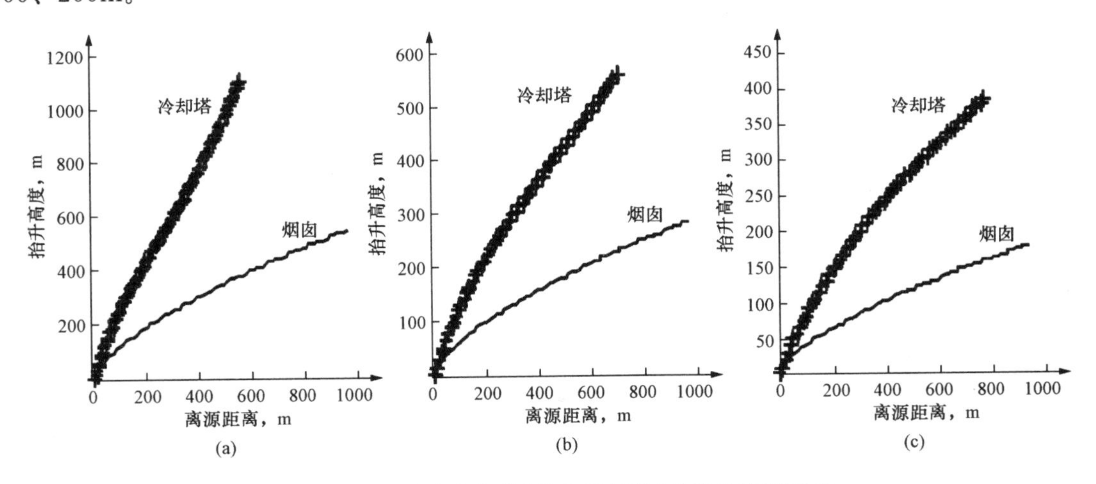

图 3-10　不稳定大气状况下不同风速的抬升高度对比
（a）风速为 1.5m/s；（b）风速为 3.0m/s；（c）风速为 4.5m/s

在中性大气状况下，不同风速的抬升高度计算结果见图 3-11。不同风速下通过冷却塔排放烟气可抬升到 200～380m，而通过烟囱排放则只能达到 70～200m。

在稳定大气状况下，不同风速的抬升高度计算结果见图 3-12。通过冷却塔排放烟气比通过烟囱排放烟气多抬升 30m 左右。

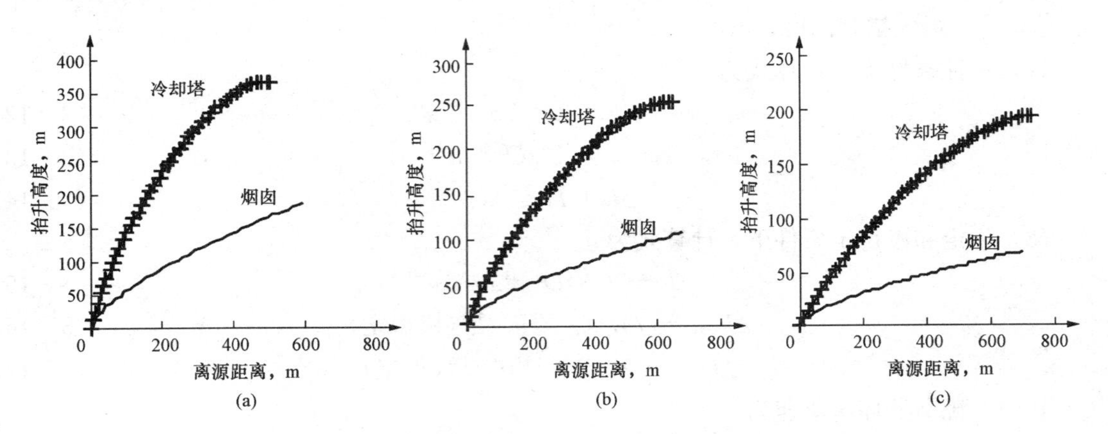

图 3-11　中性大气状况下不同风速的抬升高度对比

(a) 风速为 1.5m/s；(b) 风速为 3.0m/s；(c) 风速为 4.5m/s

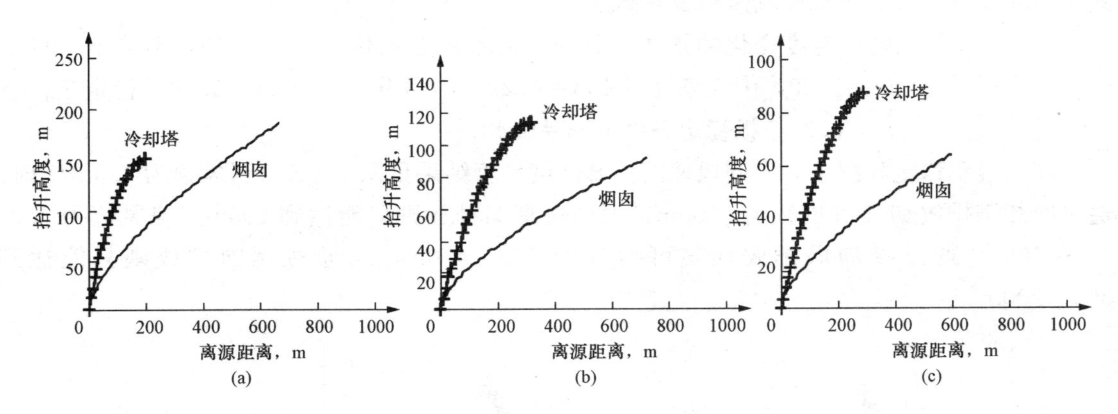

图 3-12　稳定大气状况下不同风速的抬升高度对比

(a) 风速为 1.5m/s；(b) 风速为 3.0m/s；(c) 风速为 4.5m/s

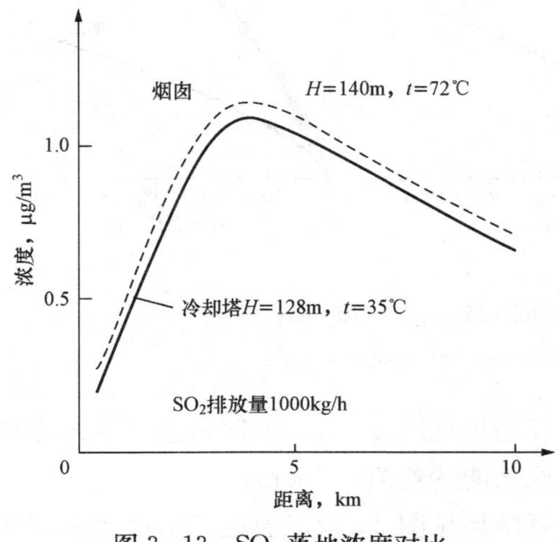

图 3-13　SO_2 落地浓度对比

通过上述分析可以看出，对于大型的机组，烟囱的高度超过 200m，而冷却塔的高度仅为 100m 左右，高度相差很大，但在各种气象条件下，冷却塔排放烟气抬升高度却优于烟囱。

两种排烟方式下二氧化硫落地浓度对比如图 3-13 所示。可以看出，两种情况下 SO_2 落地浓度基本相仿。

北京华能热电厂 4 台 220MW 机组经脱硫改造后采用烟塔合一技术，设一座烟塔，四台机共用，塔高为 120m，淋水面积约 $3000m^2$。工程由 GEA 公司设计并总承包，北京国电负责烟塔的土建施工图设计，河北可耐特和冀州中意公司负责玻璃钢烟道的制造安装，德国MC公司负责烟塔的防腐工程，系统示意如图3-14所示。

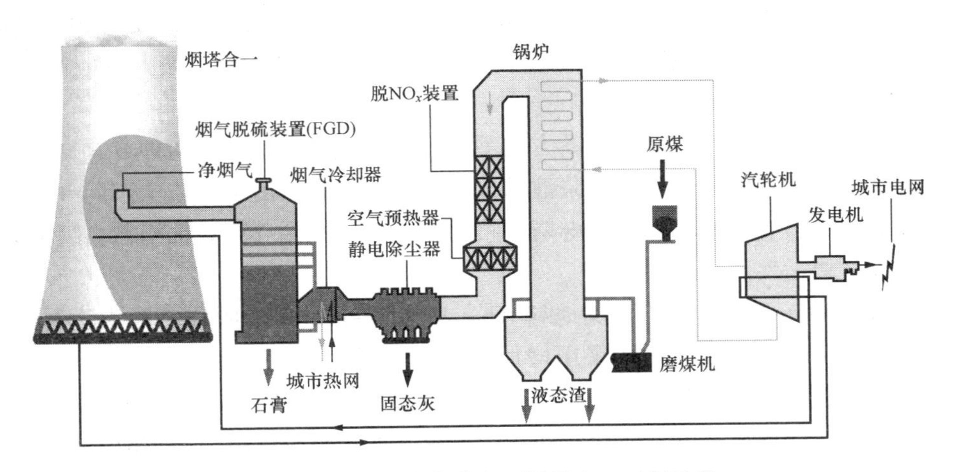

图3-14　北京华能热电厂烟塔合一工程示意

该工程于2006年9月投入运行，至今运行良好。2007年3月和8月，通过对烟塔的冬季、夏季热力性能出口混合气体温度、流速等测试，得出结论：①烟塔的实测平均冷却能力为115.3%，超过了设计要求；②烟塔100%排烟量的出塔水温比80%排烟量的低0.15℃，烟塔100%排烟量时对冷却效果有利；③烟塔在冬季、夏季设计工况下运行，混合气体出口流速均超过了3m/s，符合环保有关要求。冷却塔实际排烟效果如图3-15所示。

图3-15　北京华能热电厂冷却塔排烟效果

第三节　吸收塔系统设计优化方案

吸收塔是石灰石—石膏湿法烟气脱硫系统设计的关键，吸收塔的设计不仅是要尽可能地降低成本，使设计出的吸收塔具有尽可能大的吸收二氧化硫的液体表面积，而且要具有高可靠性和稳定性。在脱硫工艺中，即使是同一类型的吸收塔，不同工艺技术的设计形式也各有特点。

按照烟气和循环浆液在吸收塔内的流动方向，可以将吸收塔分成逆流塔和顺流塔两类。基于充分利用顺流塔、逆流塔的优点及减小单个吸收塔的塔径和降低塔高度，也有采用顺、逆流串联组合双塔的流程布置。

吸收塔除了浆液和烟气的相对流动方向不同外，主要差别是通过何种方式来增大吸收浆液表面积，来提高二氧化硫从烟气到浆液的传质速率。石灰石湿法工艺中按此分类的吸收塔的类型有喷淋空塔、有多孔塔盘的喷淋塔、喷淋填料塔、双循环湿式洗涤器、喷射鼓泡反应器及双接触液柱塔。

德国 Steinmuller 和 Bischoff、奥地利 AE、美国 Marsulex 的吸收塔均为喷淋空塔结构，Steinmuller、Marsulex 和 AE 公司采用增加浆液循环量、降低吸收区高度来保证浆液和烟气足够的接触面积从而保证吸收塔脱硫效率。Bischoff 公司则通过尽量减少浆液循环量，增加吸收区高度，在保证最小的气液接触面积的前提下增加吸收区烟气停留时间，从而保证吸收塔的脱硫效率。

脱硫塔的设计必须满足以下几个准则：

（1）低能耗。与低“液气比”有关。

（2）低压降。与脱硫塔内部的优化设计有关。

（3）高流速。与“投资”和“运行费用”的优化有关。

（4）高 SO_2 去除率、低的设备和系统维护率。与化学反应行为的优化有关。

（5）高“液滴”分离率。避免下游设备垢污沉积和腐蚀。

（6）低成本。

一、吸收塔的选型

（一）喷淋空塔

喷淋空塔是石灰石/石灰湿法烟气脱硫工艺中应用最广的洗涤器。喷淋空塔的典型结构如图 3-16 所示。

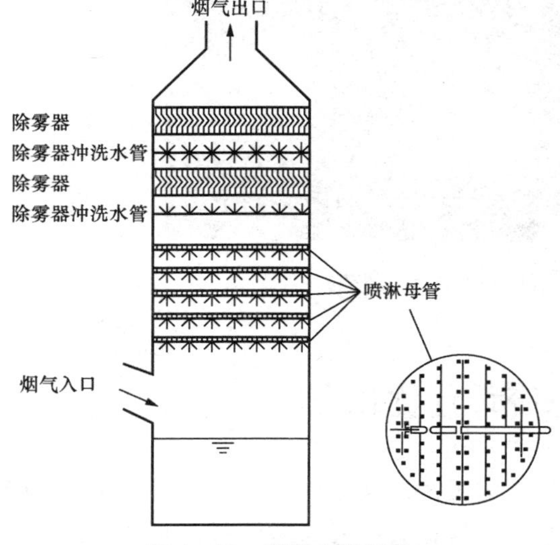

图 3-16　喷淋空塔结构

由图 3-16 可以看出，塔体断面可以是圆形或矩形。通常烟气从吸收塔的下部进入吸收塔，然后向上流，在吸收塔较高处布置多层喷淋管网，循环浆液经喷淋管上的喷嘴喷射出雾状液滴，形成吸收烟气中二氧化硫的液体表面。每层喷淋管布置了足够数量的喷嘴，相邻喷嘴喷出的水雾相互搭接叠盖，不留空隙，喷出的液滴完全覆盖吸收塔的整个断面。

喷淋空塔的优点是压力损失小，吸收剂浆液雾化效果好，塔内结构简单，不易结垢或堵塞，检修工作量小；不足之处是脱硫效

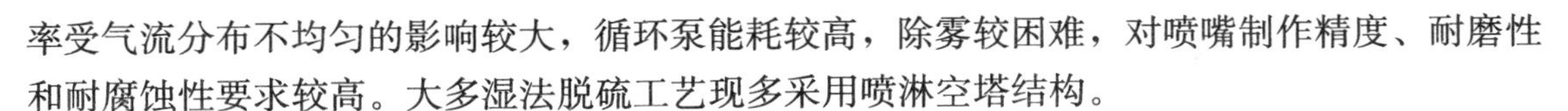

率受气流分布不均匀的影响较大，循环泵能耗较高，除雾较困难，对喷嘴制作精度、耐磨性和耐腐蚀性要求较高。大多湿法脱硫工艺现多采用喷淋空塔结构。

（二）喷淋—多孔托盘吸收塔

喷淋—多孔托盘吸收塔是在传统逆流喷淋空塔吸收区下部安装一个多孔塔盘，图 3 - 17 为这种吸收塔的结构布置，通常是将托盘布置在喷淋层的下方，也可以在托盘的下方布置1～2层喷淋层，以确保烟气在接触到托盘之前完全饱和，防止托盘结垢、堵塞，缓解托盘所处的腐蚀环境。

托盘上的孔径一般为 25～40mm，开孔面积占 25%～50%。托盘板厚 6mm，托盘上用高约 300mm 的隔板将托盘分隔成若干小块，使得托盘上的持液高度能随着塔盘下方的烟气压力自动调整。托盘上持液深度的调整反过来又使托盘下烟气分布均匀。运行时，烟气穿过一些孔朝上流，浆液通过另外一些孔向下流。由于托盘上的浆液处于湍流状态，烟气和浆液在托盘孔中的流动是脉动式的，烟气和浆液间歇地穿过板孔，这种脉动频率受托盘上持液量及托盘下烟气压力的控制。对这种类型的逆流托盘，通常可以将这一流动状态描述成：托盘上是连续液相，烟气用喷射或鼓泡的方式通过托盘上的孔洞。布置托盘后，烟气压损将增加 400～800Pa。

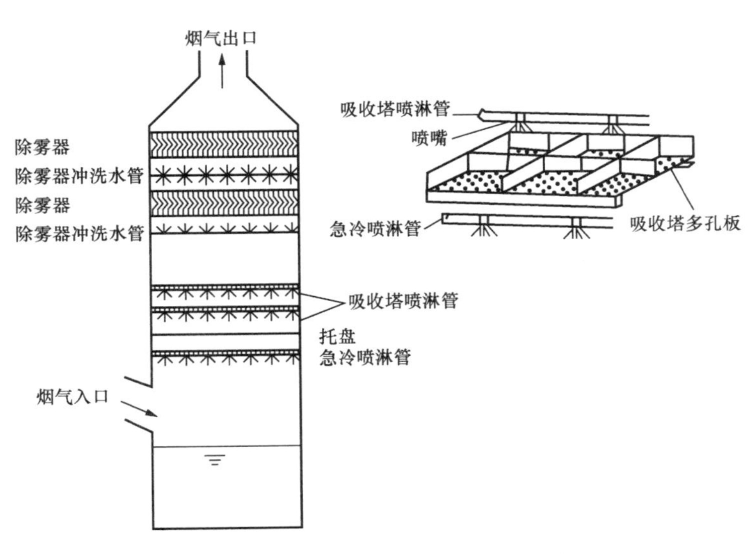

图 3 - 17　喷淋—多孔托盘吸收塔结构

加设合金托盘的目的是在降低浆液循环量的情况下，增加浆液在吸收区的停留时间。合金托盘的作用是使浆液在托盘表面形成液膜，增强 SO_2 的吸收能力。合金托盘的持液主要是由烟气流速决定的，因此带合金托盘的吸收塔的负荷适应范围有所降低。

（三）填料吸收塔

在早期的湿法脱硫技术中，喷淋塔由于喷嘴材料及结构等方面的问题，腐蚀、堵塞严重，喷淋效果不好，脱硫效率不能达到设计值，逐渐由填料塔所取代。图 3 - 18 所示为石灰石/石灰湿法脱硫工艺的顺流填料塔的配置方式。

由于填料塔是依靠湿化填料表面来获得吸收二氧化硫的液体表面积的，因此可以采用

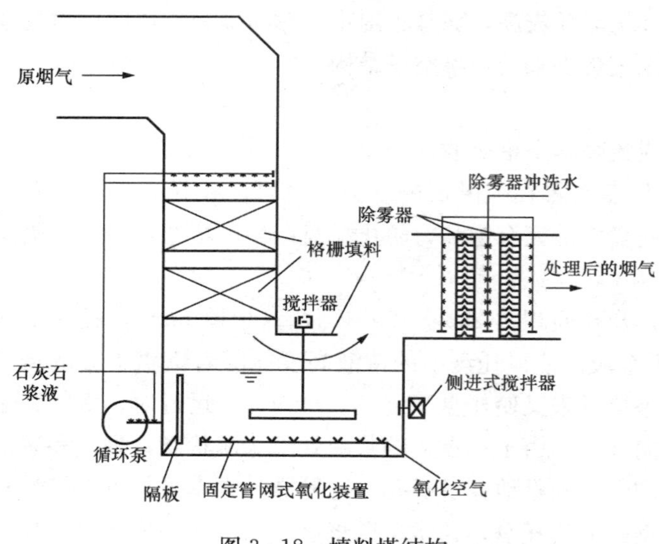

图 3-18　填料塔结构

母管制供给循环浆液，塔内顶部的分支喷浆管和喷嘴的数量比喷淋塔少得多，喷嘴结构简单，为大口径低压喷嘴。喷出的浆液呈涌泉状，要求各喷嘴喷出的浆液均匀，有一定的重叠度，确保能覆盖整个格栅面，即使在减少循环泵投运台数时，也能达到这一要求。填料单位体积的典型表面积为 $35\sim140m^2/m^3$。

填料塔的另一个优点是气侧压损小，适合处理大流量烟气。顺流时，吸收塔内烟气流速一般取5m/s；逆流时，取 2.5m/s。但是，根据实际运行工程来看，填料塔的堵塞问题比较严重，在脱硫技术发展的中后期，随着喷嘴技术的发展和完善，喷淋空塔逐步重新成为主流。

（四）双循环湿式洗涤器（DLWS）

美国 Research Cottrel 公司开发了 DLWS，DLWS 的特点是有两个独立的吸收塔，并形成两个循环回路，这两个循环回路在不同的 pH 值下运行，其工艺流程如图 3-19 所示。

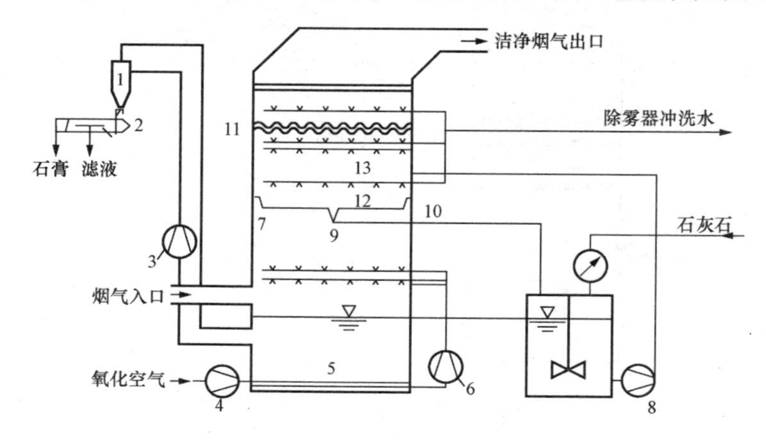

图 3-19　双循环湿法脱硫工艺流程

1—旋流器；2—真空皮带过滤机；3—吸收塔出浆泵；4—氧化风机；5—下回路反应管；6—下回路循环泵；7—上吸收区加料槽；8—上回路循环泵；9—集液斗；10—导流叶片；11—除雾器；12—下循环喷淋；13—上循环喷淋

DLWS 通过优化两个不同的循环回路的化学反应过程可以获得一些特有的优点：①下回路的低 pH 值有助于石灰石溶解，使浆液中的石灰石得以充分利用，减少石灰石耗量，提高石膏质量；②烟气中的 HCl、HF 大部分在下回路脱除，上循环浆液中氯离子浓度仅相当于下循环浆液的 1/10，因此，接触上循环回路浆液的塔体和相关构件可以采用等级较低的

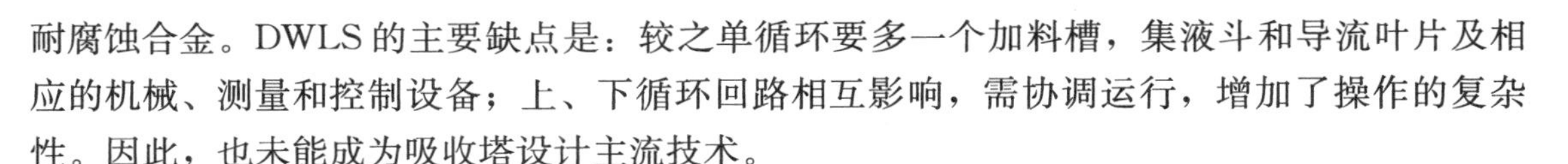

耐腐蚀合金。DWLS 的主要缺点是：较之单循环要多一个加料槽，集液斗和导流叶片及相应的机械、测量和控制设备；上、下循环回路相互影响，需协调运行，增加了操作的复杂性。因此，也未能成为吸收塔设计主流技术。

（五）喷射鼓泡反应塔（JBR）

日本千代田化工开发了喷射鼓泡反应塔（JBR）。JBR 的主要控制工艺参数是吸收塔烟气压损、吸收塔浆液 pH 值和浆液密度。喷射鼓泡反应器的工作原理见图 3-20。

喷射鼓泡反应器的特点是：

（1）增加烟气压损，即提高液位，增加喷气管在浆液中的浸没深度和鼓泡区的高度，由此增大气液接触面积，提高脱硫效率。

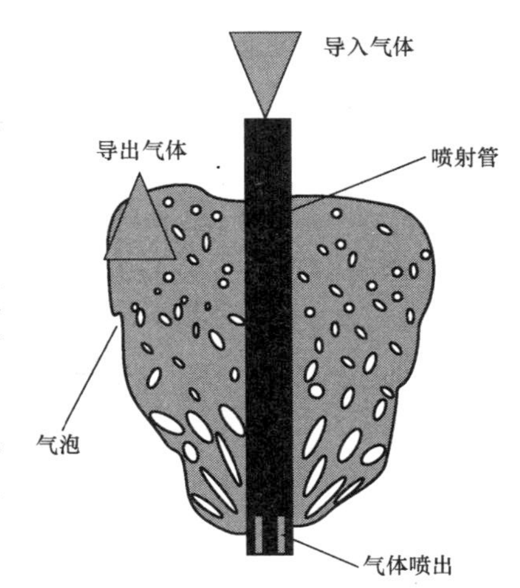

图 3-20　喷射鼓泡反应器工作原理

（2）通常运行 pH 值范围是 3～5，比传统的喷淋空塔低得多。因此 JBR 对石灰石粒径要求较低，当 pH 值在 4～4.5 时，200 目 90%和 70%通过的两种细度的石灰石，对石灰石的利用率没有显著影响。

（3）当烟气含尘浓度高、pH 值不超过 4 时，随着洗涤液中铝离子、氟离子浓度增加，会发生 AlF_x 封闭碳酸钙活性，石灰石利用率下降。

（4）JBR 吸收区高度有限，在 600mm 左右，气液接触时间短，仅约为 0.5s。因此通常为了增大传质面积则采用较大直径，占地面积大，搅拌器台数多。

（5）JBR 循环流量低，对石膏结晶体磨损小，因此 JBR 生产的石膏晶粒相对较大，易脱水。

（6）JBR 的压损较大，增压风机耗电占整个脱硫系统电耗的 60%～80%。

（7）可以在现场用 FRP 制作 JBR，17 000h 的论证试验证明可利用率达 97%，结构强度和耐化学腐蚀性能满足要求，但使用温度有一定限制。

（8）原烟气分布室及清洁烟气室需设计冲洗装置，否则易发生固体物沉积，甚至堵塞喷射管。

（9）由于所有反应都发生在吸收塔中，JBR 搅拌应确保充分混合，pH 检测回路的滞后时间至少是 30s。

（六）双接触液柱洗涤塔（DCFS）

日本三菱重工开发研制了双接触液柱洗涤塔，图 3-21 所示为 DCFS 的工作原理。

双接触液柱洗涤器的特点有以下几点：

（1）属于空塔的一种类型，塔内结构简洁，可实现无垢运行。喷浆管布置在塔体下部，减少支撑架的用量，方便检修。

（2）传质效率高，脱硫效率不低于 95%，除尘效果好。

（3）喷嘴结构简单，口径大，所需静压扬程低，管道、喷嘴压损小，循环泵电耗相对较低。

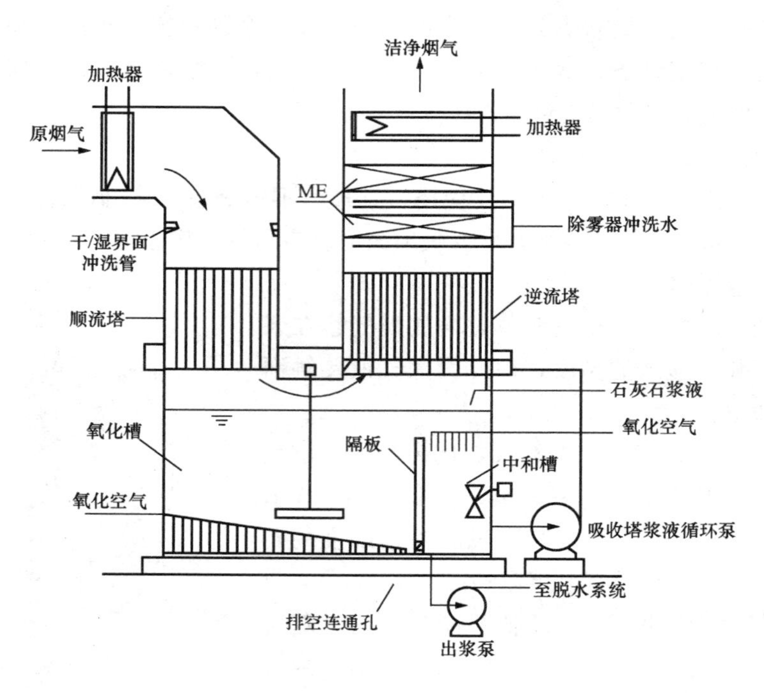

图 3-21　逆流组合式双接触液柱塔

(4) 由于液柱不能重叠，为保证液柱的均一性，喷浆母管采用母管制。

(5) 其他条件不变时，与填料塔、喷淋塔相比，DCFS 的液气比下降对脱硫率的影响大于前两种吸收塔。

(6) 由于喷嘴不能重叠，对喷嘴的水平度要求低于 1/100，倾斜的液柱有可能造成液柱间有明显的间隙。因此，即使只有一个喷嘴被堵塞，也能观察到明显的间隙，易造成烟气短路逃逸。

(7) 当较多的氧化空气被吸入循环泵后，液柱高度不稳定，会出现液柱高度间歇地上下跳动的情况。

(8) 下落浆液对喷浆管的磨损和腐蚀影响很大，因此要选择适合的材料，以减小磨损和腐蚀的影响。

不同类型的脱硫吸收塔的综合性能比较见表 3-14。

表 3-14　　不同类型的脱硫吸收塔的综合性能对比

公司 项目	Steinmuller	Bischoff	Marsulex	Ducon	B&W	AE	千代田	川崎	三菱
吸收塔	喷淋空塔	喷淋空塔	喷淋+烟气分布装置	喷淋+文丘里装置	喷淋+合金托盘	喷淋空塔	鼓泡塔	喷淋+塔内隔板	液柱塔
搅拌方式	搅拌器	扰动泵	搅拌器	搅拌器	搅拌器	搅拌器	无	搅拌器	搅拌器

续表

公司 项目	Steinmuller	Bischoff	Marsulex	Ducon	B&W	AE	千代田	川崎	三菱
浆液含固量（%）	10～15	10～15	10～15	10～15	10～15	10～15			30
塔内衬	鳞片树脂/丁基橡胶								
液气比	高	低	中	中	中	高		高	中
塔高度	低	高	中	中	中	低	低	低	中
除雾器位置	塔顶部	塔顶部	塔顶部	塔顶部或水平烟道	塔顶部	塔顶部	塔顶部或水平烟道	塔顶部	塔顶部
塔阻力	低	低	中等	中等	较高	低	最高	低	低
电耗	低	较高	较高	较高	较高	较低	高	高	较高

从表 3-14 可以分析出，湿法脱硫技术采用喷淋空塔＋搅拌器、除雾器塔内顶部布置的形式为主流技术，并在实际工程中广泛应用。逆流喷淋空塔是现代湿法脱硫工艺最为优先选择的设计，根据烟气在吸收塔出口的不同又分为顶出式吸收塔和反转式吸收塔。图 3-22 为吸收塔类型对比。

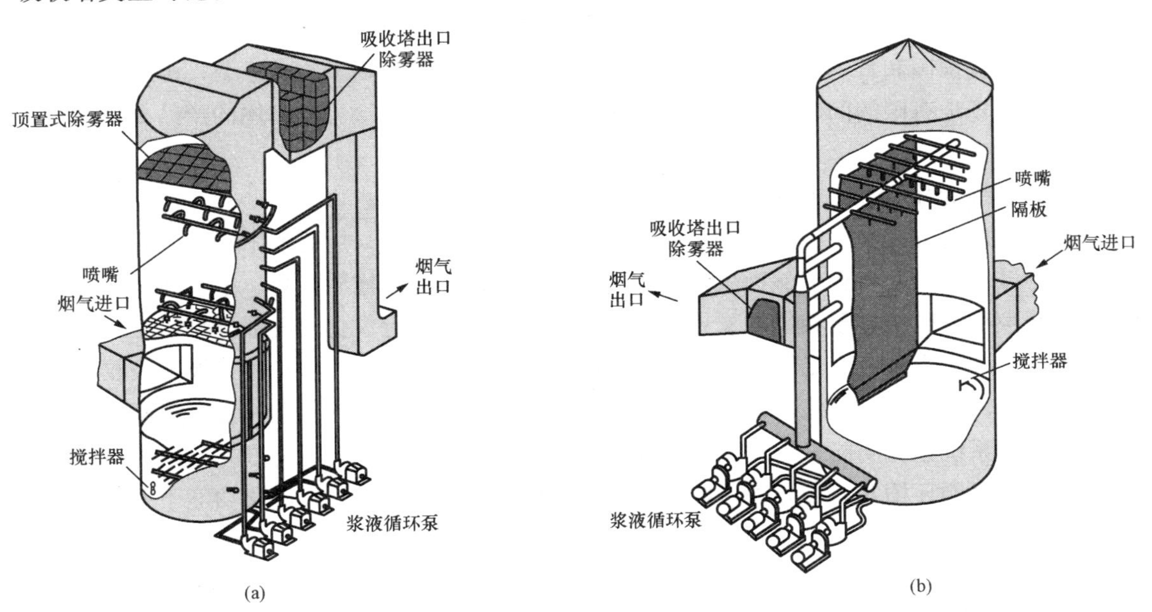

图 3-22　逆流喷淋空塔类型比较

(a) 顶出式吸收塔；(b) 反转式吸收塔

顶出式吸收塔净烟气出口设计在吸收塔顶部，除雾器可布置在吸收塔顶喷淋层上部或者布置在水平出口烟道处。反转式吸收塔净烟气出口布置在吸收塔下部、浆池上部，在吸收塔内部加装烟气隔板，净烟气在吸收塔内经过隔板反转后排出。在实际运用中，顶出式逆流喷淋空塔更被广泛采用。本书中后续与吸收塔优化设计相关的内容以顶出式逆流喷淋空塔为讨论对象。

二、氧化方式的选择

（一）氧化形式的选择

喷淋塔的氧化效果直接影响脱硫系统产物石膏的品质，对于石灰石—石膏湿法脱硫系统氧化方式的选择非常重要。常见氧化有强制氧化和抑制氧化两种形式。

抑制氧化通过在洗涤液中添加抑制化物质（扣硫乳剂），控制氧化低于15%，使浆液SO_4^{2-}的浓度远低于饱和浓度，生成的少量硫酸钙与亚硫酸钙一起沉淀。强制氧化则是通过向洗涤液鼓入空气，使氧化反应趋于完全，氧化率高于95%，保证浆液有足够的石膏品种用于晶体成长。

美国在20世纪80年代中期以前建设的湿式石灰石脱硫系统没有采用控制氧化技术，许多系统在吸收塔内部、除雾器和浆液管路内出现了不同程度的结垢，高硫煤电厂尤其严重。20世纪80年代中期开始试验采用控制氧化，80年代美国新建脱硫装置不多，重点是为了提高现有装置的运行性能。由于在原系统增设抑制氧化装置，改造简单，投资费用低，系统不需停运，因而抑制氧化在当时发展较快。1990年《空气洁净法修正案》颁布后，几乎所有的新建湿式石灰石系统都采用强制氧化方式，仅有一个采用镁强化石灰作吸收剂的系统采用了抑制氧化方式，该系统结垢倾向小，强制化反而会将活性$MgSO_3$氧化成对SO_2吸收无作用的$MgSO_4$；抑制氧化不仅可控制结垢，而且还可提高浆液溶解碱性，对脱硫有利。

这期间在德国和日本，政府实施严格的排放法规，新建了许多脱硫系统，由于两国均存在废渣堆放场地有限的问题，大多数系统采用强制氧化方式生产可以利用的产品石膏。

1. 强制氧化

脱硫系统的强制氧化方式有异地、半就地、就地氧化三种。

在异地氧化方式中，吸收塔排出的部分洗涤液引至中和槽，用硫酸中和；然后在另设的氧化槽中鼓入空气，将亚硫酸钙氧化生成石膏。该方式可生产优质石膏。半就地氧化方式中一部分浆液从吸收塔排至相邻的氧化槽内，鼓入压力空气进行氧化；一部分氧化产物再送回吸收塔，保证塔内浆液有足够的硫酸盐固体浓度。就地氧化方式将空气直接鼓入吸收再循环槽，对洗涤液进行充分氧化。前两种方式均设单独的氧化槽，系统复杂，投资费用高，不符合目前脱硫系统强化功能、简化系统、降低投资的要求。就地强制氧化方式已成为最普遍的氧化方式。再循环槽并入吸收塔，取消独立氧化槽，吸收塔集吸收、氧化功能于一体是目前湿法脱硫工艺的通常做法。

在就地强制氧化反应中，SO_2的吸收导致了石灰石的溶解，石灰石溶解中和消耗了SO_2吸收形成的H^+，反过来促进SO_2的吸收。$CaCO_3 \cdot 1/2H_2O$的溶解也是吸收塔反应区H^+的消耗者，同时具有缓冲作用，阻止pH值降低。

烟气中的氧量一般为6%左右，氧化溶解度小，限制了自然氧化程度，自然氧化还受氧化向液态界面扩散缓慢及被吸收SO_2的限制，只能通过用更细的石灰石，降低钙硫比，增大液气比，提高上游除尘，促进氧化。

强制氧化克服了自然氧化的上述缺点，通过鼓入过量空气（空气量按氧气与脱除SO_2的摩尔比O_2/SO_2为0.75～1.021换算求得），强烈混合，促进传质，使亚硫酸钙充与氧化，控制结垢，提高系统运行可靠性，最终可生产石膏。

强制氧化系统的主要设备包括空气压缩机/鼓风机、管路、阀门和仪表等。空气压缩机通常为单级旋转式，有备用设备，平行连接，鼓风机为罗茨风机或离心风机，空气压力为0.5～0.86bar。吸收塔外部空气管路为普通碳钢或低级不锈钢，塔内管路根据浆液pH值及Cl^-浓度确定，可采用不锈钢、复合合金钢、高镍钢或玻璃纤维增强塑料（FRP）。其中循环槽内空气分布管的布置很重要，原则是空气在浆液中分配均匀。日本三菱公司所采用的最新方法是氧化空气经搅拌机桨叶进入浆液。

强制氧化系统中的空气压缩机等的投资、维护费用较高，能耗也大。

2. 抑制氧化

亚硫酸盐的氧化是一个复杂的自由基反应，脱硫最早所采用的抑制氧化添加剂是$S_2O_3^{2-}$，它是自由基接受体，可消耗自由基，阻止SO_3^{2-}的氧化。反应式为

$$SO_3^- + S_2O_3^{2-} \rightarrow SO_3^{2-} + S_2O_3^- \qquad (3-19)$$

$$SO_4^- + S_2O_3^{2-} \rightarrow SO_4^{2-} + S_2O_3^- \qquad (3-20)$$

再经过以下两个反应生成最终产物$S_3O_6^{2-}$和$S_4O_6^{2-}$，即

$$SO_3^- + S_2O_3^- \rightarrow S_3O_6^{2-} \qquad (3-21)$$

$$S_2O_3^- + S_2O_3^- \rightarrow S_4O_6^{2-} \qquad (3-22)$$

$S_4O_6^{2-}$经可逆反应生成$S_3O_6^{2-}$，即

$$S_4O_6^{2-} + SO_3^{2-} \rightarrow S_3O_6^{2-} + S_2O_3^{2-} \quad (\text{正反应速率}\ K_1 \gg \text{逆反应速率}\ K_2) \qquad (3-23)$$

总的反应为

$$S_2O_3^{2-} + SO_3^{2-} + \frac{1}{2}O_2 + H_2O \rightarrow S_3O_6^{2-} + 2OH^- \qquad (3-24)$$

$S_3O_6^{2-}$同H_2O缓慢反应，再生成$S_2O_3^{2-}$，反应式为

$$S_3O_6^{2-} + H_2O \rightarrow S_2O_3^{2-} + SO_4^{2-} + 2H^+ \qquad (3-25)$$

后来试验发现$S_2O_3^{2-}$可通过向浆液中添加元素S转化产生，即

$$S + SO_3^{2-} \rightarrow S_2O_3^{2-} \qquad (3-26)$$

元素S以乳化硫的形式加入，较$S_2O_3^{2-}$便宜很多，添加$S_2O_3^{2-}$的方法不再采用。通过式（3-26）转化成$S_2O_3^{2-}$的量正比于添加乳化硫的数量。所需乳化硫的数量主要取决于自然氧化程度，自然氧化取决于锅炉运行工况，主要为过量空气量。美国电厂脱硫抑制氧化系统浆液$S_2O_3^{2-}$的浓度为100～4000ppm，典型值为1000ppm。硫乳一般加到石灰石浆液槽中，因为石灰石湿磨通常利用脱水系统返回的含$S_2O_3^{2-}$的澄清水，可促进硫的转化。其他影响转化率的因素有停留时间、硫乳粒径、温度和搅拌强度等，据报道，在美国脱硫系统中的最大转化率可达50%。

抑制氧化可降低液相石膏相对饱和度，当相对堵塞饱和度低于0.5时，可大大减少结垢的发生，也就减少了除雾器、泵吸入口和喷头的人工清洗次数，减少因结垢积累脱落引起吸收塔内衬和内部构件损坏的可能性，因而减少系统维护费用。抑制氧化还降低了浆液硫酸钙浓度，使钙离子浓度降低，$CaCO_3$相对饱和度减小，石灰石利用率提高。此外，抑制氧化生成的亚硫酸钙晶体粒径大，形成单个晶体的倾向较晶体凝聚明显，晶体很少有硫酸钙成

分，改善了脱水性能。

有些因素会干扰抑制氧化作用，导致氧化率高于15%。这些因素为：①锅炉低负荷运行，可使过量空气量增大，促进自然氧化；②浆液浓度过高会提高氧化反应速率；③浆液中过渡金属（如铁、锰等）浓度高会对氧化反应起催化作用；④pH值低（<5.2）会减弱$S_2O_3^{2-}$的抑制作用。

抑制氧化的一些缺点为：①$S_2O_3^{2-}$对有些不锈钢及有机材料有腐蚀作用，排除了这类材料应用的可能性，主要取决于浆液pH值、Cl^-、$S_2O_3^{2-}$的浓度；②在吸收塔和浓缩池浆液中可能会产生有毒的硫化氢；③氧化率低于5%时，形成的$CaSO_3$晶体较典型晶体粒径更大，沉淀过快，可能会加重脱水系统某些机械的负荷；④由于不存在保护性垢层，磨损会引起弹性内衬材料的损坏。

由于抑制氧化反应形成的亚硫酸盐没有合理的利用途径，单纯选择地下掩埋不仅占用大量土地，而且改善土壤效果液不如硫酸钙好，因此，目前国际上强制氧化工艺的操作可靠性已达99%以上，已成为烟气脱硫中氧化方式的主流。

（二）强制氧化装置

逆流喷淋空塔通常采用强制氧化工艺，氧化空气由专门的压缩鼓风机提供，通过向吸收塔内鼓入空气来实现完全氧化已吸收的二氧化硫。由于将氧化空气导入吸收塔氧化区并使之分散的方法不同而有多种强制氧化装置，但采用最为普遍的两种方法是管网喷雾式（FAS）和搅拌器与空气喷枪组合式（ALS）。这两种氧化方式的结构形式如图3-23所示。

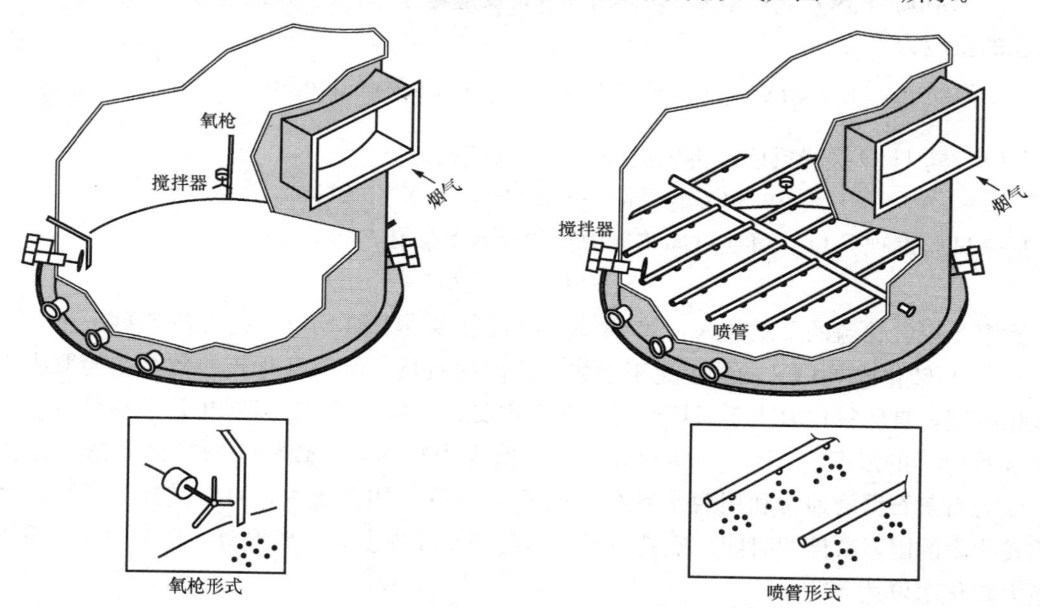

图3-23　吸收塔两种氧化方式比较

FAS是在吸收塔的一定深度（通常大于3m）或在吸收塔底部，在整个吸收塔截面上均布若干根布气主管，有的直接在主管上开许多喷气孔，也有的在主管上装分支管，使喷嘴分布得更均匀。另外，为了防止氧化空气喷嘴结垢堵塞，一般将工业水喷入氧化空气管当作减温水。FAS处置效率在很大程度上依赖于浸没深度，其次是氧化区单位体积的氧化空气流量。如果吸收塔液位较低，喷管的浸没深度就较低，要获得相同的氧化效果就要鼓入相对较多的氧气。一般最低氧化空气流量不能低于最大流量的30%～40%，另外，只要是吸收塔内有浆液，氧化鼓风机就不能停，否则喷管易发生堵塞。

ALS是将氧化空气喷管布置在侧插入式搅拌器桨叶前方（见图3-23），依靠搅拌器桨叶产生的高速液流使鼓入的空气分裂成细小的气泡，散布至氧化区各处，有利于氧气溶解。ALS同样需要布置减温水防止结垢。ALS不仅产生的气泡较细，而且降低了对浸没深度的依赖。传质性能正比于搅拌器输出功率。若空气流量超过液流分散能力，则会导致大量气泡涌出，出现泛气现象，严重时搅拌器叶片吸入侧也汇集大量气泡，使搅拌器输送流量下降。因此，喷枪式氧化空气量利用率能否达到设计要求与搅拌器性能关系很大。目前，国内吸收塔搅拌器必须选用进口设备，国产搅拌器不能满足设计要求。

应该说两种强制氧化方式，只要设计正确都能够满足运行要求实际运行时，但在氧化空气管内侧极易结垢，其主要原因是，当压缩后的热氧化空气从喷嘴喷入浆液时，溅出的浆液黏附在喷嘴嘴沿的内侧面上，由于喷出的是未饱和的热空气，黏附浆液的水分很快蒸发而形成固体沉积物，不断积累的固体物最终将堵塞喷嘴。因此，为了减缓这种固体沉积物的形成，通常向氧化空气管喷入工业水，降低热空气温度，增加热空气湿度，使黏附在内管壁上的浆液不易干燥失水，湿润的管内壁也使浆液不易黏附。氧化风机出口空气温度的计算式为

$$T_e = T_o \times [(p_o + \Delta p)/p_o]^{0.4/1.4} \qquad (3-27)$$

式中　T_e——氧化风机出口空气温度，K；

T_o——氧化风机入口温度，K；

p_o——氧化风机入口空气压力，Pa；

Δp——氧化风机进出口空气压差，Pa。

一般计算出的氧化风机出口空气温度在100℃左右。

K. J. 罗杰斯和P. D. 德韦尔曾对FAS和ALS两种强制氧化方法作了设计和运行的限制、投资费用、维修工作量、传质效率、能耗等几个方面的对比研究，并着重对传质效率和能耗进行了分析，比较结果见表3-15。

表3-15　　FAS、ALS性能对比

项目	FAS	ALS	项目	FAS	ALS
空气流量	大	小	搅拌器功率	小	大
空气压力	小	大	电气、控制设备	可少	可多
压缩鼓风机功率	大	小	系统可调低容量（%）	≤30	100
搅拌器数量	可少	可多	浆液液位/塔罐直径	>0.5	>0.25

表3-16列出了两种强制氧化装置现场实测的能耗，为了便于比较，将数据换算成了两种脱硫装置吸收塔设计常数基本相同时的值。

表 3-16　　FAS、ALS能耗对比

项　目	实测值		换算值	
	FAS	ALS	FAS	ALS
吸收塔体积（m^3）	3172	650	735	735
氧化吸收的氧量（kg/h）	1159	1607	1220	1220
喷射处空气压缩机功率（kW）	326	212	317	243
分散能耗（kW）	41	192	49	106

项　目	实测值		换算值	
	FAS	ALS	FAS	ALS
单位喷射能耗 E_i（kJ/g）	1.01	0.47	0.94	0.72
单位分散能耗 E_d（kJ/g）	0.13	0.43	0.14	0.31
强制氧化系统总能耗 E_t（kJ/g）	1.14	0.90	1.08	1.03

可见，由于脱硫系统设计受许多因素的影响，加之设计和运行参数的不同，就目前掌握的方法和数据尚难准确地预测、估算和比较这两种方法的利弊，但可以得出以下一些公认的结论：

（1）在气泡表面速度一定时，ALS的传质效率超过FAS，并认为液位是影响FAS传质性能的重要因素。

（2）就能耗而言，在很多分析比较中都显示，ALS的能耗低于FAS，但在一些特殊情况下，如高硫负荷和浸没深度超过4m时，正确设计的FAS能耗低于ALS。

（3）从投资费用来看，对于允许有较大浸没深度的高硫FGD来说，宜选择FAS；对于氧化空气量较低的低硫项目，则选择ALS更为合适。FAS需要的机械支撑构建较ALS多，特别是当罐体直径增大时系统变得复杂，检修困难（管网悬在罐体上部）。

（4）由于ALS的氧化风机允许100%的调节容量，可以采用较小的氧化风机单机或多机并联运行，充分发挥其可调低容量的优势。因此，ALS具有提高系统设计和运行灵活性的优点，能适应电厂负荷、煤种变化。如用氧硫比来表示强制氧化装置的传质效果，则ALS明显高于FAS。

通过上述分析可以看出：

（1）尽管管网布置于罐体底部的FAS可大幅度降低罐体高度，但易受搅拌器和循环泵的影响，进而影响FAS的性能和循环泵、排浆泵的正常运行，维修工作量大，因此要谨慎选用。

（2）当气泡表面速度一定时，ALS的传质效率明显优于FAS。在一般情况下，特别在浸没深度低于4m时，ALS的能耗低于FAS。但随着浸没深度的增加，也有FAS的能耗低于ALS的实例。

（3）ALS具有提高系统设计和运行灵活性的优点，能很快适应工况的变化。

（4）对于高硫、带基本负荷的FGD，选择FAS可能是最经济的方案；ALS最适合在较宽的可调容量范围内降低能耗。

三、搅拌方式的选择

湿法脱硫的吸收塔的浆液搅拌系统常用的有脉冲扰动搅拌系统和搅拌器系统，脉冲扰动搅拌系统是德国LLB的专利，通常在吸收塔下部装设一台或多台浆液抽吸泵，抽吸吸收塔浆液进行循环；搅拌器系统则是在吸收塔的侧壁布置多台机械搅拌器，连续运行，防止浆液沉积，造成结垢、堵塞。两者目前在我国脱硫项目中都有利用。如达拉特发电厂7、8号机

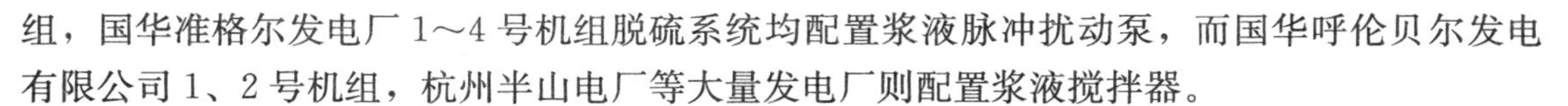

组，国华准格尔发电厂1～4号机组脱硫系统均配置浆液脉冲扰动泵，而国华呼伦贝尔发电有限公司1、2号机组，杭州半山电厂等大量发电厂则配置浆液搅拌器。

（一）脉冲扰动搅拌系统

脉冲扰动搅拌系统的作用是通过对吸收塔内浆液充分扰动来防止浆液中固体物的沉积并使氧化空气扩散均匀，使之充分与石膏浆液接触并发生氧化反应，提高石膏产品的品质。

为防止吸收塔浆液中固体物的沉积，设置吸收塔浆液扰动泵对塔内浆液进行扰动，“扰动搅拌”由安装在塔外的泵提供扰动动力，采用带喷嘴的玻璃钢管道代替搅拌器，对吸收塔浆池底部浆液进行扰动。

另外，浆液扰动泵兼作吸收塔排空用。在FGD停运期间，扰动系统可以停运，尤其是吸收塔辅助设备故障检修时，可不运行扰动搅拌系统，节约电耗。当FGD准备启动运行时，先启动扰动泵，将塔浆池上部的水泵至塔底部进行扰动，待塔底部浆池扰动起来后，切换泵的入口阀门，吸收浆池浆液进行循环扰动。除了吸收塔内部件检修维护情况，均可不需要排空吸收塔浆池。

扰动搅拌系统的独特优点是：

（1）在吸收塔浆池内没有机械搅拌机或其他转动部件；

（2）在吸收塔底部没有沉积；

（3）能耗比采用搅拌机明显降低，在脱硫装置停运时不需要连续运行；

（4）增强了装置的可用率和运行安全，可以在吸收塔运行期间更换或修理扰动泵而不干扰脱硫过程，也不需要将吸收塔浆池排空；

（5）连续喷入的新鲜石灰石浆液在浆池内得到了均匀混合，能获得更好的Ca/S（钙硫比）。

（二）机械搅拌器

吸收塔浆液搅拌器一般设计为侧进式搅拌器，搅拌器分两层设计，上层搅拌器扩散氧化空气，使石膏浆液充分氧化，保证石膏的产品品质；下层搅拌器搅拌浆液，防止石灰石浆液沉积，保证石灰石浆液的品质及活性。

搅拌器系统由桨叶、轮毂、搅拌轴、机械密封、减速机和电机等组成。

搅拌器的桨叶是搅拌设备的核心部件，吸收塔内的一般采用推进式叶轮。搅拌设备中电动机输出的动力是通过搅拌轴传递给搅拌器的，因此搅拌轴必须有足够的强度。同时，搅拌轴既要与搅拌器连接，又要穿过轴封装置及轴承、联轴器等零件，所以搅拌轴还应有合理的结构、较高的加工精度和配合公差。

所有过流部件均采用双相不锈钢或合金钢制作，适用于高浓度氯离子介质，机械密封采用碳化钨可以在无冲洗情况下可靠工作，所有叶片均为可拆叶片，装拆方便可靠，适用于腐蚀、磨损的工况要求。独特的导流弧板设计既增加了轴向流量，又减少了腐蚀，使搅拌器搅拌效果增强，叶片使用寿命增加，并且搅拌器具有在线更换机械密封独特结构。

（三）经济性对比分析

一套脉冲扰动系统包括两台浆液扰动泵、碳钢衬胶管道、阀门、FRP扰动管道、扰动喷嘴等，一套搅拌器系统包括上下两层搅拌器、冲洗管道等。对于某300MW机组湿法烟气脱硫，两者初始投资对比见表 3-17。

表 3-17　　300MW 机组湿法烟气脱硫脉冲扰动系统和搅拌器系统投资比较　　万元

项　目	名称	数量	单价	金额
脉冲扰动泵	扰动泵	2	42	84
	扰动泵基础	2	2.3	4.6
	碳钢衬胶管道	1套	0.7	0.7
	阀门	5	2	7.4
	FRP 扰动管道	1套	16	16
	扰动喷嘴	7	0.3	2.1
	合计			114.8
搅拌器	搅拌器	4	16	64
	冲洗水管	4	0.025	0.1
	合计			64.1

从表 3-17 的比较结果看，300MW 机组湿法脱硫，吸收塔搅拌器系统要比扰动系统的初投资节约 44%。

搅拌系统采用连续运行方式，运行时间和脱硫系统的可利用时间一致，主要运行费用包括运行电耗、维修等费用，其与脉冲扰动系统运行电耗比较见表 3-18。

表 3-18　　300MW 机组湿法烟气脱硫脉冲扰动系统和搅拌器系统运行电耗比较　　kW

项　目	数　量	功　率	合　计
扰动泵	1	114.2	114.2
搅拌器	4	19	76

从表 3-18 的比较结果可以看出，300MW 机组湿法脱硫，吸收塔搅拌器系统要比脉冲扰动系统的运行电耗节约 33%。

分析认为，脉冲扰动技术和机械搅拌技术在湿法脱硫系统中都有大量的应用，运行情况良好，能够很好地防止浆液沉积，扩散氧化空气，提高石膏的品质。采用脉冲扰动搅拌技术的吸收塔停机后检验，没有发现吸收塔底部出现固体沉积，但投资和运行成本较高；搅拌器由于投资成本和运行成本较低，在湿法脱硫系统中得到了广泛的应用，但采用搅拌器技术的个别机组的吸收塔在停机检修时发现底部中心有死角沉积现象。

四、除雾器的选型

除雾器是湿法烟气脱硫系统的一个重要设备。经脱硫吸收塔处理后的烟气夹带了大量的浆体液滴，特别是随着当今吸收塔烟气流速的不断提高，烟气携带液滴量将不断加剧，形成粒径为 10～60μm 的“雾”。“雾”不仅含有水分，还溶有硫酸、硫酸盐、SO_2 等。如果不除去这些液滴，这些浆体会沉积在吸收塔下游侧风机、热交换器及烟道表面，形成石膏垢，沾污并严重腐蚀设备，还会影响烟气再热器的换热。如果采用湿排工艺，则会造成烟囱“降雨”，实际就是把 SO_2 排放到大气中，污染电厂周边环境。因此，湿法脱硫工艺上对吸收设备提出除雾的要求，被净化的气体在离开吸收塔之前要除雾。除雾器的性能不仅直接影响吸收塔内烟气流速的确定，而且影响湿法FGD系统的可靠性，因除雾器故障造成的FGD系统停运的事例并不少见。

对于设有GGH的脱硫系统，如果除雾器除雾效率不高，穿过除雾器的微小浆液液滴在换热元件的表面上蒸发之后，会形成固体的结垢物，日积月累，进而导致GGH堵塞。

对于烟气脱硫系统应用的除雾器，应满足以下性能：

（1）除雾效率：在正常运行工况下，除雾器出口烟气中的液滴浓度低于75mg/m^3（标态）。

（2）压降：在正常运行烟气满负荷下，整个除雾器系统的压降低于120Pa。

（3）耐高温：80～95℃。

（4）耐压：保证承受冲洗水压为0.3MPa时，叶片能正常工作。

（5）冲洗喷嘴：为全锥形喷嘴，冲洗水喷射角度为90°～120°，喷射实心圆锥，能够保证叶片全部被覆盖。设计时，均为最大气体负荷时的水耗量，考虑系统水平衡的要求，如果气体负荷降低，则可通过增加冲洗间隔时间将水耗量降低一半。

（一）除雾器形式的选择

常见的气液两相分离技术分为重力沉降分离、旋流分离、折流分离、丝网分离、填料分离和超滤分离几种。

1. 重力沉降分离

重力沉降分离除雾器的工作原理是依靠改变气流的速度与方向，使被携带的密度较大的液滴由于惯性作用附着在器壁上集结后，靠重力流回。惯性式除雾器的工作原理是依靠惯性碰撞和直接拦截机理达到气液分离。这种除雾器结构简单，处理量大，在除雾器的发展初期被广泛采用，但是由于它本身结构的原因，这种除雾器所能分离的液滴直径比较大，不适合一些要求很高的场合。图3-24所示为惯性式除雾器的一种常用结构形式。

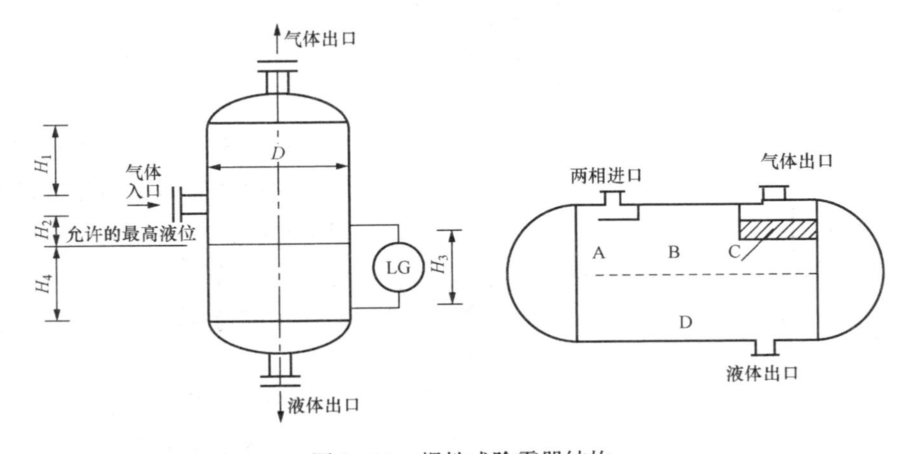

图3-24 惯性式除雾器结构

2. 旋流分离

旋流板式气液分离器使用离心分离原理，旋流板由许多按一定仰角倾斜的叶片组成，当气体穿过叶片间隙时就成为旋转气流，气流中夹带的液滴在惯性的作用下以一定的仰角射出而被甩向外侧，汇集流到回流槽内，从而实现气液分离的目的和效果。旋流板式除雾器结构示意如图 3-25 所示。

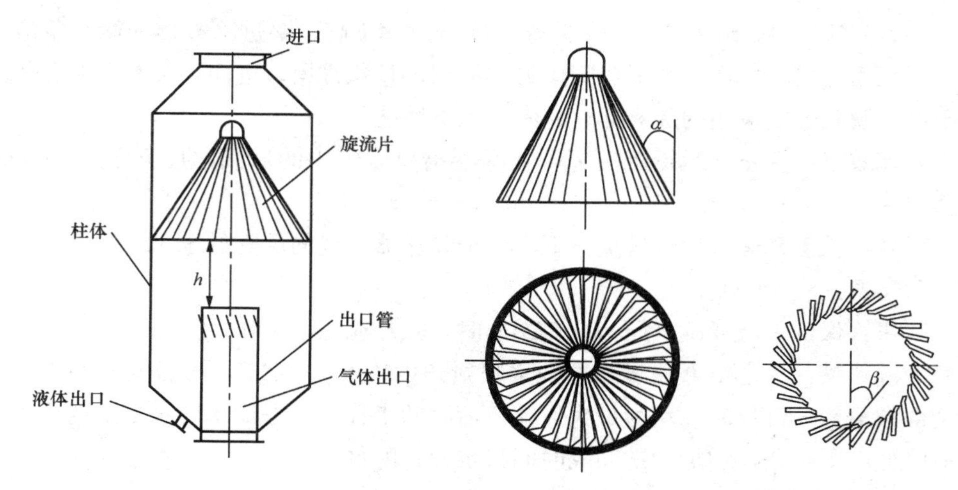

图 3-25　旋流板式除雾器结构示意

3. 折流分离

折流板式除雾器是利用液滴与固体表面碰撞而将液滴凝聚并除掉的，液滴在曲折通道的垂直壁面及设在曲折处的弯道里面集结后，顺壁面流动分离出来。由于液滴与壁面的碰撞机会多，因此分离效率较高，而气流的压降较小。图 3-26 为一些常用的折流板式除雾器结构。

折流板式除雾器的分离流动方式分为平行逆向流动和垂直流动两种，其中，垂直流动的结构中，一般在折流板凸起部、与流道垂直方向，设有导流沟装置，使分离的液体沿其流至装置底部，这种方式能允许更大的工作容量，大量的液滴、固体在第一次碰撞时就被排出，接下来的撞击可使它们全部消除，工作效率要高一些。

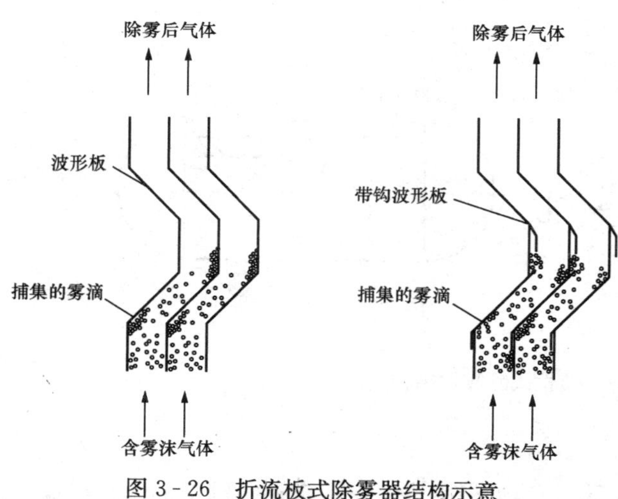

图 3-26　折流板式除雾器结构示意

4. 丝网分离

丝网除雾器的使用范围最广，其用量超过其他类型的除雾器总和，原因是它可分离直径大于 3～5μm 的颗粒，且压降不大，通常低于 245Pa，只有丝网除雾器能同时满足这两项指标。

丝网除雾器在石油化工、医药、轻工业等行业已被广泛应用于分离蒸馏、蒸发、吸收等包含分离气体中小液滴的工艺过程中。丝网除雾器进行气液分离时，表面积大，质量轻，具有较小的压降和较高的分离效率及结构简单等特点，是具有更为广泛的应用前景的除雾技术。

丝网除雾器的工作原理如图 3-27 所示。当带有液沫的气体以一定的速度上升、通过架在格栅上的金属丝网时，由于液沫上升的惯性作用，液沫与细丝碰撞而黏附在细丝的表面上。由于细丝表面上的液沫进一步扩散及液沫本身的重力沉降，液沫形成较大的液滴沿着细丝流至其交织处。由于细丝的可湿性、液体的表面张力及细丝的毛细管作用，液滴越来越大，直至其自身的重力超过气体上升的浮力和液体表面张力的合力时，就被分离而落下，流至容器的下游设备中。只要操作气速等条件选择得当，气体通过丝网除沫器后，其除沫效率可达到 97%以上，完全可以达到去除雾沫的目的。

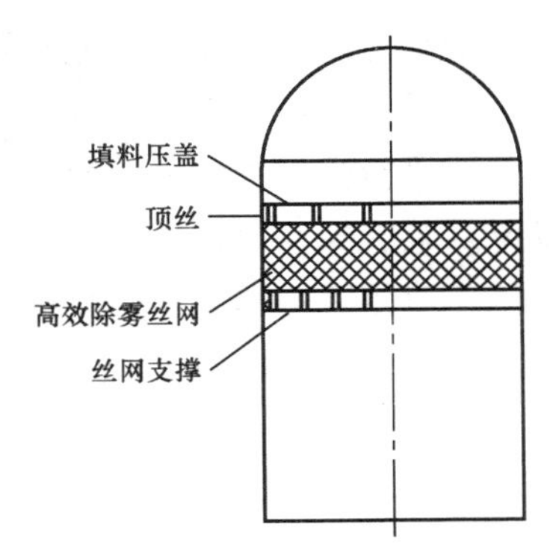

图 3-27　丝网除雾器结构示意

上述几种常见除雾器的特性与分离性能见表 3-19。

表 3-19　各种除雾器的性能比较

形式	捕集液滴粒径（μm）	阻力降（Pa）	分离效率（%）	进口烟气流速（m/s）
惯性式	>50	100～600	80～90	12～25
折流板式	>15	200～800	90～99	3～10
旋流板式	>10	1000～1400	90～99	5～10
旋风式		3000～5000		20～30
丝网式	>5	250～750	98～99	1～4

理论上分析，气液分离效率从小到大的顺序为重力沉降分离、折流分离和旋流分离、填料分离、丝网分离、超滤分离。虽然挡板除雾器只能除去直径大于 10μm 的液滴，但是由于它相对其他除雾器，具有设备简单、压降低及可处理含有粉尘等杂物而不易堵塞、易冲洗、有敞开式结构、便于检修和维护费用较低等优点，因而被国外烟气脱硫设备的制造厂商广泛采用。

（二）折流板式除雾器设计优化

1. 除雾器布置方向

就烟气流向而言，除雾器的布置通常有水平流和垂直流两种布置形式，折流板除雾器的这两种布置方式各有优缺点，在较高烟气流速下，水平流除雾器可以比垂直流除雾器达到更好的除雾效果。水平流除雾器在实验装置中的测试显示，当烟气流速高达 8.5m/s 和入口烟气含液量明显高于许多个 FGD 系统预计的含液量时，通过除雾器的烟气夹带液体量非常少，甚至几乎不含液体。FGD 装置中大多数垂直流除雾器过去设计流速不超过 3.6m/s，但是现在先进的垂直流除雾器已证实的烟气流速达到 5.2m/s 时仍具有优良的除雾效果。虽然垂直流除雾器的最大允许烟气流速低于水平流除雾器，但这一最大允许烟气流速不低于大多数逆流吸收塔的最大设计流速。

由于水平流除雾器能处理较高流速的烟气，因此所需材料和占据空间比垂直流除雾器少。垂直流除雾器可以布置在吸收塔内，而水平流除雾器则需要布置在吸收塔出口水平烟道处。水平流除雾器组件可以采用除雾器烟道顶部的固定吊具吊装组件，可以做得比较大，拆装、更换方便；而垂直流除雾器组件的拆装需要靠人工搬运，劳动强度大，组件质量不宜太重，通常为34～45kg。

水平流除雾器的缺点是，由于烟气流速较高，烟气通过除雾器的压损大，一个二级水平流除雾器在典型设计流速6m/s的情况下，压损大约为250Pa，而设计烟气流速3.4m/s的二级垂直流除雾器的压损大约为75Pa。

就目前国内脱硫工程而言，多数选用垂直流布置形式。

2. 除雾器结构形式

目前常用的除雾器有屋脊式和平板式两种结构形式。两种结构形式的除雾器结构如图3-28所示。

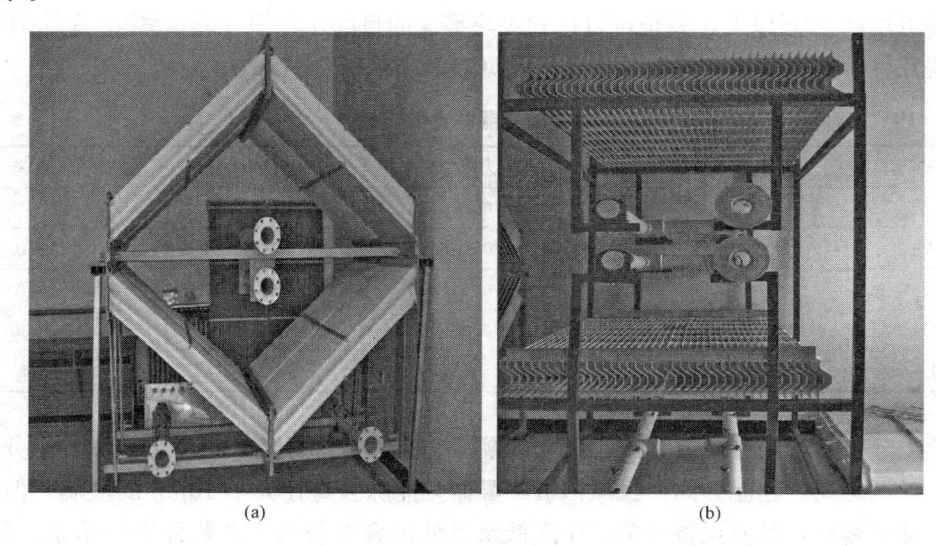

(a)　(b)

图3-28　除雾器结构示意

(a) 屋脊式；(b) 平板式

屋脊式除雾器布置在烟气垂直流动的吸收塔上层，多采用单层梁支撑两级叶片的固定方式。但为了检修方便，也有用户要求用两层梁支撑。平板式除雾器可以布置在烟气垂直流动的吸收塔内，也可以布置在烟气水平流动的烟道中，一般采用双层梁支撑或固定。

屋脊式除雾器的优点是烟气通过叶片法线的流速要小于塔内水平截面的平均流速，这就使得塔内烟气流速偏高，当烟气通过除雾器时，由于流通面积增大而使得烟气流速减小。但是，由于屋脊式除雾器需要在吸收塔的截面上留出矩形通道，而吸收塔是圆形的，所以部分面积需要用盲板封起来，从而抵消了一部分优势。另外，屋脊式除雾器的结构较平板式除雾器更稳定，可以耐受的温度较高，因此，当脱硫系统不设GGH时，建议采用屋脊式除雾器。

单层梁的屋脊式除雾器高度一般为2850mm，而两级平板式除雾器高度为3230mm，即单层梁的屋脊式除雾器占用空间较小。但是，考虑减小携带水量，通常要求烟气在除雾器叶片以上 1m 处开始改变流向和提高流速，这样可以使大的颗粒落回到除雾器。如果加上这预留的 1m 空间，屋脊式除雾器和平板式除雾器占用总空间接近。

另外，从经济角度分析，平板式除雾器的成本比屋脊式稍低一些，因此，一般情况下最好选择平板式，只有在烟温相对较高时，为了提高安全性才选择屋脊式除雾器。

3. 除雾器叶片的选择

除雾器叶片是组成除雾器的最基本、最重要的元件，其性能的优劣对整个除雾系统的运行有着至关重要的影响。除雾器叶片通常由高分子材料（如聚丙烯、FRP 等）或不锈钢（如 317L）两大类材料制作而成。除雾器叶片种类繁多，如图 3 - 29 所示，按几何形状可分为折线形[见图 3 - 29（a）、（d）] 和流线型[见图 3 - 29（b）、（c）]，按结构特征可分为 2 通道叶片和 3 通道叶片。

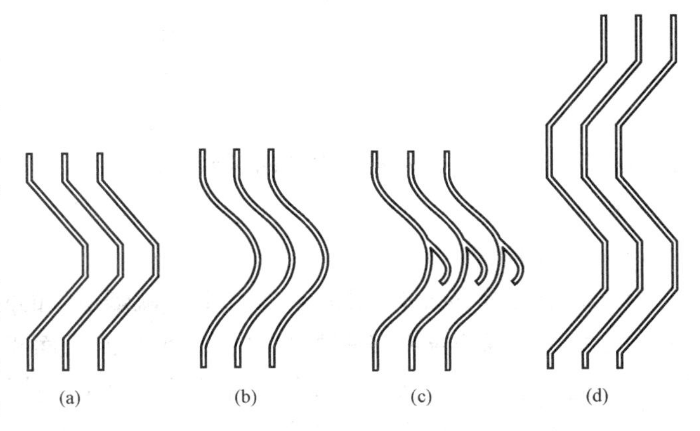

图 3 - 29　除雾器叶片结构示意

以上各类结构的除雾器叶片各具特点：图 3 - 29（a）所示的叶片结构简单，加工制作方便，易冲洗，适用于各种材质；图 3 - 29（b）、（c）所示的叶片临界流速较高，易清洗，目前在大型脱硫设备中使用较多；图 3 - 29（d）所示的叶片除雾效率高，但清洗困难，使用场合受限制。

4. 除雾器性能、设计参数

（1）除雾效率。

除雾效率有总效率 η_t 和粒级效率 η_{dp} 两种表示方法。总效率是指被除下的颗粒占气体进口颗粒总数的质量分数，粒级效率是针对于某一粒度范围颗粒而言的。McNulty 和 Monat 的研究结果表明，在不同流速下的除雾效率随液滴直径的变化规律为：粒级效率随液滴直径的增大而提高，直径大于 70μm 时效率达到 100%；临界动能因子以下，随气体动能因子的增大，效率上升，可分离出的液滴直径减小。

（2）系统压力降。

系统压力降是指烟气通过除雾器时所产生的压力损失，系统压力降越大，能耗就越高。除雾系统压力降的大小主要与烟气流速、叶片结构、叶片间距及烟气带水负荷等因素有关。当除雾器叶片上结垢严重时，系统压力降会明显提高。运行过程中，除雾器压降直接反应了除雾器的洁净度，通常控制除雾器压降小于初通烟气时的 1.5 倍。

（3）烟气流速。

随着烟气流速的增大，对小液滴的脱除率会增加，但当气流速度增加到一定程度时，除雾效率会随着烟气流速的增大而减小，因此存在一个临界流速。临界点的出现，是由于产生了二次带水所致的。造成液滴二次带水的主要原因有两个，一是液滴在碰撞时的雾化；二是高速烟气剪切力作用在液膜的自由表面上，造成液膜破裂。为达到理想的除雾效果，烟气流速必须合理，既不能超过临界流速，又要保证系统所要求的最低除雾效率。临界流速可以从已知物理常数、气体物化性质、除雾器尺寸、除雾器压降和修正系数计算得到。通常设计烟气流速为3.5～5.5m/s。

(4) 叶片间距。

叶片间距的增大，使得颗粒在通道中的流通面积变大；同时气流的速度方向变化趋于平缓，使得颗粒对气流的跟随性更好，易于随着气流流出叶片通道而不被捕集，这样除雾效率就会降低。

叶片间距减小，除雾效率会提高，但冲洗难度会增加，压降也会增加。同时，会增加单位面积的除雾器叶片数量，增加除雾器投资的成本。

目前，除雾器主要采用两级布置，第一级为主要工作单元，第二级要求尽可能地提高对小液滴的脱除能力。通常第一级除雾器叶片间距为30～80mm，第二级除雾器叶片间距为25～30mm。

(5) 防堵塞性能。

当气流中夹带有固体杂质时，如二氧化硫烟道气的除雾，防止叶片被堵塞是一个关键问题。因为集聚于通道某些角落的尘粒会减小其流通面积，使得局部流速增大，增加阻力损失，促使过早地出现二次雾沫夹带，降低除雾效率。挡板式除雾器具有较强的防堵能力，一方面它可通过叶片结构和参数的合理设计，来延长操作周期；另一方面，一旦被堵，通过所设置的冲洗喷嘴，易于对叶片进行冲洗，恢复正常生产。

各种叶片的防堵塞性能是不同的，例如叶片间距小，流程数多，不仅易堵而且难清洗；锯齿形叶片上所设挡液沟用于易堵介质时会失效，因它会很快被堵塞；较之光滑、平整的表面，编织板表面更易积垢。

(6) 除雾器级数。

实际运行时既要求除雾器能从液滴含量较高的烟气中去除浆体液滴，又要能保持除雾器板片清洁是很难的。目前普遍采用2级除雾器来解决这个矛盾。把折板连接起来组成多级除雾器可以增大除雾效率，一般级数越多除雾效率越高，但是效率提高的同时，系统的阻力也会大大增加，这不仅增加了系统的能耗，而且也使系统的正常运转受到威胁。因此，折板的级数不宜过多，一般以2～3级为宜。

(7) 除雾器冲洗水。

除雾器冲洗水系统是由冲洗喷嘴、冲洗管道、冲洗水泵、冲洗水自动开关阀、压力表、冲洗水流量计等组成的。除雾器冲洗水不仅能起到定期冲洗除雾器板上的浆体、固体沉积物的作用，而且还是吸收塔的主要补充水。除雾器冲洗水的设计内容包括冲洗水压力、冲洗水量、冲洗水覆盖度和冲洗周期。通常要求，冲洗水压力、流量应满足冲刷除雾器上的附着物，覆盖度一般可以选为100%～300%，冲洗周期由除雾器压降和吸收塔液位决定，但一般不宜超过2h。

合理设计除雾器冲洗水不仅仅关系到除雾器的正常运行，对烟气脱硫系统的稳定运行也是非常重要的。

第四节 制浆系统设计优化方案

一、制浆方式的选择

石灰石—石膏湿法脱硫工艺所采用的脱硫剂为石灰石，石灰石粉的供应方式一般有三种：①直接购买成品石灰石粉；②采用干式石灰石粉磨制系统，石灰石原料运至磨石粉厂后经磨粉机研磨、袋式收尘器收集，来生产合格的成品粉，并储存备用；③湿法石灰石粉磨制系统，采用磨煤机注水的方式一次性磨制出符合粒度要求的石灰石浆液。

上述三种石灰石粉供应方式中，首选方式应为直接购买满足脱硫系统需要的石灰石粉，一般要求石灰石中碳酸钙含量不低于90%，并且石灰石粉的细度90%通过250目。但这种方式下，需要电厂周边一定距离内有石灰石矿，并具有一定规模的石灰石粉的生产厂家，以保证电厂石灰石粉的供应。这种方式的好处是在电厂内无须再建设石灰石粉磨制站，仅需建设一定容量的石灰石粉仓即可，因此，电厂内的环境比较好，但费用相对较高。

第二种方式为采用干式石灰石粉磨制系统，这种系统采用干式磨粉机、袋式收尘器等设备生产石灰石粉，石灰石进料粒度要求为40mm以下，生产的石灰石粉细度可以达到250～325目。这种系统的主要优点是系统灵活性好，可以满足多台机组公用系统的要求，生产的石灰石粉可以储存在石灰石粉仓中，系统的可靠性高，但系统的投资比较高，而且电厂需要在厂内单独建立一套干式制粉站，对厂区环境有较大影响，一般较少应用。

第三种方式为采用湿式球磨机系统，用磨煤机注水的方式一次性磨制出符合粒度要求的石灰石浆液，其进料粒度要求为20mm以下，直接可以产出30%浓度的石灰石浆液。其优点是比干式磨机系统简单，投资比较省；缺点是系统可靠性不高，运行噪声较大，工作环境相对较差，如长期使用，综合费用较低。

以某2×1000MW机组工程脱硫系统为例，干、湿式制浆方案对比如下。

（一）外购石灰石制浆方案

1. 工艺流程

采用外购石灰石粉制浆，需设置粉仓储存系统和浆液制备系统。外购石灰石粉（细度要求250目筛90%的过筛率）由专用密封罐车运至电厂，通过气力方式卸入石灰石粉仓（一炉一粉仓）。粉仓顶部设布袋除尘器，为保证粉仓卸料通畅，在其底部设空气流化装置。在粉仓内的石灰石粉经给料机、输送机均匀地送入石灰石浆液箱内，同时按一定的比例加水搅拌制成质量分数约为30%的石灰石浆液后，由浆液泵送入脱硫吸收塔内。浆池容积按储存一套FGD装置6h的浆液量设计。为使浆液混合均匀，防止沉淀，在浆池内设搅拌机，系统流程见图3-30。

2. 制浆系统及设备组成

2×1000MW级机组脱硫系统两套脱硫装置共设一套吸收剂制备系统，主要设备配置见表3-20。

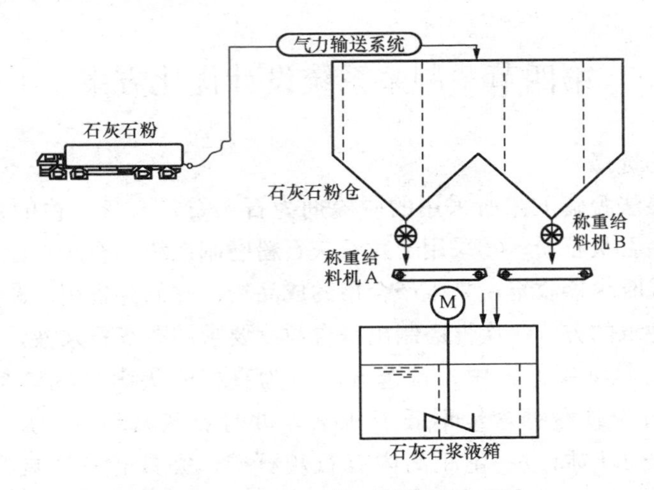

图 3-30　干式石灰石制粉系统流程

表 3-20　　干式制粉系统主要设备配置

设备名称	数量	规格型号	设备名称	数量	规格型号
振动给料机	2台	出力 72t/h	流化风机	2台	离心式，出力 $355.2m^3/h$，风机出口压力 60kPa，电机功率 30kW
金属分离器	2台	电磁式，吸力 20kg/块			
石灰石粉仓	2座	钢结构，容积 $605m^3$	石灰石浆液箱	1座	钢结构+玻璃鳞片，容积 $95m^3$
石灰石储仓除尘器	2台	布袋除尘器，加负压风机	石灰石浆液箱搅拌器	1台	顶进式，电机功率 22kW
石灰石储仓防堵装置	2套	空气炮	石灰石浆液泵	2×2台	离心式，流量 $93m^3/h$，扬程 40m，轴功率 20kW
皮带称重给料机	2台	出力 14t/h，功率 1.5kW			

3. 制浆系统技术特点

(1) 技术成熟，国内有较多的运行业绩。沙角A、黄埔、韶关等电厂脱硫工程均为成品粉制浆方案。

(2) 浆液制备只需要在厂内设置石灰石粉浆制备系统，脱硫工艺流程简化，占地面积小，一次性建成投资也小。

(3) 系统简单，调试、运行、维护和管理工作量较少，对环境造成污染很小。

(4) 由于成品石灰石粉的价格远高于石灰石块，因此采用外购石灰石粉制浆系统的运行费用高于湿式球磨制浆系统。

(5) 外购石灰石粉质量及价格易受外界条件制约，需要与供应商签订严格的供销协议，以保证供货的连续性及石灰石粉在纯度、细度等方面满足脱硫要求。

(二) 湿式石灰石制浆方案

1. 工艺流程

为保证脱硫效率和脱硫副产物石膏的品质，吸收剂石灰石的品质通常要满足：$w(CaO) \geqslant 50\%$，$w(MgO) \leqslant 2\%$。石灰石颗粒（粒径小于 20mm）运至厂内卸料斗后，经皮带输送机、一级金属分离器、斗式提升机送至石灰石储仓内储存。储仓的石灰石经二级金属分离器处理后，由称重皮带给料机送入湿式球磨机，会同工艺水（或滤液水）及旋流分离器的底流浓浆一起进入球磨机筒体，经撞击、挤压和碾磨，形成浆液。浆液经旋流分离器进行粗细颗粒分离，浆液中的大颗粒被分离到旋流分离器的底部形成底流浓浆，回到球磨机中再次碾磨；浆液中的小颗粒则从顶部溢出形成稀浆进入石灰石给料储箱备用。为保证系统物料平衡及石灰石浆液的浓度和细度，系统设有浓度、液位、细度调节阀门和冲洗水（用于设备停止或切换时对球磨循环泵、管路和旋流分离器进行冲洗）。典型的湿式球磨制浆系统的工艺流程如图 3-31 所示。

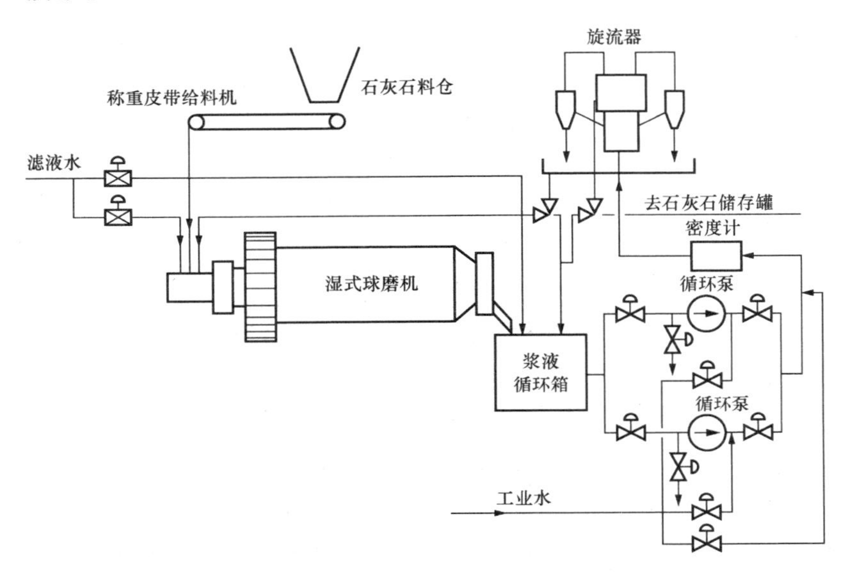

图 3-31　湿式石灰石制粉系统流程

2. 制浆系统及设备组成

2×1000MW 机组脱硫系统按两套脱硫装置共设一套公用的吸收剂制备系统进行设计。石灰石储仓设两座，容量按两台锅炉（BMCR 工况）运行不小于 3 天的石灰石总耗量设计，在出料口设二级金属分离器；为使石灰石布料均匀，在斗式提升机出料口与石灰石储仓之间设石灰石布料装置。每台磨机配置一组石灰石浆液旋流器，石灰石浆液石灰石的质量分数控制在 20%～30%，浆液旋流器的溢流浆液进入石灰石浆液箱；石灰石浆液箱一座，配有四台石灰石浆液泵（一台机组配两台泵），罐内石灰石浆液由泵通过管道分别输送至两台吸收塔。每套湿式球磨机出力按满足两台机组脱硫装置所需浆液总量的 75%进行设计。经计算，每台机组燃料含硫量（收到基全硫含量）为 0.8%、脱硫效率为 95%时，湿式球磨系统按石灰石入料口处理量为 14t/h 来设计。石灰石湿磨制浆方案的设备配置见表 3-21。

3. 制浆方案技术特点

(1) 技术成熟，国内具有较多的运行业绩。国华准格尔发电有限公司 1～4 号机组、国华呼伦贝尔电厂 1、2 号机组等大型脱硫工程的制浆系统都采用湿磨制浆方案。

(2) 初始投资较大，长期运行费用相对较低，比较适合石灰石耗量大的电厂采用。

(3) 系统复杂，占地较多，调试、运行、维护和管理工作量大。

(4) 运行时对环境会造成一定的影响。湿式球磨机由于磨管的转动及磨机内钢球的冲击会产生较大的噪声；同时由于整个磨机系统处于正压运行，法兰面可能会产生浆液泄漏，对磨机房内地面造成污染。

表 3-21　　　　湿式制粉系统主要设备配置

设备名称	数量	规格型号	设备名称	数量	规格型号
石灰石卸料斗	2套	V=40m³	湿式球磨机及电机	2套	出力14t/h，φ2600×5.5m，电机功率450kW
振动给料机	2台	出力72t/h			
金属分离器	2台	电磁式，吸力20kg/块	磨机再循环箱	2个	钢结构+衬胶，容积10m³，单重约1.5t
皮带输送机	2套	转速1.0m/s，出力72t/h，功率15kW	磨机再循环箱搅拌器	2个	顶进式，电机功率5.5kW
斗式提升机	2台	出力72t/h	磨机再循环泵	2+2	离心式，机械密封，流量90m³/h，扬程0.3MPa，电机功率22kW
石灰石粉仓	2座	钢结构，容积605m³，单重约50t			
石灰石储仓除尘器	2台	布袋除尘器，加负压风机	石灰石浆液旋流器	2套	旋流子数为3+1（备用），材料为PU
石灰石储仓防堵装置	2套	空气炮			
卸料间及地下室除尘器	1套	布袋除尘器	石灰石浆液箱	1座	钢结构+玻璃鳞片，容积295m³，单重约22t
卸料间地下室排水泵	1台	离心式，流量10m³/h，扬程0.4MPa，电机功率3kW	石灰石浆液箱搅拌器	1台	顶进式，电机功率22kW
皮带称重给料机	2台	带宽500mm，转1.0m/s，出力14t/h，功率1.5kW	石灰石浆液泵	2×2台	离心式，流量93m³/h，扬程40m，轴功率20kW

（三）干、湿式石灰石制浆方案经济性对比

按年运行5500h、电价0.3476元/（kW·h）、石灰石粉单价250元/t、石灰石块单价150元/t计，干、湿式石灰石制浆方案技术经济比较详见表3-22。

表 3-22　　　　干、湿式制粉系统经济性对比

项　目	石灰石湿磨制浆方案	石灰石粉制浆方案	项　目	石灰石湿磨制浆方案	石灰石粉制浆方案
设备费用（万元）	1313.9	171.0	占地面积	大	小
土建费用（万元）	500.0	139.0	二次运输	需要	无
安装费用（万元）	80.0	36.8	噪声	磨机噪声	无
总投资（万元）	1893.9	346.8	粉尘	堆场、投料口粉尘	无（全密封）
石灰石年费用（万元）	1339.8	2233.0			
电耗年费用（万元）	202.3	26.0	管理难度	高	较低
年设备折旧维护费用（万元）	40.0	19.0	安全性	高	高
年总运行费用（万元）	1582.1	2278.0	设备维护/故障	多	较少
技术成熟程度	成熟	成熟	调试期	长	短
工艺复杂程度	复杂	简单	电耗（kW）	1058	136
电厂运行经验	较多	较多	耗水量	少	少

由表3-22可见，在一次性投资上，石灰石湿磨制浆方案总投资高于石灰石粉制浆方案。在运行费用上，石灰石湿磨制浆方案的电耗和设备年维护费用比石灰石粉制浆方案高，但由于石灰石单价比成品粉要便宜100元/t，因此，石灰石湿磨制浆方案的年运行总费用比石灰石粉制浆方案节省约696万元。

从长期运行的角度考虑，石灰石湿磨制浆方案在经济上要优于石灰石粉制浆方案，但湿式制浆系统在实际运行中故障率较高，运行维护量大，实际设计中应根据当地石灰石资源、现场场地等条件，综合考虑选择制浆方案。如选用干式制粉方案，可考虑周边数厂合建石灰石干粉制备场，在保证石灰石品质的同时，可大大降低石灰石成本。

二、磨机的选型

干法制浆一般采用干式球磨机或立式辊磨机先将石灰石制成石灰石粉，再通过兑水搅拌制成石灰石浆液。湿法制浆一般采用湿式球磨机，直接将石灰石块制成石灰石浆液。

（一）卧式球磨系统（干式）

1. 工作原理

球磨机的主体是一个水平装在两个大型轴承上的低速回转的筒体。球磨机由电动机通过减速机及周边大齿轮减速传动，或由低转速同步电机直接通过周边大齿轮减速传动，驱动回转部回转。筒体内部装有适当的磨矿介质钢球或钢段。磨矿介质在离心力和摩擦力的作用下，被提升到一定的高度，呈抛落或泄落状态落下。被磨制的物料由给料口连续地进入筒体内部，被运动的磨矿介质粉碎，并通过溢流和连续给料的力量将产品排出机外，然后由斗式提升机送至高效选粉机。符合粒径要求的成品粉气进入袋式收尘器，在袋式收尘器中将成品粉收集下来。而自选粉机分离出来的大颗粒仍送回至磨机入口进行碾磨。卧式筒磨的系统如图3-32所示。

2. 工艺特点

卧式球磨机技术非常成熟。设备国产化率最高，因此单纯磨机价格是这三种设备中最低的。但其碾磨机理比较落后，所以它的碾磨效率也是这三种设备中最低的，能耗是最大的（根据石灰石品质的不同而不同，单位产量电耗一般最低可做到25kW·h/t）。相对其他两套系统，干式球磨机有一套特有的体外循环分选系统，也就是细度不合格的石灰石粉经选粉器后，再回到球磨机参与碾磨。因此，干式球磨系统的设备也较为复杂。它的工作原理是利用磨矿介质的抛落或泄落来碾磨石灰石，所以它的钢耗也是最大的，检修维护量大。

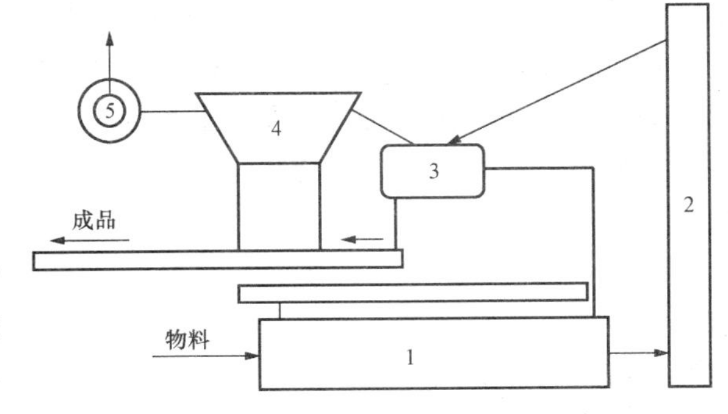

图3-32　卧式球磨机（干式）示意

1—磨机；2—提升机；3—选粉机；4—除尘器；5—排风机

（二）立式辊磨系统（干式）

1. 工作原理

电动机通过减速机带动磨盘转动，物料从进料口落在磨盘中央，同时热风从进风口进入磨内，在离心力的作用下，物料向磨盘边缘移动，经过磨盘上的环形槽时受到磨辊的碾压而粉碎，并在磨盘边缘被风环处高速气流带起，大颗粒直接落到磨盘上重新粉磨，气流中的物料经过分离器时，在旋转转子的作用下，粗粉落到磨盘重新粉磨，合格细粉随气流一起出磨，在收尘装置中收集，即为产品。含有水分的物料在与热气体的接触过程中被烘干，达到所要求的产品水分。立式辊磨系统如图 3-33 所示。

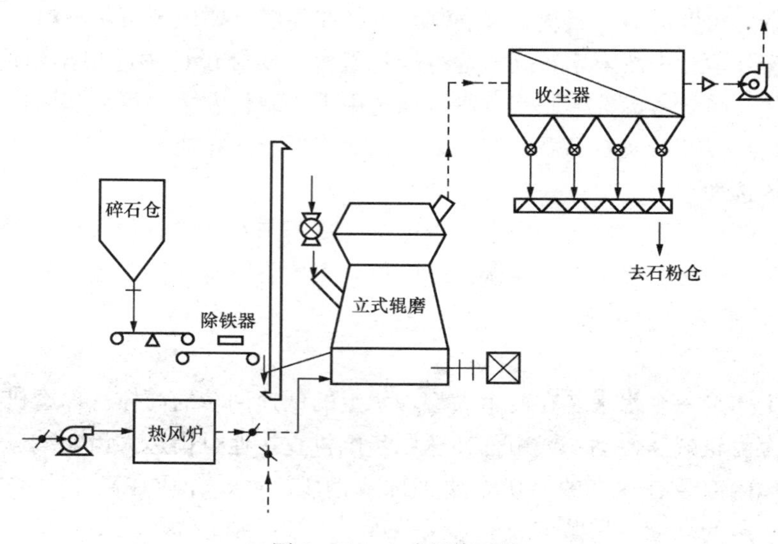

图 3-33　立式辊磨系统

2. 工艺特点

立式辊磨系统在国外使用非常广泛，我国引进此技术的时间不长，但通过国内技术人员的努力，目前立式辊磨的国产化率比较高，因此价格上相对干式球磨区别不大。此外，由于它的碾磨机理比较科学，立式辊磨系统的电耗（根据石灰石品质的不同而不同，一般最低可做到 19～21kW·h/t）及钢耗都比较低。由于没有石灰石体外旋环分选系统，因此设备比较简单，检修维护量比较少。

3. 与干式卧磨的主要工艺区别

辊磨系统相对球磨系统有以下几点优势：

（1）进料粒度、水分适应性好。球磨系统的进料粒度一般要求在 15mm 以下，物料含水量必须低于 3%；而辊磨系统的进料粒度可以放宽到 50mm 以下，水分含量放宽到 10%。

（2）能耗低。由于球磨系统是利用筒内的钢球相互挤压和钢球从高处抛落的撞击来粉碎物料的，在这一过程中大量的机械能因为钢球相互间的摩擦和击打而转化成热能，所以球磨系统的机械效率并不高；而立式辊磨避免了机械能过多地转化成热能，因此机械效率相对较高。

（3）工艺流程简单，建筑面积及占用空间小。立式辊磨本身有分离器，不需另加选粉机和提升设备，出磨含尘气体可直接由布袋收尘器或电收尘器收集，故工艺简单，布局紧凑，建筑面积约为球磨系统的 70%，建筑空间约为球磨系统的 50%～60%。

（4）噪声低，扬尘少，操作环境清洁。在工作中磨辊与磨盘不直接接触，没有球磨机中钢球互相碰撞、钢球撞击衬板的金属撞击声，因此噪声小，比球磨机低 20～25dB。另外，

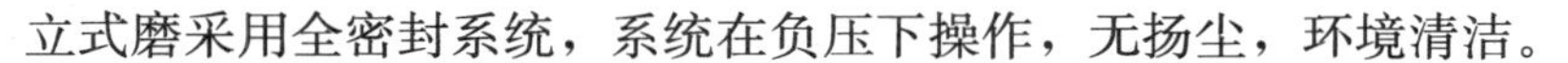

立式磨采用全密封系统，系统在负压下操作，无扬尘，环境清洁。

（5）磨损小，利用率高。运行中没有金属之间的直接接触，故其磨损小，单位产品磨耗一般为5～10g/t。

综上所述，若选用干磨系统，推荐采用立式磨机。

（三）卧式球磨系统（湿式）

1. 工作原理

工作原理类似于干式球磨机，只是磨机内是石灰石和水的混合物，石灰石在水的参与下，更有利于碾磨，因此相对能耗要低一些。石灰石通过碾磨后，直接制成浆液，并通过旋流器分选，细度不合格的浆液返回到磨机内重新碾磨。旋流器的溢流液进入石灰石浆液箱。

2. 工艺特点

湿式球磨机的国产化率相对最低，因此价格也是这三种磨机中最昂贵的。但由于不需要循环风加热系统；工作时有了水的参与，碾磨效率相对较高，所以它的运行能耗相对最低。另外，近几年国内已有多个企业能够生产质量比较可靠的湿式球磨机，设备费用已大大降低。由于没有过多的提升装置、石灰石粉仓、循环风系统、兑水制浆系统，所以它的系统最简单，占地面积最小。整个系统的投资与干磨系统相比，并不高出很多。它的研磨效率高，系统单位产量电耗低（根据石灰石品质的不同而不同，一般最低可做到13～15kW·h/t），所以运行费用是这三种方案中最少的。

（四）应用中需要注意的事项

（1）由于湿式磨机直接将石灰石制成浆液，而浆液不便于储存和长距离输送，因此湿式磨机一般要求布置在脱硫岛的附近，而且只能流水作业，制备好的浆液要尽快使用，避免浆液沉积或板结。

石灰石干粉相对而言，便于储存和运输，因此制粉系统可布置在远离脱硫岛的地方。若考虑石灰石粉外销，一般建议采用干磨系统。

（2）石灰石干粉有一定的吸水性，在水分含量大于1%的情况下，容易在布袋除尘器和粉仓中板结。为了避免受潮，干磨系统一般需要考虑设置循环风加热器。由于加热量一般较大，若附近有蒸汽源，推荐考虑采用蒸汽加热，甚至可以考虑用锅炉尾气加热，具体可根据场地条件选型。

（3）湿式球磨机一般布置在室内，干式球磨机宜布置在室外。立式辊磨可半露天甚至露天布置。由于没有兑水制浆、选粉系统，湿式球磨机系统的占地面积是最少的。就工作场所环境而言，湿磨系统要解决漏浆问题，一旦设备发生泄漏，应立即将漏出的浆液冲走，以免板结。因此，湿磨的厂房周围要有比较完善的排水地沟。干磨系统则需要解决跑粉的问题。因此，不管是湿磨系统，还是干磨系统，保持设备的健康运行十分关键，否则都将影响生产环境。目前市场上的布袋收尘器的排气粉尘含量一般都可以做到50mg/m^3（标态）以下，排气含尘不是制粉车间考虑的主要因素。

（4）三种设备的噪声都比较大，因此厂房宜布置在较偏僻的地方，相对而言，立式辊磨系统的噪声是最小的。

三、制浆系统主要参数

制浆系统负责制备并向吸收塔供应品质合格、足够脱硫反应所需的脱硫剂，对脱硫反应的进行、石膏品质等都有显著影响，需要重点优化的参数有以下几个。

（一）系统出力

按照DL/T 5196—2004《火力发电厂烟气脱硫设计技术规范》规定：

(1) 当两台机组合用一套吸收剂浆液制备系统时，每套系统宜设置两台石灰石湿式球磨机及石灰石浆液旋流分离器，单台设备出力按设计工况下石灰石消耗量的75%选择，且不小于50%校核工况下的石灰石消耗量。对于多炉合用一套吸收剂浆液制备系统时，宜设置$n+1$台石灰石湿式球磨机及石灰石浆液旋流分离器，n台运行一台备用。

(2) 每套干磨吸收剂制备系统的容量宜不小于150%的设计工况下的石灰石消耗量，且不小于校核工况下的石灰石消耗量。磨机的台数和容量经综合技术经济比较后确定。

（二）浆液粒度

石灰石浆液粒度，不但显著影响系统电耗，而且也影响石灰石在吸收塔内的溶解情况，最终影响脱硫反应和石灰石耗量。颗粒度太大，系统磨损加重，而且容易造成管道和旋流器堵塞，密度过小，会影响浆液浓度，降低系统出力，在SO_2偏高的情况下，还会造成浆液供给不足，脱硫效率下降，通常要求石灰石成品浆液中石灰石粒度200目95%或325目90%通过。

（三）磨机循环泵出口浆液密度

对于湿式球磨机系统，磨机循环泵出口浆液密度与浆液中石灰石粒度有一定关联，其他条件不变的情况下，磨机循环泵出口浆液密度越小，浆液中的石灰石粒度也就越小。以某电厂为例，磨机循环泵出口浆液密度与浆液中石灰石粒度的关联关系见表3-23。

表3-23　磨机循环泵出口浆液密度与浆液中石灰石粒度的关联关系

磨机循环泵出口浆液密度（kg/m^3）	旋流器溢流浆液密度（kg/m^3）	石灰石粒度（325目，%）	磨机循环泵出口浆液密度（kg/m^3）	旋流器溢流浆液密度（kg/m^3）	石灰石粒度（325目，%）
1400	1160	92.3	1460	1210	88.6
1430	1180	91.1	1490	1223	84.0

正常情况下，系统要求旋流站溢流浆液颗粒度为90%通过325目，因此，磨机循环泵出口密度一般控制在1450kg/m^3左右，偏差不超过30mg/m^3。

（四）系统循环倍率

循环倍率是指旋流器入口固体质量与溢流中固体质量之比。若不考虑再循环箱的液位，整个系统的循环倍率K应为两级旋流器循环倍率的乘积。K值越大，说明系统中回到球磨机重新碾磨的固体越多，系统功耗越大，越不经济；设备材料磨损越快，使设备寿命缩短。因此，应在保证系统出力和产品细度的前提下，尽量减小系统的循环倍率。在旋流器的结构和入口速度固定不变的情况下，球磨机出口固体粒径对K值有着决定性的影响。粒径大时，经两级旋流器底流回到球磨机的固体颗粒增多，导致系统循环倍率增加，而球磨机出口固体粒径又决定于球磨机的破碎、碾磨能力和流经球磨机筒体的水量。

第五节 脱水系统设计优化方案

石膏脱水系统的运行情况决定着脱硫最终产物石膏的品质，石膏中杂志含量过高会影响其综合利用情况，而石膏含水量过大不仅会使后续利用处理费用增加，脱硫系统水耗也随之增加，通常情况下石膏品质控制指标见表 3-24。

表 3-24　　脱硫石膏品质控制指标

项　目	单　位	指　标
$CaCO_3$ 质量分数	%	<3
$CaSO_3 \cdot 1/2H_2O$ 质量分数	%	<1
自由水分质量分数	%	≤10
$CaSO_4 \cdot 2H_2O$ 质量分数	%	≥90
石膏中的 Cl^- 含量	无游离水石膏为基准	<100ppm 或质量分数<0.01%
石膏中的 F^- 含量	无游离水石膏为基准	<100ppm 或质量分数<0.01%
石膏中的 Mg^{2+} 含量	无游离水石膏为基准	<450ppm

一、脱水方式的选择

通常石膏脱水系统由一级脱水装置（水力旋流站）、二级脱水机、皮带输送机、石膏仓及相关附属设备组成，其中二级脱水机是整个系统的核心设备，对石膏脱硫情况有决定性的影响。石膏经过一级脱水装置后其含水量为 40%～60%，要求二级脱水机将其含水量降至 10%以下，便于运输和综合利用。

实现过滤操作的外力有重力、离心力、机械力及真空推动力等。

现代工业生产中通常会采用一种或多种力场共同作用，以“真空”、“真空＋重力”、“重力＋机械压力”、“真空＋重力＋机械压力”四种组合方式进行过滤操作，来实现固液分离的分离机械统称为过滤机，而以离心力为外力的过滤分离机械统称为离心机。

现在的脱水设备按原理可分为离心式脱水机和真空式过滤机两类。离心式脱水机是利用石膏颗粒和水密度的不同，在旋转过程中，利用离心力使石膏浆脱水的，设备类型主要有筒式和螺旋式两种。真空式过滤机是利用真空风机产生的负压，强制将水与石膏分离的，其设备类型主要有真空筒式和真空带式两种。这几种脱水设备的主要内部结构见图 3-34。1984 年以前，所有脱硫装置均采用离心式脱水机。1984 年以后，真空筒式或带式过滤机也投入了商业运行。采用这些设备进行石膏脱水，均能满足对石膏品质（如含水量、可溶物含量等）的要求。

不同类型的脱水设备有不同的特点。近年来，单个筒式离心脱水机的出力已由 0.85t/h 提高到 3.5t/h，真空筒式或带式过滤机的出力约为 1t/($m^2 \cdot h$)，螺旋式脱水机的出力可达 20t/h。以一台 600MW 的机组为例，若燃煤含硫量为 1%，在满负荷时大约每小时生成 16～20t 的石膏浆液，该机组需要 5～6 个筒式离心脱水机；也可采用真空筒式或带式过滤机，考虑系统的备用，则需要 2～3 个。同时应考虑到，与真空筒式或带式过滤机不同，

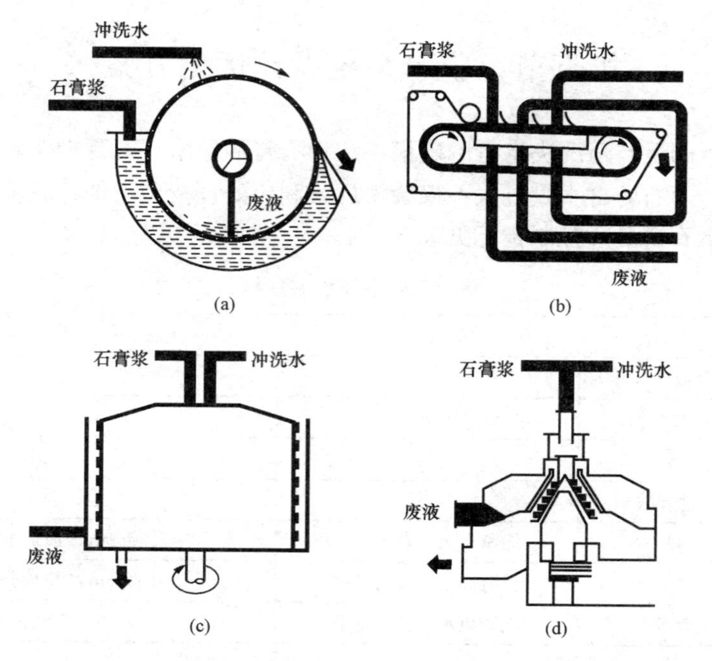

图 3-34　石灰石—石膏湿法脱硫系统的石膏脱水机

(a) 真空筒式过滤机；(b) 真空带式过滤机；(c) 离心式脱水机；(d) 螺旋离心式脱水机

筒式离心脱水机只能间歇工作。因此，为保证电厂在满负荷下稳定运行，这 5～6 个筒式离心脱水机还存在相互协作的问题，因而增加了耗电量和机械维护费用，同时也增加了相应的附属设备，如石膏浆输送及分配装置、清洗水输送及分配装置、清洗废液收集系统、石膏输送装置、石膏中储设施等。

为了保证系统工作的协调性，间歇工作的离心式脱水机需要较高的调节费用，真空式过滤器由于可连续工作，所以其调节费用相对较低。真空带式过滤机对石膏浆浓度的变化比真空筒式较为敏感。几种类型的脱水设备的性能比较见表 3-25。

表 3-25　　石灰石—石膏湿法脱硫系统的脱水机性能对比

脱水机类型		出力	投资	运行费用
离心式	筒式脱水机	≤3.5t/h	高	高
	螺旋式脱水机	20t/h	中等	中等
真空式	带式过滤机	1.1t/(m²·h)	低	低
	筒式过滤机	1.1t/(m²·h)	低	低

要选用合适的脱水设备，不仅要考虑以上提到的因素，而且还要考虑石膏颗粒的形状、大小、粒度分布等。使用石灰石作为吸收剂，石膏颗粒的大小主要为 40～60μm。若以消石灰为吸收剂，石膏颗粒相对小些。在使用离心式旋流浓缩器的系统中，石膏颗粒较大，因为较小的颗粒通常随着浓缩器上部的清液又回到吸收塔中。石膏的形状对脱水机的选择也很重

要。对于针状、棒状或片状的石膏，使用离心式脱水机，效果优于真空过滤机；对于长方体、立方体形的石膏，各种脱水机效果相同。石膏的颗粒形状及粒度分布决定了不同脱水装置的脱水效果。使用离心式脱水机，所得石膏含水量可达6%～8%；使用真空式脱水机，所得石膏含水量为8%～12%。

为除去石膏中的可溶性成分（特别是氯离子），使其含量满足标准的要求，在脱水过程中，需用清水冲洗石膏。真空带式过滤机的耗水量最少，因为一部分冲洗废液又回到系统中重复使用。离心式脱水机的废液中含有较多的固态物，因而是浑浊的；相反，真空式过滤机的废液是清的。各种脱水机的效果对比见表3-26。

表3-26　石灰石—石膏湿法脱硫系统的脱水机脱水效果对比

脱水机类型		石膏含水量（%）	水耗	滤液
离心式	筒式脱水机	6～8	高	浑浊
	螺旋式脱水机	7～10	高	浑浊
真空式	带式过滤机	8～10	低	清
	筒式过滤机	10～12	中等	清

综上所述，要选用合适的石膏脱水设备，不仅要考虑脱水机的出力、机械性能、投资、运行费用、水耗等，而且还要考虑石膏颗粒的大小、粒度分布和形状等。就目前应用情况而言，真空带式脱水机由于其脱水效率高、出力大、投资和运行费用较低、耗水量较小的优点，而被广泛应用于石灰石—石膏湿法脱硫系统中。

二、石膏旋流器性能优化

石膏旋流器主要是将吸收塔中浓度为10%左右的石膏浆液进行一次脱水，保证底流（进皮带脱水机）浓度达到50%以上，是石膏脱水系统的核心设备。

石膏旋流器是一种分离非均相液体混合物的设备，是在离心力的作用下根据两相或多相之间的密度差实现两相或多相液体混合物的分离。石膏旋流器的正常分离过程是两相流体在旋流器中以螺线涡和螺旋流合成产生、发展和消失螺旋涡运动的全过程，其流场呈三维分布，流型也非常复杂。石膏旋流器的结构参数包括进口、圆柱段、锥段、尾管段等部分，这些参数决定了旋流器内流场的形式，对其操作性能有较大影响。图3-35所示为石膏旋流器结构。

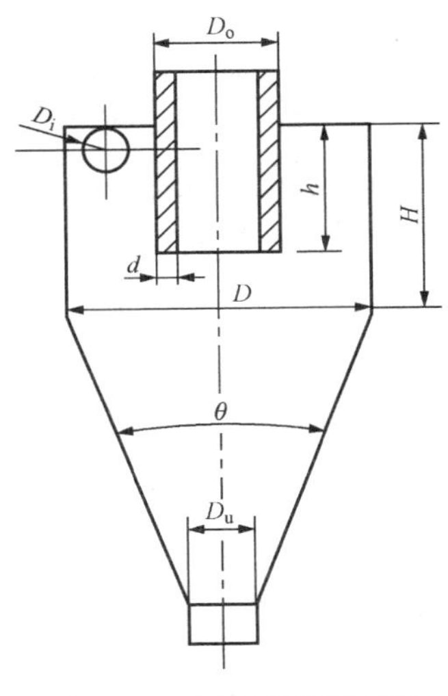

图3-35　石膏旋流站结构
D—旋流器直径；H—旋流器高度；D_o—溢流口直径；d—溢流口壁厚；D_u—底流口直径；D_i—进料口当量直径；h—溢流管插入深度；θ—圆锥筒锥角

（一）作用原理

按照Bradley的定义，旋流器是一种利用流体压力产生旋转运动的装置。若流体以静压力、初速度沿切向给入旋流器，旋流器的流体速度u可分解为径向速度u_r、切向速度u_t及轴向速度u_z，即

$$u^2 = u_r^2 + u_t^2 + u_z^2 \tag{3-28}$$

沿切向输入的流体在不计损失的情况下，其旋转动量矩将保持不变，即

$$u_t r^n = C \tag{3-29}$$

式中　n——指数，约为 0.5～0.9，视工作条件而定；

　　　r——回转半径。

由式（3-29）可见，随回转半径的减小，切向速度增大，流体的静压力转化为速度，即流体产生了旋转运动。在旋转运动的浆液中，其中固体颗粒在离心力的作用下，以速度 u 向着旋流器壁运动，同时受到向内运动的液流径向速度 u_r 的作用。粒度大的颗粒，受到的离心力大，$u > u_r$ 的矿粒向着壁部运动，进入下降液流区域，被带往底流排出，为底流产物；$u < u_r$ 的颗粒向着中心运动，被上升液流带往溢流管中排出，为溢流产物；$u = u_r$ 的颗粒将在距中心半径为 r 处作回旋运动，若 r 在下降液流区域，它们将成为底流，若 r 在上升液流区，则进入溢流，如果恰好在轴向速度 $u_z = 0$ 的包络面上，这些矿粒将有 50%进入溢流，另有 50%进入底流。这种颗粒的粒度为分级的分离粒度，这就是旋流器分级的基本原理。

（二）参数对旋流器性能的影响

（1）进口截面的形状。

进口截面的形状直接影响石膏旋流器的性能，因为进口截面的形状决定了入口液流在进入旋流腔后的动量矩。常见进口截面的形状有矩形和圆形两种，圆形截面的入口结构简单，但 Kelsall 认为扁入口可使整束液流获得更大的初始角动量，且利于整个旋流场的稳定。石膏旋流器常采用扁入口的方式。

（2）进口流动通道的形状。

按照进口流动通道的形状可将其分为直线形和曲线形，其中直线形又分为等截面和变截面直线形；曲线形的种类很多，如切线形、弧线形、渐开线形及 Multotec 涡形渐开线入口等。不同进口流动通道的形状对应不同的处理能力，具体见图 3-36。

由图 3-34 可见，Multotec 涡形渐开线入口旋流器处理能力最高，渐开线形入口旋流器处理能力最低。入口形式对旋流器的处理能力有着重要影响，流道的截面变化也影响着旋流器的性能。渐开线曲线流道尽管比常规使用的等截面直线流道有所改善，但并非最佳。相比之下，渐变截面直线流道可能更为合理。

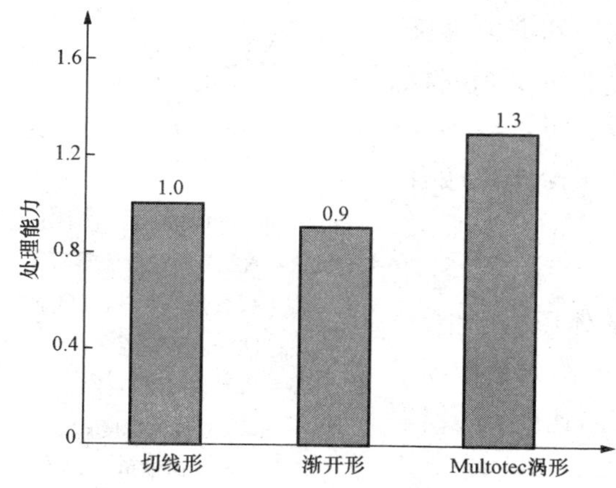

图 3-36　三种入口旋流器处理能力对比

（3）进口管的个数。

石膏旋流器的入口形式多种多样，按其数量的多少可分为单入口、双入口和三个以上多入口等。由于单入口在结构上的轴不对称性，使得进入旋流腔的液流所形成的旋涡中心偏离旋流器的轴心线，并且在离心力的作用下所形成的返向溢流口的旋涡中心也将

随之偏移，使旋流器内的流场在圆柱段内形成循环流和短路流，加大了分离的难度，导致分离效率下降。双入口型由于难于安装和定位，通常较少采用。

（4）进口截面的尺寸。

试验数据分析得出，在保持分流比和流量条件不变、入口横截面积的横向尺寸为19mm、切向尺寸从4.0mm依次扩大至0.5mm的四种工况下，总体压降及分离效率的试验结果见图3-37。

由图3-35可见，加大入口截面尺寸，能够有效地降低石膏旋流器的总体压降，同时分离效率并没有明显降低。这一特点将有利于实现旋流器的低压运行，可有效降低石膏浆液泵的电耗，降低厂用电量。

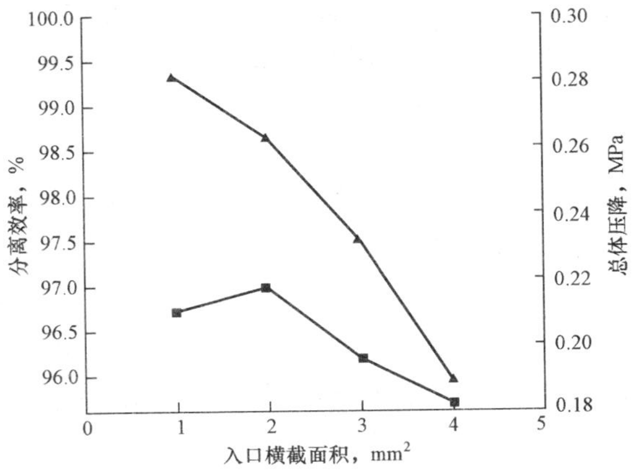

图3-37　不同入口截面积的总体压降及分离效率

（5）圆柱段直径。

旋流器圆柱段直径越大，分离性能越低。分离性能主要表现在对分割尺寸d_{50}（石膏旋流器分离粒度）的影响上，因此在设计旋流器时，考虑旋流器圆柱段直径大小的主要因素是分离性能与处理量。通常，增大旋流器圆柱段直径尺寸会降低旋流器的分离性能，但可增加处理量。因此，在满足分离性能的基础上，应尽量采用圆柱段直径较大的旋流器，以减少旋流器的数量，从而减少设备投资。

（6）圆柱段长度。

常规石膏旋流器由上部圆柱段和下部圆锥段组成。通常将圆柱形空间视为预分离区域，将圆锥形空间视为主分离区域，即认为旋流器分离过程是在圆锥形空间内完成的。褚良银等在对旋流器内固相颗粒运动规律的研究结果表明，固相颗粒在圆柱形空间和锥形空间内均有分离行为。随着柱段长度的增加，石膏旋流器的处理能力呈单调上升趋势，分离修正总效率呈上升趋势，而溢流浓度呈单调减小趋势。但是，石膏旋流器圆柱段长度过长或过短会使分离粒度变小，当其圆柱段长度从0.4D增至1.6D时，其修正分离粒度呈上升趋势；当其圆柱段长度从1.6D增至2.0D时，d_{50}反而减小，所以在石膏旋流器的设计中，圆柱段长度不宜过长。

（7）溢流管的结构形状。

短路流是石膏旋流器内流体流动的特征之一，也是引起石膏旋流器溢流跑粗、分离物粗细粒混杂的重要原因之一。短路流的存在及其流量大小与溢流管的结构形状有关，溢流管结构形状则是影响旋流器分离性能的重要结构因素之一。溢流管结构形状主要包括溢流管的直径、插入深度及壁厚。对于石膏旋流器，溢流管直径的增加，会使旋流器压降减小，但同时导致分离能力降低，溢流管内径取$D/8$～$D/2.3$为宜。褚良银对溢流管内径（25mm）和溢流管长度（125mm）相同、壁厚δ分别为2.5mm和7.5mm的两种溢流管进行了试验研究。结果表明，溢流管δ为2.5mm的旋流器处理能力、分离修正总效率、分离精度均强于溢流管δ为7.5mm的旋流器；两种结构溢流管的分流比基本相同；对于修正分离粒度，后者强于前者，这主要是由于溢流管δ的增加导致了进料口突然扩大的面积小，引起局部水力损失减小，使流体的旋转流动更加稳定，从而使得短路流的活动范围减小，也就使得短路流对旋流器性能的影响减小。

（8）锥段个数。

根据不同的应用场合，锥段的结构形式多种多样，按照锥段个数分为单锥旋流器和双锥旋流器。石膏旋流器为单锥旋流器，即圆柱段与圆锥段的组合形式。

（9）锥角。

锥角是石膏旋流器的重要结构参数，其变化对旋流器流场分布、动量矩及分离效率都有很大的影响，石膏旋流器内的流体阻力随着锥角的增大而变大。在同一进口压力下，由于旋流器流体阻力增大，其分离能力减小。大锥角石膏旋流器中流体的切向速度高于小锥角的流体切向速度，但流体颗粒的停留时间要短。因此，随着旋流器锥角的增大，其分离粒度增加，总分离效率降低，底流中混入的细颗粒较少。石膏浆液的分级和浓缩过程一般采用标准型石膏旋流器，当用于低密度物料的矿浆浓缩、澄清和细粒分级，并要求得到粒度较细的溢流时，多用长锥形旋流器（锥角小于5°）。

（10）底流口直径。

底流口直径是石膏旋流器的一个重要结构参数，其对石膏旋流器的分级性能有着显著的影响。在实际应用中，由于用户的分选密度或分级粒度不同，对底流口具体直径的要求也不同。底流口直径的增大，使得旋流器的生产能力增大，分离粒度降低，提高了分离效率。

随着底流口直径的减小，底流口的含固量会相应增加，当含固量到达某一极限时，就会引起浆液的堵塞。例如，在石膏旋流器的应用过程中，为了使进入皮带脱水机的石膏液浓度为50%，常采用的方式是更换直径更小的底流管，这样易造成堵塞。为了防止堵塞，在设计时可以按最佳底流口直径（0.07～0.10）D来确定底流口直径。在实际应用中，尽可能通过采取改变其他参数的方式来满足底流浓度的要求。

（11）尾管段部分。

尾管段的影响因素主要是尾管段的长度，尾管段直径一般与底流口直径相同。尾管段的作用是为了保持内旋流的稳定性，同时对整个旋流器流场的稳定性也具有一定的作用，所以尾管段的长度取值以满足流场稳定为标准。

石膏旋流器作为一种多功能、多用途的高效分离装置，其结构虽然简单，但结构形式和局部结构参数对分离性能影响较大。在实际应用中，可以针对不同的现场工况和处理能力，依照其影响关系，设计出相应的最佳结构形式的旋流器以降低能耗和提高其分离性能，以满足实际运行的需要。

第六节　废水系统设计优化方案

脱硫废水含有的杂质主要为固体悬浮物、过饱和亚硫酸盐、硫酸盐、氯化物及微量重金属，其中很多物质为国家环保标准中要求严格控制的第一类污染物，这些元素在炉膛内高温条件下进行一系列的化学反应，生成了多种不同的化合物。其中，一部分化合物随炉渣排出炉膛，另外一部分随烟气进入脱硫装置吸收塔，溶解于吸收浆液中，并在吸收浆液循环系统中不断浓缩，最终使得脱硫废水中的杂质含量很高。因此，脱硫废水必须经过处理才能进行排放。

目前，常用的脱硫废水处理方法是将脱硫后的废水经中和、反应、絮凝及沉淀处理，除去废水中含有的重金属及其他悬浮杂质。沉淀的污泥经脱水后，剩余的泥饼运至渣场，进行综合处理。常规脱硫废水处理工艺的流程如图 3 - 38 所示。

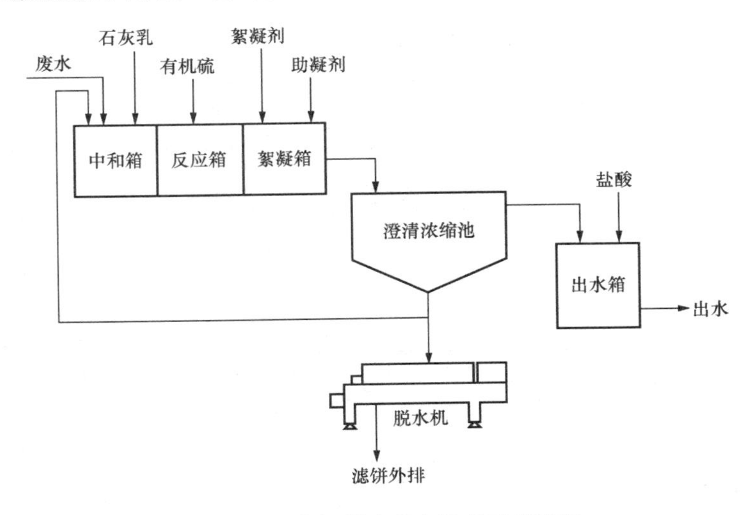

图 3 - 38　常规脱硫废水处理工艺流程

脱硫废水从废水缓冲箱用泵送入中和、沉降、絮凝三联箱，在中和箱中加入石灰乳将废水 pH 值调至 9 左右，使废水中的大部分重金属生成氢氧化物而沉淀，并使石灰乳中的钙离子与废水中的氟离子反应生成溶解度较小的氟化钙沉淀，与 As^{3+} 络合生成 $Ca_3(AsO_3)_2$ 等难溶物质。在沉降箱中加入有机硫（TMT-15），使其与水中剩余的 Pb^{2+}、Hg^{2+} 反应生成溶解度更小的金属硫化物而沉积下来。在絮凝箱内加入 $FeClSO_4$，使水中的悬浮固体或胶体杂质凝聚成微细絮凝体，微细絮凝体在缓慢、平滑的混合作用下在絮凝箱中形成稍大的絮体，在絮凝箱出口处加入阳离子高分子聚合电解质作为助凝剂来降低颗粒的表面张力，强化颗粒的长大过程，进一步促进氢氧化物和硫化物的沉淀，使微细絮体慢慢变成更大、更易沉淀的絮状物，同时也使脱硫废水中的悬浮物沉降下来。

废水自动流入澄清浓缩池，絮凝体在澄清浓缩池中与水分离。絮体因密度较大而沉积在底部，然后通过重力浓缩成污泥。大部分污泥经污泥输送泵输送到污泥脱水系统，小部分污泥作为接触污泥返回到中和箱，提供沉淀所需的晶核。澄清浓缩池上部则为净水，净水通过澄清浓缩池周边的溢流口自动流到出水箱，在此根据测得的水的 pH 值，加盐酸将其 pH 值调整到 6.0～9.0。最后，用废水排放泵将处理后的废水送入水力除渣系统，随冲渣水进行排放。

澄清浓缩池底部的大部分浓缩污泥经污泥输送泵送到污泥脱水机。澄清浓缩池底部的泥渣中固体物质的质量分数为10%左右，经压滤机脱水后，滤饼含固率为45%左右，最后将滤饼运送到渣场储存。污泥脱水的滤液进入污水回收池内，由污水回收泵送往中和箱内处理。

脱硫废水处理工艺除了上述的中和反应系统和污泥脱水系统外，还包括化学加药系统。化学加药系统又包括石灰乳加药系统、有机硫（TMT-15）加药系统、聚合氯化硫酸铁（$FeClSO_4$）加药系统、助凝剂加药系统和盐酸加药系统等。

以某4×330MW机组脱硫废水处理系统为例，处理前后水质对比见表3-27。

表3-27　　脱硫废水处理前后水质对比

项目	处理前废水	处理后出水	项目	处理前废水	处理后出水
pH	6.0	7.9	铜（mg/L）	0.05	0.007
SS（mg/L）	38 000	56	汞（mg/L）	0.07	0.021
COD（mg/L）	178	27	铝（mg/L）	0.50	0.013
Cl^-（mg/L）	8000	3000	镍（mg/L）	0.26	0.001
温度（℃）	46	32	锌（mg/L）	0.78	0.02
砷（mg/L）	0.21	0.19	钒（mg/L）	1.86	1.23
镉（mg/L）	0.19	0.007	锰（mg/L）	11.7	0.56
铬（mg/L）	0.08	0.005	氟（mg/L）	9.25	0.015

可以看出，该脱硫废水处理系统配置复杂，且仅能除去废水中的重金属及悬浮杂质，无法除去水中的Cl^-（目前尚无工业应用化学药剂可以去除Cl^-），废水中含有Cl^-导致处理后的废水仍无法进入系统回用。

上述脱硫废水处理系统具有配置设备较多、投资较大、运行成本高（部分药剂需进口）和设备的检修维护量较大的缺点，导致许多电厂脱硫装置虽设计并安装了上述脱硫废水处理装置，但在实际运行过程中却并不使用。

根据上述情况，国内的某环境公司借鉴国外先进的脱硫废水处理技术及经验，提出了脱硫废水零排放处理，系统如图3-39所示。

将脱硫废水用泵送到除尘器前烟道，经压缩空气将脱硫废水在除尘器前烟道内雾化。某电厂烟气脱硫工程单台300MW机组脱硫废水排放量仅为4.2m^3/h，水温为52℃，除尘器前烟道中烟气温度为142℃，因此，喷入烟道的雾化脱硫废水迅速在烟道中蒸发，脱硫废水中的固体物（重金属、杂质及各种金属盐等）和灰一起悬浮在烟气中并随烟气进入电除尘器，在电除尘器中被电极捕捉，随灰一起外排，因脱硫废水中固体量和各种金属盐含量仅为395kg/h，对灰的物性及综合利用不会产生影响。

经过计算，脱硫废水喷入烟气后，烟气湿度由7.14%增至7.56%，烟气温度由142℃降至136℃，烟气处于不饱和状态，高于酸露点温度，不会对烟道和电除尘器产生腐蚀，因此，不需要对脱硫废水喷入点后烟道及除尘器进行改造处理。同时，烟气湿度的增加和烟气温度的降低，也降低了电除尘器中灰的比电阻，有利于提高除尘效率。另外，烟气温度的降低及烟气含湿量的增加，使得FGD系统的水耗量得以减少。

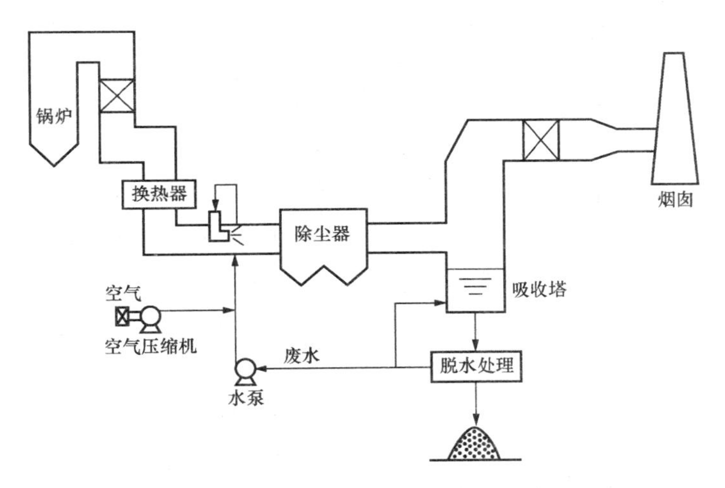

图 3-39　脱硫废水零排放处理工艺

该脱硫废水处理系统仅用雾化喷嘴、管道及一定量的压缩空气即可完成脱硫废水的处理，实现了脱硫废水真正零排放，不仅减少了脱硫废水处理系统的初投资，而且节约了原有脱硫废水处理系统的运行费用（包括人工费用、药品费用、检修维护费用等），同时也减少了 FGD 系统运行的水耗及电耗。

目前上述方案在国外已有成功应用的先例，具体见表 3-28。

表 3-28　　国外废水处理系统零排放成功应用业绩

年份	用　　户	机组容量（MW）	燃料	脱硫效率（%）	脱硫废水量（m^3/h）
1982	Kansai Electric Power Co. Inc（日本）	600	油	91.0	3.5
1982	Kansai Electric Power Co. Inc（日本）	66	煤	95.0	0.4～0.8
1992	Northern Indiana Public Swevice Co.（美国）	614	煤	95.0	18.9
1997	CEZ a. s（捷克）	2×200	煤	88.4	1.5
1998	Shikoku electric power Co. ltd（日本）	450	油	96.0	4.9
1998	Nippon petroleum refining Co. ltd（日本）	149	煤	99.8	1.6
2003	COSMO OIL Co. ltd（日本）	223	煤	99.5	2.2
2004	Nippon petroleum refining Co. ltd（日本）	99	煤	98.3	1.6

采用上述除尘器前喷入脱硫废水的处理方案，其初投资、运行费用、运行管理等方面均优于常规的脱硫废水处理方案。同时，应用该系统能真正实现脱硫废水的零排放，更适用于火电厂脱硫装置废水的处理和利用，符合节能环保的现实要求，建议推广应用。

第七节　仪表及控制系统设计优化方案

一、pH 测量仪表优化

对吸收塔内浆液 pH 值的控制是整套脱硫系统最关键的调节回路，直接影响到最终的脱硫效率。pH 计采用冗余配置，常规安装方式为：在石膏排出泵出口设置浆液循环管路；冗余的 pH 计安装在浆液循环管道上，但该安装方式存在较多弊端。

(1) 为了实时检测吸收塔浆液的 pH 值，需要保持石膏排出泵处于不间断运行状态（常规方式对石膏浆液密度的实时检测，也要求石膏排出泵处于不间断运行状态），这不仅大大缩短了石膏排出泵的使用寿命，而且也增加了电厂后期的运行能耗成本。

(2) 石膏排出泵出口压力较高，导致安装 pH 计的循环管道的流速过快，浆液会对 pH 计电极及管道产生很大的磨损，严重影响设备的使用寿命。

(3) 需要为 pH 计及 pH 计所在的管道配置一套冲洗系统，在一定程度上增加了系统出现故障的概率。

鉴于以上原因，在设计时，可以将 pH 计位置由浆液循环管道移至吸收塔本体。考虑吸收塔内浆液分布存在一定的不均匀性，将 pH 计安装位置确定在循环泵入口的上方（有三台循环泵时，安装在两台循环泵入口中心线上；有四台循环泵或更多时，安装方式相同），此处浆液随着循环泵工作，流动性较大，测量的 pH 值最具代表性，能充分反映吸收塔内当前的 pH 值，满足系统设计的需要。经调查，该方案在广西贵港电厂、国华准格尔发电有限公司应用后效果良好。

二、密度测量仪表优化

当前普遍应用于脱硫领域的密度测量装置（测量对象为石膏浆液或石灰石浆液）有放射性密度计和质量密度计。放射性密度计具有安装方便、测量精度较高、运行稳定等优点，但因其依赖于放射性同位素辐射源，对环境会造成一定的污染；同时，按照国家相关规定，辐射源的管理需要涉及一系列的部门，审批制度比较复杂。质量密度计采用的是常规测量原理，避免了放射性密度计因为放射源问题在使用过程中带来的很多不便，但质量密度计在使用过程中与浆液有直接接触，长时间使用会存在一定的磨损；同时，因使用不当会造成密度计被浆液堵塞，带来较大的后期使用维护工作量。鉴于以上原因，设计时可采用在吸收塔壁上安装压力变送器（该压力变送器同时也用于测量吸收塔内浆液的液位）的方式，通过测量不同高度的浆液压力来计算浆液的实时密度，代替传统的密度测量方式，该设计方案在广西贵港电厂脱硫项目中取得了良好的效果。

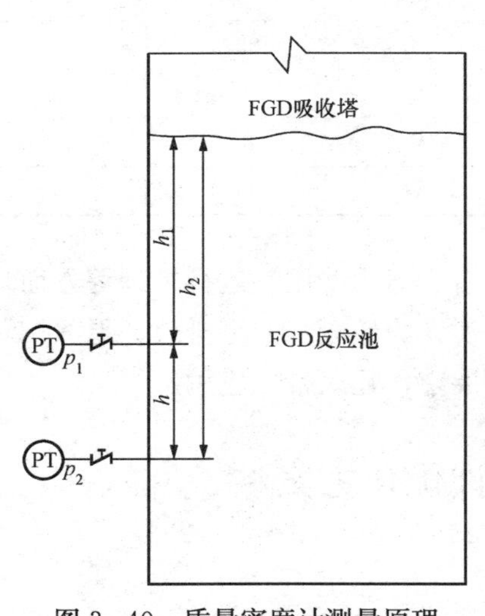

图 3 - 40　质量密度计测量原理

质量密度计的测量原理如图 3 - 40 所示。

假设浆液密度为 ρ、吸收塔截面积为 s、压力变送器 1 测得压力为 p_1、压力变送器 2 测得压力为 p_2、压力变送器 1 距离吸收塔浆液液面高度为 h_1、压力变送器 2 距离吸收塔浆液液面高度为 h_2、压力变送器 1 与压力变送器 2 之间的距离为 h，则浆液密度为

$$\rho = m/V \tag{3-30}$$

压力变送器 1 测得压力为

$$p_1 = m_1 g = \rho V_1 g \tag{3-31}$$

即

$$\rho = p_1/(Sh_1 g) \tag{3-32}$$

同理

$$\rho = p_2/(Sh_2 g) \tag{3-33}$$

$$p_1/h_1 = p_2/h_2 \tag{3-34}$$

$$h_2 = h_1 + h \tag{3-35}$$

可得

$$p = (p_2 - p_1)/(Sgh) \tag{3-36}$$

假设，压力变送器1与压力变送器2在安装高度上相距1m，式（3-26）可简化为

$$p = (p_2 - p_1)/(Sg) \tag{3-37}$$

考虑现场仪表精度，可以适当增加 h 值，并增加变送器数量，使得浆液密度测量更加精确。采用以上方式，不仅可以简化系统，节约成本，减少系统的故障点；而且可以有效减少石膏排出泵的运行时间，简化工艺管道设计，使脱硫系统能长期稳定运行。

三、控制系统优化

在脱硫系统中，脱硫岛内所有系统均进入DCS系统进行监控，但有时会因为工期短、脱硫系统较为复杂、调试进度慢等原因而影响最终的168h试运行时间。因此，对比脱硫岛内各个系统的工作状态，建议将制粉系统和废水处理系统从脱硫DCS系统中独立出来，采用PLC就地控制并预留通信接口，所有信号最终进入脱硫DCS系统进行监控。在脱硫系统中，制粉系统和废水处理系统是两个相对独立的系统，采用PLC就地控制可以节约大量的调试时间。在工程进入调试阶段时，脱硫系统制粉系统和废水处理系统两部分的调试工作可以同步进行，互不干涉；在各自完成调试后，将制粉系统和废水处理系统的信号引入DCS进行监控。另外，采用就地PLC可以节约大量的控制电缆，缩短施工周期并减少后期的维护工作量。该设计方案在北仑电厂脱硫工程中应用效果良好。

四、控制系统其他优化

(1) 泵出口压力变送器可以省略（部分关键部位还需要保留），改为就地压力表，泵的工作状态可以由泵的工作电流信号进行监控；

(2) 对于北方地区，测量地坑用的超声波液位计因为蒸汽凝结问题而存在测量不准的问题，可改用雷达液位计，或将超声波液位计适当抬高安装来解决上述问题；

(3) 为了尽可能避免(2)中出现的问题，可以将放置在地面上的箱罐的液位测量方式由超声波液位计测量改为压力变送器测量；

(4) 对于监控对象距离电子设备超过100m且监控对象相对集中的情况，在现场条件允许的情况下，可以考虑采用远程IO方式，从而有效地降低电缆成本、施工成本，缩短施工周期。

第八节　主要参数设计优化

一、液气比（L/G）

液气比（L/G）是指与流经吸收塔单位体积烟气量相对应的浆液喷淋量。它不仅与脱硫

效率有直接的关系，而且还直接关系到投资（如塔、泵、管道）和运行费用（如电耗）。所以，液气比是影响系统的一个重要操作因素。

液气比决定着酸性气体吸收所需要的吸收表面。在其他参数恒定的情况下，提高液气比相当于增大吸收塔内的喷淋密度，从而使液气间的接触面积增大，传质单元数增大，脱硫效率也增大。要提高吸收塔的脱硫效率，提高液气比是一个重要的技术手段。

在实际工程中，允许最小的 L/G 由吸收剂浆液特性、控制结垢和堵塞决定。理论分析的 L/G 不适用于所有吸收塔的工程设计，但可根据以下原则考虑：

（1）对于喷淋塔，气—液接触面积与 L/G 成正比，因此 L/G 与脱硫效率有直接的正比关系，而与 SO_2 浓度无关。

（2）实际运行中，L/G 比 L/G_{min} 要大许多，为 L/G_{min} 的 1.2～1.5 倍。在设计中一般浆液液气比控制在 10～16 的范围内。

二、停留时间

吸收塔中的停留时间是指液体与烟气在吸收塔中的接触时间，分为液气接触时间和在液体内的接触时间。在空塔结构中，液气接触时间是指烟气在液气混合区接触的时间，是吸收 SO_2 的时间，这一时间决定了 SO_2 的去除率；在液体内的接触时间是指 SO_2 被吸收后溶入吸收液后与吸收液反应产生最终产品被排出吸收塔的时间，这一时间影响氧化率和石膏结晶过程。

停留时间长有助于浆液中石灰石颗粒与 SO_2 的完全反应，并使反应生成物 $CaSO_3$ 有足够的时间完全氧化成 $CaSO_4$，形成粒度均匀、纯度高的优质脱硫石膏；但是停留时间长会使浆液池的容积增大，氧化空气量和搅拌器的容量增大，将增加土建和设备费用。

一般将停留时间设为 2.8～3.2s。

三、烟气流速和温度

在其他参数恒定的情况下，提高塔内烟气流速可提高气液两相的湍动，降低烟气和液滴间的膜厚度，提高传质效果。从节能的观点来说，空塔流速尽量偏大。另外，提高塔内烟气流速，喷淋液滴的下降速度将相对降低，则使单位体积内持液量增大，传质面积增大，脱硫效率增加。但气速增加，又会使气液接触时间缩短，脱硫效率可能下降，这样就会要求增加塔高。实际中烟速提高还会影响除雾效果。设计中，一般认为将吸收塔内的烟气流速控制在 2.5～4.5m/s 较为合理，典型值为 3m/s。

吸收温度降低时，吸收液面上的 SO_2 平衡分压也将降低，将有助于气液传质，使脱硫效率增加，一般将进气温度降至 80℃左右。

四、钙硫比（Ca/S）

钙硫比是指注入吸收剂量与吸收 SO_2 量的摩尔比，反映单位时间内吸收剂原料的供给量，通常以浆液中吸收剂浓度作为衡量度量。在保持浆液量（液气比）不变的情况下，钙硫比增大，注入吸收塔内吸收剂的量相应增大，引起浆液 pH 值上升，会使中和反应速率增大，反应表面积增加，使 SO_2 吸收量增加，脱硫效率提高。一般认为，吸收塔的浆液浓度选择在 20%～30%为宜，Ca/S 在 1.02～1.05 的范围内。

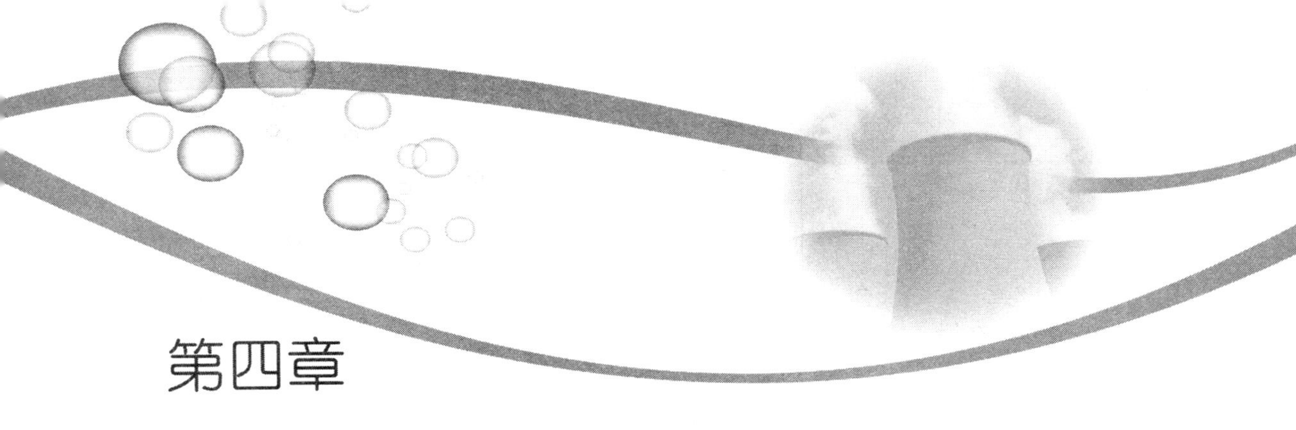

第四章

湿法烟气脱硫常见故障分析

石灰石—石膏法脱硫系统复杂，设备较多，且处于恶劣的运行环境中，系统、设备及运行的误操作，都可能引发系统运行故障，直接威胁着脱硫系统的安全运行。保证脱硫系统连续、稳定运行，是生产运行的核心所在。然而实际运行过程中，脱硫系统的故障却是不可避免的，如GGH堵塞、吸收塔浆液起泡等问题，都严重影响了脱硫系统的安全、稳定运行。

在运行中，脱硫系统常见的故障可以分为以下三类：

（1）由于设备故障引起的系统故障。这类问题主要是由运行中某一设备突然跳闸引起的。例如氧化风机由于温度超限而跳闸，引起吸收塔内浆液液位动态平衡被破坏，进而造成吸收塔浆液溢流的事故。解决这类问题的主要途径是：首先，要保证设备设计选型的正确，且设备制造要求符合湿法脱硫运行环境；其次，要保证运行中正确的日常维护，并及时消除设备隐患；再次，运行中定期进行备用设备切换试验，保证备用设备处于良好状态，以备运行设备事故跳闸后，能够正常启运，大大降低设备故障引起系统运行事故的概率。

（2）由于运行操作不当而造成的事故。这类问题主要是由运行人员误操作和不当操作运行引起的，在脱硫日常运行中最为常见，影响往往也最大。例如为了追求较高的脱硫效率，长期向吸收塔内加入过量的石灰石浆液，造成pH值偏高，不仅石灰石耗量增大，石膏品质下降，而且也致使浆液过饱和度增加，系统结垢堵塞现象加重。解决这类问题的主要途径是通过培训及实际操作经验积累，提高运行人员水平，并根据化学分析结果等参数及时调整运行操作方式。

（3）由于湿法脱硫特殊的运行环境而造成的事故。这类问题主要是由湿法脱硫恶劣的运行环境造成的。湿法脱硫设备所处的环境相对恶劣，有烟气、浆液、废水的腐蚀，有浆液中固体颗粒的磨损，也有浆液、粉尘的沉积，这也决定了相关事故在脱硫系统日常运行中会频繁出现。例如由于烟气中携带的烟尘、浆液颗粒在GGH上沉积，造成GGH堵塞，进而引起增压风机电耗增加及风机无法克服脱硫系统阻力而被迫停运的事故。这类事故通常影响面较大，后果也较为严重，且带有一定的隐蔽性，因此在运行中必须予以高度重视。解决这类问题的主要途径是：首先，在设计设备选型阶段充分考虑系统运行环境，保证设备及管道等附属设施型号、形式符合脱硫运行条件要求；其次，要保证优良的施工及安装工艺，如正确的设备防腐施工程序和作业环境；再次，运行中及时发现隐患，予以及时处理，对于运行中不能处理的问题，要利用系统临时停运及大、小修等机会彻底予以解决。

本书主要针对后两类脱硫系统故障进行详细讨论。

第一节　烟气系统常见故障分析及处理

一、GGH结垢、堵塞

（一）故障现象

GGH结垢、堵塞是湿法脱硫系统运行中常见的故障，对脱硫系统的正常运行有很大的影响，是造成脱硫系统投运率低下的主要原因。我国火电机组湿法脱硫系统约有90%配置了回转再生式GGH。从已投运的湿法脱硫装置实际运行情况来看，大多GGH换热面存在结垢、堵塞现象，严重影响了脱硫装置的正常、安全、经济运行。GGH结垢在国外也未能得到很好的解决，已经成为大型火力发电厂脱硫设备普遍存在的一项技术难题。GGH发生结垢、堵塞时，GGH压差明显且迅速上升，高时可达GGH清洁时的2～3倍。以某2×300MW机组配套脱硫系统为例，GGH堵塞前后压差变化如表4-1所示。

表4-1　某2×300MW机组配套脱硫系统GGH堵塞前后压差变化　Pa

负荷（MW）	150	200	250	300
新投运时原烟气侧压差	139	197	261	343
新投运时净烟气侧压差	163	232	283	352
堵塞时原烟气侧压差	348	371	523	727
堵塞时原烟气净压差	373	401	549	756

GGH既可能在原烟气侧结垢，也可能在净烟气侧结垢。GGH换热器表面结垢情况如图4-1所示。图4-2为GGH结垢造成GGH换热元件损坏的情况。

图4-1　GGH堵塞情况

（二）故障危害

（1）脱硫后净烟气不能达到设计排放温度，易加剧对烟道和烟囱的腐蚀。GGH换热面垢层的导热系数比传热元件表面防腐镀层的传热系数小，随着结垢厚度的增加，传热热阻增大，原烟气侧的高温烟气热量不能被GGH传热元件有效吸收，致使热元件蓄存热量达不到设计值。当传热元件回转到净烟气侧时，由于其本身没有储存充足热量，致使净烟气的温升

图 4-2　GGH 堵塞后换热元件损坏情况

也达不到设计要求。结垢越严重，换热效率越差，净烟气的温升越小，外排净烟气的温度就越低。

（2）系统能耗增加。GGH 结垢后，烟气通流面积减小，阻力增大；换热面结垢后表面粗糙度增加也使阻力增大，从而使增压风机出力增大，功耗增加。结垢会引起增压风机（如果脱硫增压风机与锅炉引风机合并，则为引风机）能耗增加，如果结垢严重可能会造成风机喘振。GGH 正常阻力约 1000Pa，结垢后阻力增大，对于 600MW 机组，GGH 阻力每增加 100Pa，电耗约增加 100kW·h。

（3）脱硫系统耗水量增加。由于结垢 GGH 换热元件与高温原烟气不能有效进行热交换，经过 GGH 的原烟气未得到有效降温，进入吸收塔的烟气温度超过设计值。进入吸收塔的烟气温度越高，从吸收塔蒸发而带走的水量就越多。对于 600MW 机组，进入吸收塔的烟气温度每升高 10℃，耗水量约增加 10t/h。当发生结垢、堵塞时，GGH 差压上升，需要加大在线和人工高压水冲洗的频率，冲洗水耗相应增加。

（4）影响主机安全。如果结垢特别严重，烟气通流面积减小致使烟气通流量减小，风机出口压力升高，当 GGH 烟气通流量与风机出口压力处于风机失速区、风机处在小流量高压头工况下运行时，易造成风机喘振而损坏设备，甚至出现风机故障，引起锅炉炉膛压力波动，影响锅炉安全运行。严重时，如果烟道旁路挡板没有正常连锁快开或者机械机构卡死，将威胁机组的安全运行，会造成更加严重的事故。

（5）增加维护检修费用。GGH 堵塞严重需要进行离线冲洗，一般需要外雇施工单位进行作业，或本厂自行购买高压冲洗设备，这无疑增加了维护检修费用。

（6）降低脱硫装置投运率。严重的堵灰，若不能在运行中得到有效解决，频繁的离线冲洗，会增加脱硫系统停运的次数，降低脱硫装置的投运率。最严重的情况下，离线冲洗的周期能缩短至 20 天左右，严重影响脱硫装置的环境效益，带来极大的环保压力。

（三）故障原因分析

1. 结垢成因分析

（1）原烟气侧硫酸可能成因。

煤燃烧时，除生成 SO_2 以外，还生成少量的 SO_3，烟气中 SO_3 的浓度为 $(10\sim40)\times10^{-6}$。

由于烟气中含有水（4%～12%），生成的 SO_3 瞬间内形成硫酸雾。当温度低于酸露点时，硫酸雾凝结成硫酸附着在设备的内壁上。

（2）净烟气侧硫酸可能成因。

经湿法烟气脱硫后的烟气从吸收塔出来时温度一般为 46～55℃，含有饱和水汽，残余的 SO_2、SO_3、HCl、HF、NO_x，其携带的硫酸盐、亚硫酸盐等会结露。因此，被净化的气体在离开吸收塔之前要用折流板除雾器进行除雾。对于除雾器设置冲洗水，间歇冲洗除雾器。低温下含饱和水蒸气的净烟气很容易产生冷凝酸，据有关资料显示，在净烟道或烟囱中的凝结酸 pH 值为 1～2，硫酸浓度可达 60%，具有很强的腐蚀性。

（3）表面垢的形成。

亚硫酸钙和硫酸钙在水中的溶解度很小，都会形成高度过饱和溶液。亚硫酸钙和硫酸钙的晶体按相关化学反应生成 $CaSO_3 \cdot 1/2H_2O$ 软垢；烟气中的 CO_2 可能生成 $CaCO_3$ 沉淀物。一般烟气中，CO_2 的浓度达到 10%以上，是 SO_2 浓度的 50～100 倍。吸收塔中的部分 SO_3^{2-} 和 HSO_3^- 被烟气中剩余的氧气氧化为 SO_4^{2-}，最终生成 $CaSO_4 \cdot 2H_2O$ 沉淀。$CaSO_4 \cdot 2H_2O$ 的溶解度较小（0.223g/100g 水，0℃），易从溶液中结晶出来，在部件表面上形成很难处理的硬垢。可以说，GGH 表面结垢的堵塞，其原因是烟气中的氧气将 $CaSO_3$ 氧化成了 $CaSO_4$（石膏），石膏过饱和析出而结垢。

2. 结垢机理分析

（1）原烟气中含有大量金属氧化物，如 MgO、ZnO、MnO、CuO 等，对 SO_2 均有吸收能力。一般认为，SO_2 溶于水形成亚硫酸，温度升高时，SO_2 同氧化剂发生反应生成 SO_3，在催化剂的作用下 SO_2 加速氧化成 SO_3，SO_3 在与含水量大的烟气接触时，形成硫酸，此时在与原烟气中的 MgO、ZnO、MnO、CuO 反应将生成 $MgSO_4$ 和 $ZnSO_4$ 等坚硬的固体垢物。

（2）SO_2 易与碱性物质发生化学反应形成亚硫酸盐，碱性物质过剩时生成硫酸盐，SO_2 过剩时形成亚硫酸盐。亚硫酸盐不稳定，可被烟气中的 O_2 氧化成硫酸盐。在 GGH 净烟气侧，由于净烟气携带石灰石浆液及少量石膏等化学物质，在通过 GGH 时黏附在 GGH 换热元件上，当 GGH 净烟气侧 GGH 换热片转到原烟气侧时，这些化学物质与原烟气中的 SO_2 发生化学反应，生成 $CaSO_3 \cdot 1/2H_2O$ 软垢，当 SO_2 过剩时形成 $CaSO_4 \cdot 2H_2O$。

（3）对 GGH 垢样进行化学分析，是找出 GGH 结垢成因的重要途径。典型 GGH 结垢物分析结果见表 4-2，对应烟尘分析结果见表 4-3。

表 4-2　　GGH 结垢物成分分析　　%

分析项目	GGH 冷端	GGH 热端	分析项目	GGH 冷端	GGH 热端
Na_2O	2.83	2.00	SO_3	15.50	9.17
MgO	1.90	1.47	K_2O	2.21	2.76
Al_2O_3	10.30	12.28	CaO	23.31	5.70
SiO_2	26.31	37.84	TiO_2	1.65	2.16
P_2O_5	1.28	1.41	Fe_2O_3	8.92	12.22

表 4-3　　烟尘成分分析　　%

分析项目	GGH 冷端	GGH 热端	分析项目	GGH 冷端	GGH 热端
SiO_2	49.4	51.2	SrO	0.18	0.17
Al_2O_3	29.4	31.4	MnO	0.10	0.07
Fe_2O_3	6.4	5.5	Na_2O	1.67	1.19
TiO_2	1.13	1.25	K_2O	1.05	0.93
CaO	8.1	6.3	SO_3	0.67	0.42
MgO	1.40	1.08	P_2O_5	0.31	0.24
BaO	0.05	0.03	C	C	0.14

可以看出，垢样主要成分为 CaO、SiO_2、Al_2O_3、Fe_2O_3、$CaSO_4$，其中前四种成分即为硅酸盐的主要成分，这种硅酸盐经高温烧结后易水硬结块，这也是 GGH 积垢很难清理的原因。从烟尘的分析结果可以看到，SiO_2、Al_2O_3、CaO 和 Fe_2O_3 是烟尘的主要成分，可见 GGH 垢样中的 SiO_2、Al_2O_3、CaO 和 Fe_2O_3 应主要来自于烟尘，$CaSO_4$ 来自于吸收塔内的石膏浆液。

选取有代表性的内蒙古西部地区四个电厂 GGH 结垢物进行实验室化学成分分析，测试结果如表 4-4 所示。

表 4-4　　内蒙古西部地区四个电厂 GGH 结垢成分分析化验比较　　%

测试项目	包头第二热电厂	海勃湾发电厂	临河热电厂	鄂尔多斯电力有限公司
SiO_2	31.23	14.23	32.13	18.17
CaO	9.61	25.21	11.41	22.33
Fe_2O_3	9.02	3.71	11.11	3.71
Al_2O_3	22.67	11.43	21.49	10.09
SO_3	9.97	18.69	10.95	19.86

从分析结果来看，四个电厂 GGH 结垢物的主要成分为石膏，其次是粉煤灰，垢样为硅酸盐和硫酸盐的复合难溶垢物，属于酸不溶物。另外，还有少量 SiO_2 结晶物，以及其他一些结构复杂的化合物。

综上所述，GGH 结垢物是由饱和石膏浆液与从除尘器逃逸的小颗粒飞灰共同作用形成的复合难溶垢物，主要物质为硫酸盐垢，还有少量硅酸盐垢。

3. GGH 结垢原因分析

造成 GGH 结垢的因素是多方面的，其中有设计、设备和运行等方面。

（1）电除尘器的除尘效率低，投运效果差，使 FGD 系统原烟气烟尘浓度高，导致 GGH 积灰。在电除尘器运行过程中，如果有三台以上的高压整流变压器发生故障，原烟气中烟尘浓度就会明显升高。另外，在机组燃油过程中，未燃烧的油也很容易黏在 GGH 换热面上，造成 GGH 结垢。

(2) 运行中吸收塔液位过高，浆液从吸收塔原烟气入口倒流入GGH。吸收塔在运行时，由于氧化空气的鼓入液位有一定的上升，另外吸收塔运行时在液面上常会产生大量泡沫，泡沫中携带有石灰石和石膏混合物颗粒。液位测量反映不出液面上虚假的部分，造成泡沫从吸收塔原烟气入口倒流入GGH。原烟气穿过GGH时，泡沫在原烟气高温作用下，水分被蒸发，泡沫中携带的石灰石和石膏混合物颗粒黏附在换热片表面。在此过程中，原烟气中的灰尘首先被吸附在泡沫上，随着泡沫水分的蒸发进而黏附在换热片表面，造成结垢加剧。

(3) 除雾器除雾效果低。如果净烟气流速过高，则经过除雾器的停留时间短，净烟气中的液滴与除雾器的叶片接触的概率小，使除雾器除雾效果降低，造成净烟气携带液滴进入GGH的换热面，导致GGH结垢。另外，除雾器冲洗水量过大或冲洗频繁也容易造成净烟气二次带水。

(4) 净烟气侧携带的石膏混合物颗粒，在换热面上的累积。

吸收塔浆液循环泵工作时，吸收塔内整个弥漫着含有石灰石和石膏混合物颗粒的雾状液滴。在原烟气侧，气流方向是抑制此雾状液滴向GGH的方向扩散，烟气系统投运时雾状液滴从原烟气侧进入到GGH而吸附的可能性几乎没有，只有净烟气携带。

喷淋层或喷嘴设计不合理、喷嘴雾化效果不好、除雾器除雾效果不好、净烟气流速不合理、吸收塔内浆液浓度过高均可能会造成净烟气携带大量含有石灰石和石膏混合物的颗粒进入GGH。净烟气携带的液滴附着在GGH换热片表面，当GGH回转到原烟气侧时，在原烟气高温作用下，液滴水分蒸发，而液滴中石灰石和石膏混合物颗粒黏结在换热片表面。

(5) 吸收塔浆液的密度和pH值控制范围不合理。pH值低于4.8时，亚硫酸盐溶解度急剧上升，硫酸盐溶解度略有下降，在很短时间内会生成并析出大量石膏，产生硬垢；而pH值高于5.8时，亚硫酸盐溶解度降低，亚硫酸盐析出，产生软垢。在pH值呈碱性时，会产生碳酸钙硬垢。

(6) GGH本身设计不合理。GGH换热面高度、换热片间距、换热片表面材质、吹灰方式、布置形式、吹灰器数量、吹灰器喷头吹扫位置、覆盖范围等，对GGH积灰、结垢均有影响。

(7) GGH运行中对结垢初期处理不当。GGH运行中没有定期进行吹扫；吹扫的参数低，不能达到吹扫效果；吹扫的周期长，每次吹扫的时间较短，不能及时去除而形成累积；结垢后没有及时采用高压冲洗水在线冲洗或采用了高压冲洗水在线冲洗但由于结垢量太大，没有冲洗干净，经过原烟气加热后板结成硬垢，造成结垢越来越严重。

(8) 低流速运行。有些单位为了节电，将旁路系统打开运行，使通过增压风机的烟气量低于其设计烟量的35%，这时，烟气流速不在除雾器运行的有效范围内，烟气对除雾器板面的碰撞量减少，导致部分烟气飘出除雾器，没有达到除雾效果，最终使除雾器出口烟气中含水量增加，水分中的浆液也同时被带出吸收塔到达GGH。另外，高速烟气对GGH有自清扫的作用，这个作用在烟气量小于35%时可认为已经削弱或者没有了。于是，雾滴中的浆液黏附在蓄热面上，通过高温烟气的加热，同烟中灰尘及烟中酸性物质迅速沉积成一种很难清理的沉积物。

（9）高流速运行。有资料显示，国内电厂脱硫系统中存在设计容量严重不足的问题。在设计初期参照锅炉设计烟气量，这本身没有错，但没有考虑电厂燃烧的煤种不是设计煤种，烟气量超标十分明显。

高负荷时，由于烟气超过设计值，GGH 带水量明显增加，会引起 GGH 差压升高。由于烟气量增大，烟气中带浆量将超过设计值；同时，烟气量大会导致烟气流速超出除雾器的设计值，聚集到除雾器板面上的液滴又会被高速烟气带走，除雾器不能有效去除烟气中的液滴，导致烟气带水、带浆量增大，下游的 GGH 于是成为受害者。

（10）GGH 入口烟气温度高。当 GGH 入口烟气温度高于 130℃时，易造成 GGH 换热面上的黏带物迅速固化，结垢变硬。

（四）故障处理

（1）运行中合理定期充分吹扫。GGH 吹灰装置在线吹扫采用蒸汽吹扫和高压水冲洗。低压水冲洗一般作为在 GGH 撤出运行时的离线冲洗。对换热器在运行中进行上下蒸汽吹扫和高压水冲洗，能有效地将换热元件通流部分的积灰或结垢除去。通常先用蒸汽程控吹扫换热器下部端面 1.5h，结束后再吹扫上部端面 1.5h，GGH 差压过高时再用高压水冲洗下部和上部端面各 1h。吹扫冲洗周期一般为每班一次。如差压大，适当延长吹扫冲洗时间及缩短周期，效果更佳。1 号炉 GGH 采用蒸汽吹扫和高压水冲洗前后的差压比较情况见表 4-5。

表 4-5　GGH 蒸汽吹扫及高压水冲洗前后差压　Pa

负荷（MW）	200	250	300
吹扫前原/净压差	275/235	357/352	456/477
吹扫后原/净压差	243/217	347/318	436/432
冲洗前原/净压差	357/353	468/464	567/571
冲洗后原/净压差	330/325	415/430	530/529

部分电厂利用弱爆炸吹灰器吹扫与蒸汽吹扫相结合的 GGH 吹扫方式，也取得了一定的实际应用效果。弱爆炸吹灰器是利用可燃气体（如乙炔）在特殊设计的燃烧室中快速燃烧产生一定的峰值压力，并在输出管上的喷口处发射冲击波和强烈的声波，将其反复作用在积灰表面上，使其“振松”脱落。国华准格尔发电公司 2 号机组安装使用乙炔弱爆炸吹灰系统，循环吹灰次数和每个循环吹灰炮数相结合，弱爆炸吹灰器的运行方式为每班两次，每次一个循环。吹灰时间调整在负荷较大的时间段，并根据具体情况适当调整，2 号机组 GGH 运行差压得到有效控制，值得同类型脱硫系统借鉴。

（2）提高除尘器的除尘效率，保证仓泵可靠运行。在日常运行中，加强电除尘器的运行监控与运行方式调整，提高电除尘器运行的健康程度，将电除尘器运行参数控制在有效范围内，从而降低出口浊度，对减缓 GGH 积灰堵塞有积极作用。

首先，进行合理及时的运行参数调整。运行时，值班人员应经常根据运行工况、锅炉负荷对各电场参数及时调整。运行中适当的火花率对除尘效率的提高是有一定好处的，因为适当的火花率不仅有辅助清灰的作用，而且在该火花率下电场的有效电晕功率可达到最大。当电场闪络多时，先判断真假闪络，再通过导通角的改变来适当调整二次电压与火花率。

其次，选择合理的振打速度，消除二次飞扬粉尘。气流分布不均、振打方式及周期不合理、漏风等都会增加粉尘的二次飞扬，它对电除尘器除尘效率的影响是举足轻重的。二次飞扬粉尘随烟气逸出，电除尘器除尘以细小粉尘为主，通过最佳振打周期的试验调整，可以将因振打引起的二次飞扬粉尘减轻到最低限度。

再次，提高电除尘器辅助设备的运行可靠性。尽管电除尘器的辅助设施与配套设备的技术要求不高，但一旦轻视带来的后果却会很严重，特别是出灰系统的工作可靠性会受到极大影响。据统计，在影响电除尘器电场投运率的因素中，出灰系统故障占了30%左右，使其不能发挥高效除尘性能。因此，要做好勤检查、勤维护、及时报修，努力提高仓泵、输灰空气压缩机等辅助设备的运行可靠性，防止电场跳闸。

（3）通过运行方式调整，减少净烟气浆液携带量。主要措施包括以下几点：

1）适当降低吸收塔液位，减少浆液携带量。

2）低负荷时减少一台浆液循环泵运行，在节电的同时，可以减少饱和烟气的浆液携带量。平时尽量减少最上层浆液循环泵的使用时间，可通过其他方式来抵消其对脱硫效率的影响。

3）增强除雾器的除雾效果。可略微降低增压风机前的负压设定，通过降低烟气流速来减少除雾器出口的净烟气浆液携带量。加强运行人员对锅炉负荷、烟气流量变化及除雾器压差的监视；若遇吸收塔系统水平衡破坏、除雾器自动程序无法执行时，应做好有效调整（如出石膏、排浆至事故浆罐），以保证除雾器冲洗不因外界因素而短暂停运；将压差控制在正常范围内；人为控制除雾器的冲洗频率以减少通道堵塞，提高除雾效果。

（4）改善吸收塔浆液品质。主要工作包括以下三点：

1）做好日常化学分析，每日做好跟踪检测与运行分析，通过分析结果及时对运行方式进行调整。如果发现分析结果中浆液的碳酸钙含量偏高，可通过减少石灰石浆液的加入量、调整优化pH值设定、加强pH计的校对等手段来控制；若发现分析结果中浆液的亚硫酸钙含量偏高，可通过调整氧化风机的使用台数来控制；若发现分析结果浆液中的氯离子含量偏高，则通过吸收塔的定期排放浆液来控制。

2）吸收塔浆液密度控制在1080～1090kg/m^3范围内，防止净烟气携带浆液过多。

3）严格执行吸收塔消泡剂加入的定期工作，防止浆液起泡。

（5）外部高压水冲洗。当GGH堵塞较为严重时，仅靠GGH原有配备的冲洗系统，很难彻底清理换热元件表面的垢物，此时就需要借助外力对其进行清理。外部高压水冲洗是最为常用的一种清洗方式。

冲洗过程可采用在线外部高压水冲洗与蒸汽吹扫相结合的方式进行，在脱硫系统停运的情况下进行，通常外部高压水冲洗压力为15～20MPa，吹枪进枪采用人工盘车方式，2min盘车进枪1cm；当高压水冲洗结束后，恢复蒸汽吹扫6～8h；而后继续进行外部高压水冲洗。清洗后受热面必须进行干燥4～6h。冲洗前后GGH换热器表面洁净度对比如图4-3所示。

某2×350MW机组脱硫装置GGH外部高压水冲洗前后相关运行参数对比见表4-6。

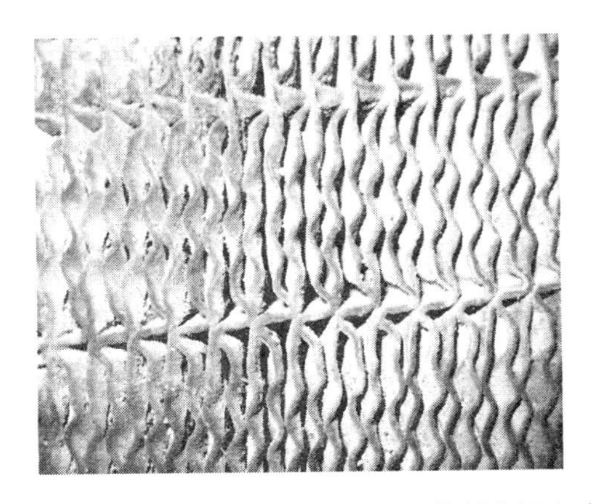

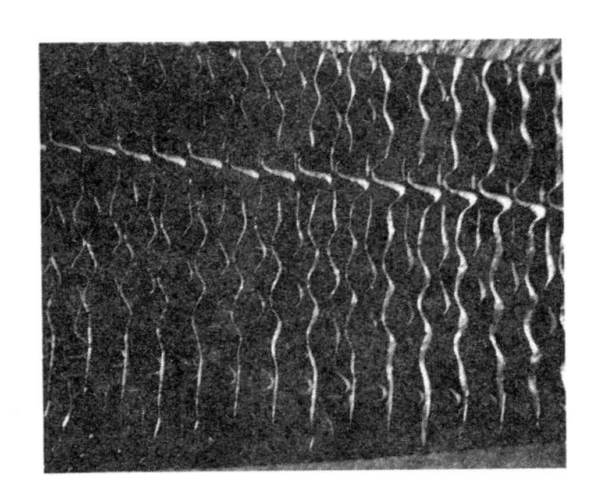

图 4-3　GGH 外部高压水冲洗前后换热器表面洁净度对比

表 4-6　　GGH 外部高压水冲洗前后运行参数对比

项　目	冲洗前参数			冲洗后参数		
机组负荷（MW）	187	257	352	184	250	348
炉膛压力（Pa）	−90	−147	−137	−100	−109	−109
入口 SO_2 的浓度（mg/m^3）	735.00	730.00	741.00	704.00	706.04	718.00
入口 O_2 的浓度（%）	5.10	5.38	5.30	5.10	5.07	5.45
入口粉尘浓度（mg/m^3）	49.00	50.80	48.70	46.50	50.85	52.00
增压风机入口压力（kPa）	238.0	462.0	741.0	−476.0	−221.6	−29.0
增压风机电流（A）	218	246	260	198	231	253
增压风机静叶开度（%）	54.30	60.50	67.30	25.05	37.89	53.07
增压风机振动（mm/s）	1.20/1.19	0.90/1.40	1.19/1.39	1.20/1.29	1.00/1.09	1.39/1.39
GGH 电流（A）	15.67	15.67	15.80	15.60	15.14	15.08
GGH 原烟气侧差压（kPa）	1266	1438	1729	392	421	477
GGH 净烟气侧差压（kPa）	1157	1466	1807	326	338	363
GGH 净烟气侧温度（℃）	46.00	49.50	50.40	46.80	49.38	50.97
GGH 原烟气侧温度（℃）	92.60	103.40	107.00	86.80	108.29	113.06
净烟气 SO_2 的浓度（mg/m^3）	14.40	26.25	40.20	25.60	14.04	8.91
吸收塔浆液 pH 值	5.50/5.57	5.30/5.36	5.20/5.30	5.40./5.46	5.37./5.36	5.40./5.47
脱硫旁路挡板位置	关	开 10%	开 20%	关	关	关
脱硫效率（%）	96.80	96.20	96.09	97.10	97.93	97.04

注　表中数据是通过冲洗前后 7 天中相同负荷段取得的数据平均值。

可以看出，外部高压水清理后，GGH 压差、增压风机电流、GGH 电流均显著降低，系统运行经济性、可靠性明显提高。需要指出的是，外部高压水冲洗过程中，必须严格控制冲洗水压力，以免打坏换热片，破坏表面搪瓷面层，加剧换热片的腐蚀速度，降低元件使用寿命。

（6）GGH 化学清洗。停机后通过高压水冲洗虽能一定程度上缓解已严重结垢的 GGH

堵塞，但不能彻底清除结垢物，运行不长时间后垢又很快沉积，如此反复会造成换热片表面搪瓷的物理损坏，影响其防腐性能。因此，GGH所结垢物无法用常规方法彻底去除，宜采用化学清洗。但是，化学清洗时，若清洗介质及工艺选择不当，会损坏GGH换热元件的搪瓷表面。所以，研究安全有效的清洗介质及清洗工艺，是彻底去除GGH结垢物的有效途径之一。

对GGH的化学清洗所采用的介质及工艺不仅要能清除结垢物，而且要尽量保护换热片表面搪瓷，使对其的损坏在允许范围之内。GGH表面防腐搪瓷的主要成分为硅的化合物，如SiO_2，它不与酸（除氢氟酸）反应，但可与碱反应。不同介质对搪瓷的腐蚀速率见表4-7。

表4-7　不同介质对陶瓷的腐蚀速率　　$g/(m^2 \cdot h)$

介　质	腐蚀速率	介　质	腐蚀速率
聚磷酸盐+EDTA盐+渗透剂	0.92	盐酸+渗透剂	0.35
聚磷酸盐+EDTA盐+润湿剂	0.73	盐酸	0.85
氢氧化钠+渗透剂	0.99		1.60
聚磷酸盐+硅酸盐	0.04	硝酸	39.57
碳酸钠	0.62		27.75
磷酸钠	0.47	盐酸+润湿剂	1.35
机械清洗	1.19		0.36

目前国内外现有的硫酸盐垢清洗技术一般为碱煮转化，然后再配合酸洗，除垢是在常温常压条件下进行的。当进行清洗时，固相的硫酸盐与清洗溶液起反应，使难溶垢转变为松散泥状产物，此产物具有一定的流动性，并可随溶液一起被带出设备。

其反应方程式为

$$CaSO_4 + 2NaOH \rightarrow Ca(OH)_2 + Na_2SO_4 \tag{4-1}$$

$$3CaSO_4 + 2Na_3PO_4 \rightarrow Ca_3(PO_4)_2 + 3Na_2SO_4 \tag{4-2}$$

$$3CaSO_4 + 2Na_3PO_4 \rightarrow Ca_3(PO_4)_2 + 3Na_2SO_4 \tag{4-3}$$

$$CaSO_4 + Na_2CO_3 \rightarrow CaCO_3 + Na_2SO_4 \tag{4-4}$$

$$Ca(OH)_2 + 2HCl \rightarrow CaCl_2 + 2H_2O \tag{4-5}$$

$$CaCO_3 + 2HCl \rightarrow CaCl_2 + H_2O + CO_2 \tag{4-6}$$

通常，对于硅酸盐垢的去除方法主要是用氢氧化钠、碳酸钠转化硅酸盐垢变为可溶而实现清洗，反应式为

$$CaSiO_3 + 2NaOH \rightarrow Ca(OH)_2 + Na_2SiO_3 \tag{4-7}$$

$$CaSiO_3 + Na_2CO_3 \rightarrow CaCO_3 + Na_2SiO_3 \tag{4-8}$$

经过上述反应后，硅酸盐垢转化为可溶性硅酸盐。

GGH换热片通道间的垢物垢量较大，完全依靠积垢的表面接触溶解的话，按化学计量关系计算，则碱和酸的耗量将相当大，清洗成本会大幅增加；另外，施工时间不允许，否则就谈不上短时高效。因此，必须在碱煮液和酸浸液中加入某些增大溶解度、加快溶解速度和

具有渗透、剥离、分散等作用的助剂。依靠助剂的作用，使积垢变得疏松、易分散，从而达到短时高效的目的。

一般用到的助剂有表面活性剂、强力螯合剂、膨化剂及渗透剂等。

表面活性剂的作用是，由于渗透、吸附而改变了晶间界面性质，降低了晶间结合能，使积垢在失去内聚力的情况下变得松弛，从而为短时高效清洗提供了前提条件。耐碱性的表面活性剂（微量），如 OP-10、AES 等，促进对硬垢的溶解。

强力螯合剂的作用是，在水溶液中离解成 H^+ 和酸根负离子，强力渗透快速润湿硬垢，酸根负离子对钙镁等二价金属离子及 Ca^{2+} 和 Mg^{2+} 的无机盐有很好的螯合作用，在螯合反应和 H^+ 共同作用下，达到除垢的目的。

膨化剂具有增柔膨大作用，使硬垢变得膨松、软化，利于清水冲洗。

渗透剂起渗透作用，也是具有固定的亲水亲油基团、在溶液的表面能定向排列、能使表面张力显著下降的物质。渗透剂 JFC 的全称是脂肪醇聚氧乙烯醚，属非离子表面活性剂，可有效地剥离硬垢，促进溶垢反应。强力渗透剂 JFC、JFC-1 等，能有效地剥离、润湿硫酸盐硬垢。

关于最终清洗用试剂的选择，一方面，可以选择市场上现有的清洗药剂，经过对比其清洗业绩选定；另一方面，也可以通过小型试验自行配置清洗药剂。清洗药剂选择的主要判别依据为药剂对 GGH 垢样的溶解速率、药剂对 GGH 换热元件的腐蚀程度和药剂的费用。

某 2×300MW 电厂脱硫装置 GGH 清洗过程中，为了确定化学清洗，进行了不同的清洗剂配方溶垢实验，各方案溶垢率见表 4-8。

表 4-8　　不同清洗剂方案溶垢率

清洗剂	试样面积 S (cm^2)	初始质量 m_0 (g)	浸泡后质量 m_1 (g)	除垢后质量 m_2 (g)	溶垢率 $(m_0-m_1)/(m_0-m_2)$ (%)
复配方案 2	943.4	1073	836	819	93.31
复配方案 4	943.4	1047	827	812	93.62
复配方案 7	1059.1	1220	899	885	95.82
复配方案 8	1059.1	1231	907	894	96.14
复配方案 9	943.4	1053	830	816	94.09
商业 1	925.6	921	731	726	97.40
商业 2	925.6	919	714	701	94.04

由表 4-8 可以看出，复配方案 8 清洗剂和商业 1 清洗剂的溶垢率最高，是清洗效果最好的两种药剂。采用复配方案 8 清洗剂对 GGH 换热元件进行化学清洗，清洗前后 GGH 换热元件表面洁净度对比如图 4-4 所示。

在具体实施过程中，可根据实际需求选择在线或离线化学清洗方案，在线清洗可以在不停运脱硫系统的情况下进行清洗，不影响脱硫系统正常运行；离线清洗需将换热元件拆卸后进行清洗，清洗后再恢复，工作量大，耗时相对较长，但清洗效果更为彻底。

为达到更理想的清洗效果，在每道化学清洗后都应进行高压水射流清洗，具体施工工艺为高压水冲洗→清洗剂清洗→高压水冲洗→酸洗→高压水冲洗，如果一遍不干净可反复进行。这样可以不用打散换热元件，同样能达到理想的清洗效果。

(a)

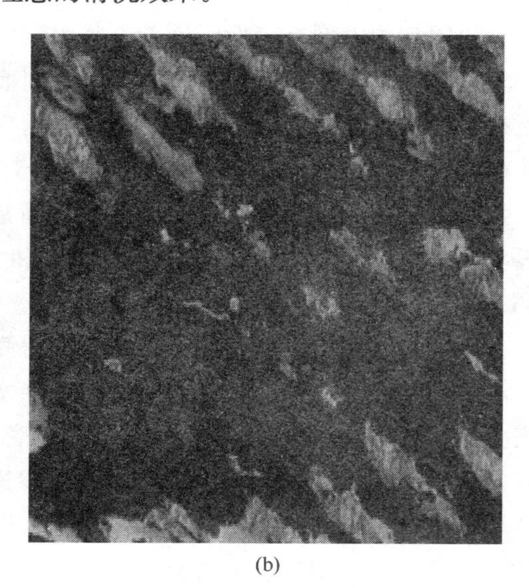

(b)

图 4-4　GGH 化学清洗前后换热器表面洁净度对比

(a) 清洗前；(b) 清洗后

实际施工工艺为：高压水冲洗→清洗剂清洗 12h→高压水冲洗→酸洗 8h→高压水冲洗。清洗时，加热温度应达到 80℃左右。由于垢物较厚，且多为陈年老垢，清洗较为困难，一般清洗 2～3 遍才能彻底清洗干净。在线化学清洗工艺流程如图 4-5 所示。

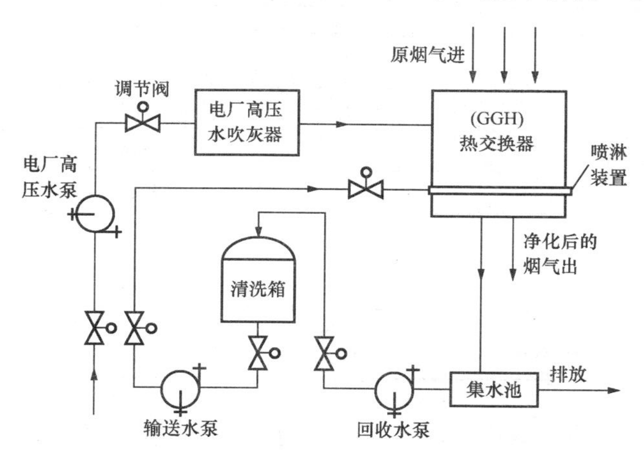

图 4-5　GGH 在线化学清洗流程

采用以上清洗介质及清洗工艺既可以达到除垢的目的，又可以控制介质对搪瓷的损坏。清洗效果对比如图 4-6所示。

采用在线化学清洗方案，清洗疏通率达到 100%，除垢率可达 95%以上，既可以达到除垢的目的，又可以控制介质对搪瓷的损坏。由于不用拆散 GGH 换热元件，大大节约了检修时间，在今后的 GGH 清洗中，这种清洗方法值得借鉴并推广。

(7) GGH 改造。部分电厂脱硫系统实际运行工况与选型工况存在严重偏差，通过 GGH 冲洗、化学清洗等方式只能短期内缓解 GGH 结垢堵塞情况，无法彻底解决堵塞根源。此时就需对 GGH 进行适当的技术改造，如换热元件形式等，或经环保部门审批拆除现有的 GGH，此部分内容已在第三章进行讨论，此处不再详细探讨。如 GGH 不可拆除，建议改造时尽量选择封闭通道、大间隙、防

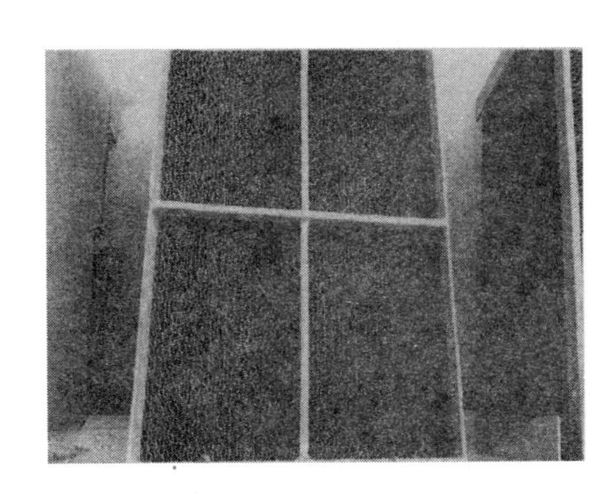

图 4-6 GGH 在线化学清洗前后对比

堵塞、易清洁的传热元件波形。

GGH 上通常采用的两种波形的传热元件为封闭通道波形和开发通道的波形。开放通道的传热元件，是一种常规的波形，被广泛应用于锅炉的空气预热器中。吹灰介质在通过开发通道的传热元件时不能保证持续有效的吹灰压头，起不到良好的吹灰效果。封闭通道波形的传热元件，在一定区域的范围内，形成了密封腔体。当具有一定压头的介质对这一区域进行吹扫时，吹灰介质不容易向周边扩散，从而保证了介质一直具有有效吹灰的压头，提高了吹灰效果，可有效地清除积灰和污垢，具体见图 4-7。

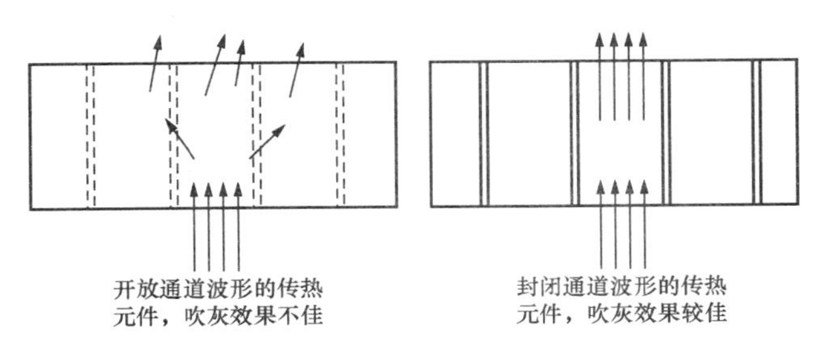

图 4-7 开放通道波形与封闭通道波形传热元件吹灰效果对比

二、无 GGH 系统的“石膏雨”问题

（一）故障现象

电厂脱硫装置采用石灰石—石膏湿法烟气脱硫工艺，取消了气—气换热器（GGH）装置，直接将净烟气（烟温 45～55℃）从烟囱排出，烟囱内部加衬了钛合金防腐板，形成新的“湿烟囱”方案。无 GGH 装置的脱硫系统投产后，有效地解决了 GGH 的堵塞问题，但由于“湿烟囱”的排烟温度较低（50～55℃），烟气自烟囱口排出后不能有效地抬升、扩散到大气中，导致取消 GGH 装置后烟气不能迅速消散，特别是当地区温度较低（20℃以下）、气压较低或在阴霾天气的时间段，在烟囱附近就会出现“烟囱雨”，严重时烟气中携带的粉尘聚集在液滴中落到地面形成“石膏雨”或酸雨，影响环境的卫生和人们的正常生活，甚至腐蚀设备。石膏雨后的地面残迹如图 4-8 所示。

“石膏雨”包含了“石膏”和“雨”两层含义，“石膏”指的是石膏浆液，“雨”指的是净烟气中饱和水形成的冷凝液液滴。

（二）故障原因分析

烟囱降雨的范围是以烟囱为中心、半径 0～500m 不等。在冬、春两季，距烟囱 300m 生

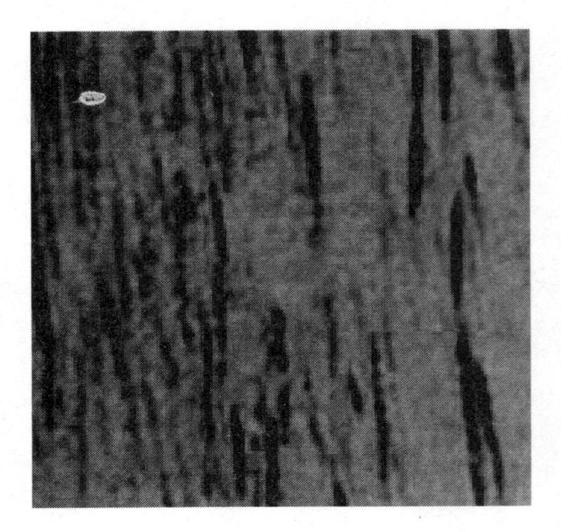
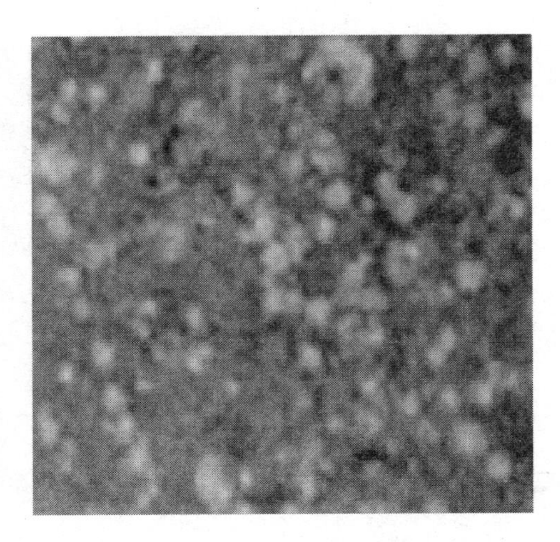

图 4-8 “石膏雨”残迹

产区的停车场处烟囱雨较为明显，而夏季时只在烟囱附近有明显的降雨发生。通过对在现场设置的几个取样点观测，距离烟囱越近，则降雨的情况越明显，落点越密集，在烟囱下方可明显感觉到濛濛细雨。观察生产区的停车场所停放的汽车有明显的落灰痕迹，并且在汽车的漆面上形成颜色暗淡的斑点，表明烟囱的降雨中含有腐蚀性的物质，对防护漆造成了轻微的损害。在电除尘器顶部设置的两个降雨采样点收集到的样本表明，在24h内每平方米范围内可采集到数百点降雨后形成的灰点。

1. “石膏”的成因

“石膏”是烟气中夹带的石膏浆液随烟气排放落到地面形成的。脱硫装置净烟气中的石膏浆液主要来源于吸收塔喷淋层喷嘴雾化后的细小液滴，石膏浆液经喷嘴雾化后雾滴直径一般为920μm，经碰撞后会产生少量直径在15μm左右的雾滴。在经过除雾器后，一般会除去99.99%的直径不小于22μm的雾滴，同时还可以去除50%的直径为15～22μm的液滴，直径在15μm以下的雾滴无法拦截，因此净烟气中有一定量的石膏浆液是必然的。但是如果烟气在除雾器处的流速超过设计值，除雾器的效果将大大降低，甚至失效，除雾器也会在高速的烟气下发生二次携带现象，大量的石膏浆液会随烟气被带入烟囱，形成净烟气带浆现象。

“石膏”的形成与多方面的因素有关，主要包括除雾器的除雾效果，吸收塔的设计、运行操作等。

2. “雨”的成因

“雨”就是净烟气中的冷凝液，其形成的直接原因是烟气除了含有饱和水蒸气外，还携带有未被除雾器除去的液滴，烟气中的水分主要是由除雾器中逃逸的雾滴组成的。“雨”的形成主要有以下原因：

(1) 直接原因。湿烟囱降雨是由于烟气中含有水滴，其来源有三个：①透过烟气夹带的液滴，直径通常为100～1000μm，少数大于2000μm，其液滴数量与烟气的性能、清洁状况、烟气流速等因素有关；②饱和烟气顺着烟囱上升时压力下降，绝热膨胀使烟气变冷，形成直径大约为1μm的水滴；③热饱和烟气接触到较冷的烟道和烟囱内壁形成了冷凝物。

在烟囱内部，由于受惯性力的作用，烟气夹带的较大水滴撞到烟道和烟囱壁上，并与壁上的冷凝液结合，受气流影响重新被带入烟气，这些重新被带出的液滴直径通常为1000～5000μm，其数量取决于壁面的特性和烟气流速。粗糙的壁面、较高的烟气流速会使夹带液滴量增加。

(2) 烟流扩散能力不足。在低层大气中，气温通常随高度的增加而降低。但在逆温层则出现相反的情况，气温随高度的增加而升高。在逆温层中，较暖而轻的空气位于较冷而重的空气上面，形成一种极其稳定的空气层，就像一个锅盖一样，笼罩在近地层的上空，严重地阻碍着空气的对流运动，因此，近地层空气中的水汽、烟尘、汽车尾气及各种有害气体，无法向外向上扩散，只有飘浮在逆温层下面的空气层中，易于形成云雾，而降低能见度，更严重的是空气中的污染物不能及时扩散出去，加重大气污染，给人们的生命财产带来危害。

电厂烟气具有较高的能量和较大的抬升力时，就可以比较容易地穿过逆温层，如果烟气全部都穿透了逆温层，就不会返回逆温层下部对地面造成污染；反之，就会被封闭在逆温层以下，并逐渐落到地面，从而造成地面污染。由于净烟气中含有浓度为10～250mg/m^{3}不等的SO_2和少量的SO_3，同时湿烟囱的烟气温度较低，为47～55℃，会造成烟气的抬升能力不足，烟气脱离烟囱后，不能迅速扩散，在卷吸和烟气下洗的作用下，很快与大气中的饱和空气混合形成水滴，并且在形成水滴的过程中吸收烟气中的SO_3和SO_2，而变成pH值较低的弱酸性物质。这种降雨就是造成南方电厂生产区停车场汽车漆面出现暗斑的主要原因，现场露天设备的防腐层也出现了轻微的腐蚀现象。

风洞试验表明：在烟囱出口处，当烟气流速超过该高度风速的1.5倍，即20～30m/s，且排烟温度在100℃以上时，不会发生烟流下洗。烟流下洗就是当风吹过烟囱时，也像吹过其他障碍物一样，会在烟囱的背风侧产生尾迹，尾迹中为低压区，如果烟气排出后，其动力或浮力不足，就会被低压拖入尾迹中。烟流下洗不仅会腐蚀烟囱内的材料，而且会减弱烟气的扩散。烟囱的外径过大，会在其下风侧产生较大的低压区，因此，有多个内烟道的烟囱，其发生烟流下洗的可能性较单烟道大。湿烟囱排放的低温烟气抬升小，垂直扩散速度低，出现烟流下洗的可能性更大。湿烟囱的另一个问题是烟囱“降雨”，其起因是烟气夹带着大量的水蒸气，致使排放的烟气为白色不透明状，烟气中的水蒸气在空气中会凝结成水滴，可能会在烟囱的下风向形成降水，这种“降雨”通常发生在烟囱下风侧几百米内。在电厂附近，气压较低时，饱和的湿烟气在抬升过程中，会因为压强的降低及饱和比湿的减少而出现水蒸气的凝结，水蒸气的凝结会同时释放出凝结潜热，会使湿烟气温度升高，浮力增加，由于烟气卷入环境空气中就会导致烟气中的水滴在升降中不断聚集长大，当水滴达到浮力不足以支撑其漂浮时，就以雨的形式在烟囱附近降落，虽然有GGH装置的FGD也可能发生烟囱“降雨”，但湿烟囱出现的概率更大。

(3) 烟温问题。无GGH的脱硫系统，未经过加热的出口烟温只有50～55℃，烟气在大气中的抬升高度和扩散范围均达不到要求，只能在较小的范围内分布和落地，造成局部范围内的湿度和粉尘浓度增加，形成降雨和污染。

此外，除雾器效率不佳造成烟气带水增加，也是形成“石膏雨”的重要原因。

（三）故障处理

(1) 脱硫系统在设计上避免“石膏雨”。从“石膏雨”的成因可以看出，在设计上采取合理的措施，“石膏雨”是可以有效避免的。设计上采取的措施主要包括塔内烟气量及烟气流速的大小、除雾器的选型和液气比、烟囱内筒的形式及积液槽的设计等方面。

第一，FGD入口烟气量与设计参数是否有偏差。对某电厂出现“石膏雨”现象分析发现，其FGD入口烟气参数及煤质发热量与设计值相差较大，设计煤质低位发热量约为23 352kJ/kg，而入炉煤的低位发热量为20 433～22 518kJ/kg，导致烟气流量增加，FGD入口烟气温度比设计值高出20～38℃，同时吸收塔内烟气流速有时达到5m/s，远超出设计值的3.9m/s，故系统实际运行工况远超过设计值，“石膏雨”现象较严重。

实际运行烟气量与设计值是否有较大偏差，这点需要明确，以便清楚地了解FGD系统运行工况和设计工况之间的偏差。若烟气量没有偏差，则在出口排放浓度达标的情况下降低喷淋量，可使出口烟气抬升；若烟气量有偏差，则需要核算除雾器的流速是否满足要求，若除雾器的流速不能满足要求，则相应地调整除雾器的运行工况。

因此，在脱硫系统设计时，实际燃烧煤质应在设计值范围内，以保证FGD系统在其设计工况下稳定运行。

第二，选择合适的烟气流速。烟气流速是造成“石膏雨”的一个重要原因，因此在设计时，塔内烟气流速应综合多方面因素，设计合适的流速，才能避免“石膏雨”。

吸收塔设计烟气流速一般为3.5～4.1m/s，除雾器的设计流速稍高于吸收塔设计流速。吸收塔流速高，烟气中所携带的浆液液滴将增多，除雾器的负荷增大，导致“石膏雨”出现，因此，吸收塔的流速不能设计得过高。

另外，在吸收塔流速的设计上还应考虑有足够的裕量。通常情况下，机组经过一段时间运行后，系统漏风率将会增加，锅炉的热效率会有所降低而煤耗则会上升或烟温升高，两者的这种变化将使脱硫装置入口烟气量增大，造成塔内烟气流速提高，因此，在设计上应有足够的裕量。

此外，对于无增压风机、无GGH、无旁路的“三无”脱硫装置，吸收塔烟气流速的设计还应与之结合起来考虑，由于无旁路，一旦出现“石膏雨”，将会导致机组停运，降低脱硫装置的可靠性。因此，“三无”脱硫装置塔内烟气流速不宜设计得过高，并应留有足够的裕量，一般应低于3.8m/s。

第三，选择合适的除雾器类型。平板式除雾器设计流速一般为3.5～4.5m/s，屋脊式除雾器设计流速比平板式除雾器高，一般为3.8～7m/s，屋脊式除雾器对烟气流速的适应范围更宽些，烟气通过叶片法线的流速要小于塔内水平截面的平均流速，即使塔内烟气流速偏高，在通过除雾器时，由于流通面积增大而使得烟气流速减小从而减少烟气带浆。另外，屋脊式除雾器的结构较平板式除雾器更稳定，可以耐受的温度较高，对于“三无”脱硫装置，为提高其可利用率，宜选用能有效减少浆液夹带和安全性更好的屋脊式除雾器。

在设计除雾器冲洗系统时要考虑的因素有冲洗面选择、冲洗水压力、冲洗强度、喷嘴角度、冲洗频率、冲洗水水质等。喷嘴入口压力高，喷出浆液中小粒径的比例增多易形成“石膏雨”，因此在设计上对浆液循环泵至喷嘴入口处的管道、喷淋层及管件等沿程阻力应详细计算，确定准确的循环泵扬程，保证喷嘴的雾化效果。

第四，采用较小的液气比。液气比（L/G）是指单位时间内吸收塔循环浆液量与吸收塔出口烟气的体积比。脱硫系统的液气比是保证烟气中 SO_2、SO_3 及烟尘有效吸收的关键指标之一，足够的液气比是保证脱硫效率的前提，吸收塔的液气比一般控制在 13～18L/m^3 为宜，但液气比也不能设计得过高，太高的液气比会使烟气中的液滴夹带量增多，同样会增大除雾器的负荷。因此，在保证脱硫效率的前提下，液气比越小越好。

第五，“湿烟囱”内筒形式的改进。“湿烟囱”定义为用以排放饱和的且全部清洁过的烟气的烟囱。目前电厂一般将采用湿法脱硫工艺、取消 GGH 时的烟囱称为“湿烟囱”。对于湿烟囱的设计，为尽可能减少从烟囱排放出去的液体，以及由此引起的烟囱降雨和环境污染，最有效的处理措施是在湿烟囱内能有效地收集烟气带入的较大液滴并防止烟囱内壁上的液体被二次携带，为此要求内筒形线及内衬表面应尽可能平滑，烟囱排烟筒内烟气流速不得超过酸液液膜撕裂的临界流速，该临界流速与内衬表面的粗糙度有关。为此，综合国内规程及欧美国家的设计标准，烟囱筒内流速一般按 18～20m/s 取值，考虑实际运行中煤质的变化情况，流速宜取下限值。某工程每台锅炉吸收塔出口净烟气量（BRL 工况）为 1 418 243m^3/h，烟道内筒直径取 7.4m，流速为 18.32m/s。烟囱总高度为 210m，为满足环保对烟囱出口流速的要求，烟囱内筒在 202m 高处设置变径，烟囱内筒直径由 7.4m 收缩至 6m，变径管长度为 6m，烟囱顶部留 2m 的直段。烟囱内筒由“直筒形”改为“直筒形＋出口收缩段”形式设计，这样可以减少烟流下洗，使烟气便于扩散，避免净烟气冷凝液在烟道或烟囱里沉积。同时，在单台机组运行时，烟道与烟囱入口位置为微负压状态，还能有效避免运行中的烟气串风现象。该方案的实施应在设计时综合考虑其经济性和可行性。

第六，烟囱内筒设置积液槽。从除雾器逃逸的液滴沉积在烟囱内筒的内表面上，由于酸液量较大，随着液滴的不断沉积，它们便会受到自身重力的作用向下流动，同时烟气也会对液体施加一个与烟气流同方向的拉力，当来自烟气的力达到或超出液滴自身重力和内表面的附着力时，液体便会从烟道或内衬壁上脱落，然后液体会重新进入烟气流并被携带出烟囱。为防止酸液的二次携带，对采用钢内筒的烟囱的酸液排出设计建议采用图 4-9 所示的形式。

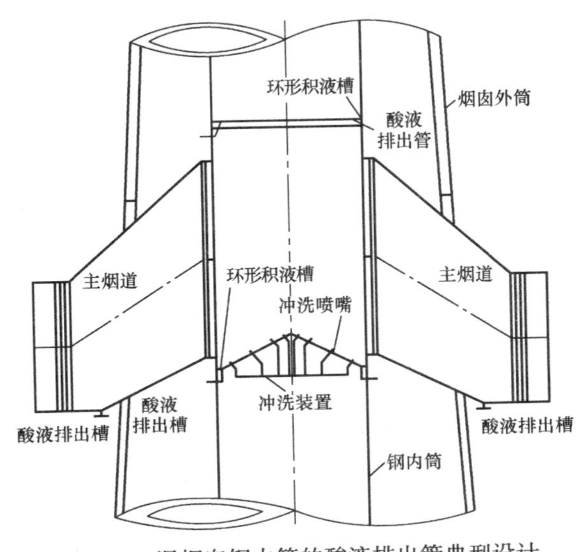

图 4-9　湿烟囱钢内筒的酸液排出管典型设计

由于烟囱底部的淤积物中含有酸液、灰尘、吸收塔逃逸的浆液等，淤积物的黏度较大，可能会造成酸液排出管的堵塞和结垢，必要时烟囱底部的积液槽或灰斗处应设置冲洗装置和冲洗喷嘴。

(2) 保证除雾器除雾效果。除雾器压差一般为100～150Pa，压差增大，会形成“石膏雨”，除雾器压差增大是由于堵塞造成的，当发现除雾器堵塞时，首先要正确判断堵塞的原因，然后采取合理的处理措施。

除雾器冲洗是保证除雾器压差的主要手段。冲洗效果的好坏取决于冲洗水量、冲洗周期、冲洗压力。冲洗水量及冲洗周期与机组负荷、烟气温度有关，机组负荷高所需的冲洗水量大，因此机组负荷发生变化时，冲洗水量及冲洗周期应随之调整。冲洗压力是保证冲洗水量的关键参数，不随机组负荷变化。

(3) 控制合理的浆液pH值。pH值高对“石膏雨”的形成有一定的影响。正常工况下，pH值应控制在5.6～5.8范围内，浆液pH值高，能提高脱硫效果；但高的pH值也会带来负面的影响，pH值过高，浆液中碳酸钙浓度增大，易在系统表面形成结垢，若结垢形成在除雾器表面，就会造成除雾器的堵塞。因此，浆液pH值应在设计值范围内操作，在操作过程中不宜通过提高pH值来提高脱硫效率。

(4) 控制合理的浆液密度。

脱硫装置中的浆液密度会随着石灰石中的碳酸镁含量的变化而变化，一般情况下，浆液密度控制在1.15kg/L，对应浆液固含量在20%左右。浆液密度高，浆液的黏度会有所提高，易附着在除雾器表面形成结垢，因此在操作时，浆液密度应控制在设计范围内。

需要注意的是“石膏雨”现象多出现在锅炉高负荷运行期间，这与烟气流量有关。当机组带大负荷时，在保证锅炉正常燃烧用氧的前提下，适当减少风量，控制炉膛负压与升压风机压力，降低烟气流量与流速。

第二节　吸收塔系统常见故障分析及处理

一、吸收塔浆液起泡溢流

(一) 故障现象

在脱硫系统运行过程中，吸收塔浆液溢流现象是影响脱硫系统能否安全稳定运行的常见问题之一。另外，吸收塔浆液溢液还会造成污染。当吸收塔浆液溢流严重时，可能溢入原烟气烟道中，造成浆液沉积、结垢，甚至发生浆液倒灌增压风机，引起增压风机严重损毁的恶性事件；溢流浆液也可能进入GGH换热元件的表面，造成换热元件结垢堵塞，加大增压风机出力，严重影响脱硫系统主体设备的正常运行，甚至会影响锅炉的正常运行。

吸收塔液位大多采用装在吸收塔底部的压差式液位计测量，吸收塔的液位是根据差压变送器测得的差压与吸收塔内浆液密度计算得到的，因此浆液起泡溢流常会伴随着“虚假液位”的出现；另外，由于浆液内存在大量泡沫，会造成石膏排除泵入口压力大幅下降，浆液难以排出。

吸收塔浆液发生起泡溢流时，常会有携带着大量黑灰色泡沫的浆液从吸收塔溢流口流出。吸收塔浆液起泡溢流情况如图4-10所示。

(二) 故障危害

(1) 造成吸收塔“虚假液位”，影响脱硫正常运行控制。一般来说，吸收塔的液位采用

图 4-10　吸收塔浆液溢流情况

吸收塔差压经换算得出，在吸收塔下部某高度处装有压力变送器，测量公式为

$$H = H_1 + p/(\rho_1 g) \tag{4-9}$$

式中　H——吸收塔液位；

H_1——压力变送器至塔底高度；

ρ_1——浆液取样处密度值；

p——压力变送器测量值。

吸收塔起泡前后浆液内颗粒的变化情况如图 4-11 所示。

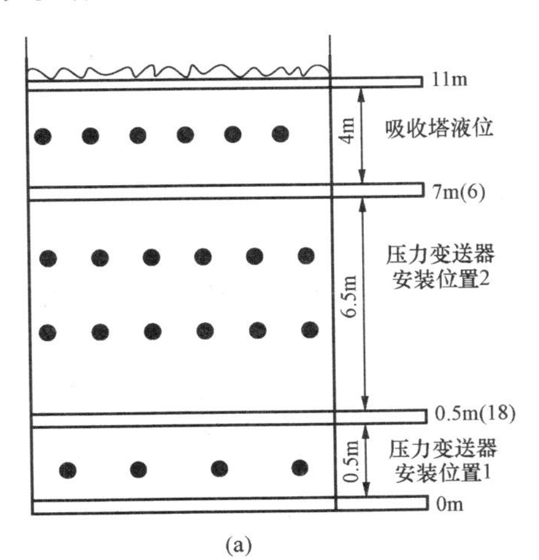

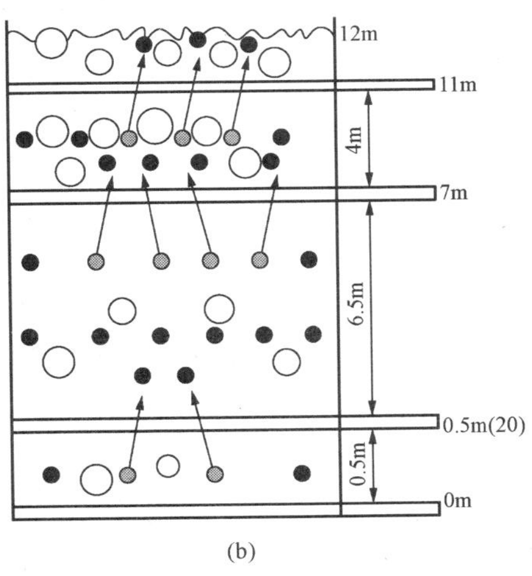

图 4-11　吸收塔浆液起泡前后浆液颗粒变化情况

(a) 起泡前；(b) 起泡后

○—泡沫；↖—颗粒的走向

可以看出，在吸收塔内起泡时，因压力变送器测量位置在起泡位置之下，其测量值 p 无变化，实际液位高于测量值，运行人员如未能及时发现起泡现象，仍按测量值控制吸收塔工作液位，便可能出现浆液溢流现象，从而引起其他事故。

(2) 溢流浆液进入烟道中，浆液中的硫酸盐和亚硫酸盐随溶液渗入防腐内衬及其毛细孔内，当水分逐渐蒸发时，浆液中的硫酸盐和亚硫酸盐析出并结晶，随后体积发生膨胀，使防腐内衬产生应力，尤其是带结晶水的盐，在干湿交替的作用下，体积膨胀高达几十倍，应力更大，导致严重的剥离损坏。浆液还会沉积在未采取防腐处理的原烟道中，产生烟道垢下腐蚀，减短烟道的使用寿命和检修周期，影响脱硫系统和机组正常运行。

(3) 溢流浆液通过烟道，到达增压风机出口，在运行操作人员没有及时发现的情况下，溢流浆液猛烈冲击运行的风机叶片，造成严重的损害，甚至引起叶片断裂，致使增压风机停运，脱硫系统被迫退出运行。如果系统不设置旁路烟气挡板，则主机也被迫停运，计一次“非停”，损失严重。增压风机停运后必须检修，如需更换叶片则周期较长，会严重影响脱硫系统的正常运行。在不设 GGH 的脱硫系统中，上述情况发生的可能性更大。

(4) FGD 系统运行恶化。溢流浆液量较大时，浆液从脱硫反应塔的溢流管大量涌出，吸收塔液位在短时间内急剧下降，液面无法维持原设计水平，使得脱硫效率降低，脱硫反应的氧化效果不能够得到保证，致使浆液中亚硫酸盐的含量逐渐增高，石膏品质恶化，这对脱硫装置的稳定运行十分不利。而溢出的浆液在 FGD 系统四周大量漫流，严重污染机组设备和厂区环境。表 4-9 为某厂吸收塔浆液发生起泡现象后浆液品质化学分析结果。

表 4-9　　吸收塔浆液起泡后化学分析结果

成分	化验值	理论要求值	成分	化验值	理论要求值
pH 值	5.7	5.4～5.8	Cl^- (g/L)	18	<12
$CaCO_3$ (%)	7.007	2.1～2.5			
$CaSO_4\cdot 2H_2O$ (%)	65.23	74～78	浆液密度 (%)	28	20～25

从化验结果可以看出，吸收塔内浆液品质恶化趋势显著，杂质含量较高，石灰石含量较高，氧化效果不佳造成硫酸盐含量下降，石膏排出泵不能正常工作使得浆液密度升高。

(5) 烟气系统积灰、堵塞。溢流浆液在吸收塔入口形成大量的石膏垢，会造成烟道积灰、阻力增加，还会造成 GGH 换热面堵塞，影响 FGD 系统和锅炉的安全运行。某发电有限公司配套的石灰石—石膏简易湿法脱硫装置在机组停运检修期间，对吸收塔入口检查时发现有大量的石膏结垢，同时部分浆液进入 GGH，将 GGH 低部密封水槽堵死，严重时造成了 GGH 换热面的堵塞。

(6) 对设备造成损害。吸收塔浆液溢流严重，意味着吸收塔内浆液的起泡程度加剧，而汽蚀会对泵的叶片等转动设备和管道产生的危害，特别是石膏浆液排出泵，其泵的吸入口一般位于浆液起泡层内，因此发生汽蚀的可能性很大。

(7) 液位控制困难。吸收塔内浆液起泡严重时，石膏排出泵入口浆液泡沫增加，泵出口压力降低，无法正常排出石膏，致使吸收塔内浆液密度逐渐上升，液位难以控制。

(三) 故障原因分析

泡沫由于表面作用而生成，是气体分散在液体中的分散体系，其中液体所占体积分数很小，泡沫占很大体积，气体被连续的液膜分开，形成大小不等的气泡。泡沫的产生是由于气体分散于液体中形成气—液的分散体，在泡沫形成的过程中，气—液界面会急剧增加，因而体系的能量增加，其增加值为液体表面张力 γ 与体系增加后的气—液界面的面积 A 的乘积，即 γA，应等于外界对体系所做的功。液体的表面张力 γ 越低，则气—液界面的面积 A 就越大，泡沫的体积也就越大，这说明此液体很容易起泡。当不溶性气体被液体所包围时，会形成一种极薄的吸附膜，由于表面张力的作用，膜收缩为球状形成泡沫，在液体的浮力作用下，气泡上升到液面，当大量的气泡聚集在表面时，就形成了泡沫层。吸收塔浆液中的气体与浆液连续充分地接触，由于气体是分散相（不连续相），浆液是分散介质（连续相），气体与浆液的密度相差很大，所以在浆液中，泡沫很快就能上升到浆液表面，此时如果浆液的表面张力小，浆液中的气体就冲破液面聚集成泡沫。由此可见，泡沫的产生必须具备三个条件：①只有气体与液体连续且充分接触时，才能产生泡沫；②当气体与液体的密度相差非常大时，才能使液体中的泡沫很快地上升到液面，久而久之形成泡沫；③表面张力越小的液体越易起泡。

泡沫中的起泡呈多面体形，在多面体的液膜交界处，液膜是弯曲的，弯曲液面压力差的存在加速了气泡间平液膜向边界处的排液作用，使得液膜变薄，当液膜厚度低于临界值时，液膜破裂。但当溶液中具有表面活性物质或起泡物质时，泡沫体系不稳定性减弱，液膜修复能力增强，阻止了液膜进一步变薄，使液膜保持一定的厚度。纯净的液体起泡性只与其表面张力有关，但是由于纯净液体起泡后，液膜之间能相互连接，使形成的气泡不断扩大，最终破裂。因此，纯净的液体不能形成稳定的泡沫，吸收塔浆液起泡是由于系统中进入了其他成分，增加了气泡液膜的机械强度，亦即增加了泡沫的稳定性，最终导致起泡溢流现象的产生。具体引起起泡溢流的原因可归纳为以下几点：

（1）吸收塔浆液中有机物含量增加。锅炉燃烧不充分或在运行过程中投油、飞灰中部分未燃尽物质（包括碳颗粒或焦油）随烟气进入吸收塔，会使得吸收塔浆液中的有机物含量增加，发生皂化反应，在浆液表面形成油膜，被氧化风机鼓入的高压空气“压迫”，导致溢流。以某发电有限公司为例，2011 年 1—2 月，4 号机组脱硫系统发生起泡溢流情况，随后运行人员采取了加入消泡剂、置换浆液等处理手段，溢流现象仍未得到彻底解决，期间 1～4 号机组脱硫系统同时运行，其他三套脱硫装置并未发生溢流现象，而四套脱硫系统工艺水、脱硫剂、滤液水均为共用，因此可以排除介质带入起泡杂质的可能。进一步分析发现，2010 年 12 月 25 日起，4 号机组炉内 A、B 两侧氧量存在明显偏差，部分时段偏差大于 1.0%，且 B 侧氧量偏低，部分时段低至 1.2%～1.4%，致使锅炉燃烧效果不佳，烟气中未燃尽有机物成分增加，进入脱硫吸收塔内不断沉积，浓度增加，最终导致浆液起泡溢流。之后，机组运行人员根据要求将炉内氧量控制在 3.0%，浆液起泡现象随之消除。

（2）吸收塔浆液中重金属含量增加。锅炉尾部除尘器运行状况不佳，烟气粉尘浓度超标，含有大量惰性物质的杂质进入吸收塔后，致使吸收塔浆液重金属含量增高；石灰石含有的微量金属元素（如 Cd、Ni 等）、湿式球磨机的钢球磨损等也会引起吸收浆池中重金属元素的富集。重金属离子增多，会使浆液表面张力增加，从而使得浆液表面产生泡沫。起泡会抬升吸收塔液位，吸收塔还会由于虹吸作用而发生溢流。

（3）石灰石成分因素。石灰石遇稀醋酸、稀盐酸、稀硝酸发生泡沸，高温条件下分解为氧化钙和二氧化碳。石灰石中含有 MgO（起泡剂），如果 MgO 含量超标，不仅影响脱硫效率，而且会与 SO_4^{2-} 反应产生大量泡沫。以某电厂为例，运行中脱硫系统出现起泡溢流情况，对其石灰石进行成分分析，结果见表 4-10。

表 4-10　　某电厂脱硫用石灰石化学成分分析结果　　%

CaO	MgO	Fe_2O_3	Al_2O_3	SiO_2	其他
47.85	5.29	0.11	0.36	4.07	微量

可以看出，该厂石灰石中 MgO 含量明显偏高，是吸收塔内浆液起泡的重要原因。如果石灰石成分发生某种变化，在吸收塔浆池中产生某种天然无机发泡剂，如 $NaHCO_3$、$Al_2(SO_4)_3$等，混合在一起会发生反应，产生大量的 CO_2 气体。

（4）在 FGD 系统运行过程中，如果停运氧化风机或启动浆液循环泵，则吸收塔浆液的气液平衡会被破坏，导致吸收塔浆液大量溢流。对于固定管网式氧化风机，因其空气孔朝下，氧化风机处于开启状态时，泡沫会被鼓入的氧化空气吹破；氧化风机停运时，会有大量泡沫生成，致使吸收塔溢流。例如，某发电厂 4 号吸收塔正常运行液位约 10.5m，溢流口标高 11.7m，强制氧化方式为固定式空气喷射器，2007 年 5 月 2 日，运行的氧化风机因故障需检修，停运后发现吸收塔液位不断升高，10min 后液位达到 12.4m，吸收塔溢流口有大量浆液溢出；该发电厂 5 号吸收塔的正常运行液位约 11.3m，溢流口标高 12.75m，强制氧化方式为搅拌器加空气喷枪组合，2007 年 7 月 5 日，启动备用循环浆液泵 3min 后，发现吸收塔溢流口有大量溢流浆液，而吸收塔液位显示值仍在 11.1m 左右。

（5）溢流管设计不合理，产生虹吸现象。一旦出现虹吸现象，只要吸收塔内液位高于溢流液的终点液位就会连续溢流。虹吸现象是由液态分子间引力与位差造成的，利用液柱压力差，使液体上升再流到低处。由于管口液面承受不同的大气压力，液体会由压力大的一边流向压力小的一边，直到两边的大气压力相等，容器内的液面变成相同高度，液体才会停止流动。

（6）工艺水、浆液及废水品质。吸收塔补充水水质达不到设计要求，COD、BOD 等含量超标，FGD 脱水系统或废水处理系统未能正常投入，致使吸收塔浆液品质逐渐恶化。

（7）脱硫装置脱水系统或废水处理系统不能正常投入，致使吸收塔浆液品质逐渐恶化。对于没有设置废水处理系统的脱硫装置，这一现象更为突出，应予以重视。

（四）故障处理

吸收塔浆液一旦出现起泡溢流现象，必须及时采取妥善的处理方式，以免造成严重事故。处理方法，一是要消除已经产生的泡沫；二是要通过运行方式的调整，缓解起泡溢流现象；三是要控制进入吸收塔的各种可能引起吸收塔浆液起泡的物质。

（1）避免出现“虚假液位”。通过式（4-9）可知，因为通常采用的液位测量方法存在的不足，浆液起泡时常伴随“虚假液位”的出现，对脱硫系统安全运行造成了较大威胁，因此，建议在液位测量方法上进行改进，即在吸收塔底部和某高度处各装有压力变送器，如图 4-12所示。

由于浆液起泡时，测量密度不能反映出系统的真实密度，这里采用一个换算密度，吸收塔浆液换算密度为

$$\Delta\rho' = \Delta p/(g\Delta H) \qquad (4-10)$$

$$\Delta p = p_1 - p_2 \qquad (4-11)$$

此时，吸收塔换算液位 H' 为

$$H' = H_1 + p_1/(g\rho') \qquad (4-12)$$

由式（4-10）～式（4-12）可得

$$H' = H_1 + p_1 \Delta H/(p_1 - p_2) \qquad (4-13)$$

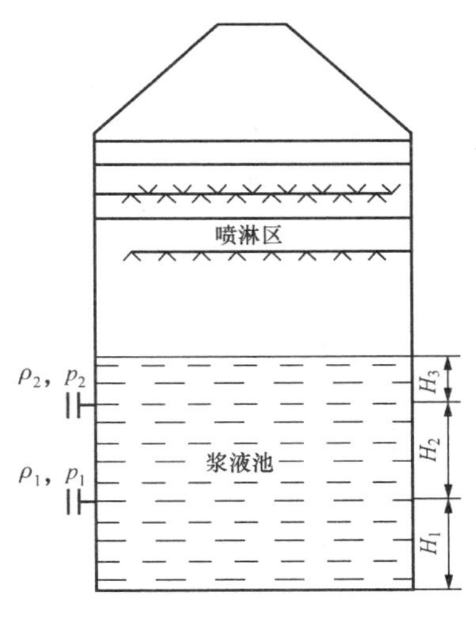

图 4-12　吸收塔液位双重测量原理示意

通过增加压力测点的方法得出来的液位比未改进时的更接近于吸收塔的真实液位，已在实践中得到了成功验证。通过此方法，运行人员可以更加真实地掌握塔内实际液位情况，控制加入消泡剂的时间，从而节约运行成本，保证 FGD 系统的安全、稳定、经济运行。

（2）加入脱硫专用消泡剂。凡是少量加入就能使泡沫很快消失的物质，称为消泡剂。消泡剂实际上就是一些表面张力低、溶解度较小的物质，所要求的亲水亲油平衡值 HLB 通常为 1～3。消泡剂应具备消泡能力强、用量少、表面张力低、扩散性和渗透性好、化学性质稳定、安全性高等特性。消泡剂的使用不能以降低浆液的性能为代价，并要求无生理活性。

消泡剂性能的好坏，可以用消泡能力来评价。消泡能力的测定方法是：先使发泡液产生 5cm 高的泡沫层，然后滴入一滴消泡剂，同时用秒表计时，测取完全消泡所需的时间，利用时间的长短来表示消泡剂的消泡能力。很显然，时间越短，消泡剂的消泡能力也就越强。

消泡剂的种类很多，其作用原理是通过进入泡沫的双分子定向膜，破坏其力学平衡，从而达到消泡的目的。消泡剂的消泡机理可分为以下三种方式。

1）化学反应法。消泡剂与发泡剂发生化学反应而消泡。例如发泡剂为肥皂时，加酸使其变为硬脂酸，也可以加入 Ca^{2+}、Mg^{2+} 等金属离子，使其成为不溶于水的固体，导致泡沫破裂。

2）降低膜强度法。一些非极性消泡剂如煤油、柴油等，还有小分子醇类的消泡剂，它们的表面张力低于泡膜的表面张力，能在气泡液膜表面顶走原来的起泡剂，使泡膜强度降低（由于这些油性物质本身分子链短，不能形成坚固的吸附膜），从而达到消泡的目的。

3）造成泡膜中局部张力差异。一些消泡剂及某些固体疏水性颗粒，例如含氟表面活性剂、硅油、聚醚、胶体 SiO_2、二硬脂酰乙二胺（EBS）等，能够进入泡沫双分子膜中，使泡膜中局部表面张力降低，而其余部分的表面张力不变，这种张力差异使张力较强的部位牵引着张力较弱的部位，从而产生裂口，使泡内气体外泄而消泡。

常用的消泡剂有硅油、聚醚类、高级醇等，一般因原料问题（如石灰石中 MgO 含量过高，或工艺水水质差）而引起的起泡现象，可以通过加入消泡剂来消除。需要指出的是，现有商业脱硫消泡剂种类繁多，对于各类起泡现象应用的效果也不大相同，在选用上必须有针对性，建议取溢流浆液进行小型实验后选定。

在吸收塔最初出现起泡溢流时，消泡剂加入量较大，在连续加入一段时间后，泡沫层逐渐变薄，减少加入量，直至稳定在一定加药量上。需要指出的是，消泡剂只能暂时缓解，而不能根本解决吸收塔浆液起泡问题，一旦停止加入消泡剂，吸收塔浆液有可能重新出现起泡溢流现象。另外，消泡剂加多以后可能有反作用，因为消泡剂一般也是有表面活性剂的一些特性，有些消泡剂本身就是表面活性剂。

（3）调整吸收塔液位。确定合理的吸收塔运行液位，减小浆液溢流量，防止浆液进入吸收塔入口烟道。随着吸收塔内化学反应的不断进行，浆液的浓度会不断上升。因此，应定期对液位计进行校对，根据吸收塔浆液密度来调整 DCS 液位显示值，保证脱硫控制系统显示值的正确性。同时，控制吸收塔内实际液位仅高于塔体溢流口高度，防止烟气泄漏。如某电厂 2 号 FGD 系统投产后发生多次吸收塔溢流现象，采取的措施就是将吸收塔液位稳定在一个比较低的水平，定期校对 DCS 液位和就地显示，停运相关设备前后密切监视吸收塔状况。但是这种方法容易引起循环泵汽蚀现象，建议在解决吸收塔内泡沫不多的情况下选用。

（4）通过置换浆液的方法来降低泡沫的量，加大石膏排除量，通常向事故浆液里打浆液，在事故浆液箱保存，或者对石膏进行脱水，同时保证新鲜浆液的不断补入，在泡沫较少的情况下慢慢提升液位，效果较为明显，但时间维持不长，说明起泡物质持续性地进入系统非常严重，如果经常采用这种方法，势必会增加运行成本，增加石灰石耗量。这种方法比较适合用于调试期间，此期间的锅炉燃烧不稳定，进入脱硫吸收系统的起泡物质较多，且是短时间行为，待正常运行后系统即能正常运行。

（5）控制吸收塔补水。严格控制吸收塔补充水水质，加强过滤和预处理，降低其 COD、BOD 含量，使补充水的参数指标处于设计值范围之内。FGD 系统正常运行时，吸收塔补水主要来源于除雾器冲洗水，少量来自搅拌器、浆液泵、循环泵等设备的机封冷却水和浆液管路冲洗水。还应确保除雾器冲洗水量达到规程要求，防止除雾器结垢；在满足泵和搅拌器运行需要的前提下，尽量减少机封冷却水量；严格控制浆液管线的冲洗水量，冲洗出水只要达到澄清就停运，防止过多的水进入吸收塔。此外，除雾器冲洗是消除泡沫的有效手段，水喷淋可减少泡沫积累。因此，除雾器冲洗可在保证液位的前提下少量多次，或者在呼吸孔喷水打散泡沫，防止泡沫溢出。

（6）控制浆液和废水品质。将石灰组分（如 MgO、SiO_2 等）控制在要求范围内，加大石膏浆液排出量，降低排石膏时的吸收塔浆液密度，保证新鲜浆液的补入。同时，加强吸收塔浆液、废水、石灰石浆液、石灰石粉和石膏的化学分析工作，有效监控脱硫系统运行状况，发现浆液品质有恶化趋势时应及时采取处理措施。按照系统运行要求排放脱硫废水，以降低吸收塔浆液中重金属离子、Cl^-、有机物、悬浮物及各种杂质的含量，保证塔内浆液的品质，减少泡沫的形成。

（7）在可以暂时忽略脱硫效率的条件下，停运一台浆液循环泵以减小吸收塔内部浆液的扰动，同时减少浆液供给量。因为浆液循环量大时，浆液起泡性强。浆液循环量加大，每个分子所具有的动能加大，因而其克服内部引力、实现表面增大的可能性大，即起泡性增强。

（8）制定严格的运行制度。在主机投油或除尘装置出现故障时，要及时通知脱硫运行人员。如果投油时间较短或除尘装置能较快修复，可采用暂时打开旁路烟气挡板、调小增加风机叶片的运行方式，最大程度地减少进入脱硫系统的未燃尽成分或飞灰。如投油时间较长或除尘装置处理周期较长，则必须将脱硫系统退出运行，并注意氧化风机的运行状况，保证备用设备处于良好的备用状态，一旦运行风机出现问题停运，及时启动备用设备，以免发生虹吸现象，造成大量浆液溢流，引发安全事故。

(9) 溢流管建议采用倒“U”形布置设计，在溢流管最高点设置排空口，同时在溢流管路中设置冲洗水接口。在运行过程中，及时对溢流管上部排空口进行检查，若有堵塞，需用冲洗水接口进行冲洗，防止发生虹吸连续溢流。

(10) 在上述手段都没有效果的情况下，需要向本系统外部其他系统找原因，例如对电除尘系统进行检查，确保电除尘的投运率，调整锅炉燃烧器等。锅炉燃烧不充分，使得未燃尽的炭进入吸收系统，炭分含量过高导致吸收塔泡沫过多，是浆液起泡溢流的常见起因，特别是部分电厂，主机运行人员对脱硫系统不了解，甚至不重视，运行调整时没有考虑对下游设备的影响，需要从运行管理和专业知识培训两方面予以强化。正常情况下，应待锅炉点火正常、油枪撤出、除尘器投运后，再投运脱硫系统，可有效预防吸收塔浆液起泡。

二、吸收塔浆液循环泵故障

(一) 故障现象

在提高烟尘脱硫设备的经济性和 SO_2 脱除效率的过程中，循环浆液泵作为石灰石—石膏湿法烟气脱硫装置中的关键设备，其作用是向喷淋装置不间断提供浆液，实现在吸收塔中吸收脱除烟气中的 SO_2。循环泵的性能对脱硫反应液气比和系统电耗有显著影响，并会最终影响脱硫效率。

循环泵叶轮在运转中处于易腐蚀的环境中，系统内循环流动的主要是腐蚀性浆液及其他杂质。这些流体给叶片带来强烈的磨损和腐蚀，因此给泵的长期可靠运行带来很大的影响，在长时间的运行中使叶轮腐蚀损坏，严重影响整个脱硫系统的安全经济运行。

此外，由于浆液起泡或浆液循环泵入口滤网被堵，都有可能造成循环泵发生汽蚀现象，损坏泵体及叶轮，造成循环泵运行故障。

运行过程中出现的浆液循环泵叶轮损坏现象如图 4-13 所示。

图 4-13 吸收塔浆液循环泵叶轮损坏情况

(二)故障危害

(1)损坏循环泵泵体及叶轮，增加脱硫系统检修费用。虽然脱硫循环泵目前已逐步实现国产化，但其价格仍然较高，部分进口循环泵叶轮损坏后无法修复，只能更换新的叶轮，大大增加了系统检修费用。

图 4-14　KSB全金属循环泵叶轮损坏情况

(2)循环泵出力降低，致使浆液循环量减少，脱硫反应液气比降低，脱硫效率下降。要想满足脱硫系统运行指标要求，不得不增加循环泵投运数量，系统能耗随之攀升，以某600MW机组为例，脱硫系统共有四台浆液循环泵，日常运行负荷为450MW，一般运行A、B、C三台浆液循环泵，为进口KSB的全金属泵，其中C泵在检修中发现叶轮有所磨损，损坏情况如图4-14所示。

随后在大修期间，利用金属修复技术对叶轮进行了修复，经测试修复前后C循环泵的出力分别为6720m^3/h和8100m^3/h，修复前后脱硫系统脱硫效率变化情况如表4-11所示。

表 4-11　　循环泵修复前后运行参数对比

项目	运行泵组	负荷(MW)	入口SO_2浓度(mg/m^3)	脱硫效率(%)
修复前	ABC	450	2525	90.34
修复后	ABC	450	2438	92.68

修复后C浆液循环泵出力明显提高，脱硫反应液气比恢复设计值，脱硫效率升高2%以上，运行经济性显著提升。

(3)随着泵体及叶轮损坏程度的加剧，浆液会在泵入口处沉积，增加了塔内结垢、腐蚀的风险，同时泵体及管道的振动也会加剧，系统运行安全性降低。

(三)故障原因分析

1. 输送介质的磨损、腐蚀

在整个FGD系统中有石灰石旋流泵、石灰石浆泵、循环浆泵、石膏浆泵、废水旋流泵、过滤水泵和液下泵。运行工况和输送的介质不同，泵的失效形式也有所差异。表4-12是FGD脱硫系统中泵送介质的物化特性。

表 4-12　　石灰石湿法脱硫系统中泵送介质的物化特性

项　目	石灰石浆	石膏浆液	废水	滤液水	石膏旋流器底流
H_2O(%)	70.0	80.0	92.94	92.9	45.00
$CaSO_4\cdot 2H_2O$(%)	0.34	14.85	2.03	1.70	49.55
$CaCO_3$(%)	27.26	0.39	0.17	4.00	1.02
其他固体(%)	2.40	4.76	4.86	1.40	4.43

续表

项　　目	石灰石浆	石膏浆液	废水	滤液水	石膏旋流器底流
固体含量（%）	≥30	≥20	≤8	≤8	≥50
Cl^-（%）	6.00	6.00	2.00	2.00	6.00
工作温度（℃）	50	50	48.9	48.9	48.9
密度（kg/m^3）	1230	1150	1040	1050	1470
黏度（mPa·s）	60～70	125～150	20～30	10.6～20	126.5～140
pH值	5～8	5～8	5～8	5～8	5～8

从表4-12中可以看出，循环泵输送的介质主要是石灰石浆液或石膏浆液，浆液中Cl^-的含量达0.02～0.06，pH值为5～8。因为介质磨损腐蚀造成的循环泵损坏情况如图4-15所示。

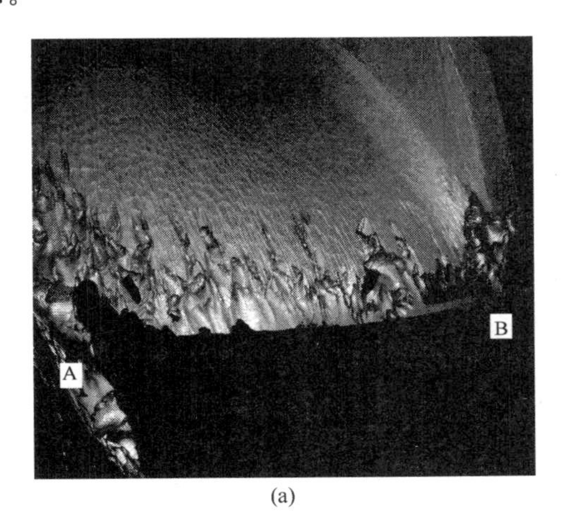

(a)

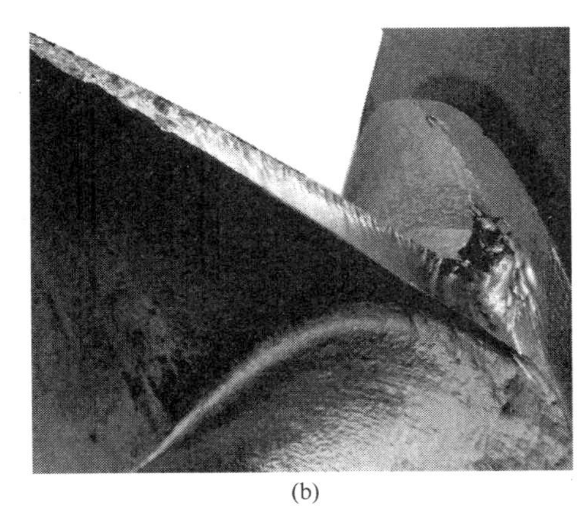
(b)

图4-15　浆液循环泵叶轮磨损腐蚀情况
(a) 出口；(b) 进口

从图4-15（a）可以看出，出口处叶片部位腐蚀磨损严重，呈刀刃形，发生切割状痕迹。相比之下，浆液出口贴壁处（A处）的磨损腐蚀要更为严重，而远离浆液出口的叶片根部（B处）主要为腐蚀磨损。浆液中固体粒子流动在循环泵叶轮表面形成划痕，并出现大量大小不等的凹坑。

从图4-15（b）中可以看出，在进口处内侧有明显的凹坑，内侧划痕深度明显较外侧深。

循环泵在腐蚀环境中的磨损为腐蚀磨损，属于力学和电化学因素同时作用造成的材料流失，其失效机理主要是静态腐蚀、冲蚀磨损及腐蚀磨损的交互作用。

（1）浆液循环泵的静态腐蚀。造成循环泵静态腐蚀的主要因素是锅炉烟气中的酸性物质（主要有SO_2、SO_3，SO_4^{2-}、O_3^{2-}、Cl^-和F^-）的腐蚀和与石灰浆中的$CaCO_3$、SiO_2、Al_2O_3等颗粒的流—固耦合磨损。经测定，在正常状况下，FGD脱硫系统中，钢腐蚀率每年可达1.25mm，而循环泵则每年达到8mm。从金属的腐蚀机理来看，分为化学腐蚀、电化学腐蚀、结晶腐蚀和磨损腐蚀。

1）化学腐蚀。FGD脱硫装置系统烟气中的SO_2、SO_3及造成的循环泵金属腐蚀反应为

$$Fe + SO_2 + H_2O \rightarrow FeSO_3 + H_2 \tag{4-14}$$

$$Fe + SO_2 + O_2 \rightarrow FeSO_4 \tag{4-15}$$

$$Fe + SO_3 + H_2O \rightarrow FeSO_4 + H_2 \tag{4-16}$$

$$Fe + 2HCl \rightarrow FeCl_2 + H_2 \tag{4-17}$$

2）电化学腐蚀。

FGD装置中浆液含有电解质，腐蚀过程中有局部电流产生，会使金属逐渐锈蚀。在金属表面（尤其是焊缝连接点处）发生的电化学腐蚀部分反应为

$$Fe \rightarrow Fe^{2+} + 2e \tag{4-18}$$

$$Fe^{2+} + 8FeO \cdot OH \rightarrow 3Fe_3O_4 + 4H_2O \tag{4-19}$$

3）结晶腐蚀。石灰石脱硫法反应生成的$CaSO_3$或$CaSO_4$可以渗入循环泵过流部件的毛细孔内。当脱硫系统停运后，在自然干燥条件下，这些$CaSO_3$或$CaSO_4$生成结晶盐引起体积膨胀，产生应力腐蚀，导致表皮脱落、粉化、疏松或产生裂缝，造成金属腐蚀。特别是在干湿交替作用下，带着结晶水盐类的体积可增长数倍乃至数十倍，腐蚀更加严重，所以闲置的循环浆液泵设备比经常运行时更容易产生腐蚀破坏。

（2）浆液循环泵的冲蚀磨损。在中性浆液中，材料的冲蚀磨损速率v_{wo}与浆液冲蚀速度之间的关系符合冲蚀磨损的一般规律，即

$$v_{wo} = kv^n \tag{4-20}$$

其中n为速度指数，一般为3。随着腐蚀性介质浓度的增加，n减小，即浆液冲蚀速度对腐蚀磨损率的影响减小。

工质速度是影响循环泵磨损的主要原因之一。对于卧式单级离心泵的工质浓度场，循环泵叶片两侧区域浓度并无区别，但进口处工质浓度明显高于其他部分；循环泵叶片两侧速度并不相同，外侧区域工质速度浓度高于内侧区域，靠近后壁面处区域速度高于其他区域。循环泵进口处到出口处工质速度逐渐增加，到出口处时已接近蜗壳内速度，此时工质中的固体颗粒对叶片的冲蚀磨损最为严重。后壁面工质浓度在叶片靠工质入口处较大，而此部分工质速度也较大，所以进口处叶片尤其是靠近后壁面处磨损情况比较严重。在出口处，前壁面的工质流速较大，这也是图4-15中A处磨损腐蚀比B处要大的原因。

（3）磨损与腐蚀的交互作用。

1）磨损加速腐蚀。

大多数耐蚀金属都是因通过在表面形成可阻止腐蚀进一步发展的表面膜（钝化膜）而具有良好耐蚀性的；但在磨损过程中，由于磨料的磨损作用，表面膜将受到不同程度的破坏，使金属裸露出新鲜表面，而对于依赖保护膜耐蚀而在所处的介质中愈合能力又较差的金属，腐蚀速度迅速增加，腐蚀速度平均可增加2～4个数量级，最大可增加6～8个数量级。

磨损过程会使循环泵金属表面产生塑性变形，在犁沟两侧隆起部位或冲蚀坑的外缘，会具有较高的位错密度和腐蚀活性。在电化学腐蚀过程中，强烈变形区将成为阳极而其余部位

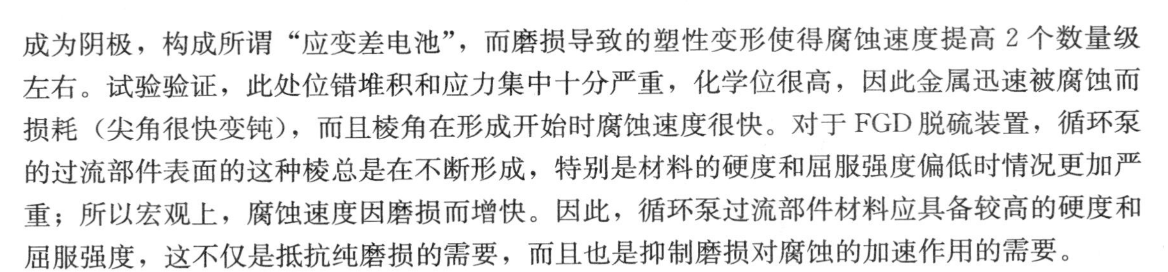

成为阴极，构成所谓“应变差电池”，而磨损导致的塑性变形使得腐蚀速度提高 2 个数量级左右。试验验证，此处位错堆积和应力集中十分严重，化学位很高，因此金属迅速被腐蚀而损耗（尖角很快变钝），而且棱角在形成开始时腐蚀速度很快。对于 FGD 脱硫装置，循环泵的过流部件表面的这种棱总是在不断形成，特别是材料的硬度和屈服强度偏低时情况更加严重；所以宏观上，腐蚀速度因磨损而增快。因此，循环泵过流部件材料应具备较高的硬度和屈服强度，这不仅是抵抗纯磨损的需要，而且也是抑制磨损对腐蚀的加速作用的需要。

2）腐蚀加速磨损。

相界腐蚀通过对材料表面组织的破坏冲击、挤压反复作用，使材料产生疲劳裂纹。腐蚀介质深入亚表面，促使裂纹扩展而加速剥落。当晶界上具有第二相，或成分偏析严重时，沿晶界优先产生腐蚀，导致金属剥落加快。在不断出现的新金属表面与处于钝化区的表面之间及金属表面与浆液之间均存在电化学腐蚀的电耦合，且与浆液的 pH 值密切相关。FGD 浆液循环泵处于酸性腐蚀介质中，磨损率是其干态下的数倍。即使循环泵叶片未受到腐蚀介质的全面破坏，但由于浆液中硬质颗粒的作用，循环泵金属表面也会出现划痕，划痕边缘与划痕底部构成应变差异电池，从而划痕的边缘受到腐蚀，特别是有裂纹缺陷的部位更是如此。这些部位极易在二次磨损过程中被清除掉。湿态腐蚀磨损并非纯磨损与纯腐蚀的简单叠加，而是具有交互加速作用的复杂过程。

在浆液循环泵中，在快速流动的流体及其携带的固体颗粒的作用下，金属以水化离子的形式进入溶液。尤其是当湍流较为强烈时，腐蚀表现得更为明显：一方面，湍流作用加快了金属表面腐蚀剂的补充及腐蚀产物的输送，从而增加了金属腐蚀相关的反应速率；另一方面，湍流对金属表面产生一个切应力，它可以将已经形成的腐蚀产物从金属表面剥离。石灰浆固体颗粒的存在，使这种切应力的力矩显著增大，造成金属磨损；磨损后的金属暴露出新的表面，腐蚀进一步深入。因此，这种磨损与腐蚀的协同致使循环泵材料损坏加速，危害更加严重。

2. 设计原因

设计的不合理可能在两个方面对循环泵造成不利影响：

（1）泵设计的流量过大，造成泵实际运行工况严重偏离了设计工况，产生汽蚀现象。

（2）泵吸入口之间的距离过小，几台泵同时运行时可能造成“抢流”现象，使泵入口压力下降，此外，将氧化空气管或搅拌器布置在泵入口处，会加大循环泵发生汽蚀现象的可能。

3. 汽蚀作用

循环泵在运转时，其过流部分的局部区域（通常是叶轮叶片进口稍后处）因为某种原因（例如循环泵入口堵塞），抽送液体的绝对压力降低到当时温度下的液体汽化压力时，液体便在该处开始汽化，产生大量蒸汽，形成气泡。当含有大量气泡的液体流过叶轮内的高压区时，气泡周围的高压液体致使气泡急剧缩小以至破裂。在气泡凝结破裂的同时，液体质点以很高的速度填充空穴，在此瞬间产生强烈的水击作用。液体以很高的冲击频率打击金属表面，冲击应力可达几百至几千个大气压，冲击频率可达每秒几万次。当金属表面被冲击的强度超过叶轮材料的极限强度时，金属表面便出现裂纹。气蚀冲击波的能量足以把金属锤成细粒，此时金属表面呈海绵状，加之磨损腐蚀导致叶轮表面的凹坑，此点便成为新气泡形成的核心，从而加速了叶轮材料的流失。发生汽蚀现象后循环泵叶轮损坏情况如图 4-16 所示。

图 4-16　发生汽蚀后浆液循环泵叶轮损坏情况

（四）故障处理

1. 化学及电化学腐蚀防护

（1）严格控制吸收塔浆液系统的 pH 值，确保系统浆液 pH 值在 5～5.5 的范围内。严格按照规程定期冲洗 pH 表计探头，确保 pH 表计测量的可靠性。定期用标准试液校准 pH 表计，防止实测 pH 值误差。

（2）确保吸收塔供浆调节球阀可靠好用，保证石灰石供浆系统向吸收塔内补充石灰石浆液流量的可控性和准确性。

（3）确保球磨机系统的出料石灰粉的粒度，保证磨机出口石灰石粉细度达到设计要求，即 90%过 250 或 325 目，以利于吸收塔内化学反应的顺利进行。

（4）确保氧化空气系统的可靠投入，避免因氧化空气不足，阻碍 $CaSO_3$ 氧化成 $CaSO_4$，导致吸收塔内 pH 值降低。

（5）加大脱硫废水投运力度是降低吸收塔内石膏浆液 Cl^- 浓度的唯一途径。严格控制塔内石膏浆液的 Cl^- 浓度在 20g/L 以内，避免循环泵叶轮因 Cl^- 浓度超标导致腐蚀加剧。

2. 冲蚀磨损防护

（1）严格控制石灰石来料品质。采购石灰石时，不但要有粒度的上限要求，而且应当有下限要求，以避免大量泥土进入系统。确保 CaO 含量不小于 50%，SiO_2 含量不大于 4.5%。避免由于石灰石品质差，石灰石所携带泥土中的 SiO_2 大量积存在系统内，造成循环泵叶轮异常磨损。

（2）严格控制吸收塔内石膏浆液的密度，确保密度在 1080～1130kg/m^3 的范围内。坚决杜绝浆液密度在 1200kg/m^3 以上再去脱水，避免循环泵叶轮的加速磨损。

（3）尽可能采用低转速循环泵运行。FGD 脱硫装置中的浆液循环泵通常设置 3～4 层喷淋层，每层喷淋层对应一台循环泵；三台循环泵的扬程相差 2～3m 不等。对应减速机转速相差 10～20r/min；在确保脱硫效率的前提下，采用低转速循环泵可以减轻叶轮的磨损。在满足所需要的扬程和流量的前提下，考虑加大新增循环泵叶轮直径、降低循环泵叶轮转速的办法来降低循环泵叶轮的磨损。表 4-13 为某电厂循环泵相关参数。可以看出随着叶轮直径增加到 1150mm，循环泵的转速下降了 23.87%。根据式（4-20）可计算出循环泵的冲蚀磨损速率下降 56.87%。

表 4-13　某电厂浆液循环泵参数

参数	A 循环泵	B 循环泵	C 循环泵	D 循环泵
扬程（m）	20.2	22.0	23.8	25.6

续表

参数	A 循环泵	B 循环泵	C 循环泵	D 循环泵
流量（m^3/h）	10 618	10 618	10 618	10 618
出口孔径（mm）	800	800	800	900
入口孔径（mm）	800	800	800	900
叶轮直径（mm）	883	883	883	1150
转速（r/min）	575	586	595	453

3. 汽蚀防护

（1）在保证脱硫效率的前提下，控制进入吸收塔的氧化空气量；防止塔内浆液携带大量多余的空气进入到循环泵内，加速对叶轮的气蚀冲击。

（2）防止浆液循环泵入口滤网堵塞。可以采取以下办法提高循环泵入口的通流面积，防止循环泵入口阻力过大从而形成气蚀：①校核入口滤网面积，确保入口滤网面积为循环泵吸入口的 2 倍以上；②及时清理供浆系统滤网，防止大颗粒杂质进入吸收塔；③定期检查更换衬胶管道防腐层及吸收塔内防腐层的附着情况，及时修复更换破损的衬胶，防止防腐层脱落堵塞塞滤网；④提高废水处理系统投运水平，及时排出系统内浆液中的有害物质，防止塔内浆液中有害成分浓度过高，结晶析出并附着在入口滤网上，堵塞滤网孔洞。

4. 注重选材

由于吸收塔浆液循环泵中流动的是含固量为 15%～20%的酸性介质，且氯离子的质量浓度较高，运行环境非常恶劣，所以循环泵叶轮和外壳的选材是否恰当将直接关系到其使用寿命和运行的可靠性。必须考虑选用材料的耐腐蚀性和耐磨损性，这可以通过控制不锈钢材料中的各元素成分含量来实现。例如适当提高碳含量，同时降低铬含量，保持合适的铬碳摩尔比，可提高材料的硬度，使材料的耐磨性能更佳；材料中加入 Ni 和 Cu 元素可提高其抗氯离子腐蚀的性能，且对材料铸造工艺性能有很好的改善作用；另外，对材料进行热处理，可进一步消除其铸造内应力，消除晶界 Cr 元素和其他元素的贫化，也可提高材料的耐磨耐蚀性能。

第三节 脱水系统常见故障分析及处理

石膏脱水系统的运行状况不仅关系到脱硫最终产物石膏的品质和综合利用情况，要花费人力、物力进行转运，占用场地进行堆放，可能造成环境污染事故；而且也关系到整个系统的水耗和能耗。此外，由于脱水后的滤液水通常会返回脱硫系统循环利用，因此，也会对其他系统的运行造成一定的影响。

一、故障现象

脱水系统运行的最重要指标就是石膏品质，因此，脱水后的石膏品质异常及脱水困难是脱水系统最为常见的故障。以某 2×600MW 机组配套脱硫系统为例，由于脱硫系统入口 SO_2 浓度超标，造成石膏浆液中亚硫酸盐含量超标，脱水系统难以脱除石膏水分，石膏成分分析见表 4-14。

表 4-14　　脱水系统异常时石膏成分分析　　%

机组	取样时间	含水率（≤10%）	$CaCO_3$（≤3%）	$CaSO_3\cdot1/2H_2O$（≤1%）	$CaSO_4\cdot2H_2O$（≤90%）
2号	2009年4月2日	20.65	5.69	12.84	43.49
2号	2009年6月22日	16.24	1.81	7.08	60.48
1号	2009年7月20日	23.35	3.48	8.64	55.91
1号	2009年10月26日	18.12	10.81	12.37	45.32

可以看出，脱水系统的异常主要是由石膏浆液中亚硫酸盐含量过高造成的。

脱水系统异常与正常时的运行情况和石膏产物分别如图 4-17 和图 4-18 所示。

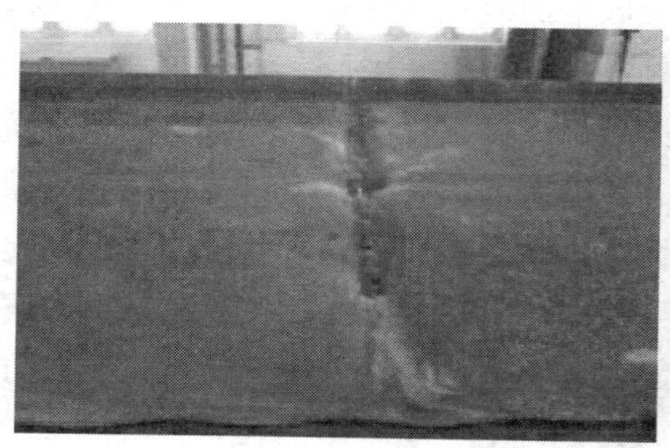

图 4-17　脱水系统异常时的运行情况和石膏产物

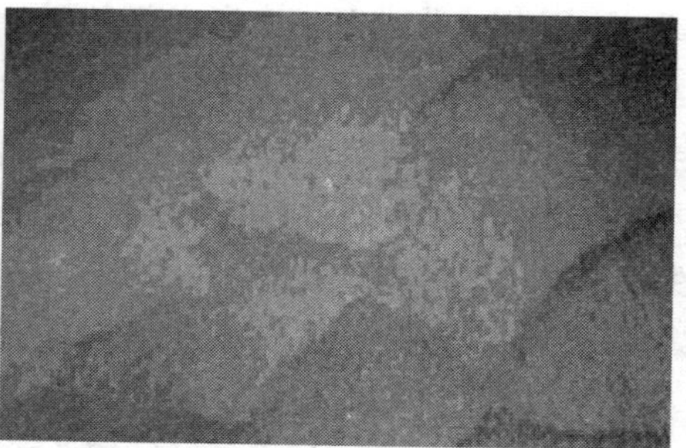

图 4-18　脱水系统正常时的运行情况和石膏产物

二、故障原因分析

（1）石灰石纯度不够。石灰石颗粒越细，其表面积越大，反应越充分，吸收速度越快，石灰石的利用率就越高。一般要求为90%通过325目筛或250目筛，石灰石纯度一般要求大于90%，如果其中黏土或其他杂质过多，则会抑制石膏晶体生长及氧化。通常吸收塔浆液密度控制在20%～30%、钙硫比控制在1.02～1.05时，吸收剂利用率最高。如果石灰石研磨后粒径不符合要求，反应就会不充分，吸收塔中就会有剩余的$CaCO_3$，$CaCO_3$分子的粒径远小于$CaSO_4\cdot H_2O$（石膏）分子的粒径，由于水是通过石膏晶体之间的空隙脱去的，这样在真空皮带脱水机上就会堵塞水的通路，当$CaCO_3$含量超过2.5%时，就会造成脱水困难。当向吸收塔供给的石灰石浆液量过量时，也会造成脱水困难。

（2）入口烟气含尘量超标。入口烟气中的飞灰在运行中不断溶出一些金属离子且浓度会逐渐升高，不断增加的重金属离子浓度对吸收塔内 SO_2 的去除及石膏晶体的形成会产生不利的影响。入口烟气的含尘量过高，将导致系统操作恶化，表现为吸收效率低下、皮带机脱水困难、石膏品质下降等。

（3）氧化空气量不足。O_2 参与烟气脱硫的整个化学过程，使 HSO_3^- 氧化为 SO_4^{2-}，随着烟气中 O_2 含量的增加，$CaSO_4 \cdot 2H_2O$ 的形成加快，降低石膏中的 HSO_3^- 含量，提高石膏品质。如果氧化空气管发生堵塞，将会降低石膏的品质，当 $CaSO_3$ 粒径小于 $CaSO_4 \cdot 2H_2O$ 的分子粒径时，也会造成脱水困难。

（4）旋流站石膏浆液密度。石膏浆液密度小于 1050kg/m^3 时，浆液中的 $CaSO_4 \cdot 2H_2O$ 含量较低，$CaCO_3$ 含量相对较高，会导致浆液内石膏结晶困难及皮带机脱水困难，造成石膏品质下降，石灰石耗量增加；石膏浆液密度大于 1150kg/m^3 时，$CaSO_4 \cdot 2H_2O$ 含量趋近饱和，会抑制浆液对 SO_2 的吸收，使脱硫效率降低。

（5）石膏旋流站的运行。石膏旋流站是一级脱水设备，它运行的好坏直接影响石膏品质。在吸收塔浆液池中形成的石膏通过吸收塔排出泵输送到石膏浆液缓冲池，混合均匀后再输送到石膏旋流站，石膏旋流站包含多个石膏旋流子，石膏浆液通过离心旋流脱水分离后，石膏含水量从 80%降至 40%～50%。如果石膏旋流站不能使浆液脱水至 40%～50%，多出来的水分就要进入真空皮带脱水机，影响石膏真空皮带机的脱水效果，进而影响石膏质量。

（6）真空皮带脱水机的运行。真空皮带脱水机是石膏的二级脱水设备，预脱水石膏浆液从水力旋流站到真空皮带脱水机后，脱水机的真空严密性、滤布通透性、滤饼的厚度、滤饼冲洗水管的安装位置、石膏浆液在皮带机上是否均匀分布都会影响石膏的质量。

当滤饼厚度在 10～30mm 范围内增长时，石膏滤饼的含水量会随之下降，当滤饼厚度不小于 30mm 时，会阻碍石膏滤饼中水分的脱除，石膏的含水量会呈上升趋势。在二级脱水环节去除石膏中的氯离子主要是采用滤饼冲洗水对石膏进行冲洗，滤饼冲洗水管应安装在石膏滤饼绝大部分水分已析出后到达的位置，若安装靠前，则洗涤水可达到降低氯离子含量的目的，但由于安装位置靠近皮带机头部，会导致洗涤后滤饼析水段变短，这样石膏在滤饼中氯离子含量降低的同时含水量也会增加；若安装靠后，则洗涤水只能冲淡滤饼表面浆液中的氯离子，无法达到通过洗涤降低石膏中氯离子含量的效果。在滤饼冲洗水管位置安装合适的前提下，还要考虑滤饼冲洗水均布器是否完好，均布器起到阻止上一区域高氯离子含量浆液进入下一区域的作用，如果均布器有破损，则将会导致上一区域高氯离子含量浆液进入下一区域，影响洗涤效果。

（7）浆液中的杂质对石膏品质的影响。

1）粉煤灰对石膏的影响。首先，F 进入吸收塔内与水接触，生成 F 离子，$CaCO_3$ 中的 Ca 与 F 离子发生反应生成 CaF_2；另外，灰中的 Al 离子溶解到吸收塔内的浆液中，由于这些 AlF_n 多核络合物阻碍 Ca 的离子化，使得 SO_2 的吸收反应无法正常进行，形成钙的供给量不足，脱硫浆液 pH 值降低，脱硫效率下降，进一步影响石膏的生成，影响最终石膏中的硫酸钙的含量。

2）Cl^- 的影响。氯离子影响石膏脱水的机理，主要有三点：①石膏在石膏浆液中由于过饱和，逐渐由小晶粒结晶为大的石膏颗粒。结晶的过程中，由于存在着大量的氯离子，结晶会受到一定的影响。氯离子被晶体包裹，留在晶体内部。溶液中存在一定量的钙离子，留在晶体内部的氯离子会与钙离子结合形成稳定的带有四个结晶水的氯化钙，把一定量的水留在了石膏晶体内部，造成石膏含水率的上升。②氯离子还会留在石膏晶体和晶体之间，同样与浆液中少量的钙离子形成氯化钙。虽然脱水的过程中会有大量的氯离子随水离开石膏，但仍然会残留一部分的氯离子形成氯化钙留在石膏晶体和晶体之间，堵塞了游离水在结晶之间的通道，使石膏脱水变得困难，同时石膏含水量的增加也会导致石膏中的氯离子含量无法达到正常标准。③氯离子的存在也会影响石膏结晶过程，使得石膏晶体发生改变，产生更多的晶核，晶体多样化不利于脱水。不同氯离子浓度下的脱硫石膏含水量变化见表 4-15。

表 4-15　　脱水石膏含水量与氯离子浓度关系　　%

Cl^-浓度（mg/L）	0	1516	3790	7580	11 370	15 160
含水率（%）	10.32	13.27	14.22	15.57	16.34	20.68

根据表 4-15 的数据作图，得出氯离子对脱硫石膏含水率的影响如图 4-19 所示。

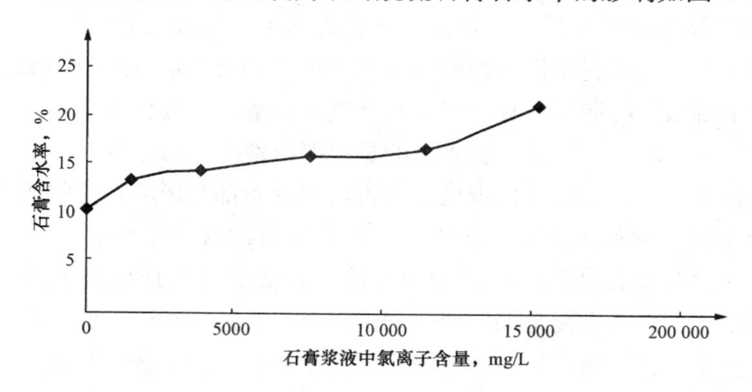

图 4-19　石膏浆液中氯离子浓度对石膏含水率的影响

可以看出，石膏的含水率随氯离子含量的增大而上升。

总结上述几个影响因素，影响石膏品质的原因如表 4-16 所示。

表 4-16　　脱水石膏品质的影响因素

序号	影响石膏品质的原因	根　本　原　因
1	$CaSO_3 \cdot 1/2H_2O$ 含量过高	烟气 SO_2 含量超出氧化风量设计值
		浆液 pH 值过高
2	$CaCO_3$ 含量高	pH 值过高，不利于 $CaCO_3$ 的溶解
		PH 值过低，浆液中的 $CaSO_4 \cdot 2H_2O$ 饱和，抑制石灰石反应
		石灰石活性达不到标准
		石灰石细度达不到标准

续表

序号	影响石膏品质的原因	根本原因
3	石膏浆液中杂质过多	除尘效果不佳，烟尘浓度高，造成粉尘封闭，阻止了进一步反应
		石灰石纯度不够，杂质多
		废水排放不正常
4	一级脱水系统设备存在故障	石膏浆液旋流子内部磨损严重，分离效果变差，造成底流减少
		旋流子沉沙嘴磨损严重，造成孔径增大，分离效果差
		下料分配管存在分配不均匀的问题
5	二级脱水系统故障	真空系统异常
		冲洗水不正常，滤布或皮带存在堵塞现象
		石膏厚度不合适
		真空室密封带磨损，密封效果差

三、故障处理

（1）将石灰石颗粒90%通过325目筛或250目筛，保证其纯度大于90%。

（2）将入口烟气含尘量控制在标准状况200mg/m³以下，方可进行脱硫，并进行石膏脱出；当高于200mg/m³时，应开旁路，增压风机开度尽量调小，使含有高粉尘浓度的烟气尽量少地进入吸收塔中，防止污染浆液。

（3）脱硫投运时要确保脱硫废水系统投运，及时地控制Cl^-和重金属离子的含量，以有效地控制吸收塔里浆液的品质，防止吸收塔发生溢流现象。

（4）实际运行中石膏浆液的相对过饱和度一般维持在0.25～0.30（即饱和度为1.25～1.30），石膏终产物浓度超过浆液的吸收极限时，石膏就会以晶体的形式开始沉积，当饱和浓度达到1250kg/m³时，石膏晶体将在悬浮液中已有的石膏晶体表面进行生长；当饱和度大于1250kg/m³时，就会形成晶核。

（5）通常根据浆液中亚硫酸盐的含量，先计算所需的理论空气量，然后乘以一个大于1的系数。根据经验，此系数一般为1.8～2.5，以确保氧气供应量。

（6）运行过程中如已经出现石膏脱水困难、石膏品质下降的现象，应通过及时的运行调整，消除不利影响。总结石膏脱水异常处理的调整方法，可分为常规处理、大流量浆液置换和参数预控三种方式，具体内容见表4-17。

表4-17　石膏脱水异常处理方式

处理方式	简要处理措施
常规处理	1）发现脱稀石膏后，停运脱水系统； 2）吸收塔外接排浆管道进行边排边补； 3）采取措施后，如果由于负荷不能降低等原因造成浆液密度仍持续上升到1200kg/m³时，需进行稀石膏脱水

续表

处理方式	简要处理措施
大流量浆液置换	1）发现脱稀石膏后，停运脱水系统； 2）往事故浆液箱内进行大流量的浆液置换，分批逐步置换，直到打满事故浆液箱； 3）在事故浆液箱外接排浆管道进行排浆； 4）采取措施后，如果由于负荷不能降低等原因造成浆液密度仍持续上升到1200kg/m^3时，吸收塔外接排浆管道排浆
参数预控	1）在石膏脱水正常时，监视吸收塔浆液密度的变化，按照密度上升情况采取不同措施； 2）当浆液密度上升到1150kg/m^3时，化验浆液成分，判断引起密度变化的原因，如亚硫酸钙高则联系降低入口含硫和负荷，加强氧化风管反冲洗等措施来恢复； 3）当浆液密度持续上升到1170kg/m^3时，在连续脱水的同时，利用事故浆液箱或停备吸收塔进行大流量浆液置换，以快速降低浆液密度，如果单机运行，事故浆液箱或停备吸收塔的浆液可以同时脱水，相当于两套脱水系统运行； 4）当浆液密度继续上升到1190kg/m^3时，事故浆液箱排浆； 5）当浆液密度继续上升到1200kg/m^3时，吸收塔外接排浆管道排浆

三种处理方式经济性对比见表4-18。

表4-18　　石膏脱水异常处理方式经济性对比

处理方式	处理时间	安全经济分析
常规处理	7～10天	1）整个处理过程时间长； 2）有时被迫进行稀石膏脱水，给运输和处置带来极大的不利； 3）每次处理好后的额外费用多
大流量浆液置换	5～7天	1）处理过程相对要快； 2）不会带来稀石膏脱水的不利影响； 3）每次处理好后的额外费用较多
参数预控	1～3天	1）处理时间短； 2）能在有脱水异常的苗头时就提前采取措施，只要负荷和入口含硫能及时配合，一般都不会造成石膏脱水异常； 3）每次处理好后的额外费用不多

仍以表4-14中所属电厂为例，采用上述处理方式后，石膏脱水运行状况显著好转，石膏含水量、$CaCO_3$、$CaSO_3 \cdot 1/2H_2O$含量均得到了良好控制，$CaSO_4 \cdot 2H_2O$含量显著增加，石膏分析结果见表4-19。

表4-19　　采取处理措施后的石膏成分分析　　%

机组	取样时间	含水率（≤10%）	$CaCO_3$（≤3%）	$CaSO_3 \cdot 1/2H_2O$（≤1%）	$CaSO_4 \cdot 2H_2O$（≤90%）
2号	2009年11月18日	11.43	2.91	0.97	93.37

续表

机组	取样时间	含水率（≤10%）	$CaCO_3$（≤3%）	$CaSO_3\cdot1/2H_2O$（≤1%）	$CaSO_4\cdot2H_2O$（≤90%）
1号	2009年12月01日	11.05	7.29	0.55	82.72
1号	2009年12月14日	8.18	3.03	0.18	87.20
2号	2009年12月14日	7.70	2.13	0.48	91.78
1号	2009年12月21日	9.30	6.26	0.029	87.12
2号	2009年12月21日	11.84	6.94	0.059	88.03

第四节　综合性常见故障分析及处理

一、脱硫系统腐蚀

由于脱硫系统所处运行环境的特殊性，腐蚀是脱硫系统运行中极为常见的故障之一，腐蚀不仅会对设备本身有较大危害，而且也会对整个系统的稳定运行造成很大威胁，因腐蚀问题造成系统停运的事故已屡见不鲜。在国外一个新建项目中，防腐蚀工程会占该项目总投资的20%～30%，从这个数据中可以很清楚地得出防腐蚀工程在项目建设中的重要性，这对于脱硫工程（FGD）更是如此。图4-20所示为因运行严重腐蚀的石膏旋流站。

（一）腐蚀来源

图4-20　运行中腐蚀严重的石膏旋流站

烟气脱硫系统的腐蚀原因非常复杂，在吸收塔中相遇的介质是烟气和吸收剂，其中吸收剂本身的腐蚀性并不强，而烟气中冷凝物的腐蚀性却是很强的，其中包括硫酸、亚硫酸、盐酸、氮氧化物的水合物等。另外，煤中所含的氯化物和氟化物使腐蚀问题变得更为严重。高温会加剧腐蚀，固体颗粒和沉积物也会带来磨蚀并加剧腐蚀。这些因素的共同作用，会导致以下几种腐蚀：

(1) 低温结露腐蚀。当FGD尾部设备受热面的温度低于烟气的酸露点时，含硫烟气中的水蒸气和SO_3结合成的硫酸会凝结在受热面上，严重地腐蚀受热面，这种因蒸汽凝结而腐蚀的现象称为低温腐蚀，也称为结露腐蚀现象。低温腐蚀在湿法脱硫系统中是较为严重的一种腐蚀类型，通常发生在GGH和烟囱等尾部设备中。通常情况下，烟气中水蒸气的含量常较空气中的高些，因此烟气的露点也较高，即烟气中的水蒸气在较高的温度下就开始凝结。这个露点只考虑了水蒸气的影响，一般都比较低，如果燃料中有硫存在，则情况就会不同。燃料中的硫燃烧后生成SO_2，其中一小部分还会再氧化成SO_3，烟气中SO_3气体与烟气中的水蒸气结合为硫酸蒸汽。烟气中有硫酸蒸汽存在时，即使它的含量很少，它对露点的影响也很大。考虑了烟气中硫酸蒸汽的露点称为烟气的酸露点。

影响火电厂烟气酸露点的原因非常复杂，主要包括燃料含硫量和燃烧方式、过量空气系数、烟气中水蒸气含量和飞灰或受热面结构的积灰程度等。根据研究表明，烟气中硫酸蒸汽是由硫分氧化而来的，燃料含硫量越高，其酸露点温度越高；链条炉、煤粉炉和液态排渣炉三种燃烧方式相比，相同燃料的露点温度链条炉最大，煤粉炉其次，液态排渣炉最小；过量空气系数对酸露点的影响主要是因为其改变了 SO_2 和 SO_3 两种硫氧化物之间的平衡状态，在保证燃烧充分的前提下，过量空气系数越低，SO_3 的生成量越少，烟气的酸露点温度就会降低；其次，烟气中水蒸气含量也是烟气酸露点的影响因素之一，烟气中水蒸气的浓度越大，水蒸气分压力也就越大，烟气酸露点温度便会提高；最后，飞灰或受热面的结构积灰会对 SO_2 和 SO_3 具有一定的吸附作用，可在一定程度上减少烟气中 SO_x 的浓度，降低烟气露点温度。

（2）SO_x 的化学腐蚀腐蚀。SO_x 溶于水后，生成相应的酸液，使金属表面吸附的水膜 pH 值很低，加之 SO_x 本身又是强氧化剂，在阴极上可以进行还原反应，即

$$2H_2SO_3 + 2H^+ + 4e = S_2O_3^{2-} + 3H_2O \quad E^0 = +0.40V \tag{4-21}$$

$$2H_2SO_3 + H^+ + 2e = HS_2O_3^- + 2H_2O \quad E^0 = +0.08V \tag{4-22}$$

这些反应的标准电极电位比大多数工业用金属的稳定电位（如铁的 $E^0 = -0.44V$）要高得多，从而使金属构成腐蚀电池的阳极而加快腐蚀。

更为严重的可能是“酸的再循环”，SO_2 被吸附在金属表面，在有氧存在的情况下发生反应，即

$$Fe + SO_2 + O_2 = FeSO_4 \tag{4-23}$$

$FeSO_4$ 水解生成游离的硫酸，即

$$4FeSO_4 + 10H_2O + O_2 = 4Fe(OH)_3 + 4H_2SO_4 \tag{4-24}$$

如此循环往复，使腐蚀不断循环下去。

（3）HCl。HCl 来自于燃料及工业用水，当 HCl 以气相存在时，对钢铁的腐蚀性小，当低于露点温度（最高露点温度为 108℃）时，会与 H_2O 结合生成盐酸，产生腐蚀。

因脱硫工艺要求 pH 值为 5.5～6，故存在稀酸的腐蚀，同时应注意，HCl 的存在会发生如下反应，即

$$CaCO_3 + HCl \rightarrow CaCl_2 + H_2O + CO_2 \uparrow \tag{4-25}$$

即存在 $CaCl_2$ 的结垢，对它的清理会损坏衬里层。

（4）H_2O。水并非不参与反应，水本身会腐蚀钢铁，特别是大于 100ppm 的含氯离子的工业用水。很多酸的腐蚀必须在有水的前提下，无水的浓酸，例浓硫酸反而对碳钢的腐蚀极小。

水的分子半径很小，在几乎所有的介质中，它的离子半径属于很小的一种，氧亦如此。因此，它会渗透相当多的有机及无机材料隔离层（金属除外），在水的渗透过程中，其他介质随之渗透，故在防护工程中，对稀酸、稀矸介质，需选择抗渗性能好的材料，而常规涂料，PVC、PP、FRP 及部分砖板衬里，均应慎用。砖板衬里适用于有抗渗层的复合衬里结构。

由排放原烟气及净烟气组分中可知，烟气中的 H_2O 含量相当高，特别是经洗涤后的净烟气内，充满了饱和水蒸气，选材时应引起重视。

(5) $CaSO_4 \cdot 2H_2O$、$CaSO_3 \cdot 1/2H_2O$ 及氟化物。$CaSO_4 \cdot 2H_2O$ 特别是难溶的亚硫酸钙，会对衬里层产生磨损，并在衬里层壁面结垢，导致衬里层易被损坏。存在于煤的燃烧烟气及石灰石中的氟化物，会生成氟化氢，对碳钢产生腐蚀，同时会腐蚀含硅材质，一般煤中的氟化物含量很少，故在砖板衬里结构中，多选用瓷砖，也有选用碳砖的，后者对 HF 耐蚀。

(6) 棕泥。煤中的 Fe_2O_3 和 Al_2O_3 等金属氧化物与细石灰石颗粒的飞灰混合物，会在 FGD 装置底部积聚，内含氟化物。棕泥会对衬里层产生磨损。

(7) 气、液流冲刷。原、净烟气在高速流动中，对气、液流管道，包括旁通管道（在 FGD 装置停止运转期间开通）、热交换器、洗涤塔壁面，产生冲刷磨蚀。石灰浆液及吸收 SO_2 后的含硫浆液亦是如此。

(二) 腐蚀形式

脱硫腐蚀中常见的腐蚀形式有金属材料的腐蚀和非金属材料的腐蚀。

金属材料的腐蚀形式有均匀腐蚀（一般腐蚀）和局部腐蚀（点腐蚀、缝隙腐蚀、晶间腐蚀、应力腐蚀、疲劳腐蚀），以及物理腐蚀（冲刷腐蚀和磨损腐蚀）、电化学腐蚀等。

(1) 缝隙腐蚀。在各种腐蚀中，缝隙腐蚀最为常见。缝隙腐蚀是以裂缝的形式出现的，发生在因氧气供应不足致使钝化膜被破坏的部位。缝隙中的电解质由于扩散迟缓而比缝隙外的电解质更缺氧。另外，阳极的氯化物（如氯化铁）会发生水解作用，使缝隙里的液体大多呈酸性，又因放热反应促使局部蒸发，使缝隙里的电解质浓度越来越高。

缝隙腐蚀可能出现在材料中，也可能出现在不同材料之间（其中至少有一种材料是金属），例如安放有垫圈的部位或附着沉积物的金属表面。因此，应尽量避免出现沉积层。防止发生此类腐蚀的办法是在合金中提高铬、钼元素，尤其是钼元素的含量。

(2) 点腐蚀。点腐蚀是除缝隙腐蚀外，在脱硫装置中频繁出现的另一种腐蚀。是在金属或合金钝化膜上发生的局部腐蚀。如果钝化膜再生得不够快，这种腐蚀就会加速，使腐蚀深度加深。一般在含有卤化物（如氯化物）的水溶液中易发生此类腐蚀。因此，此类腐蚀在脱硫尾部烟道很为常见。

(3) 应力开裂腐蚀。应力开裂腐蚀是在张应力和特定腐蚀介质的作用下，金属材料中产生裂缝的一种腐蚀。裂纹的出现常不可预料，被腐蚀的部件也看不到有明显的变化，出现应力腐蚀开裂的条件是：①材料对引起应力腐蚀的特定介质敏感；②在腐蚀环境中存在这种特定介质；③部件表面施加有超过临界值的张应力（包括内应力）；④其他腐蚀如点腐蚀或缝隙腐蚀的作用。

(4) 气泡腐蚀和冲刷腐蚀。气泡腐蚀和冲刷腐蚀形成的原因是钝化膜破坏和材料的表面机械应力过高。气泡腐蚀中，气泡爆裂是造成钝化膜破坏的主要原因；而冲刷腐蚀中，高流速和介质中夹带固体粒子是主要原因。这类腐蚀大多发生在快速运动或有高速介质流过的部件上，包括泵壳、叶轮、泵轴、喷嘴、弯头、搅拌器叶片、管道和阀门等。

(5) 晶间腐蚀。石灰石—石膏法的浆液属碱性液体，吸收 SO_2 后生成可溶性的 $CaSO_4$ 或 $CaSO_3$。其溶液渗入表面防腐层的毛细孔内，当停留检修使该设备停用时，由于自然干燥，该溶液会生成结晶型盐，同时体积膨胀使设备自身的防腐材料产生内应力，而使其脱皮、粉化、疏松或裂缝损坏。尤其因干湿交替作用，带结晶的盐类体积可增加几倍或几十倍，腐蚀更加严重。

(6) 电化学腐蚀。电化学腐蚀是由不同的金属（或导电非金属）为两极形成腐蚀电池的结果，常发生在不同金属之间的法兰连接处、焊缝接点处。

非金属材料的化学腐蚀较缓慢，而物理腐蚀破坏较迅速，是造成非金属腐蚀的主要原因。物理腐蚀主要表现为溶胀、鼓泡、分层、剥离、开裂、脱胶等现象，主要是由腐蚀介质的渗透和应力腐蚀所致。另外，施工质量对保证材料的性能也是至关重要的，影响归纳如下：

(1) 介质渗透。这是引起物理破坏极为重要的因素，应力的来源一般有三个方面：①介质经材质基体中分子级空穴逐步迁移；②介质经材质中存在的微裂纹、微气泡在毛细作用下渗入；③介质经填料和材质间界面孔隙渗入。这三种渗透途径在衬里中并存，相互促进，导致防腐层内介质逐层渗透。

(2) 残余应力及热应力。这是引起非金属材料破坏的重要因素，应力的来源一般也有三个方面：①基体固化时的收缩应力；②不同介质材料界面收缩应力；③环境温度引起的热应力。材料成型中的残余应力及使用中热应力的存在，会使衬里的界面强度降低，增加微裂纹及界面孔隙，为材料内缺陷的发展及介质渗入提供潜在的条件。残余应力与介质渗透是相互促进的两个方面。残余应力会导致微裂纹的产生，微裂纹会给介质渗透提供途径，渗入的介质又进一步激发残余应力并产生毛细效应，致使微裂纹发展、新生，形成腐蚀破坏的恶性循环。

(3) 施工质量。施工质量包括衬里成型的每一个环节，从防腐蚀设计、表面处理、操作技能、材料配置到各工序的质量，主要应从加厚防腐层、抑制腐蚀介质渗透、减少衬层内残余应力并改变应力作用效果、强化施工质量控制等方面入手。无机非金属高分子材料在结构设计及材料组成上能较好地满足上述理论，较之传统的防腐技术的突出不同点在于它是以抗介质渗透、减少残余应力为出发点设计的。

(三) 腐蚀环境

整个工艺系统中，GGH、吸收塔、制浆系统、脱水系统及烟囱，均存在设备的腐蚀问题。在不同的腐蚀环境中，其腐蚀类型和腐蚀程度存在很大差异，典型湿法烟气脱硫尾部设备的主要腐蚀环境如表 4-20 所示。

表 4-20　　典型湿法脱硫尾部设备的主要腐蚀环境

腐蚀位置	腐蚀介质	腐蚀原因
GGH 进口侧至吸收塔进口侧	pH 值为 1～2 的酸性液及含酸性物质的飞灰	烟气中酸性物质被 GGH 冲洗水吸收后显酸性，GGH 换热后湿态烟气温度低于酸露点，形成酸液对金属产生腐蚀
吸收塔进口干湿界面处	pH 值为 3～4，HCl、HF、SO_3	烟气和喷雾雾滴的相互渗透和扩散，以及高温烟气的冷却蒸发作用
吸收塔浆池	pH 值为 4～6，Cl^-、F^-、SO_4^{2-}、SO_3^{2-}、石灰石、石膏颗粒	吸收了烟气中 SO_3 和其他酸性物质的石膏浆液呈强腐蚀性，在吸收塔内外温差作用下，渗透至碳钢塔壁，造成腐蚀

续表

腐蚀位置	腐蚀介质	腐 蚀 原 因
吸收塔喷淋区及除雾区	附着在塔壁或支撑框架及喷淋系统管道上的含高浓度酸性物质的固体物	固体物质结垢附着，同时由于洗涤液的持续喷淋，在吸收塔内外温差作用下，含酸性物质的液体渗透至碳钢塔壁，造成腐蚀
吸收塔出口 GGH 净烟气进口 GGH	温度为 45～60℃，含少量液态水的饱和烟气	饱和烟气结露凝结与烟气中的酸结合生成腐蚀性酸
GGH 净烟气出口至烟囱出口	温度为 80℃左右，水蒸气含量很高的过热烟气	酸性物质的烟气在烟囱正压区渗透至烟囱内部，造成腐蚀
烟囱	水汽、残余的酸性物	FGD 系统运行时会结露、结垢，停运时要承受高温烟气

（1）GGH 腐蚀环境。我国早期投运的电厂脱硫装置均安装了 GGH，其目的在于提高排烟温度和抬升高度，减轻脱硫后烟囱冒白烟的问题和防止尾部腐蚀。GGH 是整个脱硫工艺系统腐蚀较为严重的部位之一。某厂一期烟气脱硫装置 1992 年投运，1994 年大修中明显发现换热器受热面受到严重腐蚀，管束鳍片管严重腐蚀且大量脱落，管束明显减薄，换热效果变差。

导致 GGH 中产生腐蚀问题的原因很复杂，其中因烟气成分造成烟气露点升高是腐蚀的主要原因之一。GGH 区域的腐蚀是典型的低温腐蚀，低温腐蚀的发生主要与烟气露点有关。GGH 中的烟气成分有水蒸气、粉尘、SO_2、SO_3、HCl、HF 等。水蒸气的露点一般较低，但由于烟气中 SO_2、SO_3 和粉尘等组分的影响，使得烟气露点显著提高。GGH 中烟温在 80℃左右，低于烟气露点温度，因此硫酸蒸气结露并逐渐浓缩在金属壁面上，形成了金属壁面的低温腐蚀。

（2）吸收塔内腐蚀环境。目前，在湿式石灰石—石膏法烟气脱硫工艺中多采用了高效喷淋塔，即空塔。塔内的腐蚀原因有硫的腐蚀、Cl 离子的腐蚀和磨损腐蚀三种。研究发现，吸收塔内部的腐蚀主要是由于石灰石浆液中氯化物的含量过高所引起的麻点腐蚀和烟气冲刷带来的磨损腐蚀。

吸收塔内部石灰石浆液中氯化物的存在会引起电化学腐蚀。研究发现，当 Cl 离子浓度达到 3%时，腐蚀速度增至最大，而吸收塔浆液中 Cl 离子浓度为 2%～3%，恰在 Cl 离子腐蚀最严重的范围内，由于浆池内有空气通入，故是富氧区，Cl 离子腐蚀属于氧去极化腐蚀，含氧量越高腐蚀越快。脱硫塔内的烟气中仍含有大量的颗粒物，且石灰石—石膏浆液中有较高的含固量（80～250g/L），在气液高速流动的吸收塔内部，对吸收塔壁、构件、塔内管道形成冲刷磨损。

（3）尾部烟囱腐蚀环境。湿式石灰石—石膏法脱硫后进入烟囱的烟气湿度大，温度低，加之主要腐蚀成分 SO_3 的存在，使得烟气露点温度显著提高，在烟囱内壁上造成了严重的结露腐蚀。另外，脱硫处理后的烟气中还含有氟化氢和氯化物等强腐蚀性物质，形成腐蚀强度高、渗透性强，且较难防范的低温高湿稀酸型腐蚀。即使经过换热器升温后烟气温度一般约为 80℃，亦会形成结露，因此吸收塔出口后的烟道及其 FGD 出口的混凝土烟道和烟囱，亦处在腐蚀环境中。

(4) 石灰石浆液供应系统腐蚀环境。石灰石浆液中主要含 $CaCO_3$ 颗粒的悬浮液，pH 值一般约为 8。如果制备石灰石浆液的工艺水采用真空皮带脱水机冲洗石膏用的过滤水，则石灰石浆液中也会含有氯离子、硫酸根离子和亚硫酸根离子，氯离子的质量分数可能达到 2×10^{-2}左右，浆液供应系统也内可能会发生酸性腐蚀。

(5) 石膏浆液排出及处理系统腐蚀环境。石膏浆液中主要含有氯离子、硫酸根离子和亚硫酸根离子，氯离子质量分数可能达到 2×10^{-2}以上，该系统也可能会发生酸性腐蚀。

(四) 防腐材料的选择

要使脱硫设备具有较强的防腐性能，材料的选择起着至关重要的作用。第一，所用的防腐材料应当耐温，在烟道气温度下长期工作不老化，不龟裂，具有一定的强度和韧性；第二，采用的材料必须易于传热，不因温度长期波动而起壳或脱落。具体到脱硫设备的防腐，应满足下列基本要求：①防腐材料对水蒸气、SO_2、HCl、O_2 及其他气体具有较低的渗透性；②抗酸、碱腐蚀；③抗氧化性、抗热性、抗磨性好；④与基体有良好的黏合性。

目前，对烟气脱硫装置的防腐重点是在防腐材质的选择上，由于防腐材料品种繁多，性能不一，至今对 FGD 湿法工艺设备的防腐仍未形成一致的看法，因此在防腐工程实践中大多形成了各自的技术特点。例如美国主要采用镍基合金或碳钢内覆高镍合金板；德国等国家倾向于在吸收塔和出口烟道内表面使用橡胶衬里，或采用碳钢内衬橡胶和玻璃钢；日本采用碳钢内涂玻璃鳞片乙烯基酯树脂等。我国在脱硫防腐方面还未形成自己的特色，所采用的防腐材料主要有碳钢合金、橡胶内衬、玻璃钢、鳞片树脂涂料、无机材料等。

上述材料中，金属及合金防腐材料容易发生点腐蚀、缝隙腐蚀、电化学腐蚀等，而破坏整个材料，并且制造成本高，维护困难，除在关键部件使用外，一般不采用。无机类材料防腐耐磨耐温较好，但弊端较多，综合性能差，适合于较低防腐条件。目前用得较多的有水玻璃胶泥，主要用在管道及烟囱等防腐要求较低的地方，脱硫塔中则是多种材料同时使用。单纯的有机防腐材料一般难以达到防腐的目的，但有机非金属复合材料却表现出了优良的防腐耐磨性能，因此成为当前世界各国的研究热点。有机类材料中的胶泥或涂料，是烟气脱硫装置中用得最多的防腐材料。常用的有机胶泥有酚醛胶泥、呋喃胶泥、环氧胶泥和聚酯胶泥。涂料则主要是鳞片树脂涂料，如玻璃片、云母、耐蚀金属片、有机材料等，其中国内生产的 VEGF 玻璃鳞片涂料，在电力、冶金等行业的脱硫装置中用得比较多，具有很好的防腐耐磨性能。

1. 橡胶衬里

考虑脱硫设备运行中所接触的介质、各种运行工况及橡胶衬里施工和检修的需要，橡胶衬里应满足下列要求：①对水蒸气、SO_2、HCl、O_2 及其他气体具有较低的渗透性、抗酸及盐的腐蚀性、抗氧化性和抗热性；②抗磨性好，尤其在与悬浮液接触的部位；③良好的黏合性。

橡胶衬里分天然与合成两种胶板衬里。天然橡胶的基本化学结构是异戊二烯。以异戊二烯为单体，通过与其他有机物、卤化物、无机物、元素等的反应或硫化，得到合成橡胶，主要产品有氯丁橡胶、丁基类橡胶（包括丁基橡胶、氯化丁基橡胶、溴化丁基橡胶）等，因

此，合成橡胶的化学、物理性能较天然橡胶有很大变化。

（1）抗渗透性（即橡胶的低溶涨性）。丁基橡胶由于甲基群体的存在，氯化丁基橡胶、溴化丁基橡胶由于含有极性卤原子，均有很低的渗透率，具体如表4-21所示。

表4-21 几种橡胶的渗透率

防腐蚀材料	天然橡胶	氯丁橡胶	丁基橡胶	氯化、溴化丁基橡胶
38℃时的渗透系数	53	44	4.0	5.0

（2）防Cl^-腐蚀性能。由于橡胶能在任何溶液中提供很好的抗氯离子性能，因此，一般不会发生Cl^-腐蚀问题。

（3）抗热性。天然橡胶的抗热性不好；氯丁橡胶的最大操作温度为90℃，比丁基类橡胶低30℃。

（4）耐磨性。耐磨性由橡胶的弹性吸收碰撞微粒的能源所决定，理论上软质橡胶的弹性高，耐磨性好。丁基类橡胶的耐磨性最好，为300～600mm^3。因此，丁基类橡胶适宜作为烟气脱硫装置的橡胶衬里材料，硬橡胶只用于接头和管道的法兰面橡胶。

目前，橡胶内衬广泛用于脱硫塔内衬、浆液箱罐池内衬、浆液管道内衬和净烟气烟道内衬，特别是在欧洲，橡胶内衬是其烟气脱硫防腐工程的传统工艺。德国曾对丁基胶板在FGD装置中使用了15年后进行剖析，观察到在0.1mm深度内的胶板表层有了溶胀，且溶胀至其本身厚度的5倍多，含水量达到了50%以上，但在该表层以下的胶层含水量仅百分之几，且随深度加深而迅速降低。毕竟该衬里层已使用了15年。

在FGD装置中不推荐天然胶板、氯丁胶板衬里，而推荐丁基胶板、氯化丁基胶板（CI-IR）及溴化丁基胶板（BIIR）衬里。

丁基胶板的软胶衬里，具有较好的抗震动性能，它的使用可靠性要高于玻璃鳞片衬里。

2. 玻璃鳞片衬里

吹制玻璃鳞片的原料是一种含矸的C玻璃，这是一种化学玻璃，耐蚀性优良，厚约2～3μm。

涂层的破坏大多由于介质的渗透，涂层的透气、透液性主要取决于涂膜的针孔和结构气孔，针孔的产生是由于溶剂挥发和施工不当造成的，针孔的直径为10^{-2}～10^{-4}cm。结构气孔则与涂料本身的树脂结构有关，它的直径在10^{-5}～10^{-7}cm，即使只存在结构气孔，它与水分子和其他介质分子的直径相比，还是大了。所以，介质的渗透，对一般涂料而言是不可避免的。

填充玻璃鳞片的涂层，它在1mm厚的涂层中，存在约百片的玻璃鳞片的平行排列，这样介质渗透被大大推延了，即渗透系数只有同样厚度树脂涂层的1/10。这种鳞片的屏蔽效果，在FGD装置的苛刻使用条件中，降低了涂层气泡的生成，有利于使用寿命的极大提高。

玻璃鳞片涂层衬里的施工主要采用镘工涂抹、喷涂与辊刷，适宜在较平整的表面内衬，要求内部结构简单、平整、焊缝圆弧过渡。片状衬里在拐角处易损坏、裂缝，故表面需玻璃钢补强，设备内件、接角采用片状衬里有难度，可采用预制FRP内衬。

在FGD装置中采用玻璃鳞片涂层衬里的部件有的建议采用喷涂施工工艺，有的则建议采用抹涂工艺，究其原因是由于喷涂工艺中采用的鳞片直径较小，约为0.4mm，喷涂有利于施工进度，涂层厚度薄，经济，但它的抗渗透能力弱于抹涂，在选材中需予以注意。

抹涂则采用3.2mm的鳞片，鳞片在涂层中的含量为20%～30%，（喷涂约不高于20%），故抗渗透性更显优良，在长期有液体凝析的部位，特别是介质与水蒸气在高温下彼此参与时，更应优先采用抹涂。在高温下，若介质负荷中等，且只有少量湿润介质，即可采用喷涂或辊刷，当喷涂或刷涂次数增至4～5次时，则鳞片涂层厚度可达1.6～2.0mm，它的耐腐蚀性的可靠程度就提高了。几种涂层的性能对比见表4-22。

表4-22　几种涂层的比较

项　目	丁基橡胶	抹涂乙烯酯树脂	喷涂乙烯酯树脂
最大鳞片（mm）	—	3.2	0.4
使用温度（℃）	≤90	≤160	≤160
断拉伸长率（%）	≥300	约0.5	约0.5
涂层厚度（mm）	≥4	约2	约1.3
抗拉强度（N/mm^2）	≥5	40	40
化学稳定性	好	好	好
耐磨性	很好	中等	中等
渗透速度［70℃，$g/(m^2 \cdot d)$］	约0.5	约1.0	约4.0

3. 玻璃钢（FRP）

玻璃钢（FRP）是由基体材料和增强材料添加各种辅助剂而制成的一种复合材料，常用的基体材料有环氧树脂、酚醛树脂、呋喃树脂等。单一树脂的玻璃钢各有优缺点，难以满足烟气脱硫装置的防腐要求，通常采用复合玻璃钢。例如在烟气脱硫装置中应用较多的是酚醛环氧型乙烯基树脂做成的复合玻璃钢。又如用环氧树脂打底，配以耐温和耐酸碱性能较好的呋喃树脂，加以所需性能的填料和辅助剂制成的复合玻璃钢，其耐磨、耐湿热、抗渗透和力学性能等方面都强于单一树脂的玻璃钢。

4. 不锈钢和镍合金衬里

C-276为一种合金钢，是为严重腐蚀的介质而设计的一种合金材料，是在镍—钼—铬合金中再加入钨，焊接后可以不用再进行固溶热处理。铬和钼的配合使不锈钢的耐蚀性能有了极大的提高，镍则改进了不锈钢的韧性。C-276合金在常温及高温中都能保持很高的强度。而C-22合金钢，是一种通用的镍—铬—钼—钨合金，与其他现有的镍—铬—钼合金（包括C-276、C-4、625合金）相比，它具有更好、更全面的抗腐蚀性。C-22合金对于点腐蚀、缝隙腐蚀和应力腐蚀开裂等都有很强的抗力。双相不锈钢是在其固溶组织中铁素体相与奥氏体相各占一半，一般最少相的含量也要达到30%。双相不锈钢兼有铁素体不锈钢和奥氏体不锈钢的优点，屈服强度比普通奥氏体不锈钢高1倍多，塑韧性好，壁厚可比常用的奥氏体减少30%～50%，有利于降低成本；具有优异的耐局部腐蚀性能和耐应力腐蚀破裂的能力，尤其适用于含氯离子的环境中；线膨胀系数低，与碳钢接近，适合与碳钢连接，具有重要的工程意义，如生产复合板或衬里等。

5. 不同部位的防腐方案

(1) 烟气换热器前的原烟道。当烟气温度大于酸露点温度时，可不考虑防腐措施，烟道用普通碳钢制作。但对于换热器入口处的原烟道，宜适当进行防腐处理，如烟道底板采用耐蚀合金钢板制作或入口段采用耐高温的玻璃鳞片树脂内衬。

(2) GGH。换热器外壳可采用碳钢加鳞片树脂内衬防腐蚀，换热元件采用涂搪瓷的钢板或耐蚀合金钢板制造，转子和轴宜采用考登钢或ND钢制造。

(3) 烟气换热器后的原烟道。换热器至吸收塔的原烟道及吸收塔出口至混凝土烟道接口的净烟气烟道可采用碳钢加橡胶内衬或加玻璃鳞片树脂内衬进行防腐蚀，考虑材料价格及施工方便等因素，采用玻璃鳞片树脂防腐蚀较好。凡需要鳞片树脂内衬的烟道，内部不能设内撑杆或其他加固结构，烟道连接焊缝应为双面满焊，且转角处焊缝应有不小于5mm的半径。

吸收塔入口处的烟道，应进行防腐蚀处理。一般可选用三种方式：①采用耐蚀合金钢板制作，如926合金或59合金等；②复合钢板或内贴耐蚀合金钢板；③内衬橡胶。

吸收塔入口烟道不宜采用鳞片树脂防腐蚀，这是因为喷淋浆液可能沉积在烟道底板或侧壁，吸收塔停运维修时，沉积物清理困难，易损坏防腐蚀内衬。

(4) 烟道挡板及膨胀节。旁路挡板及FGD出口净烟气挡板，壳体宜采用碳钢内贴耐蚀合金钢板（926合金或31合金）或碳钢加鳞片树脂内衬；叶片采用926合金或31合金，密封片采用C-276合金或59合金；烟道膨胀节普遍采用非金属材料制造。

(5) 吸收塔及其内部构件。

1) 国外不少公司对吸收塔塔体习惯采用耐蚀合金制作，但成本太高，我国很少采用。我国普遍采用碳钢加橡胶内衬或碳钢加鳞片树脂内衬，并根据塔内不同部位承受腐蚀程度的强弱，采取相应的防腐蚀设计。

2) 塔内喷淋层主管采用耐蚀合金材料（926合金），支管采用玻璃钢（FRP），也可主管和支管全采用FRP。但我国目前生产的FRP管，其强度、抗老化及抗腐蚀能力较差，一般选用国外进口的FRP管。吸收塔喷嘴一般采用碳化硅（SiC）制造。

3) 吸收塔搅拌器轴和叶片应采用耐蚀合金（926合金或59合金）制造。

4) 除雾器可采用带滑石增强的聚丙烯材料制造。

(6) 吸收剂浆液和石膏浆液管道。氯离子、硫酸根或亚硫酸根含量较高的浆液管道可采用耐蚀合金钢管、碳钢衬胶钢管或FRP管，但考虑造价及使用寿命等因素，普遍采用碳钢衬胶钢管。

(7) 金属箱罐及混凝土浆池。为防腐蚀，金属箱罐可采用碳钢内衬橡胶或鳞片树脂，混凝土浆池宜采用内衬鳞片树脂。

(8) 浆液循环泵及石膏浆液输送泵。浆液循环泵及石膏浆液输送泵不仅要考虑腐蚀，而且还应考虑磨蚀。因此，泵的叶轮宜采用合金叶轮，不宜采用衬橡胶叶轮；泵壳可采用全合金制造，也可采用铸钢内衬可拆卸更换的橡胶内套。

(9) 烟囱及混凝土烟道。湿法脱硫装置出口烟气仍含有少量的SO_3、SO_2、HCl、氯离子及浆液滴，烟温较低，仍为饱和湿烟气，对烟囱及混凝土烟道具有较强的腐蚀作用。因此，湿法脱硫装置中的烟囱及混凝土烟道均应考虑防腐蚀措施。钢筋混凝土烟囱宜采用套筒式双管烟囱，烟气仅从内筒穿过，内筒内壁应考虑防腐蚀和隔热保温，烟囱灰斗及烟道应考虑冷凝液的排出措施。烟囱内筒内壁的防酸水泥涂抹层的效果很差，改为耐酸胶泥涂抹后附着力及使用寿命较好。另外，也可采用钢烟囱或钢质内套筒烟囱，钢烟囱内侧用耐蚀合金钢板采用“贴壁纸”方式制作。

烟气旁路挡板后至烟囱入口间的混凝土净烟道，不仅要承受湿烟气的腐蚀，而且承受较大的温差应力，其内侧防腐层有可能产生裂纹，冷凝液可通过裂纹渗入保温层，使混凝土结构遭受冷凝液腐蚀，因此，这部分烟道的防腐蚀设计不可忽视。

总结现有防腐工艺选择策略，不同部位可选防腐方案见表 4-23。

表 4-23　　脱硫装置防腐的材料的选择

设备	温度（℃）	酸露点（℃）	防腐措施	设备	温度（℃）	酸露点（℃）	防腐措施
原烟道	＞100	＞100	非合金钢	吸收塔	40～60		软橡胶衬里
	＞85	＞85	玻璃鳞片树脂涂层				聚丙烯
	＜85	＞85	软橡胶衬里				玻璃钢
吸收塔进口段	＞85		玻璃鳞片树脂涂层				碳化硅喷管
	＞160		铬镍铁合金板	净烟道	40～85		软橡胶衬里
	＞180		耐酸镍基合金板		＞100	＞100	非合金钢
	＜85		软橡胶衬里		＞85	＞85	玻璃鳞片树脂涂层

目前，我国的经济实力有限，在湿法 FGD 中大量采用耐蚀合金材料尚不现实，但为了降低工程造价、延长设备使用寿命、降低检修维护费用及保障 FGD 的稳定运行，在关键防腐部位，合理经济地选用防腐材料是很有必要的。目前国内通用的脱硫防腐材料设置见表 4-24。

表 4-24　　国内湿法烟气脱硫系统不同区域防腐材料的选择

区域	通常采用的防腐材料	使用寿命（年）	施工特点	相对单位造价（厚度 2mm，元/m^2）
烟气换热器本体	玻璃鳞片树脂	5～10	施工难度大	300～400
GGH 至入口烟道	玻璃鳞片树脂	5～10	施工难度大	300～400
入口烟道干湿界面	C-276 或 C-276 合金复合板	30	焊接工艺要求高	8000
吸收塔浆液池	玻璃鳞片树脂或丁基橡胶	5～10	施工难度大	350～500
喷淋和除雾区域	玻璃鳞片树脂或丁基橡胶	5～10	施工难度大	300～400
出口烟道至 GGH	玻璃鳞片树脂	5～10	施工难度大	300～400
烟气换热器至烟囱	玻璃鳞片树脂	5～10	施工难度大	300～400
循环管道	碳钢衬胶或玻璃钢管道	5～10	厂家定制，易施工	碳钢衬胶较高，玻璃钢相对较低

对于烟囱的防腐问题，已在第三章的“取消 GGH 后烟囱防腐优化方案”中作了一定的

介绍，此处只对现有的四种烟囱防腐方案的经济性作简要对比，对比情况见表 4-25。

表 4-25　　　四种烟囱防腐方案经济性对比

项目	钢管外围混凝土烟囱（双钢管烟囱）			混凝土烟囱内衬耐酸瓷砖
	衬玻璃鳞片	衬钛合金板衬	镍基合金板	
防腐增加投资（万元）	约 1000	约 2000	约 1800	约 1200
使用寿命（年）	10～15	主体＞30	主体＞30	主体＞30
内衬厚度（mm）	1.6	1.2	1	100
耐温（℃）	180	没有限制	没有限制	没有限制
维护工作量	大	较小	较小	小
施工难度	较大	小	小	大
综合技术经济比较	一般	较好	好	较好

二、脱硫系统结垢及堵塞

结垢是湿法脱硫工艺中最常见的问题，可造成吸收塔、氧化槽、管道、喷嘴、除雾器，甚至换热器结石膏垢；严重的结垢会造成压损增大，设备堵塞，因此结垢是目前造成设备停运的重要原因之一。美国 20 世纪 80 年代中期以前建设的湿式石灰石脱硫系统中，许多在吸收塔内部、除雾器和浆液管路内出现了不同程度的结垢，高硫煤电厂尤其严重。20 世纪 80 年代后，通过对结垢问题的研究，采用了一系列的措施，结垢问题得到了一定的解决，但仍是影响脱硫系统安全性和稳定性的重要因素。图 4-21 为某 2×300MW 机组脱硫系统除雾器因结垢堵塞的照片。

图 4-21　某 2×300MW 机组脱硫系统除雾器因结垢堵塞情况

可以看出，除雾器因结垢几乎完全堵死，已不能起到捕集烟气中雾滴颗粒的作用，停运时检查发现，其下游设备，如 GGH 同样存在严重的结垢堵塞问题，该垢样成分分析结果见表 4-26。

表 4-26　　除雾器垢样成分分析

成分	$CaSO_4 \cdot 2H_2O$	$CaSO_3 \cdot 1/2H_2O$	$CaCO_3$
含量（%）	91.05	2.36	2.57

可以看出，垢样主要由 $CaSO_4 \cdot 2H_2O$ 组成，并含有少量的 $CaSO_3 \cdot 1/2H_2O$ 和 $CaCO_3$，分析认为结垢是由于除雾器运行情况不理想，除雾效果差，造成烟气携带的大量浆液雾滴在除雾沉积下来，其中的 $CaSO_3 \cdot 1/2H_2O$ 被烟气中的 O_2 不断氧化而生成 $CaSO_4 \cdot 2H_2O$ 硬垢，最终附着在除雾器上，很难被冲洗水冲刷下来。因此，在 $CaSO_3 \cdot 1/2H_2O$ 被氧化前，保证压力、流量充足的冲洗水定期冲洗是避免上述现象的有效途径。

（一）结垢分类

湿法烟气脱硫系统的垢样种类主要有“湿—干”结垢、硬垢、软垢、沉积结垢、碳酸化结垢五类。

1.“湿—干”结垢

在吸收塔烟气入口处至第一层喷嘴之间，以及最后一层喷嘴与烟气出口之间的塔壁面，属于“湿—干”交界区，这些部分最容易结垢，属于“湿—干”结垢。由于浆液中含有 $CaSO_4$、$CaSO_3$、$CaCO_3$ 及飞灰中含有硅、铁、铝等物质，这些物质具有较大的黏度，当浆液碰撞到塔壁时，它们中的部分便会黏附于塔壁而沉降下来。同时，由于烟气具有较高的温度，加快沉积层水分的蒸发，使沉积层逐渐形成结构致密、类似于水泥的硬垢。连州电厂、包头第三热电厂都曾出现过吸收塔“干—湿”界面区域严重的洗涤液富集、积垢现象。气水分离器的结垢类型也属于“湿—干”结垢，它是由于雾滴所携带的浆液碰到折板而形成的。

另外，湿法脱硫装置中强制氧化系统的氧化空气管内也可能出现“湿—干”结垢。氧化风机运行时，其出口风温可高达100℃，这使得由于氧化空气的冲击而附着在氧化风管内壁的石膏浆液很快脱水结块，随着运行时间的增加，也就逐渐形成了氧化空气管的大面积堵塞。香港南丫电厂和重庆电厂湿法脱硫装置的氧化风机出口喷嘴都出现过被石膏堵住的现象。

2.硬垢的形成

对于有石膏生成的浆液，当石膏终产物超过悬浮液的吸收极限时，石膏就会以晶体的形式开始沉积。当相对饱和浓度达到一定值时，石膏将按异相成核作用在悬浮液中已有的晶体表面上生长。当饱和度达到更高值，即大于引起均相成核作用的临界饱和度时，就会在浆液中形成新的晶核，此时，微小晶核也会在塔内表面上生成并逐步成长结成坚硬垢淀，从而析出作为石膏结晶的垢。石膏产生均相成核作用的临界相对饱和度为140%。

对于石灰石—石膏湿法脱硫系统，无论是采用自然氧化，还是采用强制氧化，都有石膏产生，在吸收塔脱硫浆液吸收 SO_2 而产生的亚硫酸钙经氧化会生成硫酸钙。电厂烟气中的氧量一般为6%左右，能氧化部分的亚硫酸钙，这种烟气自身含氧发生的氧化称为自然氧化。自然氧化因锅炉和脱硫系统设计运行参数的不同而程度各异。某一系统在操作时，因自然氧化浆液回路中浆液的氧化比例［$CaSO_4/(CaSO_4+CaSO_3)$ 摩尔比］小于15%，亚硫酸钙在结晶沉淀的过程中会由于表面吸附作用吸附硫酸钙而引起共沉淀，使得脱硫浆液能始终使硫酸钙（石膏）低于或保持在饱和状态。氧化比例超过这一水平，浆液回路会产生多于共沉淀而减少的硫酸钙。这就使得硫酸盐浓度增加，使系统处于过饱和状态，从而使得硫酸钙构晶离子的水平有可能大于临界饱和度。对于湿法脱硫系统，也可在浆液槽内鼓入空气而将浆液中的亚硫酸钙氧化成石膏，这种由于外界鼓入空气而发生的氧化为强制氧化。某一系统采用强制氧化、固含物一定时，如果系统浆液的氧化比例达不到95%，由于石膏晶种不够，则浆液中石膏晶粒的异相成核作用将不能全部消耗掉所产生的硫酸钙，从而使得硫酸盐浓度超过临界饱和度。

如上所述，某一系统当浆液的氧化比例处于15%～95%时，硫酸钙构晶离子水平有可能大于临界饱和度，从而使得系统结垢。对于湿法脱硫系统，产生石膏垢淀的临界氧化比例随系统浆液的固含量、系统运行参数的变化而改变。

3. 软垢的形成

$CaSO_3 \cdot 1/2H_2O$在水中的溶解度只有0.0043g/(100gH_2O)（18℃）。湿法脱硫装置在较高的pH值下运行时，由于吸收塔内吸收的SO_2在浆液中所存在S（Ⅳ）离子主要以SO_3^{2-}的形式存在，极易使亚硫酸钙的饱和度达到并超过其形成均相成核作用所需的临界饱和度，而在塔壁和部件表面上结晶，随着晶核长大，会形成很厚的垢层，很快就会造成设备堵塞而无法运行下去。这种垢物呈叶状，柔软，形状易变，称为软垢。美国EPA和TVA的实验结果表明，对于利用石灰石作为脱硫剂的湿式脱硫系统，当pH值大于6.2时，仍会发生软垢堵塞。在大多数实际的石灰石脱硫系统中，气液接触后的pH值很少超过6.0，故石灰石脱硫系统较少发生软垢堵塞。

4. 石灰系统中的再碳酸化结垢

在石灰系统中，较高pH值下烟气中的CO_2的再碳酸化，使得$CaCO_3$过饱和，生成石灰石沉积物，总反应式为

$$CO_2 + Ca(OH)_2 \rightarrow CaCO_3 \downarrow + H_2O \tag{4-26}$$

一般烟气中，CO_2的浓度达10%以上，是SO_2浓度的50～100倍。美国EPA和TVA的实验证明，当进口浆液的pH值不小于9时，CO_2的再碳酸化作用是显著的。所以，无论是从生成软垢的角度，还是从CO_2的再碳酸化作用的角度，石灰系统浆液的进口pH值不小于9时一定会结垢。石灰石系统不存在CO_2的再碳酸化问题。

5. 沉积结垢

石灰石/石灰湿法脱硫浆液是一种含有固体颗粒的悬浮液，如果由于结构设计不合理、搅拌不充分、管道内流速过低等原因，造成浆液流速过低，不足以夹带其中的颗粒，则会引起固体颗粒沉积而堆积在容器底部或管道上。

（二）防止结垢的措施

湿法脱硫系统易结垢堵塞，故在脱硫塔的总体设计方面，应尽量使塔体简化。吸收塔设计越复杂，结垢的危险就越大。烟气和喷浆分布不均匀是造成塔体部分结垢的主要原因，所以应科学设计脱硫塔，尽量减少吸收区的构件。横梁的下部应设计成圆弧形，便于下落的浆液能顺着圆弧流至梁的下部，尽量避免出现有利于塔体结垢的条件。同时针对各类垢型，应采取相应的措施。

1. “湿—干”结垢防治

“湿—干”结垢需要及时冲洗，冲洗结构一般选用喷嘴装置。塔壁面处“干—湿”交界区的冲洗方式可采用连续冲洗或间隔冲洗，间隔冲洗的周期一般应小于30min。气水分离器采用间隔冲洗，冲洗周期一般为30～60min。冲洗时应注意水的压力不宜过大，尤其是向下

冲洗的喷嘴，否则容易发生飞溅而使烟气的含湿量增加。具体的水压应根据喷嘴性能及其与气水分离器的距离来确定。

对于氧化空气管内的“湿—干”结垢，可在氧化空气各支管上加装冷却水管，并在氧化风机运行时开启各冷却水门。这样，由于氧化空气温度有一定程度的下降，加之氧化空气中含有大量水分，因而使附着在氧化风管内的石膏浆液水分难以蒸发，从而保持了一种相对湿润的状态。当氧化空气流过时，这些石膏浆液随之被重新带回吸收塔内。为确保不堵塞，同时可对氧化管道采用0.1～0.3MPa的水进行间隔冲洗，间隔冲洗周期不大于20min。

对于整个冲洗系统，冲洗水量既要满足冲洗部位不结垢、不堵塞，又要保证吸收塔液位稳定。如果所有维持循环槽液位的补充水都用作冲洗水，还是不能保证冲洗部分不结垢，则要考虑冲洗装置的设计问题。一般采用小角度多喷嘴方式，这不仅可以获得较好的清洗效果，而且即使在出现喷嘴堵塞的情况时，所影响到的未清洗面也比采用宽角度喷射清洗方式要小得多。另外，对于清洗水，还必须保证其质量，清洗用水必须没有可能造成喷嘴堵塞的悬浮物或小碎片。为满足要求，可在清洗水水泵入口处加装滤网。

2. 硬垢的防治

要防止石灰石/石灰湿法脱硫系统石膏垢淀形成，就要充分和连续地限制整个脱硫系统流通回路脱硫介质中硫酸钙（$CaSO_4$）的饱和度不超过石膏结垢的临界饱和度。

（1）选择合适的氧化方式。对石灰石/石灰湿法脱硫系统，氧化比例小于共沉淀临界值和大于强制氧化临界值时，能使石膏维持一定的饱和度而不致结硬垢。相应地，为使系统不结垢，有两种方法，一种是抑制氧化，使系统的氧化率小于共沉淀临界值；另一种是强制氧化，使系统氧化率大于强制氧化临界值。两种氧化方式的特点已在前面进行了详细论述，这里不再赘述。

1）抑制氧化。抑制氧化可大大减少结垢的发生，也就可以减少除雾器、泵吸入口和喷头的人工清洗次数，减少因结垢积累脱落引起吸收塔内衬和内部构件损坏的可能性，因而可减少系统维护费用。另外，抑制氧化还可以降低浆液硫酸钙浓度，使钙离子浓度降低，石灰石相对饱和度减少，石灰石利用率提高，此外抑制氧化生成的亚硫酸钙晶体粒径大，形成单个晶体的倾向较晶体凝聚明显，晶体硫酸钙成分很少，可改善脱水性能。

2）强制氧化。一般情况下，系统只要5%的固体石膏聚合物就可达到防止硫酸盐结垢的目的。当然，石膏晶粒浓度越高，越能防止硬垢的形成。然而，随着浆液回路中固体含量的增加，泵难以抽吸高浓度浆液。一般认为，固体物最高含量在15%以下是合适的。美国的大多数FGD系统浆液中含有7%～15%的固体，在日本，石膏有时加入循环过程中作为硫酸盐结晶的晶核。

（2）系统运行时的注意事项有以下几点：

1）吸收塔运行前，应向吸收塔内预注入一定浓度、粒度的石膏浆液作为晶种。如果不预注石膏，由于最先氧化而成的硫酸钙无结晶表面，使得饱和度大到一个很高的水平。这样，在系统不停地积累达到所必需石膏的积累量之前，脱硫塔会有严重的结垢现象。

2）吸收塔内浆液应加强搅拌。浆液由吸收塔进入吸收塔，如果搅拌不充分，会使得亚硫酸钙的局部浓度过大，使得局部氧化速率过大，从而使得局部硫酸钙的饱和度过大，造成硫酸钙在脱硫器表面上结晶。另外，所有浆液储槽的搅拌设备应在系统一开始运行时即投入使用，以防严重结垢。因此，运行中要注意加强吸收塔搅拌器和脉冲扰动泵的维护，防止出现事故停运，更要避免长期停运。

3）在运行过程中，要严密监测石膏的饱和度，如工况扰动强烈，使得有时塔内石膏局部处的饱和度过大，可采用增加循环泵投运数量、提高液气比等方法来克服。

（3）加入适当的有机酸添加剂。有机酸添加剂有阻垢作用，主要归因于其表面活性作用，具体表现在以下几个方面：

1）分散作用。在小晶粒和设备表面的小颗粒上形成薄膜（NaAD水合层），从而阻碍了小晶粒的凝聚。

2）晶格畸变作用。有机酸盐镶在石膏或亚硫酸钙晶格中，使晶体不稳定，发生畸变，从而使垢层变薄且疏。

3）降低表面张力作用。临界晶核半径与固液表面张力成正比，而有机酸能降低表面张力，从而降低临界晶核半径，使得浆液中出现的 $CaSO_3$、$CaSO_4$ 容易结晶析出，并使之处于非饱和状态，因而起到阻垢作用。

硬垢不能用降低pH值的方法去除，一般用机械方法清除。

3. 软垢的防治

对于采用非强制氧化的湿法脱硫系统，以及氧化效果不佳（可能由氧化风管堵塞造成）的强制氧化系统，脱硫产物大部分为 $CaSO_3 \cdot 1/2H_2O$。为控制软垢的形成，也应在整个脱硫系统内各个部位充分且连续地限制亚硫酸钙的饱和度。

为迫使循环槽内的亚硫酸钙结晶沉淀而维持一定的饱和度，脱硫浆液中应维持一定浓度的亚硫酸钙晶粒作为晶种。同时，浆液在循环槽内应有一定的停留时间，循环槽尺寸通常按浆液停留时间介于5～10min来确定。

系统运行的pH值是产生软垢的主要原因，防止软垢的产生要严格控制循环槽内的pH值。对石灰系统，循环槽浆液pH值宜控制在7～8；石灰石系统则宜控制在5.2～6.2。将循环槽内的浆液打入脱硫塔内脱硫时，气液接触后浆液的pH值将低于循环槽内pH值。如果pH值控制得当，在脱硫塔内浆液所吸收的 SO_2 与 H_2O 水合后再电离出 H^+、HSO_3^-，电离出的 H^+，足以中和石灰或石灰石的溶解量，并可能与一部分亚硫酸钙反应生成 $Ca(HSO_3)_2$，使得 Ca^{2+} 与 SO_3^{2-} 的离子积不增加或增加很小，即使得亚硫酸钙饱和度不增加或增加很小，从而控制亚硫酸钙的饱和度。

采用以上措施，可保证循环槽内及吸收塔内亚硫酸钙的饱和度得到有效控制，从而使软垢得到有效控制。软垢易被人工清除。由表4-27可看出，亚硫酸钙的溶解度随pH值的降低而明显升高，故软垢的清除可通过降低浆液的pH值而使之溶解。

表4-27　50℃不同pH值下 $CaCO_3 \cdot 1/2H_2O$ 的溶解度　　ppm

pH值	浓　度		pH值	浓　度	
	Ca^{2+}	SO_4^{2-}		Ca^{2+}	SO_4^{2-}
7.0	675	23	6.0	680	51

续表

pH值	浓度		pH值	浓度	
	Ca^{2+}	SO_4^{2-}		Ca^{2+}	SO_4^{2-}
5.0	731	300	3.5	1763	4198
4.5	841	785	3.0	3135	9375
4.0	1120	1873	2.5	5773	21 999

4. 碳酸化问题的防治

实验结果表明，用石灰湿法脱除烟气中的 SO_2，脱硫液 pH 值小于 9，没有 $CaCO_3$ 生成。一般情况，石灰湿法脱硫的 pH 值选择在 7～8，在此 pH 值段下运行，不会出现碳酸化问题。如果由于工况扰动或控制不良，造成短时间内有 $CaCO_3$ 垢体，可用降低 pH 值的方法去除。

5. 沉积结垢的防治

使系统运行不产生设备及管道沉积结垢问题而采用的主要办法是：①设备内部结构简单，没有易阻部件；②管道流速选择合理，注意管件、弯头处的畅通；③氧化槽底部可采用锥斗结构，不易形成固体物的堆积死区；④注意搅拌器的搅拌强度，并在系统一启动就开始运行。

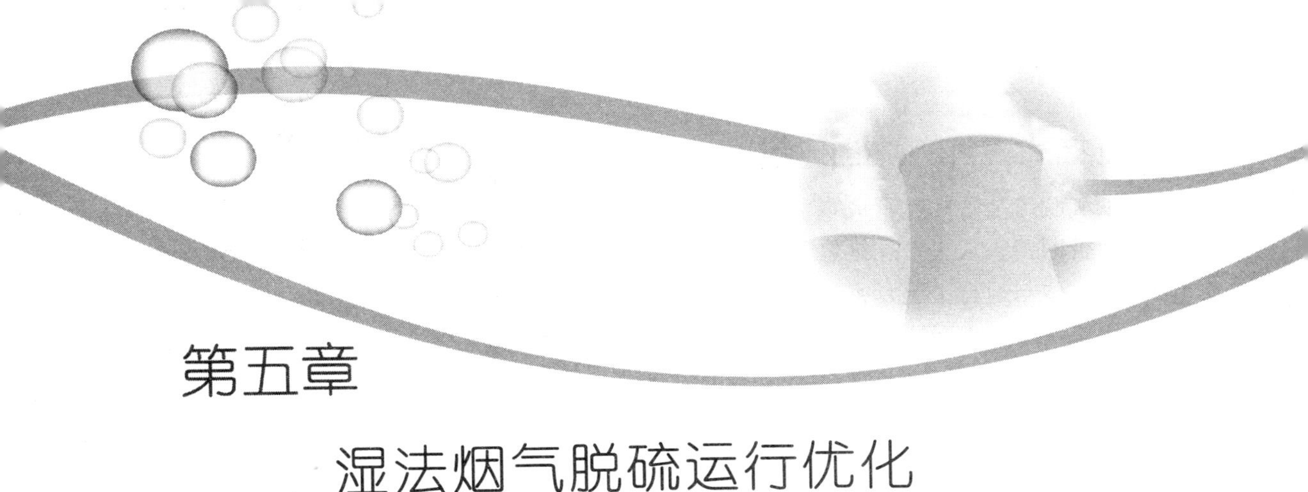

第五章

湿法烟气脱硫运行优化

近年来，由于煤炭资源紧张、煤种质量下降，机组实际燃用煤种的含硫量与设计煤种含硫量存在一定的偏差，煤质的变化引起了脱硫系统入口烟气流量、SO_2 浓度与灰分等主要参数的变化，而且机组负荷也经常波动，导致系统与设备的实际运行状况与设计状况不符，出现系统能耗增加、脱硫效率下降、设备腐蚀、结垢、脱硫石膏品质下降等情况，系统运行经济性、稳定性显著降低，严重时甚至会导致系统停运。

这就有必要通过优化运行调整，找出不同工况（不同煤种、机组负荷）下，脱硫系统的最佳运行方案，在满足系统主要功能（脱硫效率、系统投运率等）的条件下，降低脱硫系统运行故障概率，实现脱硫系统最经济运行，从而大大降低脱硫系统运行成本，以达到系统稳定、经济、安全运行的目的。

脱硫系统优化运行是对系统运行的综合性调整，主要包括以下六个方面：

（1）根据现有煤种及负荷条件，在满足脱硫效率等主要设计参数要求的条件下，制定最经济的运行方案，包括最佳循环泵组合、石灰石浆液投入量、吸收塔浆液 pH 值、吸收塔液位等；

（2）根据化学分析数据，调整吸收塔浆液品质，使吸收塔浆液良性循环，保证系统运行的稳定性、连续性；

（3）控制脱硫剂（包括纯度、活性、粒径）、工艺水品质，减少浆液品质恶化、吸收塔浆液起泡等影响系统正常运行的情况出现；

（4）强化日常生产管理，保证锅炉、除尘器等脱硫前端设备的正常、高效投运，减少因机组投油、粉尘超标等异常情况对脱硫系统的不利影响；

（5）加强日常化学分析、报表统计分析工作，及时发现系统运行潜在隐患（如浆液品质恶化、在线表计失准），并予以消除；

（6）调整脱水系统真空度、石膏厚度等参数，提高脱硫石膏品质，提升石膏利用率及系统经济性。

第一节　优化运行理念

脱硫优化运行的最终目的是在系统稳定运行的基础上，实现系统最经济运行。因此，脱硫系统最终运行成本就成为衡量优化运行效果的标尺。

烟气脱硫装置的运行成本主要包括电费、脱硫剂费用、水费、蒸汽费和管理费用（财务费用、折旧费、人工费、维修费、运营管理费和保险费等）。其中，电费、脱硫剂费用、水费、蒸汽费与运行工况紧密相关；此外，FGD装置的运行方式还会影响SO_2的排污缴费和石膏销售收入。将受脱硫运行方式影响的这些因素累加起来，称为相对生产成本，计算公式见式（5-1），即

$$C = C_1 + C_2 + C_3 + C_4 - C_5 \tag{5-1}$$

式中 C——相对生产成本，元/h；

C_1——系统电费，元/h；

C_2——脱硫剂费用，元/h；

C_3——用水、蒸汽、压缩空气费用，元/h；

C_4——SO_2排污缴费，元/h；

C_5——脱硫副产物的销售收入，元/h。

其中，电费、脱硫剂费用、SO_2排污缴费受运行方式影响明显，且所占权重较大，水、蒸汽、压缩空气费用主要取决于运行工况，脱硫副产品销售收入主要取决于石膏品质和市场需求。因此，设计脱硫系统优化运行方案及进行优化试验时，应着力通过降低系统电耗、物耗，并保证SO_2达标排放，减少排污费。即在满足环保要求的前提下，使得脱硫相对生产成本（C）最低。在此原则下，针对脱硫负荷、燃料硫分变化的不同工况，实行最优的运行方式。

脱硫设备的性能和寿命受运行环境的影响特别大。结垢、堵塞、腐蚀、磨损等现象的出现都会影响脱硫设备的可用率及电耗和维护成本，因此，应重视对设备的日常维护工作，表5-1列举了脱硫系统主要设备对运行经济性的影响及维护措施。

表5-1　影响运行经济性的主要脱硫设备及其维护措施

设备名称	对脱硫经济性的影响	主要维护措施
增压风机	脱硫系统最大耗电设备	加强润滑油系统的维护，减少导叶调节“死区”的出现
GGH	影响系统阻力，增压风机电流	定期用压缩空气和高压水冲洗
浆液循环泵	影响液气比、吸收剂利用率、电耗	合理控制吸收塔液位和浆液密度，减少叶轮磨损和气蚀发生
氧化风机	影响石膏品质、石灰石利用率和电耗	定期清理风机入口滤网
除雾器	影响系统阻力、水耗、电耗	定期冲洗，并保证冲洗水压力

以某电厂2×300MW机组配套的烟气脱硫装置为例，系统设置四台浆液循环泵，从低到高分别为A、B、C、D。入口SO_2浓度的正常变化范围为1500～4500mg/m^3，优化运行前浆液循环泵投运方式为A、B、C、D四台泵同时运行。脱硫效率没有严格要求，以烟气SO_2排放浓度满足低于400mg/m^{3}为准，排污费按实际排放量缴纳。脱硫剂为外购石灰石粉，石膏外卖有一定的收益，无蒸汽消耗。分析得出，造成脱硫系统运行经济性差的主要原因为：①未根据脱硫系统负荷（烟气量与入口SO_2浓度乘积）及SO_2排放浓度情况调整循

环泵投运数量和组合，造成循环泵整体电耗显著增加；②未根据实际脱硫效率和 SO_2 排放浓度及时调整吸收塔浆液 pH 值，最终影响石灰石浆液投加量，造成石灰石消耗量偏大。因此，优化运行主要从调整循环泵运行组合和浆液 pH 值两个方面入手。

机组负荷为 300MW、脱硫系统入口 SO_2 浓度为 4000mg/m^3 时，循环泵运行组合试验结果见表 5 - 2。

表 5 - 2　　循环泵运行组合试验结果（负荷 300MW、入口 SO_2 浓度 4000mg/m^3）

序号	循环泵组	脱硫效率（%）	出口 SO_2 浓度（mg/m^3）	电耗（kW·h）	石灰石耗量（t/h）	石灰石成本（元/h）	电成本（元/h）	水成本（元/h）	排污费（元/h）	石膏收益（元/h）	总的相对成本（元/h）
1	ABCD	95.6	176	4502	8.13	2032	1711	168	133	140	3904
2	BCD	93.6	256	4081	7.96	1989	1551	168	194	137	3765
3	ACD	93.0	280	4032	7.91	1976	1532	168	212	136	3752
4	ABD	92.4	304	3983	7.85	1964	1514	168	230	135	3740
5	ABC	91.8	328	3929	7.80	1951	1493	168	248	134	3726
6	CD	88.8	448	3612	7.55	1887	1373	168	339	130	3637
7	BD	88.1	476	3558	7.49	1872	1352	168	360	129	3624
8	BC	87.4	504	3508	7.43	1857	1333	168	382	128	3612
9	AD	86.7	532	3511	7.37	1842	1334	168	403	127	3621
10	AC	86.1	556	3459	7.32	1830	1314	168	421	126	3607
11	AB	85.4	584	3408	7.26	1815	1295	168	442	125	3595

可以看出，在此工况条件下，ABC 三台循环泵同时运行即可满足污染物达标排放，而由于较优化运行试验前少运行一台浆液循环泵，系统电耗显著降低，由 1711 元/h 降至 1493 元/h，虽然由于 SO_2 排污浓度升高，排污费增加了 115 元/h，但系统总的相对运行成本降低了 178 元/h，以脱硫系统年运行 6000h 计算，每年可节约运行成本 106 万元，经济效益显著。此外，三台浆液循环泵运行，可以保证有一台浆液循环泵长期处于备用状态，大大提高了系统的运行可靠性，提升了系统投运率，具有潜在效益。

不同机组负荷、不同入口 SO_2 浓度条件下，循环泵组与相对运行成本和脱硫效率、出口 SO_2 排放浓度的关系曲线见图 5 - 1～图 5 - 9。

可以看出，在满足环保要求的前提下，不同机组负荷、不同入口 SO_2 浓度条件下，最经济循环泵运行组合存在很大差异：在负荷 300MW 的情况下，入口 SO_2 浓度为 4000mg/m^{3}时，ABC 泵运行可满足运行要求；而入口 SO_2 浓度为 2000mg/m^3 时，AB 泵运行就可满足运行要求，相比 SO_2 浓度为 4000mg/m^3 时，可以少运行一台循环泵，节电 690kW·h 左右。不根据机组负荷和烟气条件及时调整循环泵组运行情况，非常不利于脱硫系统的经济运行。

机组负荷为 300MW、脱硫系统入口 SO_2 浓度为 4000mg/m^3 时，吸收塔浆液 pH 值优化试验结果见表 5 - 3。

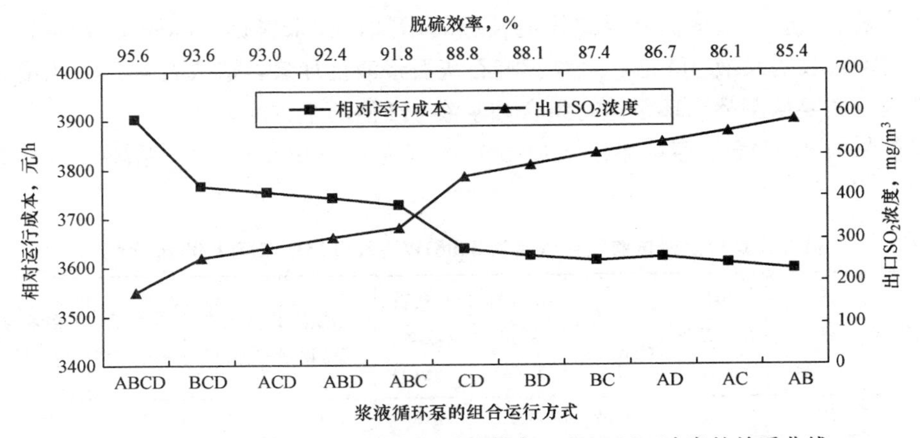

图 5-1　循环泵组与运行成本、脱硫效率、出口 SO_2 浓度的关系曲线

（负荷 300MW、入口 SO_2 浓度 4000mg/m³）

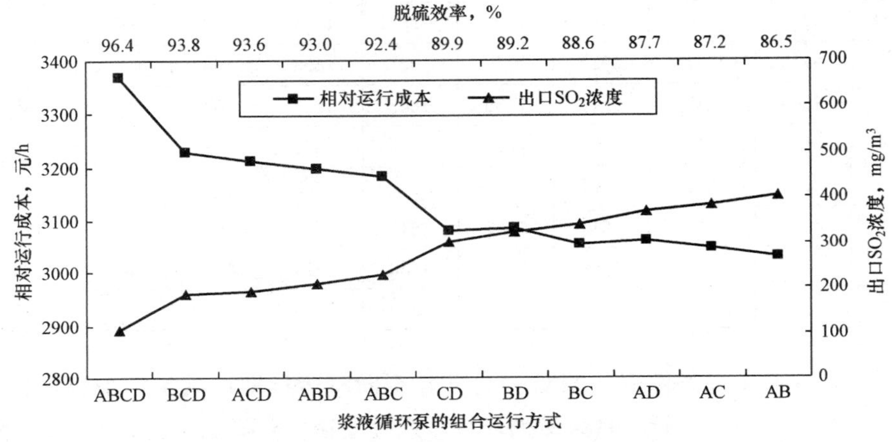

图 5-2　循环泵组与运行成本、脱硫效率、出口 SO_2 浓度的关系曲线

（负荷 300MW、入口 SO_2 浓度 3000mg/m³）

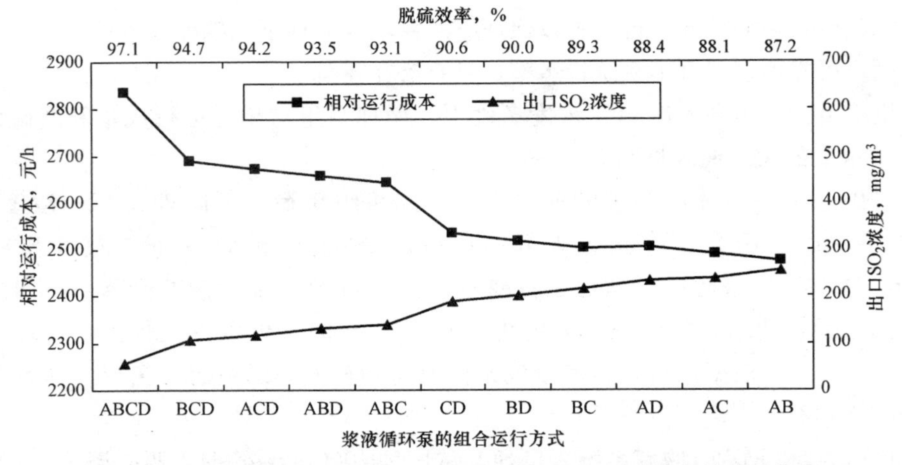

图 5-3　循环泵组与运行成本、脱硫效率、出口 SO_2 浓度的关系曲线

（负荷 300MW、入口 SO_2 浓度 2000mg/m³）

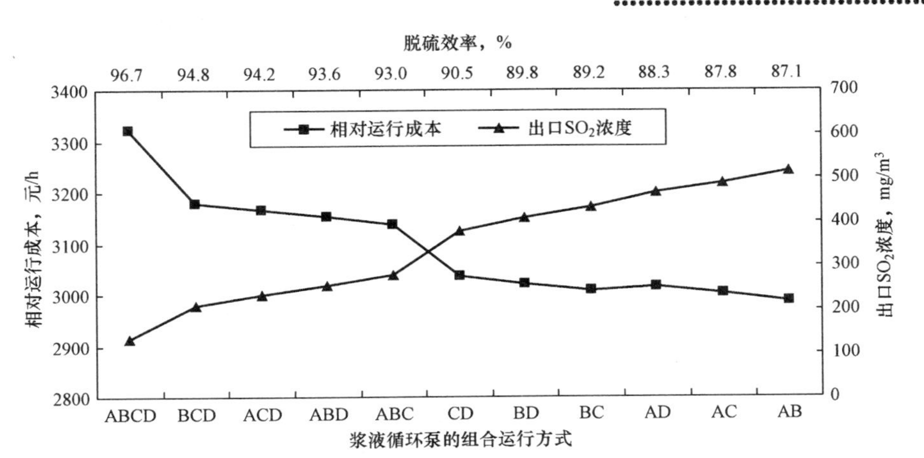

图 5-4 循环泵组与运行成本、脱硫效率、出口 SO_2 浓度的关系曲线

（负荷 240MW、入口 SO_2 浓度 4000mg/m^3）

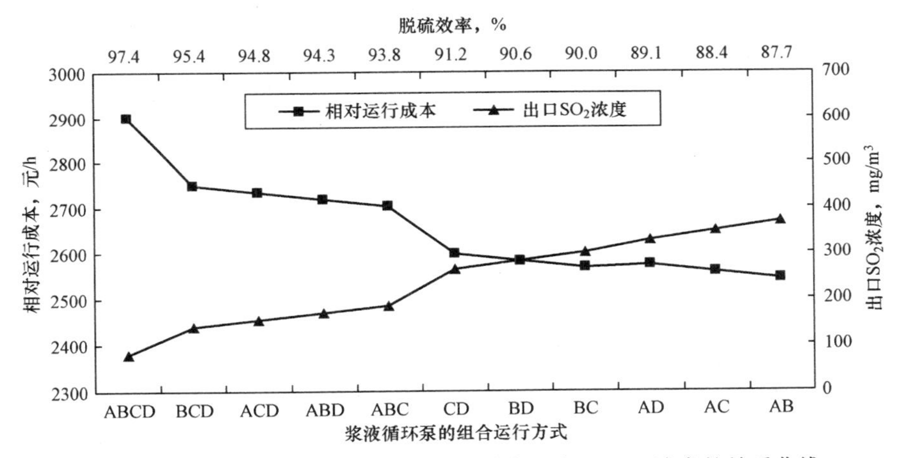

图 5-5 循环泵组与运行成本、脱硫效率、出口 SO_2 浓度的关系曲线

（负荷 240MW、入口 SO_2 浓度 3000mg/m^3）

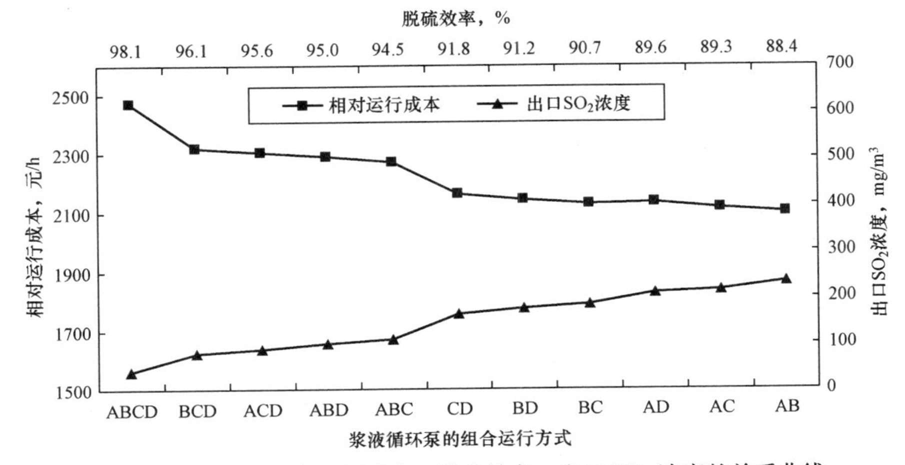

图 5-6 循环泵组与运行成本、脱硫效率、出口 SO_2 浓度的关系曲线

（负荷 240MW、入口 SO_2 浓度 2000mg/m^3）

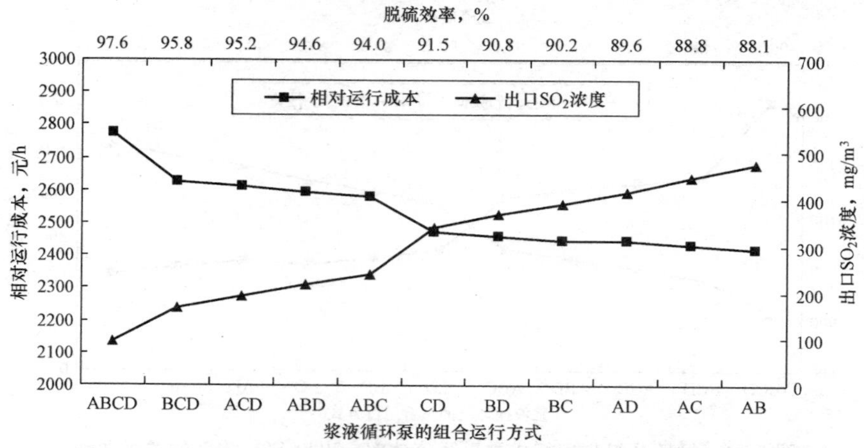

图 5-7 循环泵组与运行成本、脱硫效率、出口 SO_2 浓度的关系曲线

（负荷 180MW、入口 SO_2 浓度 4000mg/m^3）

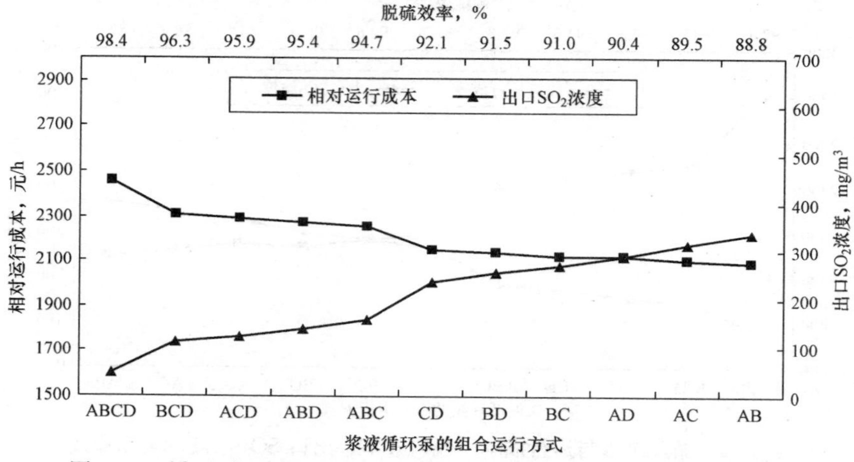

图 5-8 循环泵组与运行成本、脱硫效率、出口 SO_2 浓度的关系曲线

（负荷 180MW、入口 SO_2 浓度 3000mg/m^3）

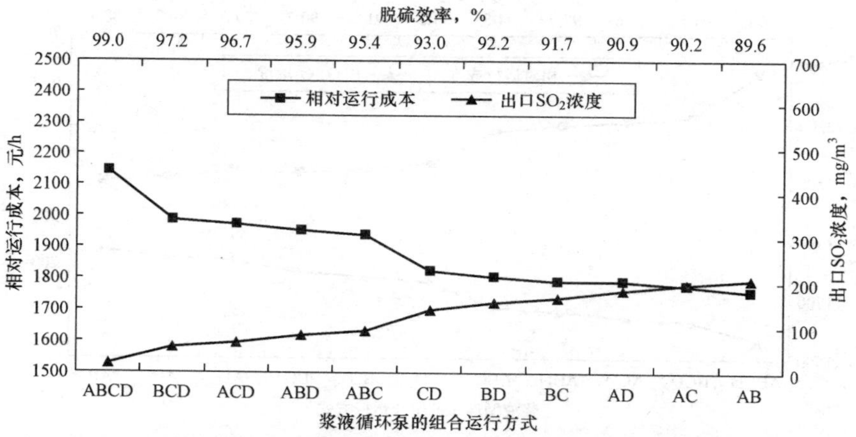

图 5-9 循环泵组与运行成本、脱硫效率、出口 SO_2 浓度的关系曲线

（负荷 180MW、入口 SO_2 浓度 2000mg/m^3）

表 5-3　吸收塔浆液 pH 值优化试验结果（负荷 300MW、入口 SO_2 浓度 4000mg/m³、ABC 泵运行）

序号	pH 值	脱硫效率（%）	出口 SO_2 浓度（mg/m³）	钙硫摩尔比	石灰石耗量（t/h）	石灰石成本（元/h）	电成本（元/h）	水成本（元/h）	排污费（元/h）	石膏收益（元/h）	总的相对成本（元/h）
1	5.0	88.8	448	1.012	7.49	1872	1493	168	339	129	3744
2	5.2	90.4	384	1.014	7.64	1910	1493	168	291	131	3730
3	5.4	91.8	328	1.02	7.80	1951	1493	168	248	134	3726
4	5.6	92.6	296	1.033	7.97	1993	1493	168	224	137	3741
5	5.8	93.4	264	1.055	8.21	2053	1493	168	200	141	3773

可以看出，在此工况条件下，吸收塔浆液 pH 值大于 5.2 即可满足污染物达标排放，pH 值进一步升高能提高脱硫效率，降低排污费，但脱硫反应所需石灰石量也随之增加，石灰石成本增加，二者存在平衡关系。pH 值为 5.4 时，总体相对运行成本最低，相比于 pH 值为 5.8 时，相对运行成本由 3773 元/h 降至 3726 元/h，虽然由于 SO_2 排污浓度升高，排污费增加了 48 元/h，但系统总的相对运行成本降低了 47 元/h，以脱硫系统年运行 6000h 计算，每年可节约运行成本 28 万元。此外，满足运行要求的前提下，适度降低浆液 pH 值，还能减轻系统结垢、堵塞，防止浆液品质因过饱和而恶化。

不同机组负荷、不同入口 SO_2 浓度条件下，吸收塔浆液 pH 值与相对运行成本和脱硫效率、出口 SO_2 排放浓度的关系曲线见图 5-10 和图 5-11。

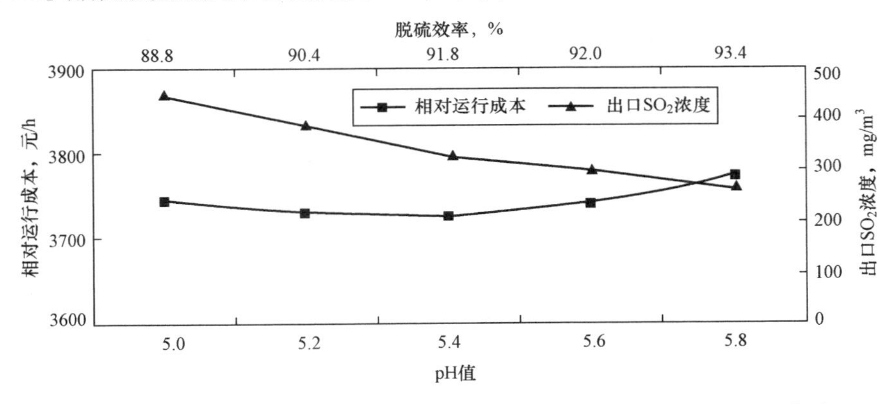

图 5-10　浆液 pH 值与运行成本、脱硫效率、出口 SO_2 浓度的关系曲线

（负荷 300MW、入口 SO_2 浓度 4000mg/m³）

此外，根据烟气负荷调整吸收塔液位和氧化风机投运台数及方式，可以进一步优化脱硫系统运行方式，减少电耗。根据优化试验结果，编制各种工况下最佳运行操作卡如表 5-4 所示。

根据优化最佳运行操作卡，运行人员可以根据烟气负荷情况，灵活准确地调整脱硫系统运行方式，最大限度地实现脱硫系统经济运行。需要指出的是，随着运行工况及设备状态的变化，运行人员应按照优化运行的思路对试验结果进行适当调整，以求实现最佳运行操作卡的及时有效性。

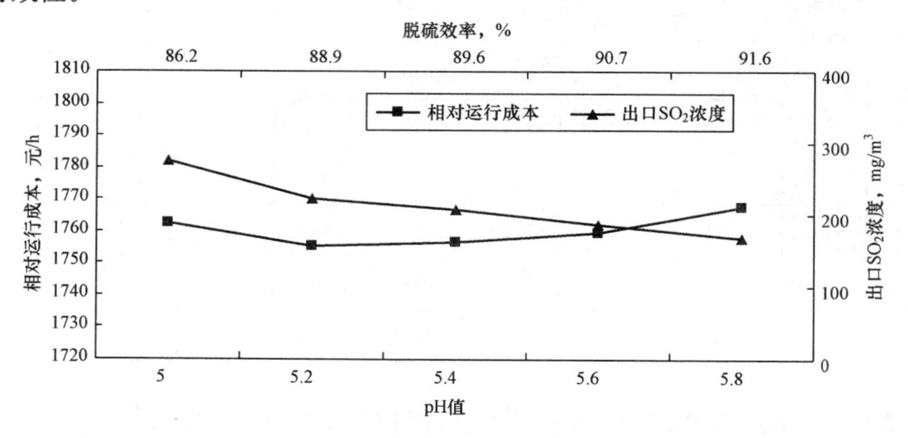

图 5-11　浆液 pH 值与运行成本、脱硫效率、出口 SO_2 浓度的关系曲线
（负荷 180MW、入口 SO_2 浓度 2000mg/m^3）

表 5-4　　不同运行工况最佳运行操作卡

机组负荷（MW）	运行控制参数	脱硫系统入口 SO_2 浓度（mg/m^3）			
		>4500	4000	3000	2000
300	投运浆液循环泵	ABCD	ABC/ABD	AC/AD	AB/AC
	pH 值	5.4	5.4	5.4	5.2
	氧化风机（台）	2	2	1	1
	吸收塔液位	高	高	中	中
240	投运浆液循环泵	BCD/ACD	CD/ABC	AB/AC	AB/AC
	pH 值	5.4	5.4	5.3	5.2
	氧化风机（台）	1	1	1	1
	吸收塔液位	高	中	中	中
180	投运浆液循环泵	CD/ABC	BC/BD	AD/BC	AC/AD
	pH 值	5.4	5.3	5.2	5.2
	氧化风机（台）	1	1	间歇停运	间歇停运
	吸收塔液位	中	中	低	低

第二节　优化运行方案

实际运行过程中，锅炉燃用煤种、机组负荷、烟气量、烟气温度、烟尘浓度、吸收剂品质等参数发生变化时，都会对脱硫系统的运行控制带来影响，脱硫系统优化运行正是通过试验分析各参数变化对脱硫系统的实际影响，来提出最佳应对方案，实现系统最经济、最稳定运行。因此，脱硫系统优化运行的内容也就应涵盖上述各种影响因素。

一、浆液循环泵优化运行

浆液循环泵是脱硫系统的主要耗电设备，其电耗约占整个系统电耗的50%，在烟气条件一定的情况下，循环泵的投运情况决定了脱硫反应的最终液气比，并直接影响脱硫效率和SO_2排放浓度。因此，循环泵的投运数量和配置方式关系着系统脱硫效率和经济性。优化运行试验应针对不同负荷、不同烟气条件，试验各种循环泵投运方式下的脱硫效率，并根据电耗和出口SO_2排放浓度计算系统运行成本，得出最经济运行方式。

以某电厂为例，脱硫系统设置三台浆液循环泵，自下而上分别为A、B、C，扬程分别为24.5、26.5、28.5m，三台循环浆液泵均配备6000V的电机。脱硫系统入口SO_2浓度在700～1200mg/m^{3}浮动，循环浆液泵不同运行方式（三台循环浆液泵同时运行、停运A循环浆液泵、停运B循环浆液泵、停运C循环浆液泵）下，浆液循环泵功率和脱硫效率变化如表5-5～表5-8所示。

表5-5　三台泵同时运行时的电耗和脱硫效率

负荷率（%）	SO_2浓度（mg/m^3）		脱硫效率（%）	循环泵电流（A）			循环泵功率（kW）			总功率（kW）
	入口	出口		A	B	C	A	B	C	
100	1138	0	99.84	88	85	101	740.74	715.49	850.17	2306.40
80	871	8	98.80	87	94	101	732.32	791.25	850.17	2373.74
60	709	6	99.20	83	91	95	689.65	765.99	799.66	2264.31

表5-6　停运A泵时的电耗和脱硫效率

负荷率（%）	SO_2浓度（mg/m^3）		脱硫效率（%）	循环泵电流（A）			循环泵功率（kW）			总功率（kW）
	入口	出口		A	B	C	A	B	C	
100	938	22	97.78	0	94	100	0	791.25	841.75	1633.00
80	632	12	99.01	0	94	100	0	791.25	841.75	1633.00
60	607	6	99.03	0	94	101	0	791.25	850.17	1641.42

表5-7　停运B泵时的电耗和脱硫效率

负荷率（%）	SO_2浓度（mg/m^3）		脱硫效率（%）	循环泵电流（A）			循环泵功率（kW）			总功率（kW）
	入口	出口		A	B	C	A	B	C	
100	1319	9	98.14	84	0	102	707.07	0	858.59	1565.66
80	1296	5	98.60	84	0	101	707.07	0	850.17	1557.24
60	1059	5	99.25	85	0	102	715.49	0	858.59	1574.08

表5-8　停运C泵时的电耗和脱硫效率

负荷率（%）	SO_2浓度（mg/m^3）		脱硫效率（%）	循环泵电流（A）			循环泵功率（kW）			总功率（kW）
	入口	出口		A	B	C	A	B	C	
100	1051	6	99.10	86	90	0	723.91	757.58	0	1481.48
80	990	19	98.60	84	88	0	707.07	740.74	0	1447.81
60	930	6	99.04	85	89	0	715.49	749.16	0	1464.65

可以看出，投入循环泵数量增加或投运高层循环泵时，脱硫反应液气比增加，脱硫效率提高，出口 SO_2 排放浓度降低。100%负荷时，投运三台浆液循环泵比投运两台浆液循环泵时，脱硫效率高出1%～2%。80%负荷时，B/C泵运行组合脱硫效率也高于A/B泵、A/C泵运行组合。显然，投运高层浆液循环泵，烟气与脱硫浆液接触时间增加，有利于提高脱硫效率。

但是，同时可以看出，增加循环泵投运台数或投运高层循环泵时，浆液循环泵总电耗也同时显著增加。100%负荷时，三台浆液循环泵运行时，总功率高出两台泵运行时800kW左右，以年运行6000h计算，年电耗增加约4800MW·h，以上网电价0.25元/(kW·h)计，年运行成本增加近120万元。

因此，实际运行中，应根据脱硫系统负荷情况，选择适当的循环泵运行方式。

二、吸收塔浆液pH值优化运行

吸收塔浆液pH值是脱硫系统中最重要的控制参数之一，它影响到吸收塔内吸收、氧化、溶解及结垢等各个方面。由于每个过程所控制的最佳pH值区间并不相同，故以保证系统安全运行及满足脱硫效率要求为目的，对吸收塔内不同区域的pH值进行研究与优化调整。

最佳pH值研究的理论基础为：由于吸收塔内各位置的反应情况不同而导致不同区域pH值存在一定差异，因而每一区域控制的最佳pH值也并不相同。根据不同区域的化学反应过程及工艺要求进行pH值调整，综合起来给出吸收塔浆液pH值的最优控制值。

SO_2 的吸收、水合和离解过程为

$$SO_2(气)+H_2O \rightleftharpoons H_2SO_3(液体) \quad (5-2)$$

$$H_2SO_3(液) \rightleftharpoons H^+ + HSO_3^- \quad (5-3)$$

pH值对此过程的影响如图5-12所示。

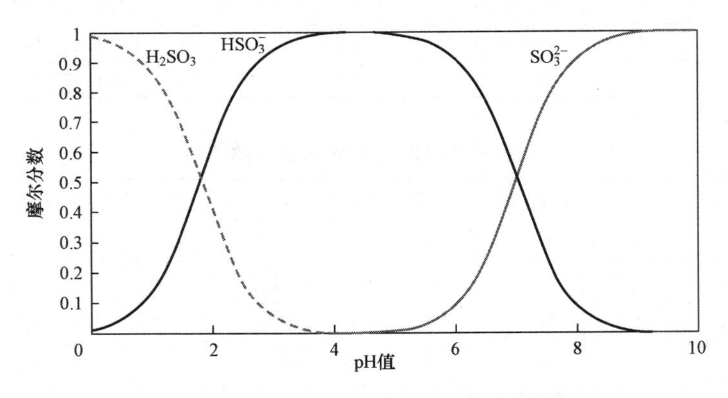

图5-12 pH值对 SO_2 吸收过程影响曲线

由图5-12可知，当pH值小于4.0时，HSO_3^- 开始减少，而此时开始有二氧化硫与水化分子存在，这会影响 SO_2 的吸收反应。因此，此时应控制pH值底限在4.0以上。当有大量的 HSO_3^- 存在于液相区时，从离解平衡上要求快速将 HSO_3^- 浓度减少，以有利于二氧化硫的吸收与离解。其中，一种方式为保证一定的pH值，即有一定的 OH^- 存在，将其中的 H^+ 中和而增大平衡向有利于二氧化硫吸收的方向进行；另一种方式则是将 HSO_3^- 氧化，成为沉淀后而有利于二氧化硫的吸收。

可以看出，较高的 pH 值可快速中和生成的 H^+，加强了二氧化硫的吸收活性。但因为喷淋层出口浆液 pH 值与扰动区 pH 值基本一致，由于过高的 pH 值不利于石灰石的溶解析出 Ca^{2+}，所以 pH 值的上限主要受石灰石溶解的限制。

通过动力学反应试验可知，pH 值与吸收塔内亚硫酸盐氧化的关联度较小，基本为 0 级响应。其中主要反应为

$$SO_3^{2-}+\frac{1}{2}O_2 \rightarrow SO_4^{2-} \tag{5-4}$$

$$HSO_3^{-}+\frac{1}{2}O_2 \rightarrow HSO_4^{-} \tag{5-5}$$

但是当有 Mn^{2+}、Fe^{3+} 等催化剂存在时，发生反应式为

$$HSO_3^{-}+\frac{1}{2}O_2 \rightarrow SO_4^{2-}+H^+ \tag{5-6}$$

即在催化作用下，pH 值在 5.0～5.5 时，HSO_3^- 直接被氧化成 SO_4^{2-} 离子态，即为快速氧化反应过程。塔内具体的氧化反应过程如图 5-13 所示。

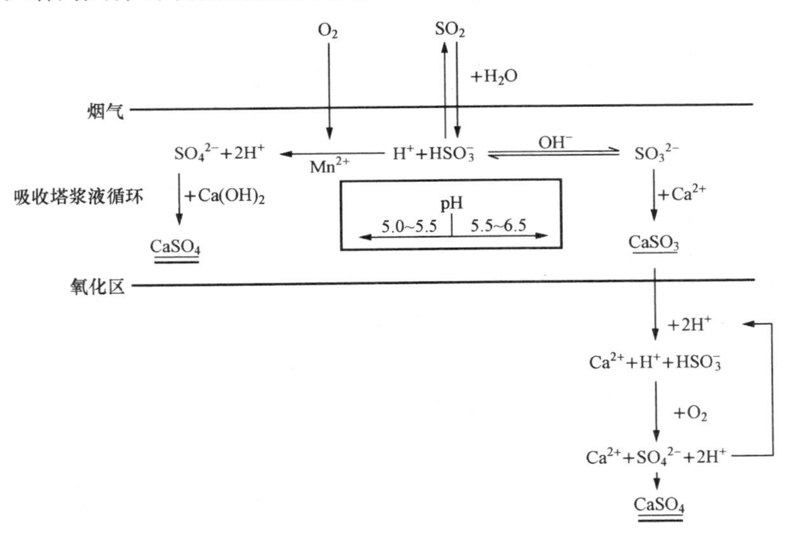

图 5-13 pH 值对亚硫酸盐氧化过程的影响曲线

研究发现，若在吸收塔扰动区检测出存在亚硫酸盐，将会大大降低吸收区内二氧化硫的吸收效率，这可以从溶解平衡中得到解释：在吸收区时，由于亚硫酸盐的存在加快了其平衡，抑制了二氧化硫的吸收。也就是说，在烟气吸收区无烟气短路现象存在时，吸收区末级浆液喷淋中的亚硫酸盐浓度决定了出口二氧化硫的最终排放浓度，所以应尽量降低此处的亚硫酸盐浓度。

石灰石的溶解主要受 pH 值的影响，即浆液池中石灰石加入区及扰动区的 H^+ 浓度主要决定了石灰石的溶解。pH 值对石灰石溶解速率的影响见图 5-14。

显然，石灰石溶解过程需要消耗 H^+，较低的 pH 值有利于 Ca^{2+} 的析出，且 pH 值为 4.0～5.5 时，石灰石能较快溶解，0.5h 左右溶解趋于平衡。

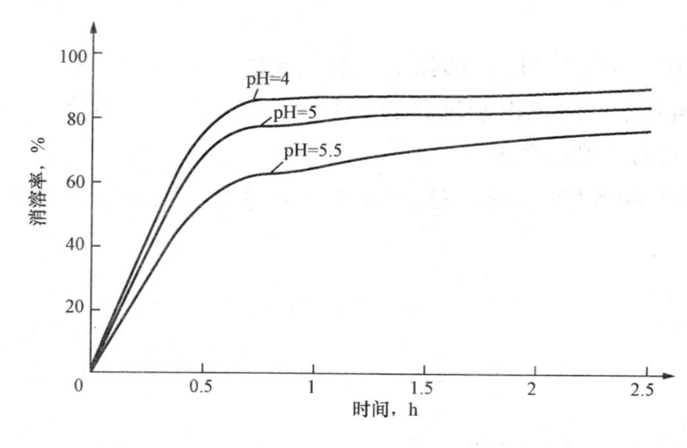

图 5 - 14　pH 值对石灰石溶解速率的影响曲线

从运行经济性角度考虑，显然降低浆液 pH 值，可以减少石灰石浆液消耗量，但同时脱硫效率会有所下降，SO_2 排放浓度升高，排污费增加，因此，对于不同运行负荷工况，存在不同的最佳 pH 值。

吸收塔浆液 pH 值优化运行试验包括以下两个方面：

（1）在满足 SO_2 排放浓度的前提下，降低石灰石浆液供给量，控制吸收塔浆液 pH 值，通过核算石灰石原料费和排污费，找出不同工况下的最经济运行点；

（2）综合考虑 pH 值对石灰石溶解、SO_2 吸收、系统结垢的影响。

三、吸收塔液位优化运行

在浆液循环泵流量不变的情况下，较高的吸收塔液位可以增大浆液循环泵入口的压力，在一定的范围内可以降低循环泵的运行电流，起到节能的作用。同时，提高吸收塔运行液位对浆液循环泵入口负压有较明显的作用，尤其是当设计汽蚀余量不合理时，可以减小汽蚀的发生。

需要注意的是，高液位运行，增加了脱硫系统溢流的风险，特别是出现浆液循环泵或氧化风机突然跳闸、塔内气液相平衡出现较大波动的情况下，这种风险概率会显著增加，运行人员必须加强监视，并准确及时地采取相应的处理操作。

四、吸收塔浆液密度优化运行

实际运行中，吸收塔浆液密度是决定石灰石利用率和石膏品质的重要参数。运行人员需根据浓度值决定石膏脱水系统的启停操作。通常，浆液浓度高于 1150kg/m^3 时，启动脱水系统；低于 1080kg/m^3 时，停运脱水系统。

理论上认为，浆液浓度高于 1150kg/m^3 时，吸收塔浆液中 $CaCO_3$ 和 $CaSO_4 \cdot 2H_2O$ 的浓度已趋于饱和，$CaSO_4 \cdot 2H_2O$ 对 SO_2 的吸收有抑制作用，脱硫率会有所下降，同时循环泵电流也有所增加；而石膏浆液密度过低（< 1085kg/m^3 时），浆液中 $CaSO_4 \cdot 2H_2O$ 的含量较低，$CaCO_3$ 的相对含量升高，此时的浆液如果排出吸收塔，将导致石膏中 $CaCO_3$ 含量增高，品质降低，而且浪费了脱硫剂石灰石。因此，运行中控制石膏浆液密度在一合适的范围内（1080～11 130kg/m^3），有利于 FGD 的有效、经济运行。

某电厂吸收塔浆液浓度对循环泵电流影响如图 5 - 15 所示。

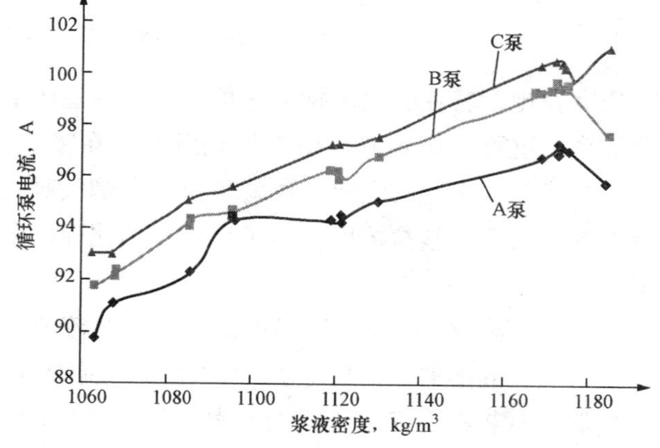

图 5 - 15　吸收塔浆液密度对循环泵电流的影响曲线

由图 5-15 可以看出，循环泵电流总体上随着浆液密度的上升而上升，当浆液密度从 1063kg/m³ 上升到 1175kg/m³ 过程中，A、B、C 泵的电流分别升高 6.86、7.15、7.04A。

五、增压风机优化运行

增压风机是脱硫装置烟气系统中最大的耗电设备，增压风机的运行方式对于系统电耗、脱硫效率等参数有显著影响，风机导叶开度增大，风机出力增加，风机电耗也随之增加，在有 GGH 的烟气脱硫系统中，GGH 压差、电耗也会相应增加。以某电厂三期 330MW 机组为例，330MW 负荷下，不同增压风机导叶开度与电耗的关系见表 5-9。

表 5-9　增压风机导叶开度与电耗的关系

负荷（MW）	烟气流量（km³/h）	GGH 压差（kPa）	引风机导叶开度（%）	增压风机参数		
				导叶开度（%）	入口压力（kPa）	电流（A）
329	1132	1.01	48.99	73.71	−0.20	283.66
330	1134	0.90	59.04	61.75	−0.02	232.85

但是，当增压风机导叶开度太小时，风机出力难以克服脱硫系统阻力，增压风机入口呈正压运行，系统泄漏量增加，在有旁路的脱硫系统中，旁路烟气泄漏量会有所增加，影响整体的脱硫效果；另外，为克服系统阻力，引风机导叶开度势必加大，电流升高，增压风机和引风机电流之和有升高的可能，增压风机导叶开度变化引起的引风机导叶开度及脱硫效率等相关参数的变化见表 5-10。

表 5-10　增压风机导叶开度与引风机导叶开度及脱硫效率的关系

负荷（MW）	烟气流量（km³/h）	引风机导叶开度（%）	增压风机参数			GGH 入口（出口）压差（kPa）	脱硫效率（%）
			导叶开度（%）	入口压力（Pa）	电流（A）		
328	1170	59/60	57	0	210	0.88（0.77）	95.8
329	1168	59/58	53	70	202	0.81（0.73）	95.7
328	1163	60/60	50	150	185	0.76（0.66）	95.1
329	1169	62/62	49	180	184	0.74（0.65）	94.7

可以看出，当增压风机入口压力从 0 调整到 70Pa 时，引风机电流、脱硫效率基本没变，而 GGH 的差压及增压风机电流迅速下降。当增压风机入口压力从 150Pa 调到 180Pa 时，引风机开度有所增大，增压风机电流下降不明显，但脱硫效率迅速下降。

因此，在引风机与增压风机串联运行的系统中，因在系统安全运行的前提下，从降低引风机与增压风机电流之和来着手进行系统优化运行工作。以某电厂 300MW 机组为例，增压风机与引风机串联优化运行结果见表 5-11。

表 5-11　　增压风机、引风机导叶开度优化结果

原烟气挡板处压力（kPa）	增压风机电流（A）	增压风机动叶开度（%）	A引风机电流（A）	B引风机电流（A）	A引风机变频器赫兹比（%）	B引风机变频器赫兹比（%）	增压风机与引风机电流之和（A）
−0.25	279.2	82.7	122	117	91	91	518.2
−0.20	272.4	80.0	124	116	92	92	512.4
−0.15	269.0	79.7	122	116	93	93	507.0
−0.10	262.5	77.6	123	117	93	93	502.5
−0.05	258.0	78.1	125	116	94	94	499.0
0.00	254.0	75.8	125	118	93	93	497.0

可以看出，在脱硫效率相近的情况下，通过联合调整增压风机与引风机导叶开度，风机电流之和可以降低 20A 左右，系统运行经济性显著提高。增压风机与引风机串联的优化运行曲线如图 5-16 所示。

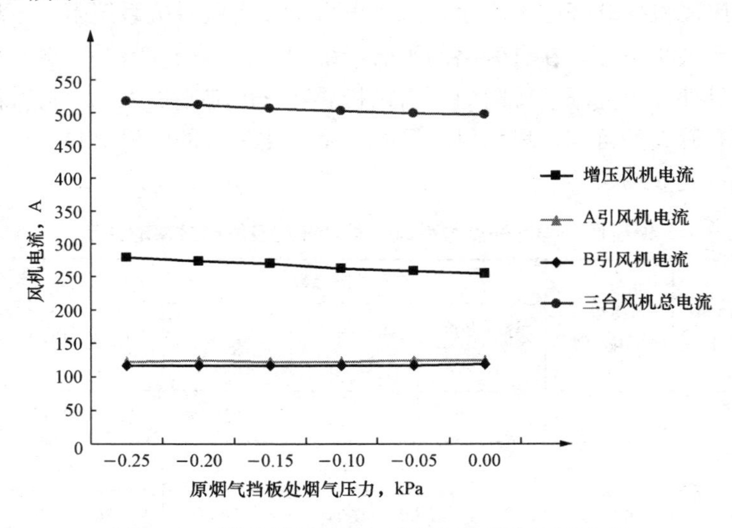

图 5-16　脱硫增压风机与引风机的优化运行曲线

需要指出的是，增压风机的主要用途是克服脱硫系统的阻力，因此脱硫系统，特别是 GGH 堵塞程度对增压风机的电流有很大的影响，以某电厂 200MW 机组配套脱硫系统为例，GGH 人工冲洗前后增压风机运行参数对比见表 5-12。

表 5-12　　GGH 压差对增压风机运行参数的影响

项目	1号机组 FGD			2号机组 FGD		
	清洗前	清洗后	差值	清洗前	清洗后	差值
烟气量（万 m^3/h）	87.5	87.5	0	97.5	97.4	0.1

续表

项目	1号机组FGD			2号机组FGD		
	清洗前	清洗后	差值	清洗前	清洗后	差值
GGH压差（kPa）	1.01	0.63	0.38	0.96	0.51	0.45
增压风机电流（A）	148	106.5	41.5	135.2	100.6	34.6
导叶开度（%）	71	48	23	69	61	8
电耗（kW·h）	1372.7	987.7	385	1254	933.1	320.9

可以看出，通过清洗GGH，降低脱硫系统运行阻力，增压风机电耗显著下降，因此，加强日常运行中对烟气除尘设施的维护，降低脱硫系统入口粉尘浓度，加强吸收塔除雾器和GGH冲洗，是降低脱硫系统能耗、提升运行经济性的有效手段。

六、氧化风机优化运行

氧化风机主要是为脱硫反应提供充足的氧化剂，保证亚硫酸盐正常氧化为硫酸盐，结晶后析出、脱水，推动脱硫反应持续进行。氧化风量是否充足对脱水系统运行效果及脱硫石膏品质有较大影响。烟气中氧含量对脱硫效率的影响如图5-17所示。

可以看出，在烟气量、SO_2浓度、烟温等参数基本恒定的情况下，随着烟气中O_2含量的增加，$CaSO_4 \cdot 2H_2O$的形成加快，脱硫率也呈上升趋势。当原烟气中氧量一定时，可人为地向吸收塔浆液中增加氧气，所以多投运氧化风机可提高脱硫率。当烟气中O_2含量为6.0%时，运行两台氧化风机比运行一台氧化风机的脱硫率高出2%左右。

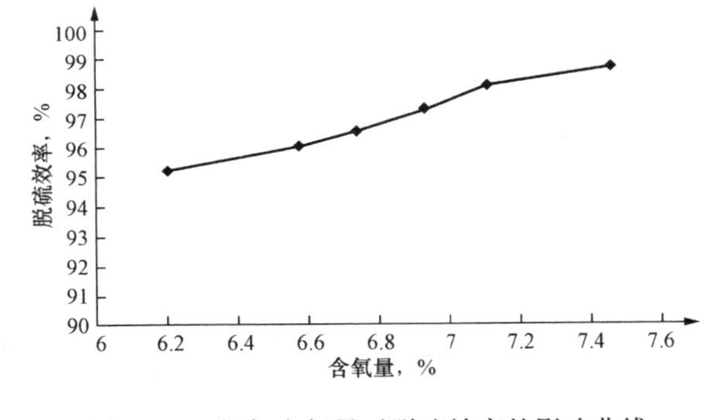

图5-17 烟气含氧量对脱硫效率的影响曲线

但同时需要指出，相比于一台运行，两台氧化风机运行系统电耗会大大增加，运行经济性下降，实际运行中，应结合烟气负荷情况，灵活调整氧化风机投运台数，在负荷降低时，可采取间歇停运氧化风机的运行方式。

此外，氧化风减温水量调整对于工艺水耗量和氧化风机电耗也有一定的影响，是氧化风机优化运行的另一个工作点。以某发电公司为例，脱硫系统对氧化风机出口设计有喷水减温装置，该装置投入运行时，氧化风机电流为27A左右，取消喷水减温后，氧化风机电流在20A左右。经运行实践证明，取消喷水减温后，吸收塔反应区域温度在50℃左右，而且对氧化效果基本没有影响，石膏中亚硫酸钙含量维持在0.25%左右。

七、制浆系统优化运行

制浆系统负责脱硫系统脱硫剂的供应，制浆系统的运行不仅影响自身的物耗、电耗，而且对脱硫系统的运行效果（如脱硫效率）也有显著影响。在石灰石—石膏湿法脱硫系统中，吸收剂石灰石的颗粒度越细，其消溶性能越好，反应速率越快，石灰石的利用率越高，可获得较高的脱硫效率；但石灰石的颗粒度越细，湿式球磨机的能耗就越高，从经济性角度而言，两者存在一个平衡点。

以某发电公司烟气脱硫系统为例，石灰石浆液制备系统配置两台一级旋流分离湿式球磨机，每台的额定出力为6.4t/h，设计一级旋流出口石灰石颗粒度达到325目筛通过90%以上。磨机为两套烟气脱硫的公用设备，由于石灰石用量大，要满足石灰石颗粒度达到325目筛通过90%以上，磨机达不到额定出力运行。这种运行方式下，设计平均每塔额定负荷下石灰石消耗量4.268t/h，实际在4.5t/h左右。一旦有一台湿式球磨机出现故障，制浆量就无法满足两套脱硫设备的运行需要。

为了保证脱硫系统的正常运行，经过细致分析，确定从改变石灰石旋流出口的石灰石颗粒度着手，在提高磨机出力方面进行了一系列的试验：改变两台球磨机的钢球性能曲线及钢球配比（在磨机出口加准40、准30、准20三种规格的钢球，入口加准70、准60、准50号钢球），并控制石灰石旋流器出口的石灰石颗粒度（由原来的325目筛通过率达90%以上改变成250目筛通过率达90%以上），试验数据见表5-13。

表5-13　　制浆系统优化试验参数

项　目	优化前	优化后	标准值
脱硫效率（%）	97	96	≥95
碳酸钙含量（%）	2.7	2.8	<3
亚硫酸钙含量（%）	0.25	0.45	<1
运行时间（h）	43	33	—
石灰石粒径	325（90%通过）	250（90%通过）	—

从表5-13可以看出，旋流出口石灰石颗粒度250目筛通过率达到90%时，在同等石灰石品质情况下磨机出力明显增大（原来最大出力为5t左右，现出力为6.5t），单台磨机运行33h的制浆量即可满足两套脱硫系统运行的需要，而且脱硫效率、石膏中石灰石的含量这两个参数均能达到设计要求。磨机优化运行后，达到了提高出力、节约电耗的目的。

八、脱水系统优化运行

真空皮带脱水系统作为公用设备，承担着两套脱硫系统石膏浆液的脱水任务，每天的运行时间为16～20h。要降低皮带机的电耗，就要尽量减少皮带机的运行时间。某发电公司进行了改变石膏排出泵输送方式（工频、变频）及调整石膏旋流器旋流子（正常情况旋流子三运一备）的试验，并对不同工况下石膏浆液的脱水速度、石膏品质的相应变化进行了对比和监测，通过分析试验数据，确定皮带机的最佳运行状况。经过多次试验后，确定了石膏排出泵的输送方式，减少了皮带机及其附属设备的运行时间，提高了皮带机出力和设备的运行效率，从而减少了设备耗电量。目前，该公司真空皮带机运行时，石膏旋流器旋流子全部投运；石膏排出泵变频启动正常后将其频率变为工频运行方式。在运行过程中加强对皮带机运行速度和石膏旋流器出口压力的监视，发现皮带机速度持续降低或压力降低时，及时联系维护人员检查石膏排出泵及其出口回流管路孔板的磨损情况，若磨损增大则及时更换，控制石膏浆液回流量，保证石膏排出泵出力正常，从而保持皮带机的经济运行。

九、工艺水系统优化运行

工艺水系统负责向脱硫系统供应工艺用水和设备冷却水，是系统稳定运行的基础。脱硫系统在运行中，工艺水系统的流量变化比较大，有时可能接近零流量，有时可能接近最大流量，在工艺水系统配置中一般设有两台工艺水泵，实行一用一备；设置两台除雾器水泵，也是一用一备，这样的配置存在着水压不稳定、流量不稳定、多耗电的问题。在系统不需要水时，流量小，水压接近高限，不仅多耗了电，而且水压高会损害系统中的阀门。鉴于此问题，在有的系统中按两台泵运行一台泵备用的方式配置。在水泵出口设置了稳压阀或回流阀，这样的配置保证了系统的可靠性和安全性，但却不节能。

工艺水系统的水泵按一用一备配置，每台水泵都配置变频装置，每台水泵的流量按脱硫系统的最大流量选择，水泵的压力参数大于所需的最大水压，在水泵出口设置调压阀，这样在低流量和高流量时，变频装置根据系统压力的变化自动调节水泵的转速，不仅能满足脱硫系统所用水的流量和水压的要求，而且也达到了节约电能的效果。根据两个不同配置的系统运行对比，加装变频装置的系统要节电20%以上。

此外，以下优化运行措施也可在一定程度上减少工艺水消耗：

（1）在保证冷却效果的前提下，尽量减少设备冷却水流量；

（2）加强脱水系统运行调整，保证脱水效果，减少石膏带水量；

（3）优化除雾器冲洗周期和冲洗水压力，在保证冲洗效果的前提下，减少冲洗水耗量；

（4）避免烟气温度超标，减少烟气带水。

十、吸收塔浆液品质优化调整

吸收塔浆液品质不仅关系着脱硫反应的正常进行与否，而且还对系统结垢、腐蚀等有着重要影响。浆液品质恶化是造成脱硫系统不能正常投运的一个重要原因，发生浆液品质恶化后，不仅脱硫反应平衡被破坏，按原有反应条件无法满足脱硫效率、SO_2排放浓度等主要指标要求，而且石灰石浆液耗量、电耗均显著增加。因此，借助于化学分析数据，对吸收塔浆液品质进行优化调整就成为脱硫日常运行工作的重要组成部分。优化调整主要内容包括以下几个方面。

（1）pH值控制。

湿法脱硫系统中pH值是最重要的控制参数之一，其设计的理论依据不仅要满足高吸收率，而且还要兼顾石灰石的溶解率、塔内的亚硫酸盐氧化效果、石膏结晶及石膏过饱和度、控制晶体大小而引发的磨损与结垢问题。单纯从SO_2的吸收角度讲，pH值越高越好，但pH过高会影响石灰石的溶解，不利于Ca^{2+}的溶出。在系统实际运行中，应综合考虑各方面因素以确定最佳pH值。

（2）浓度控制。

浆液浓度较低时，单位体积内溶质较少，不利于 SO_2 吸收；但当浓度过高时，又影响离子的扩散，也会令浆液停留时间延长，将影响吸收塔内晶体的粒径分布状况，若生成过大晶体还会导致设备磨损。设计吸收塔内质量浓度为10%～15%。

（3）粒径分布控制。

脱硫石膏应有较好的粒径分布特征，即粒径分布相对集中，小粒径生成较少，使新生成的晶体主要在已有石膏上生长，或在细小飞灰上生长，尽量减少石膏浆液直接生成大量细小晶体，防止因缺少晶核而在塔壁上结晶（结垢）。

（4）氧化控制。

应保证足够的氧化风量，并使氧化风在吸收塔内安静、均匀地鼓泡。

（5）杂质控制。

吸收塔内杂质情况非常复杂，影响机理也尚未完全清楚，但大部分杂质离子对脱硫系统有害，也有部分离子如 Mn^{2+} 等对氧化起到一定的催化作用。在正常条件下应尽量降低系统内的杂质。

（6）浆液中 Cl^-、F^- 等主要成分的影响。

浆液中 Cl^- 浓度对石灰石的溶解有明显的抑制作用。浆液中微量的 Cl^- 不利于石灰石的溶解。因为浆液中 Cl^- 与 Ca^{2+} 生成 $CaCl_2$，溶解的 $CaCl_2$ 浓度增加，同离子效应导致液相的离子强度增大，从而阻止了石灰石的溶解反应。浆液中含有微量的 Cl^-，即可导致石灰石消溶率的明显下降。浆液中的 Cl^- 主要来自燃煤中的氯。浆液中 Cl^- 与 Ca^{2+} 生成 $CaCl_2$，不仅影响石灰石的溶解率，而且还会降低脱硫剂的碱度，即通过影响 H^+ 的活性而产生作用。向浆液池鼓风可减轻 $CaCl_2$ 的不利影响，通过提高液气比也可弥补脱硫剂碱度的损失。

氯离子还具有较强的配位能力，能与金属离子配位形成络合物，如 $(AlCl_2)^+$ 等。而飞灰中 Al_2O_3 和 Fe_2O_3 的含量是较高的，尽管经过电除尘后，Al_2O_3 和 Fe_2O_3 含量有所降低，但由于整个系统的水基本是闭路循环，排出去的废水是有限的，Fe^{3+}、Al^{3+}、Zn^{2+} 也会因富集而使浓度不断增加，生成 $(FeCl_4)^-$、$(ZnCl_4)^{2-}$ 等络合物，这些络合物将 Ca^{2+} 或 $CaCO_3$ 颗粒包裹起来，使能够参与反应的 Ca^{2+} 或 $CaCO_3$ 减少，即惰性物增加，这势必会降低脱硫效率，增加脱硫剂的消耗。

Cl^- 在吸收塔内除影响石灰石溶解反应外，还是系统腐蚀的最重要影响因素之一。此外，Cl^- 浓度较高时还会影响石膏的结晶，导致结晶缺陷，造成生成的石膏晶体不稳定，导致大石膏晶体在不饱和条件下溶解较快而生成大量的细小结晶体。

浆液中 F^- 浓度对石灰石的溶解特性有抑制作用。随着浆液中的 F^- 的增加，石灰石溶解率略有减小。这说明 F^- 对石灰石的溶解率有微弱的抑制作用。这可能是因为 F^- 形成了复杂的络合物覆盖在石灰石颗粒表面，导致石灰石堵塞，从而阻碍溶解反应的进行。浆液中的 F^- 主要来自燃煤烟气中的氟化合物。国外研究表明，F^- 主要与 Al^{3+} 形成络合物 $[AlF_4]^-$。

在浆液系统中，因 CaF_2 比石膏的溶解度更小，几乎全部的 F^- 在过量的 Ca^{2+} 存在的情

况下全部生成 CaF_2 沉淀，CaF_2 沉淀是一种非常致密的固体，非常不易去除，若含量较大时，还会与其他沉淀物生成成片的共沉淀物，所以应重视对 F^- 的控制。

第三节 优化运行案例

一、达拉特发电厂 8 号机组烟气脱硫系统优化运行案例

达拉特发电厂 8 号机组于 2007 年 6 月投入商业运行，同期配套建设两套湿式石灰石—石膏法烟气脱硫装置，脱硫系统投运时间为 2007 年 9 月。

8 号机组脱硫系统设计在 BMCR 工况下进行全烟气脱硫，脱硫系统保证 BMCR 工况下锅炉燃用设计煤种和校核煤种时脱硫效率为 95%，当原烟气中 SO_2 含量比校核煤种增加 25%时，脱硫效率不低于 90%。采用由比晓芙公司提供的高效脱除 SO_2 的石灰石—石膏湿法脱硫工艺，提供一套完整的烟气脱硫系统，一炉一塔。

在锅炉 100% BMCR 工况设计烟气量、入口 SO_2 含量 1771mg/m^3（设计煤种）/2060mg/m^3（校核煤种）（标态、干基、6.0%O_2）时，脱硫效率为 95%；脱硫设备年利用小时数按 6500h 计。

锅炉及其辅机参数见表 5-14。

表 5-14　锅炉及其辅机参数

<table>
<tr><th colspan="3">项　目</th><th>单位</th><th>数量</th><th colspan="2">项　目</th><th>单位</th><th>数量</th></tr>
<tr><td rowspan="8">锅炉</td><td colspan="2">锅炉供应商</td><td></td><td>上海锅炉厂</td><td rowspan="3">电除尘器（2070t/h 和设计煤质数据）</td><td>入口烟温</td><td>℃</td><td>131</td></tr>
<tr><td colspan="2">锅炉</td><td></td><td>亚临界汽包炉</td><td>入口灰尘浓度（标态）</td><td>g/m^3</td><td></td></tr>
<tr><td colspan="2">燃烧</td><td></td><td>四角切圆燃烧</td><td>除尘器效率</td><td>%</td><td>≥99.3</td></tr>
<tr><td rowspan="3">过热器（出口参数）</td><td>流量</td><td>t/h</td><td>2070</td><td rowspan="5">烟气（2070t/h 数据，设计煤种/校核煤种）</td><td>引风机后流量（标态、干态）</td><td>m^3/h</td><td>2 273 141/2 297 493</td></tr>
<tr><td>压力</td><td>MPa</td><td>17.50</td><td>引风机后流量（标态、湿态）</td><td>m^3/h</td><td>2 473 323/2 513 883</td></tr>
<tr><td>温度</td><td>℃</td><td>543</td><td>引风机后烟气温度</td><td>℃</td><td>125</td></tr>
<tr><td colspan="2">给水温度</td><td>℃</td><td>283.3</td><td>引风机后 SO_2 浓度（标态、干烟气、6%O_2）</td><td>mg/m^3</td><td>1770.82/2060</td></tr>
<tr><td colspan="2">锅炉热效率</td><td>%</td><td>>92.8</td><td>引风机后烟尘浓度（标态、干烟气、6%O_2）</td><td>mg/m^3</td><td>93.87/85.75</td></tr>
<tr><td rowspan="2">电除尘器（2070t/h 和设计煤质数据）</td><td colspan="2">电除尘器数量（每台机组）</td><td></td><td>2</td><td rowspan="2">引风机（2070t/h 数据）</td><td>风机数量（每台机组）</td><td></td><td>1</td></tr>
<tr><td colspan="2">每台电除尘器电场数</td><td></td><td>4</td><td>形式</td><td></td><td>轴流式</td></tr>
</table>

脱硫系统入口设计参数见表 5-15。

表 5-15　　　　FGD 入 口 参 数

项目		单位	数量（设计/校核）
负荷范围	电厂要求 FGD 的负荷范围	BMCR	40%～100%
进入 FGD 的烟气量（2070t/h 锅炉，设计煤种/校核煤种）	标态、干态	m^3/h	2 273 141/2 297 493
	标态、湿态	m^3/h	2 473 323/2 513 883
烟气组分（引风机出口，设计煤质）	N_2（体积分数，湿态）	%	72.9973/72.5598
	CO_2（体积分数，湿态）	%	11.89/11.84
	H_2O（体积分数，湿态）	%	8.59/9.10
	O_2（体积分数，湿态）	%	6.46/6.42

项目		单位	数量（设计/校核）
烟气组分（引风机出口，设计煤质）	SO_2（标态、干态）	mg/m^3	1770.82/2060
	SO_3（标态、干态）	mg/m^3	70
	HCl（标态、干态）	mg/m^3	70
	HF（标态、干态）	mg/m^3	40
	灰尘（标态、干态）	mg/m^3	93.87/85.75
40%BMCR 工况下烟温		℃	
100%BMCR 工况下烟温		℃	125

设计煤种及校核煤种参数见表 5-16。

表 5-16　　　　设计煤种及校核煤种参数

项目		单位	设计煤种	校核煤种
元素分析	收到基碳 C_{ar}	%	52.2	50.9
	收到基氢 H_{ar}	%	2.47	2.70
	收到基氧 O_{ar}	%	8.42	10.83
	收到基氮 N_{ar}	%	0.98	0.50
	收到基硫 S_{ar}	%	0.73	0.82
工业分析	收到基灰分 A_{ar}	%	10.39	9.12
	收到基全水分 M_{ar}	%	24.81	25.13
	空气干燥基水分 M_{ad}	%	14.8	19.89
	可燃基挥发分 V_{daf}	%	37.22	39.68
收到基低位发热值 $Q_{net,ar}$		kJ/kg	18 852	18 160
哈氏可磨性指数 HGI			84	78
灰变形温度 DT		℃	1090	1109
灰软化温度 ST		℃	1168	1128
灰熔化温度 FT		℃	1189	1143
SiO_2		%	23.04	24.72
Al_2O_3		%	26.12	20.02
Fe_2O_3		%	19.46	19.96
CaO		%	19.99	18.64
MgO		%	5.53	4.47
K_2O		%	0.39	0.39
Na_2O		%	1.62	0.51
SO_3		%	2.24	8.48
TiO_2		%	0.89	0.97
MnO_2		%	0.084	0.125

达拉特发电厂8号机组燃煤设计煤种平均含硫率为0.73%，校核煤种含硫量0.82%，进入吸收塔的烟气中SO_2浓度为1770.82mg/m^3（标态、干态、设计煤种）、2060mg/m^3（标态、干态、校核煤种）。

由于煤种及实际负荷的变化，实际运行中入炉煤含硫量在0.41～1.25范围内波动，SO_2进口浓度在600～2700mg/m^{3}范围内波动，脱硫率也不十分稳定，当原烟气中SO_2突然升高时，脱硫率会有所下降。2011年5月，8号炉入炉煤质化验报告见表5-17。

表5-17　　2011年5月，8号炉入炉煤煤质化验报告

日期	灰分（%）	挥发分（%）	低位热值（MJ/kg）	全硫（%）	日期	灰分（%）	挥发分（%）	低位热值（MJ/kg）	全硫（%）
2011年5月2日	11.37	28.41	18.66	0.67	2011年5月21日	12.53	26.81	17.82	0.72
2011年5月5日	13.01	27.19	18.31	0.60	2011年5月23日	9.40	28.61	19.41	0.88
2011年5月10日	9.81	30.26	18.78	0.47	2011年5月25日	14.77	28.50	18.87	0.95
2011年5月15日	16.10	26.52	16.7	0.84	2011年5月27日	16.85	26.54	18.13	0.59
2011年5月17日	16.91	27.40	17.98	0.48	2011年5月29日	18.47	24.36	17.22	0.50
2011年5月18日	16.57	27.30	17.47	0.70	2011年5月31日	16.06	25.11	17.21	1.25

脱硫系统设计烟气量为2 273 141m^3/h（校核煤种为2 297 493m^3/h），实际烟气量在1.5×10^6～2.2×10^6m^3/h范围内随负荷变化而波动，以此计算，即使8号机组满负荷运行，脱硫系统在现有工况下，总负荷（原烟气SO_2浓度与烟气量乘积）仍在设计范围之内，因此只要运行调整合适，系统主要参数（包括脱硫效率、净烟气SO_2浓度等）就可以达到设计值。

优化运行试验以实现系统主要设计参数满足设计或实际运行需要，并实现系统经济合理运行为目的，通过调整相关运行参数，实现系统最优化。根据对脱硫系统运行影响程度大小，调整参数选择吸收塔浆液pH值、浆液循环泵组合、吸收塔液位、吸收塔浆液密度、原烟气SO_2浓度、石灰石浆液密度、供浆量等。其中，脱硫效率是所有调整的前提条件，调整参数以脱硫效率满足电厂实际运行控制值为准，即脱硫效率不低于90%。

对脱硫系统经济性分析，脱硫系统运行费用主要包括运行人工费、设备折旧费、电费、石灰石原料费、水费等。其中，电费、脱硫剂费用、SO_2排污缴费受运行方式影响明显，且所占权重较大；水、蒸汽、压缩空气费用主要取决于运行工况；脱硫副产品销售收入主要取决于石膏品质和市场需求。因此，设计脱硫系统优化运行方案及进行优化试验时，主要着力通过降低系统电耗、物耗，并保证SO_2达标排放，减少排污费，即在满足环保要求的前提下，使脱硫相对生产成本最低。在此原则下，针对脱硫负荷、燃料硫分变化的不同工况，实行最优的运行方式。

对于达拉特发电厂8号机组脱硫系统而言，运行人工费、设备折旧费与优化运行无关，耗水量主要取决于机组负荷，因此优化运行经济性分析主要从电费、石灰石原料费和SO_2排污费三个方面考虑。

（一）270MW 负荷下优化试验

1. 吸收塔浆液 pH 值优化

在一定范围内，pH 值越高越有利于 SO_2 的吸收，可提高脱硫率，但当 pH 值大于 5.8 时，石灰石中 Ca^{2+} 的溶解速度减慢，SO_3^{2-} 的氧化也受到抑制，不利于石膏结晶；反之，pH 值越低越有利于石灰石溶解，但 SO_2 的吸收受到抑制，脱硫效率将下降。因此在运行中保持吸收塔浆液 pH 值稳定，将其控制在合适范围内，一般为 5.2～5.8，是有效控制 SO_2 吸收反应、获得稳定脱硫率和石膏品质的前提。

实际操作中，pH 值在 5.1～5.7 范围内波动，从运行效果来看，在 270MW 负荷下，pH 值高于 5.3 时，脱硫效率均能达到运行要求，其他条件不变时，提高 pH 值，脱硫效率明显升高，浆液 pH 值与脱硫效率的关系曲线见图 5-18。

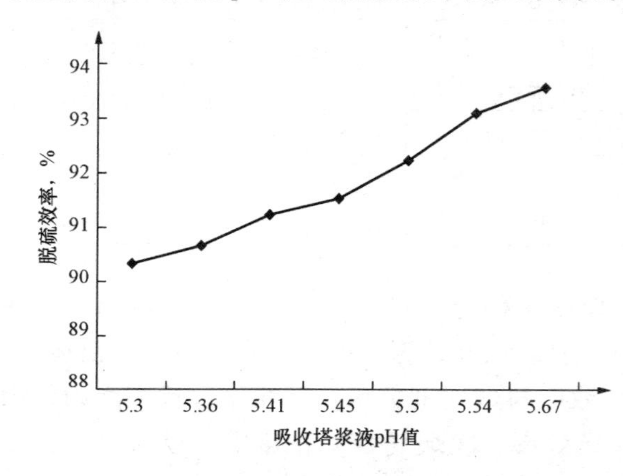

图 5-18　270MW 负荷下浆液 pH 值与脱硫效率的关系

但从运行经济性的角度考虑，提高 pH 值，亚硫酸钙的氧化和石灰石的溶解受到严重抑制，产品中出现大量难以脱水的亚硫酸钙，石灰石的利用率下降，运行成本提高，随石膏排出吸收塔未反应的过量石灰石也随之增加（从石膏分析结果来看，部分时段石膏中 $CaCO_3$ 含量高达 3.5%，正常情况下应低于 1%），同时高 pH 值也会增加系统结构堵塞的风险。就运行经济性而言，pH 值变化会引起石灰石耗量和出口 SO_2 浓度变化，石灰石运行成本和排污费也会随之变化，270MW 负荷、入口 SO_2 浓度 1500mg/m^3 条件下，石灰石成本、排污费及两项合计费用变化见表 5-18。

表 5-18　　270MW 负荷、入口 SO_2 浓度 1500mg/m^3 下不同的 pH 值优化

序号	投运浆液泵	浆液 pH 值	石灰石耗量（t/h）	出口 SO_2 浓度（mg/m^3）	石灰石成本（元/h）	SO_2 排污费（元/h）	两项合计费用（元/h）
1	AB	5.1	3.66	261	732	233	965
2	AB	5.3	3.75	189	750	169	919
3	AB	5.4	4.07	152	814	138	952
4	AB	5.5	4.43	128	886	115	1001
5	AB	5.6	4.69	97	938	87	1025

可以看出，pH 值由 5.1 提高至 5.5，石灰石浆液耗量增加 0.77t/h，增幅为 21.04%，石灰石成本和排污费合计增加 3.7%。在 270MW 负荷、入口 SO_2 浓度 1500mg/m^3 条件下，pH 值为 5.3 时，石灰石成本和 SO_2 排污费两项费用合计最低，因此该条件下 pH 值应保持在 5.3 左右。此外，虽然 pH 值为 5.1 时与 pH 值为 5.4 时，两项费用合计相近，但低 pH 值运行会在入口 SO_2 浓度较高时，存在 SO_2 排放浓度超标的风险，因此不建议低 pH 值运

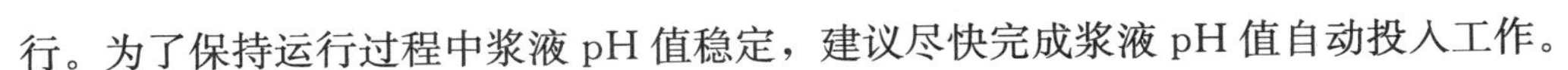

行。为了保持运行过程中浆液 pH 值稳定，建议尽快完成浆液 pH 值自动投入工作。

2. 浆液循环泵运行组合优化

达拉特发电厂 8 号脱硫系统设置四台浆液循环泵，A～D 号由低到高布置，布置如图 5－19 所示。

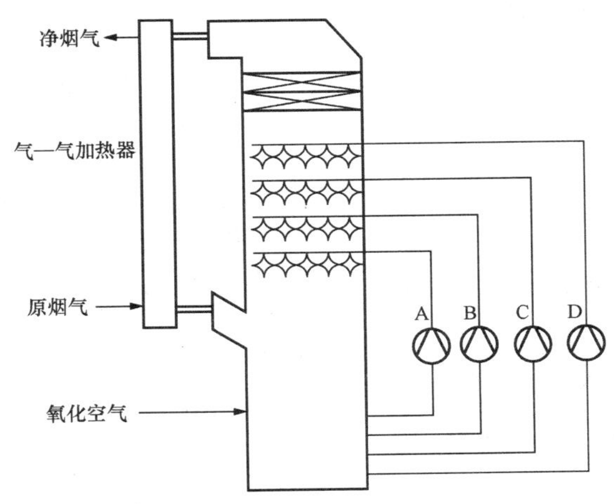

图 5－19 脱硫系统浆液循环泵布置

负荷为 270MW 时，进入脱硫系统的烟气量远小于设计烟气量，因此投运较少的浆液循环泵就可以满足设计液气比，保证烟气与浆液充分接触、反应。实际运行操作中，此负荷下，投入两台浆液循环泵时，脱硫效率可满足运行要求，AC 泵运行时比 AB 泵运行时，脱硫效率约高 0.8%，但电流约高 2A，计算可得系统电耗约增加 0.5%；而即使是原烟气 SO_2 浓度为此负荷下最高的 1852mg/m^3 时，AB 泵运行脱硫效率仍可达 91.86%，因此此负荷下正常投运 AB 两台浆液循环泵即可。

3. 吸收塔液位优化

从脱硫反应来说，吸收塔液位越高，循环泵入口浆液静压头越高，循环泵抽取的浆液量越多，母管压力越高，喷淋高度越高，浆液在塔内停留的时间越长（相当于增大了浆池容积），与气体接触的时间延长，接触界面增加，气体穿越气膜/液膜界面机会多，吸收效果更佳。同时，液位高，氧化区高度增加，氧化反应充分，会促进石膏晶体的生长，有利于形成较大颗粒的石膏晶体，有利于石膏脱水，有利于提高脱硫率。亚硫酸钙氧化不充分会导致过饱和，因亚硫酸钙溶解度大于碳酸钙，会抑制石灰石的溶解，要提高脱硫率，就得补入更多的石灰石浆液。另外，亚硫酸钙的溶解会增强浆液酸性，不利于对 SO_2 的吸收，进而降低脱硫率。

吸收塔液位的高低对氧化风机电量的消耗有一定的影响，液位高时氧化空气压力升高，氧化风机电流增加，但影响不大。AB 泵运行时不同液位下，循环泵、氧化风机电耗及两者之和变化见表 5－19。

表 5－19　AB 泵运行时吸收塔液位对电耗的影响

序号	投运浆液泵	吸收塔液位（m）	循环泵电流之和（A）	氧化风机电流（A）	循环泵电耗（kW·h）	氧化风机电耗（kW·h）	两项电耗合计（kW·h）
1	AB	8.42	100.00	25.83	1472	380	1852
2	AB	8.60	99.51	25.97	1465	382	1847
3	AB	8.90	99.26	26.04	1461	383	1844
4	AB	9.23	98.35	26.63	1448	392	1840
5	AB	9.40	97.99	27.07	1443	399	1842
6	AB	9.60	96.29	27.34	1418	402	1820
7	AB	9.80	95.75	27.69	1411	408	1819

可以看出，循环泵流量不变的情况下，较高的工作液位可以增加循环泵入口工作压力，在一定范围内可以降低循环泵的工作电流，起到节能的作用。试验表明，AB两台浆液循环泵运行时，吸收塔液位由8.60m升至9.60m，AB泵总电流减少3.22A，循环泵与氧化风机电耗合计减少27kW·h，运行成本降低8.64元/h，每年可节约5.18万元；同时，每提高1m工作液位，吸收塔浆液离子浓度约可以降低1/10，浆液饱和度降低，有利于SO_2吸收。

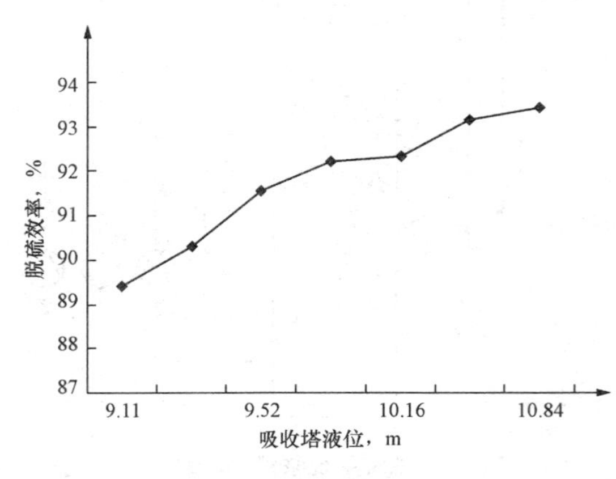

图5-20 270MW负荷下吸收塔液位与脱硫效率的关系

从实际运行操作来看，吸收塔液位对于脱硫效率有着较为明显的影响，应在运行过程中予以严格控制。270MW负荷下吸收塔液位与脱硫效率的关系如图5-20所示。

在270MW负荷下，如果入口SO_2浓度为1700mg/m^3，液位由9.3m升至9.8m，出口SO_2浓度由175mg/m^{3}降至136mg/m^3，排污费约可减少22万元/年，从优化系统运行性能的角度，在保证吸收塔不出现溢流的前提下，应尽量维持吸收塔在高液位运行，此负荷下，建议液位控制在9.4～9.6m。

可以看出，随着吸收塔液位的增加，脱硫效率升高。液位低于9.3m时，脱硫效率低于90%，无法满足运行要求。

4. 吸收塔浆液密度优化

从实际运行情况来看，吸收塔浆液密度对脱硫效率影响不大。但资料表明，当吸收塔浆液密度大于1150kg/m^{3}时，混合浆液中$CaCO_3$和$CaSO_4 \cdot 2H_2O$的浓度已趋于饱和，$CaSO_4 \cdot 2H_2O$对SO_2的吸收有抑制作用，脱硫率会有所下降；而石膏浆液密度过低（<1080kg/m^{3}时），说明浆液中$CaSO_4 \cdot 2H_2O$的含量较低，$CaCO_3$的相对含量升高，此时如果排出吸收塔，将导致石膏中$CaCO_3$含量增高，品质降低，而且浪费了脱硫剂石灰石。因此运行中控制石膏浆液密度在一个合适的范围内（1080～1130kg/m^3），质量浓度较高时，将浆液打至脱水系统脱水，质量浓度较低时停运脱水系统，对于稳定脱硫效率、提高石膏品质、防止结垢和降低相关泵及管道的磨蚀是有利的，有利于FGD的有效、经济运行。综合考虑，吸收塔浆液密度在各种负荷下均应保持在1080～1130kg/m^{3}的范围内。从实际情况来看，浆液密度过高，不仅影响SO_2吸收，而且在吸收塔液位相近的情况下，循环泵的电流也会明显增加，如在液位为9.5m时，循环泵AC运行，浆液密度由1209kg/m^{3}升至1291kg/m^{3}时，总电流增加约3.7A，系统电耗增加0.925%。

5. 入口SO_2影响

在其他参数不变的条件下，增大SO_2浓度，相当于增大了气相主体中SO_2的分压，从而增加了气液传质的推动力，增强了传质效果，提高了吸收速率。但是，SO_2分压增加到一定程度，会使得气液吸收反应的增强因子减小，SO_2传质速率增加的速度小于欲去除的烟气中SO_2的增加速度，从而在较高SO_2浓度时，其脱硫效率降低。因此，在通常情况下，烟气中SO_2浓度在较低时比在较高时更容易取得较高的去除效率。

实际运行中，270MW 负荷下，原烟气 SO_2 浓度在 640～1900kg/m^3 范围内波动，原烟气 SO_2 浓度与脱硫效率的关系如图 5 - 21 所示。

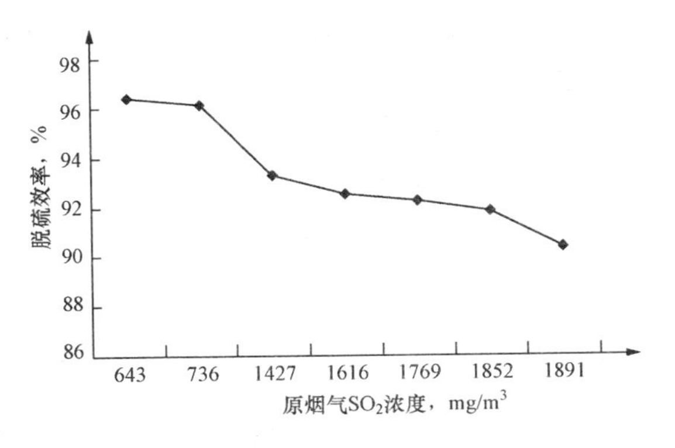

图 5 - 21　270MW 负荷下原烟气 SO_2 浓度与脱硫效率的关系

6. 石灰石浆液密度影响

石灰石浆液对脱硫效率的影响最终体现在对浆液 pH 值和钙硫比的影响上，石灰石浆液密度与供浆量的乘积决定反应最终脱硫剂的总量，石灰石浆液浓度太低，石灰石供浆系统即使满负荷运行，也可能无法维持浆液 pH 值和充分反应所需的钙硫比；石灰石浆液太高，供浆泵、管道磨损，结构加重，会增加系统运行的风险性，综合考虑，石灰石浆液密度宜控制在 1250kg/m^3。

7. 氧化风机优化

通过调整氧化风机运行方式所取得的经济效益较小。在实际运行中发现，吸收塔内长时间氧化风供给不足，会造成吸收塔内亚硫酸盐含量不断增加，石膏脱水效果变差，并最终导致脱水系统不能运行，因此为吸收塔提供适量的氧化风是保证 FGD 稳定运行的前提。

8. 脱水系统优化

石膏含水率的影响因素较多，如在吸收塔内，石膏浆液中的过饱和度、浆液的 pH 值、氧化空气用量等化学反应条件控制不合理，都将会影响石膏晶体的形成（包括石膏晶粒的大小和形状）。如果形成针状晶体（$CaSO_4 \cdot 1/2H_2O$），则其晶粒度过细就难以脱水；而理想的石膏晶体应是短柱状的，比前者颗粒大，易于脱水。现阶段达拉特发电厂 8 号脱硫系统石膏化学成分分析结果见表 5 - 20。

表 5 - 20　　**石膏化学成分分析**

项目	2011 年 5 月 12 日	2011 年 5 月 17 日	2011 年 5 月 24 日	2011 年 5 月 30 日	标准
水分（%）	18.11	16.45	17.28	17.32	≤10
亚硫酸盐（%）	3.55	0.24	0.46	0.16	≤0.2
$CaSO_4 \cdot 2H_2O$（%）	68.45	73.7	83.74	96.2	≥90
$CaCO_3$（%）	3.78	1.95	4.82	3.15	≤3

对脱硫石膏二级脱水工艺运行过程控制不合理，是造成石膏含水率超标的重要因素之一。一是如果一次脱水过程中石膏旋流器效率低，则会导致石膏旋流器底流出的石膏浆液含固率偏低，将直接影响石膏二次脱水效果；二是二次脱水中石膏真空脱水皮带机效率低，也会对石膏含水率产生很大的影响。

从石膏分析结果来看，现阶段运行条件下，石膏含水量均高于 10%，在 13%～16%范围内波动，石膏中亚硫酸盐含量明显偏高，最高时达 8.69%（要求不大于 0.2%），造成脱水困难，解决该问题应从两方面入手：①控制浆液 pH 值在合理范围内，防止 pH 值过高；

②停运时检查清理氧化风管，保证脱硫反应所需的氧化风充足。此外，实际运行真空皮带脱水系统真空度明显偏低，仅为－30kPa左右（正常应为－50～－60kPa），脱水不利，应对脱水系统进行详细查漏。

9. 石灰石活性分析

理论石灰石耗量是指脱硫系统在设计Ca/S比条件下，按照脱除SO_2量计算得出的所需石灰石量，计算公式为

$$M_{CaCO_3}=Q_{snd}(C_{s1}-C_{s2})\frac{M_{CaCO_3}}{M_{SO_2}}\frac{1}{F_r}\times S_t\times 10^{-6} \tag{5-7}$$

式中 M_{CaCO_3}——理论石灰石耗量，kg/h；

Q_{snd}——标干烟气量，标态，6%O_2，m^3/h；

C_{s1}——原烟气SO_2浓度，标态，6%O_2，mg/m^3；

C_{s2}——净烟气SO_2浓度，标态，6%O_2，mg/m^3；

M_{SO_2}——SO_2摩尔质量，64.06g/mol；

F_r——石灰石纯度，试验期间为89.4%；

S_t——钙硫比。

实际石灰石消耗量则是通过实际脱硫反应中投加到吸收塔内的石灰石浆液量和浆液密度计算得出的，计算公式为

$$M_{CaCO_3}=Q_s\rho_{液}\frac{\rho_{石}(\rho_{液}-1)}{\rho_{液}(\rho_{石}-1)}\times 100\% \tag{5-8}$$

式中 M_{CaCO_3}——实际石灰石耗量，kg/h；

$\rho_{石}$——石灰石密度，$\rho_{石}=2.6g/cm^3$；

$\rho_{液}$——石灰石浆液密度，g/cm^3；

Q_s——每小时石灰石浆液量，m^3/h。

理论石灰石耗量与实际石灰石耗量之差，可以在一定程度上反映石灰石在实际脱硫反应中的活性（投加过量石灰石，造成浆液过饱和，也会增加石灰石实际耗量）。270MW负荷下理论石灰石耗量与实际石灰石耗量对比见表5-21。

表5-21 270MW负荷下理论石灰石耗量与实际石灰石耗量对比

烟气流量 (m^3/h)	入口SO_2浓度 (mg/m^3)	出口SO_2浓度 (mg/m^3)	供浆流量 (m^3/h)	供浆密度 (kg/m^3)	理论石灰石耗量（t/h）	实际石灰石耗量（t/h）	石灰石耗量差值（t/h）
1 513 616	1451	109	11.00	1228	3.59	5.00	1.41
1 533 532	1652	176	9.58	1206	4.06	4.21	0.15
1 772 524	978	53	9.15	1228	2.94	3.39	0.45
1 573 364	1739	156	13.13	1228	4.46	4.86	0.40
1 653 028	1805	265	13.00	1226	4.57	4.77	0.20
1 662 986	1088	58	10.23	1228	3.07	3.79	0.72

可以看出，270MW负荷下，理论石灰石耗量均值为3.782t/h，而实际石灰石耗量均值

为 4.337t/h，石灰石多耗用量平均值为 0.555t/h。每天多消耗石灰石约 13t，运行成本增加 2600 元/天。为了合理利用石灰石，提高运行经济性，应从以下几个方面入手：

（1）提高石灰石来料品质。

石灰石来料品质是影响石灰石耗量的重要因素，石灰石中常含有 MgO、SiO_2 等氧化物杂质，甚至含有大量的灰面、泥土，杂质的存在会引起磨机堵料，同时杂质带入系统中的可溶性铝和浆液中的 F^- 可以形成 AlF_x 络合物，AlF_x 络合物达到一定浓度时，会使石灰石的反应活性降低，即所谓的“封闭”石灰石，使石灰石浆液进入“盲区”。运行中，应严格控制石灰石来料纯度，保证 $CaCO_3$ 含量高于 91%、MgO 含量低于 1.12%，严格控制石灰石浆液粒径 95%通过 250 目，减少石灰石料中泥土和灰面的含量。

（2）优化石灰石运行环境。

石灰石浆液所处的运行环境较复杂，搅拌速率、pH 值、吸收塔中的离子、温度等对石灰石耗量都有一定的影响，其中 pH 值对石灰石耗量影响最大。运行环境中 pH 值不仅影响 SO_2 的吸收和亚硫酸钙的氧化，而且也影响石灰石的溶解，因此对石灰石耗量有极重要的影响。不同 pH 值下石灰石溶解曲线如图 5-22 所示。

可以看出，pH 值越低，越有利于石灰石的溶解，其中当 pH 值为 4.5 时，石灰石溶解率在 30min 时达到最大。但 pH 值越高，越有利于 SO_2 的吸收。为了保持吸收溶液的脱离效果，一般选择 pH 值控制在5.0～5.6。

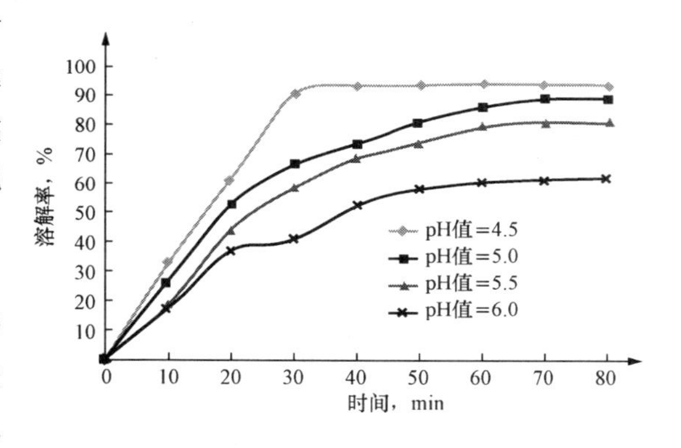

图 5-22　不同 pH 值条件下石灰石溶解率

（3）适量添加己二酸等添加剂。

在石灰石浆液中加入一定量的已二酸等添加剂，可改善化学反应传质过程，能促进 $CaCO_3$ 的溶解并缓冲浆液 pH 值的下降，从而提高脱硫率。从一些科研试验研究结果可知，在试验条件下，当已二酸添加浓度为 0.15%时，$CaCO_3$ 利用率可提高 25%；相同脱硫率要求时，可大大降低液气比，当已二酸添加浓度为 0.15%、初始 pH 值为 6.0、脱硫率为 60%时，可有效降低液气比约 40%；当已二酸添加量为 0.15%，控制浆液 pH 值约 6.0 时，脱硫率可达 70%以上。由此可见，添加已二酸添加剂可有效提高脱硫率和吸收剂的利用率，从而进一步降低脱硫运行成本。

10. 小节

总结上述试验结果，270MW 负荷下优化运行操作卡见表 5-22。

表 5-22　　270MW 负荷下优化运行操作卡

运行参数	原烟气 SO_2 浓度（mg/m^3）			
	<1000	1000～1600	1600～1800	1800～2200
浆液 pH 值	5.2	5.3	5.3	5.4
循环泵	AB	AB	AB	AB
吸收塔液位（m）	9.4	9.5	9.6	9.6

270MW 负荷下，通过优化调整试验，可以实现节约石灰石 0.4t/h，以脱硫系统年运行 6000h 计，每年可节约石灰石 2400t，约 48 万元；通过优化循环泵组合、吸收塔液位等方式，每小时节约用电 27kW·h，每年可节约用电 162MW·h，约 5.18 万元；SO_2 平均排放浓度降低约 30mg/m^3，烟气量以 1.5Mm^3/h 计，每年可减少 SO_2 排放 270t，可减少排污费 33.48 万元。

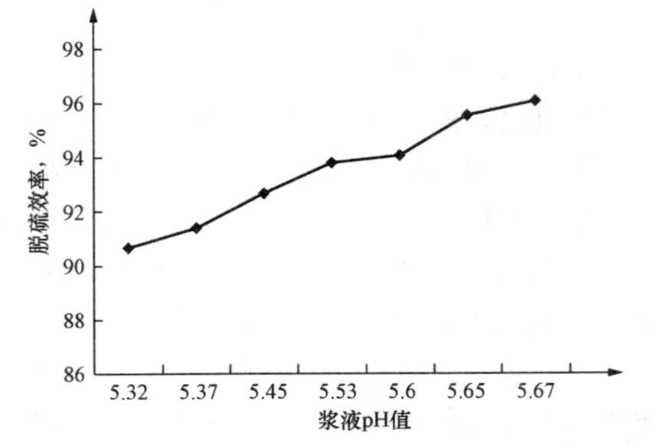

图 5-23 300MW 负荷下浆液 pH 值与脱硫效率的关系

（二）300MW 负荷下优化试验

1. 浆液 pH 值优化

300MW 负荷下浆液 pH 值与脱硫效率的关系曲线见图 5-23。

300MW 负荷、入口 SO_2 浓度1700mg/m^3 条件下，石灰石成本、排污费及两项合计费用变化见表 5-23。

表 5-23 300MW 负荷、入口 SO_2 浓度 1700mg/m^3 下不同的 pH 值优化

序号	投运浆液泵	浆液 pH 值	石灰石耗量 (t/h)	出口 SO_2 浓度 (mg/m^3)	石灰石成本 (元/h)	SO_2 排污费 (元/h)	两项合计费用 (元/h)
1	AB	5.1	3.86	283	772	281	1053
2	AB	5.3	4.04	159	808	158	966
3	AB	5.4	4.33	147	866	146	1012
4	AB	5.5	4.61	131	922	130	1052
5	AB	5.6	4.93	108	986	107	1093

可以看出，pH 值由 5.3 提高至 5.6，石灰石浆液耗量增加 0.89t/h，增幅为 22.0%，石灰石成本和排污费合计增加 8.90%。在 300MW 负荷、入口 SO_2 浓度 1700mg/m^3 条件下，pH 值为 5.3 时，石灰石成本和 SO_2 排污费两项费用合计最低，但脱硫效率为 90.65%，为防止负荷变化时，脱硫效率低于 90%，建议该条件下 pH 值应保持在 5.35 左右。此外，虽然 pH 值为 5.1 时与 pH 值为 5.5 时，两项费用合计相近，但低 pH 值运行会在入口 SO_2 浓度较高时，存在 SO_2 排放浓度超标的风险，因此不建议低 pH 值运行。

2. 浆液循环泵优化组合

负荷为 300MW 下，实际运行操作中，投入两台浆液循环泵时，脱硫效率可以满足运行要求，AC 泵运行时比 AB 泵运行时，脱硫效率高约 0.9%，但电流高约 1.7A，计算可得系统电耗增加约 0.438%，脱硫系统运行费用约增加 0.308%；而即使是原烟气 SO_2 浓度为此负荷下最高的 2172mg/m^3 时，AB 泵运行脱硫效率仍可达 91.44%，因此此负荷正常投运 AB 两台浆液循环泵即可。

3. 吸收塔液位优化

300MW 负荷下，吸收塔液位与脱硫效率的关系如图 5-24 所示。

可以看出，随着吸收塔液位的增加，脱硫效率升高。当液位低于 9.36m 时，脱硫效率低于 90%，无法满足运行要求。

试验表明，AB 两台浆液循环泵运行时，吸收塔液位由 9.34m 升至 9.90m，AB 泵总电流减少 2.8A，脱硫系统运行费用减少约 7.91 万元/年，此负荷下，建议液位控制在 9.4～9.7m。

4. 入口 SO_2 影响

实际运行中，300MW 负荷下，原烟气 SO_2 浓度在 670～2180kg/m³ 范围内波动，原烟气 SO_2 浓度与脱硫效率的关系如图 5-25 所示。

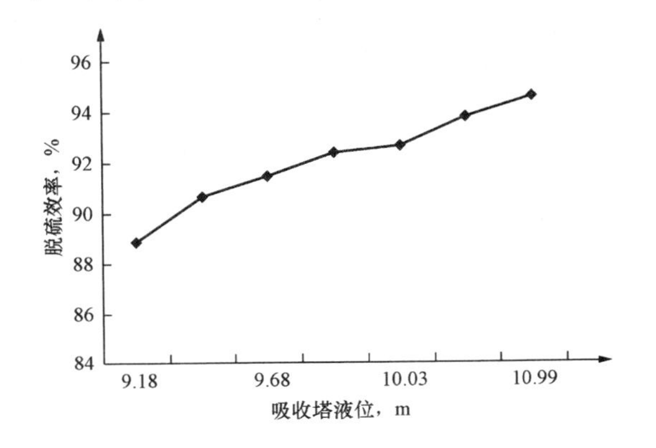

图 5-24　300MW 负荷下吸收塔液位与脱硫效率的关系

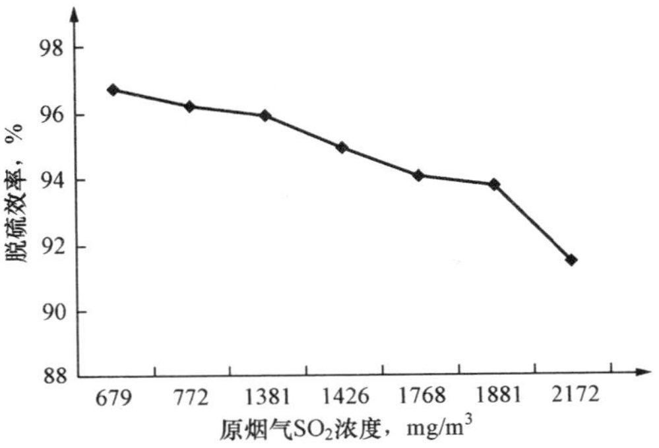

图 5-25　300MW 负荷下原烟气 SO_2 浓度与脱硫效率的关系

5. 石灰石活性分析

300MW 负荷下理论石灰石耗量与实际石灰石耗量的对比见表 5-24。

表 5-24　300MW 负荷下理论石灰石耗量与实际石灰石耗量的对比

烟气流量 (m³/h)	入口 SO_2 浓度 (mg/m³)	出口 SO_2 浓度 (mg/m³)	供浆流量 (m³/h)	供浆密度 (kg/m³)	理论石灰石耗量 (t/h)	实际石灰石耗量 (t/h)	石灰石耗量差值 (t/h)
1 722 734	921	79	10.80	1229	2.60	4.01	1.41
1 852 188	1111	96	12.74	1208	3.37	4.31	0.94
1 643 070	1210	103	12.28	1206	3.26	4.11	0.85
1 742 650	1338	121	11.25	1227	3.80	4.15	0.35
1 762 566	1650	137	16.58	1204	4.78	5.50	0.72
1 643 070	2102	197	18.77	1208	5.62	6.34	0.72

可以看出，300MW 负荷下理论石灰石耗量均值为 3.905t/h，而实际石灰石耗量均值为 4.737t/h，石灰石多耗用量平均值为 0.832t/h。每天多消耗石灰石约 20t，运行成本增加 4000 元/天。

6. 小节

总结上述试验结果，300MW 负荷下优化运行操作卡见表 5-25。

表 5-25　　300MW 负荷下优化运行操作卡

运行参数	原烟气 SO_2 浓度（mg/m³）			
	<1200	1200～1700	1700～2000	2000～2200
浆液 pH 值	5.3	5.3	5.4	5.4
循环泵	AB	AB	AB	AB/AC
吸收塔液位（m）	9.4	9.5	9.6	9.7

300MW 负荷下，通过优化调整试验，可以实现节约石灰石 0.3t/h，以脱硫系统年运行 6000h 计，每年可节约石灰石 1800t，约 36 万元；通过优化循环泵组合、吸收塔液位等方式，每小时节约用电 27kW·h，年可节约用电 162MW·h，约 5.18 万元；SO_2 平均排放浓度降低约 30mg/m³，烟气量以 1.65Mm³/h 计，每年可减少 SO_2 排放 297t，可减少排污费 36.8 万元。

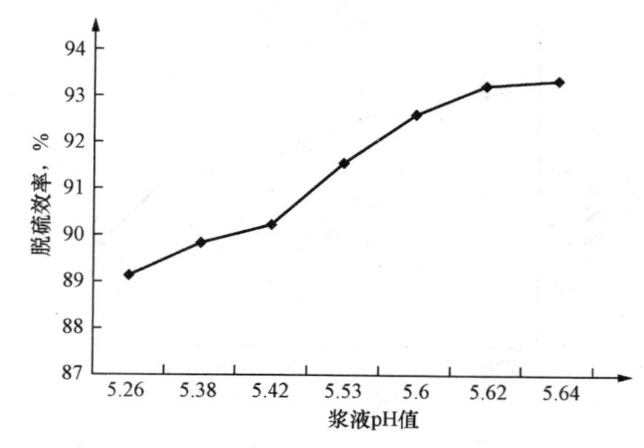

图 5-26　330MW 负荷下浆液 pH 值与脱硫效率的关系

（三）330MW 负荷下优化试验

1. 浆液 pH 值优化

330MW 负荷下浆液 pH 值与脱硫效率的关系曲线见图 5-26。

330MW 负荷、入口 SO_2 浓度 1800mg/m³ 条件下，石灰石成本、排污费及两项合计费用变化见表 5-26。

表 5-26　　330MW 负荷、入口 SO_2 浓度 1800mg/m³ 下不同的 pH 值优化

序号	投运浆液泵	浆液 pH 值	石灰石耗量（t/h）	出口 SO_2 浓度（mg/m³）	石灰石成本（元/h）	SO_2 排污费（元/h）	两项合计费用（元/h）
1	AB	5.1	4.17	288	834	314	1148
2	AB	5.3	4.58	197	916	215	1131
3	AB	5.4	4.79	175	958	191	1149
4	AB	5.5	5.08	167	1016	182	1198
5	AB	5.6	5.31	137	1062	149	1211

可以看出，pH 值由 5.3 提高至 5.5，石灰石浆液耗量增加 0.50t/h，增幅为 10.9%，石灰石成本和排污费合计增加 5.92%。在 330MW 负荷、入口 SO_2 浓度 1800mg/m³ 条件下，pH 值为 5.3 时，石灰石成本和 SO_2 排污费两项费用合计最低，但脱硫效率为 89.05%，建议该条件下 pH 值应保持在 5.4 左右。此外，虽然 pH 值为 5.1 时与 pH 值为 5.4 时，两项费用合计相近，但低 pH 值运行会在入口 SO_2 浓度较高时，存在 SO_2 排放浓度超标的风险，且脱硫效率低于 90%考核值，因此不建议低 pH 值运行。

2. 浆液循环泵优化组合

负荷为 330MW 下，实际运行操作中，维持稳定合适的 pH 值，投入两台浆液循环泵

时，脱硫效率可以满足运行要求，AC 泵运行时比 AB 泵运行时，脱硫效率高约 0.7%，但电流高约 1.8A，计算可得系统电耗增加约 0.45%，脱硫系统运行费用约增加 0.315%；而即使是原烟气 SO_2 浓度为此负荷下最高的 2246mg/m³ 时，AB 泵运行脱硫效率仍可达 91.15%，因此此负荷正常投运 AB 两台浆液循环泵即可。

3. 吸收塔液位优化

330MW 负荷下，吸收塔液位与脱硫效率的关系如图 5-27 所示。

可以看出，随着吸收塔液位的增加，脱硫效率升高。当液位低于 9.37m 时，脱硫效率低于 90%，无法满足运行要求。

试验表明，AB 两台浆液循环泵运行时，吸收塔液位由 9.54m 升至 9.92m，AB 泵总电流减少 2.3A，脱硫系统运行费用减少约 0.4%，此负荷下，建议液位控制在 9.5～9.8m。

4. 入口 SO_2 影响

实际运行中 330MW 负荷下，原烟气 SO_2 浓度在 750～2250kg/m³ 范围内波动，原烟气 SO_2 浓度与脱硫效率的关系如图 5-28 所示。

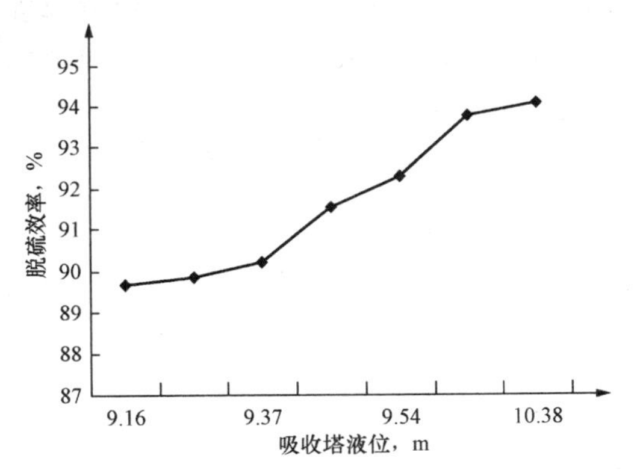

图 5-27 330MW 负荷下吸收塔液位与脱硫效率的关系

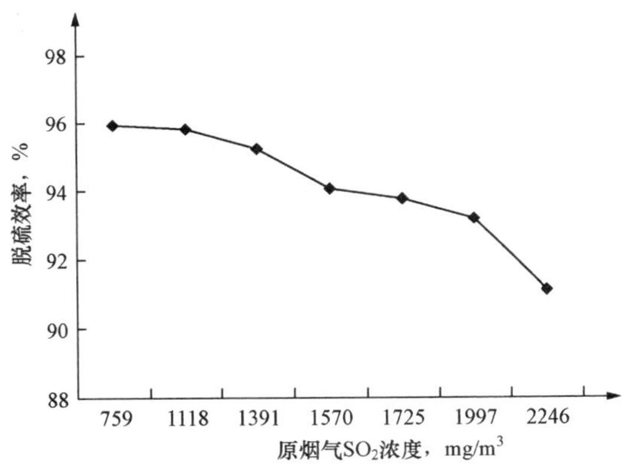

图 5-28 330MW 负荷下原烟气 SO_2 浓度与脱硫效率的关系

5. 石灰石活性分析

300MW 负荷下理论石灰石耗量与实际石灰石耗量的对比见表 5-27。

表 5-27　330MW 负荷下理论石灰石耗量与实际石灰石耗量的对比

烟气流量 (m³/h)	入口 SO_2 浓度 (mg/m³)	出口 SO_2 浓度 (mg/m³)	供浆流量 (m³/h)	供浆密度 (kg/m³)	理论石灰石耗量 (t/h)	实际石灰石耗量 (t/h)	石灰石耗量差值 (t/h)
1 662 986	848	74	8.06	1244	2.31	3.19	0.88
1 752 608	1012	99	9.67	1246	2.87	3.87	1.00
1 623 154	1386	108	15.21	1175	3.72	4.47	0.75
1 603 228	1545	137	15.34	1203	4.05	5.06	1.01
1 653 028	1715	167	14.74	1222	4.59	5.34	0.75
1 613 196	1950	187	15.41	1239	5.10	5.98	0.88

可以看出，300MW 负荷下理论石灰石耗量均值为 3.773t/h，而实际石灰石耗量均值为 4.652t/h，石灰石多耗用量平均值为 0.879t/h。每天多消耗石灰石约 21t，运行成本增加 4200 元/天。

6. 小节

总结上述试验结果，330MW 负荷下优化运行操作卡见表 5-28。

表 5-28　　330MW 负荷下优化运行操作卡

运行参数	原烟气 SO_2 浓度（mg/m^3）			
	<1300	1200～1800	1800～2100	2100～2200
浆液 pH 值	5.3	5.4	5.4	5.5
循环泵	AB	AB	AB	AB/AC
吸收塔液位（m）	9.5	9.6	9.7	9.8

330MW 负荷下，通过优化调整试验，可以实现节约石灰石 0.3t/h，以脱硫系统年运行 6000h 计，每年可节约石灰石 1800t，约 36 万元；通过优化循环泵组合、吸收塔液位等方式，每小时节约用电 27kW·h，年可节约用电 162MW·h，约 5.18 万；SO_2 平均排放浓度降低约 $34mg/m^3$，烟气量以 $1.65Mm^3/h$ 计，每年可减少 SO_2 排放 336t，可减少排污费 41.7 万元。

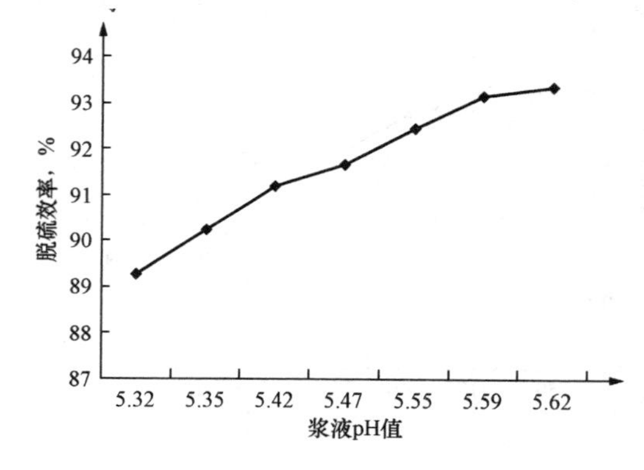

图 5-29　360MW 负荷下浆液 pH 值与脱硫效率的关系

（四）360MW 负荷下优化试验

1. 浆液 pH 值优化

360MW 负荷下浆液 pH 值与脱硫效率的关系曲线见图 5-29。

360MW 负荷、入口 SO_2 浓度$1700mg/m^3$条件下，石灰石成本、排污费及两项合计费用变化见表 5-29。

表 5-29　　360MW 负荷、入口 SO_2 浓度 $1700mg/m^3$ 下不同的 pH 值优化

序号	投运浆液泵	浆液 pH 值	石灰石耗量（t/h）	出口 SO_2 浓度（mg/m^3）	石灰石成本（元/h）	SO_2 排污费（元/h）	两项合计费用（元/h）
1	AB	5.2	4.01	267	802	291	1093
2	AB	5.3	4.36	209	872	228	1100
3	AB	5.4	4.66	192	932	210	1142
4	AB	5.5	5.36	169	1072	184	1256
5	AB	5.6	5.82	145	1164	158	1322

可以看出，pH 值由 5.3 提高至 5.5，石灰石浆液耗量增加 1.00t/h，增幅为 22.9%，石灰石成本和排污费合计增加 14.18%。360MW 负荷、入口 SO_2 浓度 $1700mg/m^3$ 条件下，pH 值为 5.2 时，石灰石成本和 SO_2 排污费两项费用合计最低，但 pH 值低于 5.5 时，脱硫效率低于 90%，建议该条件下 pH 值应保持在 5.5 左右。

2. 浆液循环泵优化组合

负荷为360MW下，实际运行操作中，维持稳定合适的pH值，投入两台浆液循环泵时，脱硫效率可以满足运行要求，AC泵运行时比AB泵运行时，脱硫效率高约0.9%，但电流高约2.0A，计算可得系统电耗增加约0.525%，脱硫系统运行费用约增加0.294%；而即使是原烟气SO_2浓度为此负荷下最高的2391mg/m^{3}时，AB泵运行脱硫效率仍可达90.77%，因此此负荷正常投运AB两台浆液循环泵即可。

3. 吸收塔液位优化

360MW负荷下，吸收塔液位与脱硫效率的关系如图5-30所示。

可以看出，随着吸收塔液位的增加，脱硫效率升高。当液位低于9.45m时，脱硫效率低于90%，无法满足运行要求。

试验表明，AB两台浆液循环泵运行时，吸收塔液位由9.35m升至9.95m，AB泵总电流减少3.7A，脱硫系统运行费用减少约0.625%，此负荷下，建议液位控制在9.6～9.8m。

4. 入口SO_2影响

实际运行中360MW负荷下，原烟气SO_2浓度在810～2400kg/m^{3}范围内波动，原烟气SO_2浓度与脱硫效率的关系如图5-31所示。

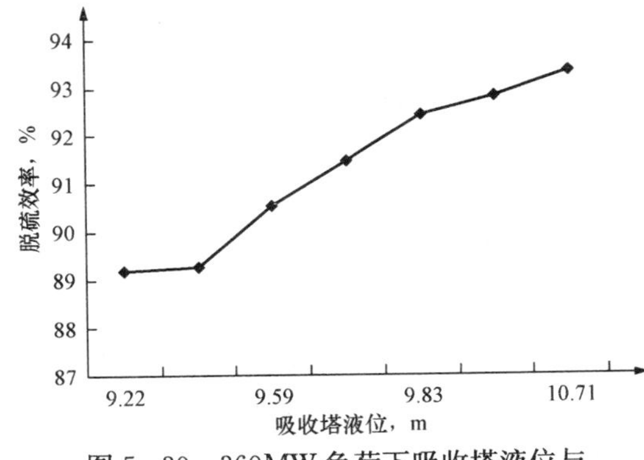

图5-30　360MW负荷下吸收塔液位与脱硫效率的关系

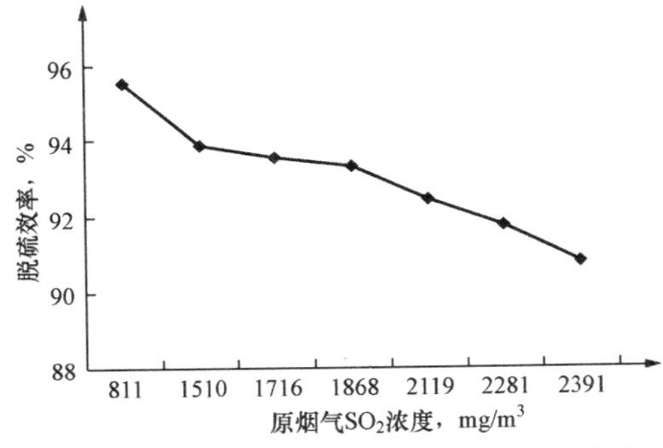

图5-31　360MW负荷下原烟气SO_2浓度与脱硫效率的关系

5. 石灰石活性分析

360MW负荷下理论石灰石耗量与实际石灰石耗量的对比见表5-30。

表5-30　360MW负荷下理论石灰石耗量与实际石灰石耗量的对比

烟气流量 (m³/h)	入口SO_2浓度 (mg/m³)	出口SO_2浓度 (mg/m³)	供浆流量 (m³/h)	供浆密度 (kg/m³)	理论石灰石耗量（t/h）	实际石灰石耗量（t/h）	石灰石耗量差值（t/h）
1 662 986	1026	54	9.21	1217	2.73	3.25	0.52
1 563 406	1186	112	11.77	1201	3.01	3.84	0.83
1 643 070	1313	112	12.42	1212	3.54	4.28	0.74
1 613 196	1525	121	15.41	1190	4.06	4.76	0.70
1 633 112	1716	168	15.03	1220	4.53	5.37	0.84
1 643 070	2212	219	15.61	1260	5.87	6.59	0.72

可以看出，360MW 负荷下理论石灰石耗量均值为 3.957t/h，而实际石灰石耗量均值为 4.682t/h，石灰石多耗用量平均值为 0.725t/h。每天多消耗石灰石约 18t，运行成本增加 3600 元/天。

6. 小节

总结上述试验结果，360MW 负荷下优化运行操作卡见表 5-31。

表 5-31　　360MW 负荷下优化运行操作卡

运行参数	原烟气 SO_2 浓度（mg/m³）			
	<1400	1400～1800	1800～2100	2100～2200
浆液 pH 值	5.4	5.5	5.5	5.6
循环泵	AB	AB	AB	AB/AC
吸收塔液位（m）	9.6	9.7	9.7	9.8

360MW 负荷下，通过优化调整试验，可以实现节约石灰石 0.5t/h，以脱硫系统年运行 6000h 计，每年可节约石灰石 3000t，约 60 万元；通过优化循环泵组合、吸收塔液位等方式，每小时节约用电 27kW·h，年可节约用电 162MW·h，约 5.18 万元；SO_2 平均排放浓度降低约 27mg/m³，烟气量以 1.66Mm³/h 计，每年可减少 SO_2 排放 269t，可减少排污费 33.4 万元。

（五）400MW 负荷下优化试验

1. 浆液 pH 值优化

400MW 负荷下浆液 pH 值与脱硫效率的关系曲线见图 5-32。

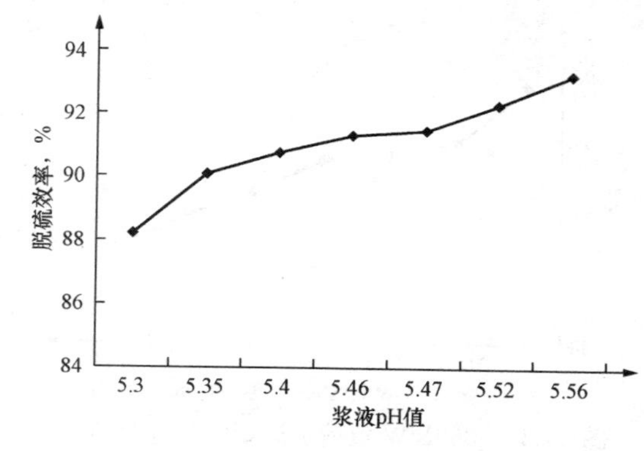

图 5-32　400MW 负荷下浆液 pH 值与脱硫效率的关系

400MW 负荷、入口 SO_2 浓度 1800 mg/m³条件下，石灰石成本、排污费及两项合计费用变化见表 5-32。

可以看出，pH 值由 5.3 提高至 5.5，石灰石浆液耗量增加 1.00t/h，增幅为 21.4%，石灰石成本和排污费合计增加 12.81%。400MW 负荷、入口 SO_2 浓度 1800mg/m³ 条件下，pH 值为 5.3 时，石灰石成本和 SO_2 排污费两项费用合计最低，但 pH 值低于 5.5 时，脱硫效率低于 90%，建议该条件下 pH 值应保持在 5.5 左右。

表 5-32　　400MW 负荷、入口 SO_2 浓度 1800mg/m³ 下不同的 pH 值优化

序号	投运浆液泵	浆液 pH 值	石灰石耗量（t/h）	出口 SO_2 浓度（mg/m³）	石灰石成本（元/h）	SO_2 排污费（元/h）	两项合计费用（元/h）
1	AB	5.2	4.46	272	892	320	1212
2	AB	5.3	4.68	223	936	243	1179
3	AB	5.4	5.02	205	1004	224	1228
4	AB	5.5	5.68	178	1136	194	1330
5	AB	5.6	6.01	153	1202	167	1369

2. 浆液循环泵优化组合

负荷为400MW下，实际运行操作中，维持稳定合适的pH值，投入两台浆液循环泵时，脱硫效率可以满足运行要求，AC泵运行时比AB泵运行时，脱硫效率高约0.8%，但电流高约2.1A，计算可得系统电耗增加约0.575%，脱硫系统运行费用约增加0.403%；而即使是原烟气SO_2浓度为此负荷下最高的2192mg/m^{3}时，AB泵运行脱硫效率仍可达90.95%，因此此负荷正常投运AB两台浆液循环泵即可。如实际运行中原烟气SO_2浓度进一步升高，脱硫效率略低于90%，可运行AC两台浆液循环泵。

3. 吸收塔液位优化

400MW负荷下，吸收塔液位与脱硫效率的关系如图5-33所示。

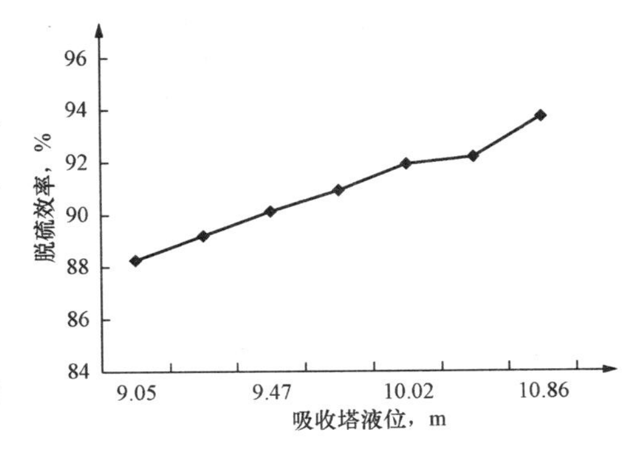

图5-33 400MW负荷下吸收塔液位与脱硫效率的关系

可以看出，随着吸收塔液位的增加，脱硫效率升高。当液位低于9.50m时，脱硫效率低于90%，无法满足运行要求。

AC泵运行时不同液位下，循环泵、氧化风机电耗及两者之和变化见表5-33。

表5-33　　AC泵运行时吸收塔液位对电耗的影响

序号	投运浆液泵	吸收塔液位（m）	循环泵电流之和（A）	氧化风机电流（A）	循环泵电耗（kW·h）	氧化风机电耗（kW·h）	两项电耗合计（kW·h）
1	AC	8.41	104.25	25.56	1535	376	1911
2	AC	8.55	103.78	25.68	1528	378	1906
3	AC	8.91	103.47	25.89	1523	381	1904
4	AC	9.01	103.00	26.29	1516	387	1903
5	AC	9.24	102.29	26.88	1506	396	1902
6	AC	9.41	101.86	27.14	1500	400	1900

可以看出，循环泵流量不变的情况下，较高的工作液位可以增加循环泵入口工作压力，在一定范围内可以降低循环泵的工作电流，起到节能的作用。试验表明，AC两台浆液循环泵运行时，吸收塔液位由8.41m升至9.41m，AC泵总电流减少2.39A，循环泵与氧化风机电耗合计减少11kW·h，运行成本降低3.52元/h，每年可节约2.11万元；同时，每提高1m工作液位，吸收塔浆液离子浓度约可以降低1/10，浆液饱和度降低，有利于SO_2吸收。

在400MW负荷下，如果入口SO_2浓度为1800mg/m^3，液位由9.0m升至9.4m，出口SO_2浓度由195mg/m^{3}降至165mg/m^3，排污费约可减少35万元/年，从优化系统运行性能的角度，在保证吸收塔不出现溢流的前提下，应尽量维持吸收塔在高液位运行，此负荷下，建议液位控制在9.6～9.8m。

4. 入口 SO_2 影响

实际运行中 400MW 负荷下，原烟气 SO_2 浓度在 1000～2200kg/m³ 范围内波动，原烟气 SO_2 浓度与脱硫效率的关系如图 5 - 34 所示。

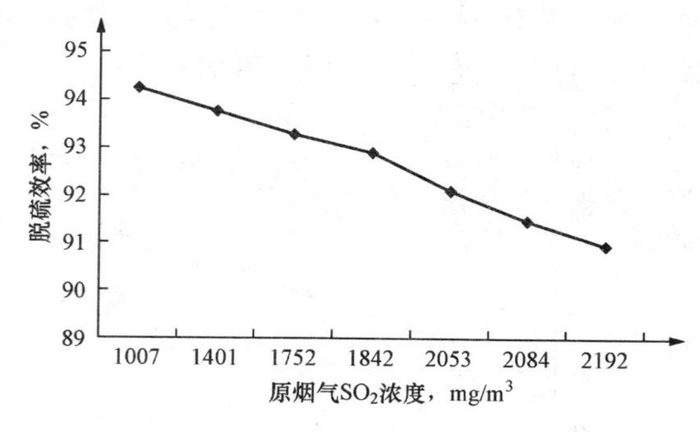

图 5 - 34　400MW 负荷下原烟气 SO_2 浓度与脱硫效率的关系

5. 石灰石活性分析

400MW 负荷下理论石灰石耗量与实际石灰石耗量的对比见表 5 - 34。

可以看出，400MW 负荷下理论石灰石耗量均值为 4.173t/h，而实际石灰石耗量均值为 4.922t/h，石灰石多耗用量平均值为 0.749t/h。每天多消耗石灰石约 18t，运行成本增加 3600 元/天。

表 5 - 34　400MW 负荷下理论石灰石耗量与实际石灰石耗量的对比

烟气流量 (m³/h)	入口 SO_2 浓度 (mg/m³)	出口 SO_2 浓度 (mg/m³)	供浆流量 (m³/h)	供浆密度 (kg/m³)	理论石灰石耗量 (t/h)	实际石灰石耗量 (t/h)	石灰石耗量差值 (t/h)
1 573 364	898	87	8.93	1228	2.29	3.31	1.02
1 613 196	1159	98	10.11	1231	3.07	3.80	0.73
1 782 482	1329	132	13.37	1209	3.83	4.54	0.71
1 772 524	1600	159	13.41	1235	4.58	5.12	0.54
1 653 028	1763	181	15.43	1221	4.69	5.54	0.85
1 892 020	2152	212	19.32	1230	6.58	7.22	0.64

6. 小节

总结上述试验结果，400MW 负荷下优化运行操作卡见表 5 - 35。

表 5 - 35　400MW 负荷下优化运行操作卡

运行参数	原烟气 SO_2 浓度 (mg/m³)			
	＜1100	1100～1900	1900～2100	2100～2300
浆液 pH 值	5.4	5.5	5.5	5.6
循环泵	AB	AB	AB	AC/AD
吸收塔液位 (m)	9.6	9.7	9.8	9.9

400MW 负荷下，通过优化调整试验，可以实现节约石灰石 0.45t/h，以脱硫系统年运行 6000h 计，每年可节约石灰石 2700t，约 54 万元；通过优化循环泵组合、吸收塔液位等方式，每小时节约用电 27kW·h，年可节约用电 162MW·h，约 5.18 万元；SO_2 平均排放浓

度降低约 $20mg/m^3$，烟气量以 $1.7Mm^3/h$ 计，每年可减少 SO_2 排放 204t，可减少排污费 25.3 万元。

（六）450MW 负荷下优化试验

1. 浆液 pH 值优化

450MW 负荷下浆液 pH 值与脱硫效率的关系曲线见图 5-35。

450MW 负荷、入口 SO_2 浓度 $1700mg/m^3$ 条件下，石灰石成本、排污费及两项合计费用变化见表 5-36。

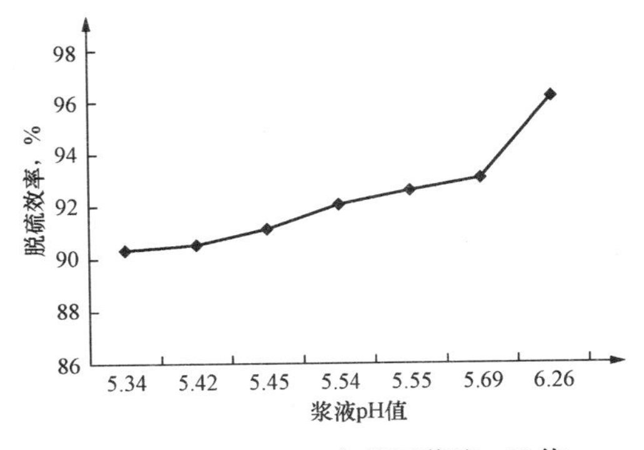

图 5-35　450MW 负荷下浆液 pH 值与脱硫效率的关系

表 5-36　450MW 负荷、入口 SO_2 浓度 $1700mg/m^3$ 下不同的 pH 值优化

序号	投运浆液泵	浆液 pH 值	石灰石耗量（t/h）	出口 SO_2 浓度（mg/m^3）	石灰石成本（元/h）	SO_2 排污费（元/h）	两项合计费用（元/h）
1	AB	5.2	4.48	268	896	316	1212
2	AB	5.3	4.64	213	928	232	1160
3	AB	5.4	5.14	199	1028	217	1245
4	AB	5.5	5.82	167	1164	182	1346
5	AB	5.6	6.14	146	1228	159	1387

可以看出，pH 值由 5.3 提高至 5.5，石灰石浆液耗量增加 1.18t/h，增幅为 25.49%，石灰石成本和排污费合计增加 16.03%。450MW 负荷、入口 SO_2 浓度 $1700mg/m^3$ 条件下，pH 值为 5.3 时，石灰石成本和 SO_2 排污费两项费用合计最低，但 pH 值低于 5.5 时，脱硫效率低于 90%，建议该条件下 pH 值应保持在 5.5 左右。

2. 浆液循环泵优化组合

负荷为 450MW 下，实际运行操作中，维持稳定合适的 pH 值，投入两台浆液循环泵时，脱硫效率可以满足运行要求，AC 泵运行时比 AB 泵运行时，脱硫效率高约 0.9%，但电流高约 1.7A，计算可得系统电耗增加约 0.575%，脱硫系统运行费用约增加 0.305%；而即使是原烟气 SO_2 浓度为此负荷下最高的 $2729mg/m^3$ 时，AB 泵运行脱硫效率仍可达 90.55%，因此此负荷正常投运 AB 两台浆液循环泵即可。如实际运行中原烟气 SO_2 浓度进一步升高，脱硫效率略低于 90%，可运行 AC 两台浆液循环泵。需要指出的是，此负荷条件下，要维持两台浆液循环泵运行，必须保证吸收塔处于较高液位运行。

3. 吸收塔液位优化

450MW 负荷下，吸收塔液位与脱硫效率的关系如图 5-36 所示。

可以看出，随着吸收塔液位的增加，脱硫效率升高。当液位低于 9.55m 时，脱硫效率低于 90%，无法满足运行要求。

AD 泵运行时不同液位下，循环泵、氧化风机电耗及两者之和变化见表 5-37。

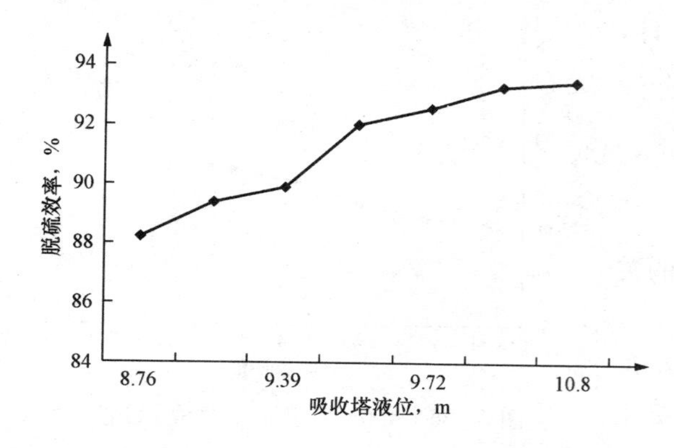

图 5-36　450MW 负荷下吸收塔液位与脱硫效率的关系

可以看出，循环泵流量不变的情况下，较高的工作液位可以增加循环泵入口工作压力，在一定范围内可以降低循环泵的工作电流，起到节能的作用。试验表明，AD 两台浆液循环泵运行时，吸收塔液位由 8.90m 升至 9.65m，AD 泵总电流减少 2.92A，循环泵与氧化风机电耗合计减少 34kW·h，运行成本降低 10.88 元/h，每年可节约 6.53 万元；同时，每提高 1m 工作液位，吸收塔浆液离子浓度约可以降低 1/10，浆液饱和度降低，有利于 SO_2 吸收。

表 5-37　AD 泵运行时吸收塔液位对电耗的影响

序号	投运浆液泵	吸收塔液位（m）	循环泵电流之和（A）	氧化风机电流（A）	循环泵电耗（kW·h）	氧化风机电耗（kW·h）	两项电耗合计（kW·h）
1	AD	8.90	107.37	26.68	1581	393	1974
2	AD	9.08	107.25	26.86	1579	395	1974
3	AD	9.28	106.96	26.92	1575	396	1971
4	AD	9.37	105.41	27.00	1552	397	1949
5	AD	9.65	104.45	27.30	1538	402	1940

在 450MW 负荷下，如果入口 SO_2 浓度为 1700mg/m³，液位由 9.0m 升至 9.6m，出口 SO_2 浓度由 192mg/m³ 降至 160mg/m³，排污费约可减少 47 万元/年，从优化系统运行性能的角度，在保证吸收塔不出现溢流的前提下，应尽量维持吸收塔在高液位运行，此负荷下，建议液位控制在 9.6～9.8m。

4. 入口 SO_2 影响

实际运行中 450MW 负荷下，原烟气 SO_2 浓度在 1010～2800kg/m³ 范围内波动，原烟气 SO_2 浓度与脱硫效率的关系如图 5-37 所示。

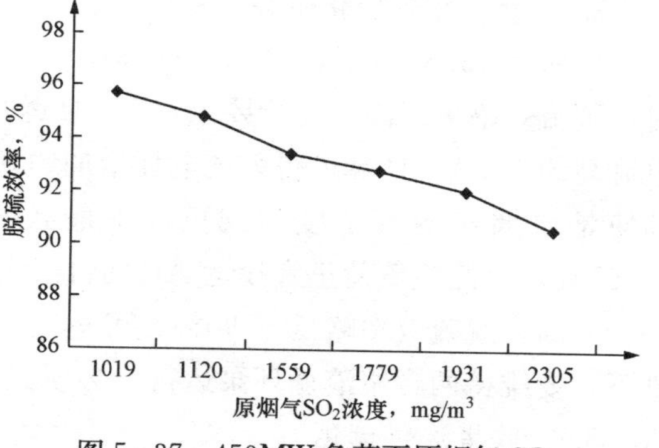

图 5-37　450MW 负荷下原烟气 SO_2 浓度与脱硫效率的关系

5. 石灰石活性分析

450MW 负荷下理论石灰石耗量与实际石灰石耗量的对比见表 5-38。

表 5-38　450MW 负荷下理论石灰石耗量与实际石灰石耗量的对比

烟气流量 (m^3/h)	入口 SO_2 浓度 (mg/m^3)	出口 SO_2 浓度 (mg/m^3)	供浆流量 (m^3/h)	供浆密度 (kg/m^3)	理论石灰石耗量（t/h）	实际石灰石耗量（t/h）	石灰石耗量差值（t/h）
2 041 390	1196	136	11.29	1260	3.88	4.77	0.89
1 961 726	1295	115	12.71	1249	4.15	5.14	0.99
2 091 180	1498	141	13.47	1256	5.09	5.60	0.51
2 011 516	1684	127	16.01	1229	5.62	5.96	0.34
2 011 516	1937	228	18.23	1222	6.17	6.58	0.41
1 911 936	2103	284	20.70	1206	6.24	6.93	0.69

可以看出，450MW 负荷下理论石灰石耗量均值为 5.192t/h，而实际石灰石耗量均值为 5.830t/h，石灰石多耗用量平均值为 0.638t/h。每天多消耗石灰石约 15t，运行成本增加 3000 元/天。

6. 小节

总结上述试验结果，450MW 负荷下优化运行操作卡见表 5-39。

表 5-39　450MW 负荷下优化运行操作卡

运行参数	原烟气 SO_2 浓度（mg/m^3）			
	<1200	1200～1800	1800～2100	2100～2300
浆液 pH 值	5.4	5.5	5.5	5.6
循环泵	AB	AB	AB	AC/AD
吸收塔液位（m）	9.7	9.8	9.9	10.0

450MW 负荷下，通过优化调整试验，可以实现节约石灰石 0.5t/h，以脱硫系统年运行 6000h 计，每年可节约石灰石 3000t，约 60 万元；通过优化循环泵组合、吸收塔液位等方式，每小时节约用电 30kW·h，每年可节约用电 180MW·h，约 5.76 万元；SO_2 平均排放浓度降低约 $32mg/m^3$，烟气量以 $1.9Mm^3/h$ 计，每年可减少 SO_2 排放 365t，可减少排污费 45.2 万元。

（七）500MW 负荷下优化试验

1. 浆液 pH 值优化

500MW 负荷下浆液 pH 值与脱硫效率的关系曲线见图 5-38。

500MW 负荷、入口 SO_2 浓度 $1700mg/m^3$ 条件下，石灰石成本、排污费及两项合计费用变化见表 5-40。

可以看出，pH 值由 5.3 提高至 5.5，石灰石浆液耗量增加 1.04t/h，增幅为 20.7%，石灰石成本和排污费合计增加 16.72%。

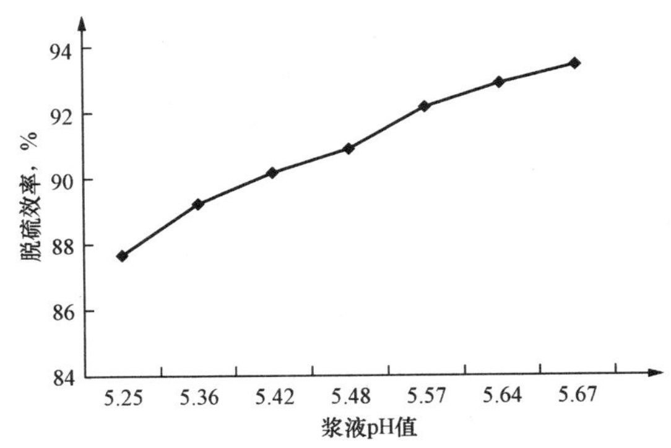

图 5-38　500MW 负荷下浆液 pH 值与脱硫效率的关系

500MW负荷、入口SO_2浓度1700mg/m³条件下，pH值为5.3时，石灰石成本和SO_2排污费两项费用合计最低，但pH值低于5.5时，脱硫效率低于90%，建议该条件下pH值应保持在5.5左右。

表5-40　500MW负荷、入口SO_2浓度1700mg/m³下不同的pH值优化

序号	投运浆液泵	浆液pH值	石灰石耗量(t/h)	出口SO_2浓度(mg/m³)	石灰石成本(元/h)	SO_2排污费(元/h)	两项合计费用(元/h)
1	AB	5.2	4.94	261	896	307	1203
2	AB	5.3	5.02	202	928	220	1148
3	AB	5.4	5.48	187	1028	204	1232
4	AB	5.5	6.06	161	1164	176	1340
5	AB	5.6	6.51	143	1228	156	1384

2. 浆液循环泵优化组合

500MW负荷下，实际运行操作中，维持稳定合适的pH值，投入两台浆液循环泵时，脱硫效率可以满足运行要求，AC泵运行时比AB泵运行时，脱硫效率高约0.7%，但电流高约2.5A，计算可得系统电耗增加约0.625%，脱硫系统运行费用约增加0.438%；而即使是原烟气SO_2浓度为此负荷下最高的2291mg/m³时，AB泵运行脱硫效率仍可达91.19%，因此此负荷正常投运AB两台浆液循环泵即可。如实际运行中原烟气SO_2浓度进一步升高，脱硫效率略低于90%，可运行AC或AD两台浆液循环泵。需要指出的是，此负荷条件下，要维持两台浆液循环泵运行，必须保证吸收塔处于较高液位运行。

3. 吸收塔液位优化

500MW负荷下，吸收塔液位与脱硫效率的关系如图5-39所示。

可以看出，随着吸收塔液位的增加，脱硫效率升高。当液位低于9.60m时，脱硫效率低于90%，无法满足运行要求。

试验表明，AB两台浆液循环泵运行时，吸收塔液位由9.33m升至9.91m，AB泵总电流减少3.7A，脱硫系统运行费用减少约0.675%，此负荷下，建议液位控制在9.8～10.1m。

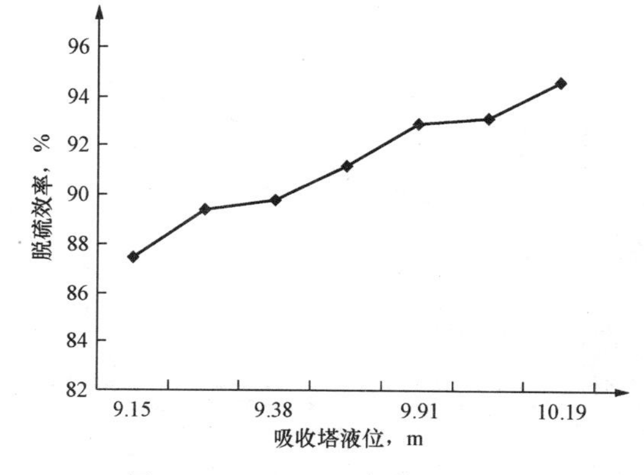

图5-39　500MW负荷下吸收塔液位与脱硫效率的关系

4. 入口SO_2影响

实际运行中500MW负荷下，原烟气SO_2浓度在1010～2300kg/m³范围内波动，原烟气SO_2浓度与脱硫效率的关系如图5-40所示。

5. 石灰石活性分析

500MW负荷下理论石灰石耗量与实际石灰石耗量的对比见表5-41。

可以看出，500MW负荷下理论石灰石耗量均值为5.458t/h，而实际石灰石耗量均值为6.398t/h，石灰石多耗用量平均值为

0.940t/h。每天多消耗石灰石约 23t，运行成本增加 4600 元/天。需要指出的是，此负荷下，当原烟气 SO_2 浓度达到 3170mg/m³ 时，石灰石浆液浓度为 1233kg/m³，即使石灰石浆液按最大量加入（实际运行中可达 41m³/h），此时石灰石实际耗量达 15.52t/h（理论耗量为 11.00t/h），吸收塔浆液 pH 值仅可维持在 5.33 左右，脱硫效率仍低于 90%，此时应根据负荷变化情况，提前提高石灰石浆液密度（平时应保持在 1250kg/m³ 左右），保证浆液供给，维持吸收塔浆液 pH 值高于 5.5。

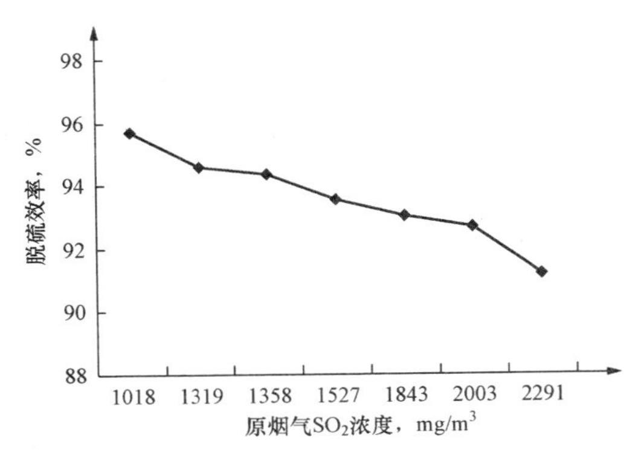

图 5-40　500MW 负荷下原烟气 SO_2 浓度与脱硫效率的关系

表 5-41　**500MW 负荷下理论石灰石耗量与实际石灰石耗量的对比**

烟气流量（m³/h）	入口 SO_2 浓度（mg/m³）	出口 SO_2 浓度（mg/m³）	供浆流量（m³/h）	供浆密度（kg/m³）	理论石灰石耗量（t/h）	实际石灰石耗量（t/h）	石灰石耗量差值（t/h）
2 091 180	1179	130	10.42	1266	3.94	4.50	0.56
2 041 432	1299	141	11.47	1247	4.22	4.60	0.38
2 041 432	1479	158	19.14	1195	4.81	6.06	1.25
2 121 054	1747	144	20.15	1210	6.10	6.88	0.78
2 111 096	1973	191	20.33	1236	6.75	7.79	1.04
2 001 558	2235	304	20.11	1262	6.93	8.56	1.63

6. 小节

总结上述试验结果，500MW 负荷下优化运行操作卡见表 5-42。

表 5-42　**500MW 负荷下优化运行操作卡**

运行参数	原烟气 SO_2 浓度（mg/m³）				
	<1200	1300～1900	1900～2200	2200～2400	2400～3200
浆液 pH 值	5.4	5.5	5.5	5.6	5.6
循环泵	AB	AB	AC	AC/AD	ABD/ACD
吸收塔液位（m）	9.8	9.9	10.0	10.1	10.1

500MW 负荷下，通过优化调整试验，可以实现节约石灰石 0.6t/h，以脱硫系统年运行 6000h 计，每年可节约石灰石 3600t，约 72 万元；通过优化循环泵组合、吸收塔液位等方式，每小时节约用电 35kW·h，每年可节约用电 210MW·h，约 6.72 万元；SO_2 平均排放浓度降低约 30mg/m³，烟气量以 2.0Mm³/h 计，每年可减少 SO_2 排放 360t，可减少排污费

44.6万元。

（八）550MW负荷下优化试验

与低负荷不同，550MW负荷时，pH值、吸收塔液位、循环泵组合、入口SO_2浓度相互影响较大，特别是循环泵组合变得更为多样且复杂，不同循环泵运行组合下，循环泵、氧化风机电耗及两者之和变化见表5-43～表5-45。

表5-43 CD泵运行时吸收塔液位对电耗的影响

序号	投运浆液泵	吸收塔液位（m）	循环泵电流之和（A）	氧化风机电流（A）	循环泵电耗（kW·h）	氧化风机电耗（kW·h）	两项电耗合计（kW·h）
1	CD	8.59	114.09	25.48	1680	375	2055
2	CD	8.75	113.82	25.54	1676	376	2052
3	CD	8.96	112.56	26.03	1657	383	2040
4	CD	9.22	111.85	26.42	1647	389	2036
5	CD	9.41	111.59	26.67	1643	393	2036
6	CD	9.87	111.08	27.02	1635	398	2033
7	CD	10.02	110.62	27.34	1629	402	2031

表5-44 ABD泵运行时吸收塔液位对电耗的影响

序号	投运浆液泵	吸收塔液位（m）	循环泵电流之和（A）	氧化风机电流（A）	循环泵电耗（kW·h）	氧化风机电耗（kW·h）	两项电耗合计（kW·h）
1	ABD	8.00	160.52	25.32	2363	373	2736
2	ABD	8.20	159.39	25.48	2347	375	2722
3	ABD	8.45	158.10	25.65	2328	378	2706
4	ABD	8.69	156.90	25.89	2310	381	2691
5	ABD	9.07	155.81	26.23	2294	386	2680
6	ABD	9.50	154.72	26.69	2278	393	2671
7	ABD	9.80	153.80	27.04	2264	398	2662

表5-45 ACD泵运行时吸收塔液位对电耗的影响

序号	投运浆液泵	吸收塔液位（m）	循环泵电流之和（A）	氧化风机电流（A）	循环泵电耗（kW·h）	氧化风机电耗（kW·h）	两项电耗合计（kW·h）
1	ACD	8.11	163.58	25.13	2408	370	2778
2	ACD	8.31	162.12	25.37	2387	373	2760
3	ACD	8.45	161.35	25.48	2375	375	2750
4	ACD	8.55	160.47	25.56	2362	376	2738

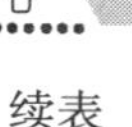

续表

序号	投运浆液泵	吸收塔液位 (m)	循环泵电流之和（A）	氧化风机电流 (A)	循环泵电耗 (kW·h)	氧化风机电耗 (kW·h)	两项电耗合计 (kW·h)
5	ACD	9.09	159.76	26.32	2352	387	2739
6	ACD	9.11	159.63	26.72	2350	393	2743
7	ACD	9.29	158.75	27.08	2337	399	2736
8	ACD	9.63	157.62	27.18	2320	400	2720

CD两台浆液循环泵运行时，吸收塔液位由8.59m升至9.87m，CD泵总电流减少3.01A，循环泵与氧化风机电耗合计减少22kW·h，运行成本降低7.04元/h，每年可节约4.22万元。ABD三台浆液循环泵运行时，吸收塔液位由8.45m升至9.80m，ABD泵总电流减少4.30A，循环泵与氧化风机电耗合计减少44kW·h，运行成本降低14.08元/h，每年可节约8.45万元。ACD三台浆液循环泵运行时，吸收塔液位由8.45m升至9.63m，ACD泵总电流减少3.73A，循环泵与氧化风机电耗合计减少30kW·h，运行成本降低9.60元/h，每年可节约5.76万元。

550MW负荷下，如果入口SO_2浓度为1800mg/m^3，液位由9.0m升至9.6m，出口SO_2浓度由199mg/m^{3}降至165mg/m^3，排污费约可减少56万元/年，从优化系统运行性能的角度，在保证吸收塔不出现溢流的前提下，应尽量维持吸收塔在高液位运行，此负荷下，建议液位控制在9.5～9.9m。

试验过程中原烟气SO_2浓度在1560～2240kg/m^{3}范围内波动，试验保证脱硫效率不小于90%，550MW负荷下优化运行操作卡见表5-46。

表5-46　　550MW负荷下优化运行操作卡

运行参数	原烟气SO_2浓度（mg/m^3）			
	<1300	1300～1800	1800～2000	>2000
浆液pH值	5.4	5.5	5.5	5.6
循环泵	AB	AC/AD	ABC	ABD/ACD
吸收塔液位（m）	9.5	9.6	9.7	9.9

需要指出的是，当原烟气浓度在1800mg/m^{3}左右时，ABC泵运行比AC泵运行时的电流高出约56A，每小时电耗增加约824kW·h，系统运行费用增加264元/h，而AC泵运行比ABC泵运行时的石灰石浆液耗量增加约0.6t/h，系统运行费用增加约120元/h，因此，在此条件下，尽量通过提高吸收塔液位、增加石灰石供浆量的方式来维持脱硫效率，从而大大减少系统运行费用。同理，当原烟气浓度在2000mg/m^{3}左右时，也尽量维持ABC泵运行，提高吸收塔液位，增加供浆量，系统电耗约可减少1.33%。

550MW负荷下，通过优化调整试验，可实现节约石灰石0.6t/h，以脱硫系统年运行6000h计，每年可节约石灰石3600t，约72万元；通过优化循环泵组合、吸收塔液位等方式，每小时节约用电40kW·h，每年可节约用电240MW·h，约7.68万元；SO_2平均排放浓度降低约 40mg/m³，烟气量以 2.2×10^6m³/h 计，每年可减少 SO_2 排放 528t，可减少排污费 65.5 万元。

（九）600MW 负荷下优化试验

与 550MW 负荷时相同，pH 值、吸收塔液位、循环泵组合、入口 SO_2 浓度相互影响较大，特别是循环泵组合变得更为多样复杂，试验过程中原烟气 SO_2 浓度在 1788～2140kg/m³ 范围内波动，试验保证脱硫效率不低于 90%，600MW 负荷下优化运行操作卡见表 5-47。

表 5-47　600MW 负荷下优化运行操作卡

运行参数	原烟气 SO_2 浓度（mg/m³）			
	<1300	1300～1700	1800～2100	>2100
浆液 pH 值	5.4	5.5	5.5	5.6
循环泵	AC/AD	ABC	ABC/ABD	ABD/ACD
吸收塔液位（m）	9.6	9.7	9.8	10.0

需要指出的是，当原烟气浓度在 1700mg/m³ 左右时，ABC 泵运行比 AC 泵运行时的电流高出约 56A，每小时电耗增加 824kW·h，系统运行费用增加 264 元/h，而 AC 泵运行比 ABC 泵运行时的石灰石浆液耗量增加约 0.7m³/h，系统运行费用增加约 140 元/h，因此，在此条件下，尽量通过提高吸收塔液位、增加石灰石供浆量的方式来维持脱硫效率，从而大大减少系统运行费用。同理，当原烟气浓度在 2100mg/m³ 左右时，也尽量维持 ABD 泵运行，提高吸收塔液位，增加供浆量，系统电耗约可减少 1.33%。

600MW 负荷下，通过优化调整试验，可实现节约石灰石 0.7t/h，以脱硫系统年运行 6000h 计，每年可节约石灰石 4200t，约 84 万元；通过优化循环泵组合、吸收塔液位等方式，每小时节约用电 45kW·h，每年可节约用电 270MW·h，约 8.64 万元；SO_2 平均排放浓度降低约 50mg/m³，烟气量以 2.3Mm³/h 计，每年可减少 SO_2 排放 690t，可减少排污费 85.6 万元。

（十）优化综合分析

以 2011 年 5 月机组负荷统计情况为例，机组负荷情况如表 5-48 所示。

表 5-48　2011 年 5 月机组负荷情况

序号	负荷（MW）	占总负荷比例（%）	序号	负荷（MW）	占总负荷比例（%）
1	300	3.21	5	500	28.85
2	360	49.67			
3	400	4.49	6	550	6.41
4	450	5.29	7	600	2.08

通过优化运行试验，可实现节约石灰石 0.53t/h，每年可节约石灰石 3180t，约 64 万元；通过优化循环泵组合、吸收塔液位等方式，每小时节约用电 30.67kW·h，每年可节约用电 184.020MW·h，约 5.89 万元；每年可减少 SO_2 排放 323.67t，可减少排污费 40.14 万元。通过优化运行每年可节约运行成本总计约 110 万元。

通过分析可以看出，要维持稳定的脱硫效率，维持稳定的钙硫比、高的液气比是关键，优化循环泵组合、降低石灰石浆液耗量则是减少脱硫系统能耗的关键，总结见表 5-49。

表 5-49　　主要运行参数与脱硫性能的关系

运行参数	脱硫效率	石灰石耗量	电耗	运行参数	脱硫效率	石灰石耗量	电耗
液气比	↑	↓	↑↑	钙硫比	↑	↑↑	—
浆液 pH 值	↑	↑↑	—	浆液密度	—	↓	↑

注　“↑”表示增加，“↓”表示降低，“↑↑”表示显著增加，“—”表示不显著。

（十一）存在问题

1. 入口粉尘超标

某同类型机组，在吸收塔入口烟气量为 1800～2000km^3/h、入口 SO_2 浓度为 1700～2000mg/m^3、pH 值为 5.4 和出口烟气含氧量为 6.7%（体积分数）左右波动的工况条件下，入口含尘量与脱硫效率的影响关系如图 5-41所示。

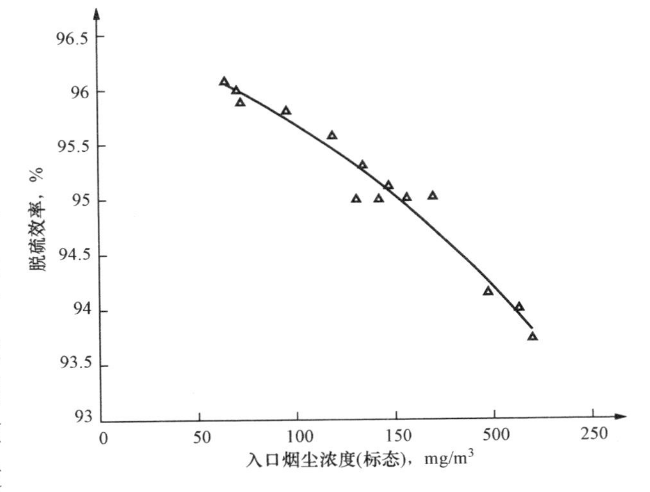

图 5-41　原烟气粉尘浓度与脱硫效率的影响关系

可以看出，随着 FGD 系统中入口含尘量的升高，脱硫效率逐渐降低。一般脱硫系统设计值要求吸收塔入口的烟气含尘量不高于 100mg/m^3，有研究证实烟尘中的飞灰在一定程度上阻碍了 SO_2 与脱硫剂的接触，降低了石灰石中 Ca^{2+} 的溶解速率，同时飞灰中不断溶出的一些重金属，会抑制 Ca^{2+} 与 HSO_3^- 的反应，导致浆液 pH 值降低，脱硫效率下降。因此应通过控制电除尘器降低含尘量，以获得较高的脱硫效率。

试验期间原烟气粉尘浓度始终高于 110mg/m^3，部分时段高于 300mg/m^3，对脱硫系统实际运行效果有所影响。

2. GGH 压差大

低负荷运行时，GGH 压差高于 400Pa，满负荷运行时 GGH 压差高达 800Pa 以上，远高于设计值，致使系统电耗（主要是增压风机电耗）明显增加，而且脱硫系统运行可靠性显著降低，应通过电除尘运行维护或改造降低烟气粉尘浓度，加强除雾器、GGH 冲洗，降低烟气携带液滴量和液滴携固量。

3. 增压风机入口负压大

增压风机通常不作为脱硫系统优化的调整对象。但优化运行试验期间调整增压风机入口压力明显偏大，维持－300Pa 左右，造成部分净烟气回流，增加系统电耗，正常情况应维持增压风机入口压力在－100Pa 左右，并保证烟气能克服脱硫系统阻力（包括 GGH 在内），但应注意避开风机的失速区。

试验期间不同负荷下，增压风机入口压力与增压风机的电流关系见表5-50。

表5-50　增压风机入口压力与增压风机的电流关系

负荷（MW）	入口压力（Pa）	风机电流（A）	风机电耗（kW·h）	负荷（MW）	入口压力（Pa）	风机电流（A）	风机电耗（kW·h）
330	－121.65	222.40	3274	450	－108.65	259.26	3817
330	－142.36	223.24	3287	450	－119.29	260.54	3836
330	－160.48	232.53	3423	450	－173.29	272.81	4016
330	－235.92	235.05	3460	450	－202.04	274.69	4044
330	－255.69	242.06	3564	500	－132.65	269.29	3964
360	－120.02	226.99	3342	500	－185.02	282.47	4156
360	－149.04	232.35	3421	500	－211.38	285.40	4202
360	－1591.14	238.02	3504	500	－252.94	291.71	4295
360	－163.69	243.06	3578	550	－118.19	296.06	4359
410	－65.64	247.82	3648	550	－153.34	303.02	4461
410	－106.01	252.94	3724	550	－202.69	303.42	4467
410	－133.38	257.11	3785	550	－232.58	304.51	4483

可以看出，增压风机导叶开度增加，增压风机入口负压随之增加，增压风机电流大幅攀升，500MW负荷时，增压风机入口负压由－132.65Pa变为－252.94Pa，增压风机每小时电耗增加331kW·h，电耗增加显著，因此正常运行时增压风机入口负压应维持在－50～－100Pa。优化试验期间风机导叶为手动调整，造成负荷变化时入口压力波动较大，应尽快投入风机入口压力自动。目前满负荷运行条件下，风机导叶开度70%左右，增压风机裕量充足。

二、国电浙江北仑第一发电有限公司600MW机组烟气脱硫系统优化运行案例

国电浙江北仑第一发电有限公司（简称北仑电厂）5×600MW机组的烟气脱硫工程按单元制设计，采用一炉一塔、塔内强制氧化的石灰石—石膏湿法脱硫工艺。其系统主要由石灰石浆液制备系统、烟气系统、吸收塔系统、工艺水系统、石膏脱水系统、浆液疏排系统、废水处理系统及压缩空气系统等组成。

脱硫装置运行优化试验主要进行了浆液循环泵优化、氧化风机优化、pH值控制系统优化。

（一）浆液循环泵运行优化

北仑电厂脱硫系统配置三台浆液循环泵，按设计要求FGD运行时三台泵同时运行，无备用。在实际运行中，当烟气中SO_2质量浓度较低、脱硫效率较高时，可停运一台浆液循环泵，达到减小电耗的目的。优化运行试验以参数的大小为指导依据，通过比较，找到较优的浆液循环泵运行方式；在此基础上，找到一个合适值，当FGD入口SO_2浓度低于该值时，通过停运一台浆液循环泵来实现脱硫装置的经济运行。

吸收塔浆液 pH 值控制在 5.3 左右，液位控制在 8.2m，石灰石供浆浓度控制在 $1250kg/m^3$，氧化风机两台运行。经济指标计算依据为：上网电价按 0.40 元/（kW·h）计算；石灰石粉价格为 270 元/t；石灰石纯度为 95%；Ca/S 为 1.03；脱硫装置年运行按 5500h 计；在燃烧该煤种时标准状态下 SO_2 质量浓度在 $2770\sim2973mg/m^3$ 范围内波动；SO_2 排污费用为 0.63 元/kg。

优化试验在三种不同机组负荷（350、400、450MW）下，进行三台浆液循环泵运行与两台浆液循环泵运行的比较试验（停运的浆液循环泵均为 A 泵）。试验共进行了六个不同循环泵组合的工况，分别为工况 1（负荷 450MW，ABC 泵运行）、工况 2（负荷 450MW，BC 泵运行）、工况 3（负荷 400MW，ABC 泵运行）、工况 4（负荷 400MW，BC 泵运行）、工况 5（负荷 350MW，ABC 泵运行）、工况 6（负荷 350MW，BC 泵运行）。主要试验结果及经济指标见表 5-51 和表 5-52。

表 5-51　不同负荷工况下循环泵优化试验结果

工况	机组负荷（MW）	出口 SO_2 浓度（mg/m^3）	脱硫效率（%）	工况	机组负荷（MW）	出口 SO_2 浓度（mg/m^3）	脱硫效率（%）
1	450	156	94.60	4	400	296	89.60
2	450	356	88.10	5	350	64	96.99
3	400	126	95.40	6	350	180	93.73

表 5-52　不同负荷工况下循环泵优化运行主要经济指标

工况	电费（万元）	石灰石消耗费用（万元）	减少排污费（万元）	SO_2 脱除量（t）	脱除单位质量 SO_2 成本（元/kg）
1	1477.7	1129.8	1680.2	26 677.0	0.347
2	1338.9	1051.0	1563.5	24 817.1	0.333
3	1367.7	1002.7	1491.2	23 674.5	0.371
4	1232.8	941.9	1401.2	22 240.5	0.348
5	1337.1	876.6	1304.1	20 699.6	0.439
6	1193.4	844.2	1255.8	19 932.6	0.392

可以看出：电费占整个 FGD 总运行费用的 60%，石灰石消耗费用约占总运行费用的 40%；机组负荷越低，通过停运一台浆液循环泵的经济效益越明显；值的选取要根据实际的运行情况来确定。

通过上述试验分析，并结合北仑电厂脱硫装置实际运行过程中检修、电动机启动频率的要求等各种因素，制定浆液循环泵的优化运行三种工况为：

（1）原烟气 SO_2 质量浓度低于 $2100mg/m^3$，机组负荷小于 450MW；

（2）原烟气 SO_2 浓度为 $2100\sim2400mg/m^3$，机组负荷小于 400MW；

（3）原烟气 SO_2 浓度为 $2400\sim2750mg/m^3$，机组负荷小于 350MW。

当机组在以上三种工况下运行，并预计该负荷下连续运行 8h 以上时，FGD 停运一台浆液循环泵运行；如果机组运行工况超出以上三个工况的范围，且脱硫效率小于90%，启动停运的浆液循环泵。

（二）氧化风机运行优化

烟气脱硫装置配置了三台氧化风机（两运一备），提供氧化反应所需要的氧化空气。启用氧化风机过多，浪费电能；反之，启用氧化风机过少，必然会引起氧化反应不够充分，脱硫效率下降等问题。因此氧化风机的投运数量应随脱硫系统SO_2质量流量的变化而变化。氧化风机的优化思路与浆液循环泵的优化思路一致，通过比较试验，找到最优的运行氧化风机方式，来保证FGD氧化风的合理供给，试验数据及经济指标见表5-53和表5-54。

表5-53　　不同负荷工况下氧化风机优化试验结果

工况	机组负荷（MW）	脱硫效率（%）	工况	机组负荷（MW）	脱硫效率（%）
1	400	95.10	3	350	97.79
2	400	90.06	4	350	97.01

注　工况1和工况3为氧化风机AB运行，工况2和工况4为氧化风机B运行。

表5-54　　不同负荷工况下氧化风机优化运行主要经济指标

工况	脱硫效率（%）	电费（万元）	石灰石消耗费用（万元）	减少排污费（万元）	SO_2脱除量（t）	脱除单位质量SO_2成本（元/kg）
1	95.1	1369.6	1131.8	1511.9	23 993.7	0.41
2	90.1	1317.1	1071.8	1440.4	22 863.8	0.41
3	97.8	1301.5	1007.6	1275.2	20 242.5	0.51
4	97.0	1249.0	998.9	1267.9	20 125.5	0.48

注　工况1和工况3为氧化风机AB运行，工况2和工况4为氧化风机B运行。

根据试验结果可以看出，通过调整氧化风机运行方式所取得的经济效益较小。在实际运行中发现，吸收塔内长时间氧化风供给不足，会造成吸收塔内亚硫酸盐含量的不断增加，石膏脱水效果变差，并最终导致脱水系统不能运行，因此为吸收塔提供适量的氧化风是保证FGD稳定运行的前提。

（三）pH值优化

烟气脱硫系统的石灰石浆液的补充由吸收塔浆液pH值进行控制，pH值的大小决定了FGD的脱硫效率。为找到吸收塔浆液运行的较佳pH值范围，进行试验对比，试验数据及经济指标计算见表5-55和表5-56。

表5-55　　不同负荷工况下pH值优化试验结果

工况	pH值	Ca/S	石膏中$CaCO_3$含量（%）	脱硫效率（%）
1	5.25～5.35	1.030	1.80	94.60
2	5.15～5.25	1.026	1.43	94.01
3	5.35～5.45	1.038	2.12	94.80

表 5-56　　不同负荷工况下 pH 值优化运行主要经济指标

工况	电费（万元）	石灰石消耗费用（万元）	减少排污费（万元）	SO_2 脱除量（t）	脱除单位质量 SO_2 成本（元/kg）
1	1477.7	1129.8	1680.2	26 677.0	0.347
2	1477.7	1124.9	1669.5	26 509.8	0.352
3	1477.7	1138.8	1683.5	26 733.4	0.349

从表 5-55 中可知，吸收塔浆液的 pH 值越高，脱硫率就越高，石膏中 $CaCO_3$ 的质量分数也就越高，相应增大了 Ca/S，石灰石耗量也就增加了。三种工况下各项性能指标相差不大，也可以看出工况 1 是最佳工况，既可以达到较高的脱硫效率，又可以实现较低的 Ca/S，并且此时 $CaSO_4 \cdot 1/2H_2O$ 的含量最低。工况 1 的脱除单位质量 SO_2 相对成本为 0.347 元/kg，较其他工况低。

总体来说，pH 值在 5.15～5.35 范围内波动，对脱硫系统的经济效益影响不大，这主要是因为节省下来的石灰石成本与增加的 SO_2 排污费用的成本相差不多。在实际的运行操作中，采用过高或过低的 pH 设定值运行，不利于脱硫系统的安全稳定运行，操作规程中规定 pH 值必须维持在 5.2～5.4 范围内。

（四）优化运行经济效益分析

根据试验结论及得出的优化运行方案，在脱硫系统进行实施，表 5-57 是根据优化运行试验结果调整后的脱硫系统运行数据。

表 5-57　　优化运行后脱硫系统电耗占发电量比例　　%

项目	8 月	9 月	10 月	11 月	12 月
1 号机组	1.33	1.41	1.27	1.23	1.23
2 号机组	1.47	1.28	1.31	1.23	1.21
3 号机组	1.52	1.30	1.30	1.14	1.18
4 号机组	1.21	1.25	1.30	1.23	1.21
5 号机组	1.22	1.26	1.21	1.25	1.22
平均	1.35	1.30	1.28	1.22	1.21

从表 5-57 中可以看出，节能运行方式的实施，使脱硫系统用电占总发电量的比例从 8 月的 1.35%开始逐月下降到 12 月的 1.21%，通过优化脱硫运行方式，取得了很好的经济效益。

三、沙角 C 电厂 660MW 机组烟气脱硫系统优化运行案例

沙角 C 电厂 660MW 机组烟气脱硫工程设计燃煤含硫量为 0.52%，由于其设计裕量较大，在满负荷工况下，燃煤的含硫量达到 0.8%时，通过运行调整，脱硫效率仍可达到 92%以上。在 SO_2 排放质量浓度满足国家环保要求的前提下，如何优化运行以降低成本就成为脱硫系统运行的关键所在。

沙角 C 电厂 660MW 机组采用石灰石—石膏湿法烟气脱硫装置，烟气系统设有 GGH，

制浆系统所用石灰石粉为直接外买，设两级脱水，石膏外售。锅炉最大连续蒸发量工况下，设计参数为：入口烟气量 2 395 655m^3/h（实际工态）或 2 218 279m^3/h（标准工态），入口 SO_2 质量浓度 1089mg/m^3（标准状态，氧气的体积分数为 6%），脱硫效率不低于 90%。

运行成本中，脱硫系统总的相对运行成本计为 C，电费计 C_1、脱硫剂费用计 C_2，水费计 C_3，此外，SO_2 排污费计 C_4，石膏销售收入计 C_5。

（一）pH 值运行优化

为三台循环泵全投运、主机负荷为 650MW、烟气流量均值为 2.181×$10^6m^3/h$（标准状态，下同）、入口 SO_2 质量浓度均值为 1076mg/m^3、pH 值不同时，脱硫装置相对运行成本见表 5-58。

表 5-58　机组负荷为 650MW 时脱硫装置的相对运行成本

pH 值	脱硫效率（%）	出口 SO_2 浓度（mg/m^3）	C_1（元/h）	C_2（元/h）	C_3（元/h）	C_4（元/h）	C_5（元/h）	C（元/h）
5.02	94.50	59.2	1844	945	101	81	430	2541
5.27	95.57	47.6	1844	962	101	65	435	2537
5.46	96.24	40.4	1844	973	101	56	438	2536

由表 5-58 可见，随着 pH 值的增加，脱硫效率增加，同时钙硫摩尔比变大，石灰石耗量增加。综合石灰石成本、排污费及石膏收益，在满负荷工况、燃煤含硫量约 0.5%、pH 值不同的情况下，相对运行成本差别不大，但考虑石膏品质及石灰石利用效率，应尽量低 pH 值运行，因此在此工况下 pH 值取 5.0～5.2。

（二）浆液循环泵运行优化

1. 燃煤含硫量为 0.6%、主机负荷为 500MW 时循环泵的运行优化

当燃煤含硫量为 0.6%、主机负荷为 500MW、烟气流量均值为 1.805Mm^3/h、入口 SO_2 的质量浓度均值为 1362mg/m^3、循环泵投运方式不同时，脱硫装置相对运行成本见表 5-59。

表 5-59　机组负荷为 500MW、燃煤含硫量为 0.6%时脱硫装置的相对运行成本

循环泵组	pH 值	脱硫效率（%）	出口 SO_2 浓度（mg/m^3）	C_1（元/h）	C_2（元/h）	C_3（元/h）	C_4（元/h）	C_5（元/h）	C（元/h）
ABC	5.03	94.29	77.8	1462	988	76	88	450	2164
BC	5.14	92.37	103.9	1265	968	76	118	441	1986
AC	5.16	90.71	126.4	1241	951	76	144	433	1979

由表 5-59 可见，停运循环泵 A 或 B，相对于三台循环泵全部运行的情况，厂用电率分别降低约 13.2%和 14.8%，相对运行成本分别降低 8.23%和 8.58%。

2. 燃煤含硫量为 0.6%、主机负荷为 350MW 时循环泵的运行优化

当燃煤含硫量为 0.6%、主机负荷为 350MW、烟气流量均值为 1.473Mm^3/h、入口 SO_2 的质量浓度均值为 1329mg/m^3、循环泵投运方式不同时，脱硫装置相对运行成本

见表5-60。

表5-60 机组负荷为350MW、燃煤含硫量为0.6%时脱硫装置的相对运行成本

循环泵组	pH值	脱硫效率（%）	出口 SO_2 浓度（mg/m^3）	C_1（元/h）	C_2（元/h）	C_3（元/h）	C_4（元/h）	C_5（元/h）	C（元/h）
ABC	5.48	98.24	23.4	1164	830	54	22	373	1697
BC	5.43	95.95	53.8	967	811	54	50	365	1517
AC	5.43	93.55	85.8	943	790	54	80	356	1511
AB	5.5	92.38	101.2	928	780	54	94	351	1505

由表5-60可见，停运循环泵A、B、C中任意一台，相对于三台循环泵全部运行，厂用电率分别降低约18.9%、21.1%、22.6%，相对运行成本分别降低10.58%、10.90%、11.25%。当pH值约为5.5时，即使停运最顶层的循环泵C，脱硫效率仍可达到92%以上。为降低钙硫摩尔比，可适当将pH值降至5.3左右，脱硫效率仍可在90%以上。

3. 燃煤含硫量为0.8%、主机负荷为500MW时循环泵的运行优化

当燃煤含硫量为0.8%、主机负荷为500MW、烟气流量均值为1.811Mm^3/h、入口 SO_2 的质量浓度均值为1671mg/m^3、循环泵投运方式不同时，脱硫装置相对运行成本见表5-61。

表5-61 机组负荷为500MW、燃煤含硫量为0.8%时脱硫装置的相对运行成本

循环泵组	pH值	脱硫效率（%）	出口 SO_2 浓度（mg/m^3）	C_1（元/h）	C_2（元/h）	C_3（元/h）	C_4（元/h）	C_5（元/h）	C（元/h）
ABC	5.61	94.51	91.7	1537	1236	76	105	555	2399
BC	5.68	89.08	182.4	1340	1165	76	208	523	2266

由表5-61可见，停运循环泵A，pH值提高到近5.7时，脱硫效率仍无法达到90%，在此工况下不能停运浆液循环泵A，三台浆液循环泵需全部投入运行。

4. 燃煤含硫量为0.8%、主机负荷为350MW时循环泵的运行优化

当燃煤含硫量为0.8%、主机负荷为350MW、烟气流量均值为1.473Mm^3/h、入口 SO_2 的质量浓度均值为1689mg/m^3、循环泵投运方式不同时，脱硫装置相对运行成本见表5-62。

表5-62 机组负荷为350MW、燃煤含硫量为0.8%时脱硫装置的相对运行成本

循环泵组	pH值	脱硫效率（%）	出口 SO_2 浓度（mg/m^3）	C_1（元/h）	C_2（元/h）	C_3（元/h）	C_4（元/h）	C_5（元/h）	C（元/h）
ABC	5.49	97.45	43.1	1280	1041	54	40	471	1944
BC	5.44	95.15	81.9	1083	1017	54	76	459	1771
AC	5.44	94.05	100.6	1059	1005	54	93	454	1757
AB	5.46	90.61	158.5	1044	968	54	147	438	1775

由表5-62可见，停运循环泵A、B、C中任何一台，相对于三台循环泵全部运行厂用电率分别降低约18.9%、21.1%、22.6%，相对运行成本分别降低8.97%、9.64%、8.67%。

四、国华宁海发电厂6号机组烟气脱硫系统优化运行案例

国华宁海发电厂6号机组脱硫系统的主要性能考核指标如表5-63所示，针对此指标，通过试验确定一个最佳的吸收塔浆液pH值运行范围，以达到在满足脱硫效率的同时，提高石灰石利用率的目的；通过试验确定一个最佳的吸收塔浆液密度运行范围，以达到满足石膏含水率的同时，提高石灰石利用率的目的。通过试验，设计出一个合理的除雾器冲洗程序，以达到满足除雾器冲洗效果的同时，平衡脱硫系统补水和用水的目的；通过试验，研究不同负荷、不同进口SO_2浓度下的最优吸收塔循环泵运行组合，以达到满足脱硫效率的同时，降低脱硫系统电耗的目的。

表5-63　国华宁海发电厂6号机组脱硫系统主要性能指标

项目	脱硫效率（%）	Ca/S	石膏含水率（%）	电耗（kW）	水耗（t/h）	石灰石耗量（t/h）
数值	≥93	1.03	≤10	9800	180	11.5

（一）pH值运行优化

在机组满负荷为1000MW、入口SO_2浓度为1489～1635mg/m^{3}的工况下进行试验。试验期间，分别将浆液pH值设定在5.1、5.2、5.3、5.4、5.5、5.6六个工况进行试验，由于pH值采用自动控制方式，在实际运行中会有一定的波动，波动范围大致为±0.05。试验期间浆液循环泵运行三台（BCD泵），氧化风机运行两台，浆液密度为1100～1130kg/m^3，试验结果见表5-64。

表5-64　不同pH值下脱硫效率、石膏成分、Ca/S试验结果

工况	pH值	脱硫效率（%）	$CaCO_3$含量（%）	$CaSO_3\cdot1/2H_2O$含量（%）	$CaSO_4\cdot2H_2O$含量（%）	Ca/S
1	5.05～5.15	93.5	0.98	0.09	95.11	1.018
2	5.15～5.25	94.6	1.22	0.10	96.14	1.022
3	5.25～5.35	95.4	1.54	0.15	95.35	1.028
4	5.35～5.45	95.9	2.15	0.08	96.36	1.038
5	5.45～5.55	96.2	2.45	0.14	94.48	1.045
6	5.55～5.65	96.3	3.23	0.27	93.26	1.059

Ca/S与浆液pH值的关系如图5-42所示。

从图5-42中可以看出，在试验范围内，脱硫效率、钙硫比都随着吸收塔浆液pH值的升高而升高，但是脱硫效率随pH值的增长率在pH值小于5.3时较大，在pH值大于5.3时较小；而钙硫比随pH值的增长率在pH值小于5.3时较小，在pH值大于5.3时较大。即在pH值大于5.3时，虽然脱硫效率也随着pH值增大而逐渐增大，但增大的幅度有限，而Ca/S却提高较多，将pH值控制在5.3以上的工况，Ca/S都超过了1.03的性能考核值。

对比这六个试验工况，工况 3 的综合效果是最佳的，即 pH 值在 5.25～5.35 范围内，即可达到设计的脱硫效率，石膏中 $CaCO_3$ 的含量也较低，钙硫比也低于 1.03 的性能考核值，是一个理想的控制点。

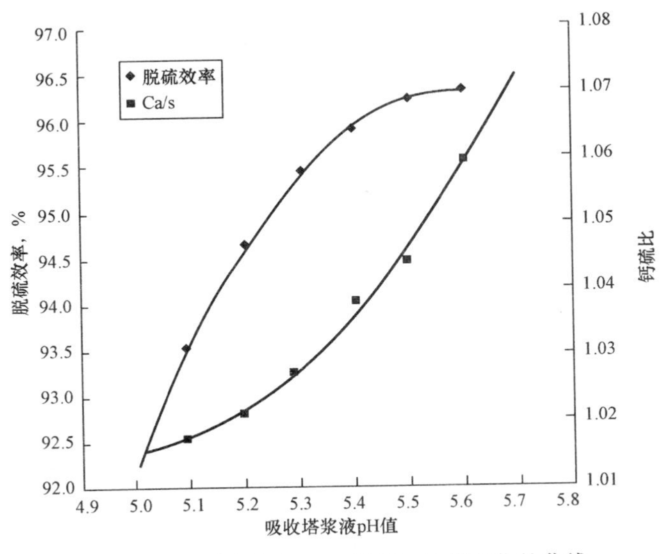

图 5-42　脱硫效率、Ca/S 随 pH 值变化的曲线

（二）吸收塔浆液密度运行优化

控制合理的吸收塔浆液密度，不仅有利于提高石灰石利用率和石膏品质，而且对减少浆液结垢和设备磨损都是十分有益的。

$CaSO_4 \cdot 2H_2O$、$CaCO_3$ 含量随吸收塔浆液密度的变化曲线如图 5-43 所示。

由图 5-43 可以看出，$CaSO_4 \cdot 2H_2O$ 含量随着吸收塔浆液密度的增大而升高，$CaCO_3$ 含量随吸收塔浆液密度的增大而减少，吸收塔浆液密度较低时，$CaCO_3$ 含量随吸收塔浆液密度的增大减少较为明显，当吸收塔浆液密度大于 1130kg/m^3 时，$CaCO_3$ 含量随吸收塔浆液密度的增大变化较少，这表明当吸收塔浆液密度大于 1130kg/m^3 时，石灰石的利用已经比较彻底。

石膏含水率和脱水皮带机真空度随吸收塔浆液密度变化的曲线如图 5-44 所示。

从图 5-44 中可以看出，脱水皮带机真空度随着吸收塔浆液密度的增大而增大；但是石膏含水率并没有随着吸收塔浆液密度的增大而持续减小，而是当吸收塔密度在 1130kg/m^3 左右时达到最小，为 8.7%。这表明，随着吸收塔浆液密度的增大，浆液中 $CaSO_4 \cdot 2H_2O$ 含量增加，石膏晶体粒径也在逐步增大，这样有利于石膏脱水，但是当石膏晶体过大时，在吸收塔搅拌器的作用下，这些大粒径的石膏晶体被破碎成针状或片状，从而导致了脱水皮带机滤布堵塞，反而不利于石膏脱水，如图 5-44 中，吸收塔浆液密度为 1140、1150kg/m^3 的工况，脱水皮带机真空度随着吸收塔浆液密度的增大而

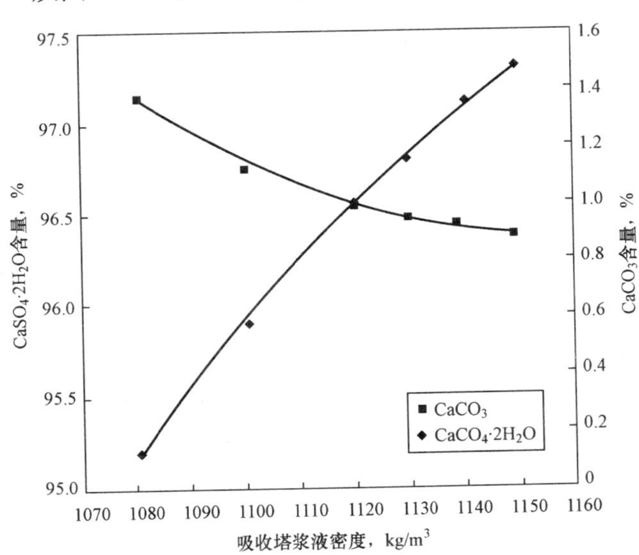

图 5-43　石膏中 $CaSO_4 \cdot 2H_2O$、$CaCO_3$ 含量随浆液密度变化的曲线

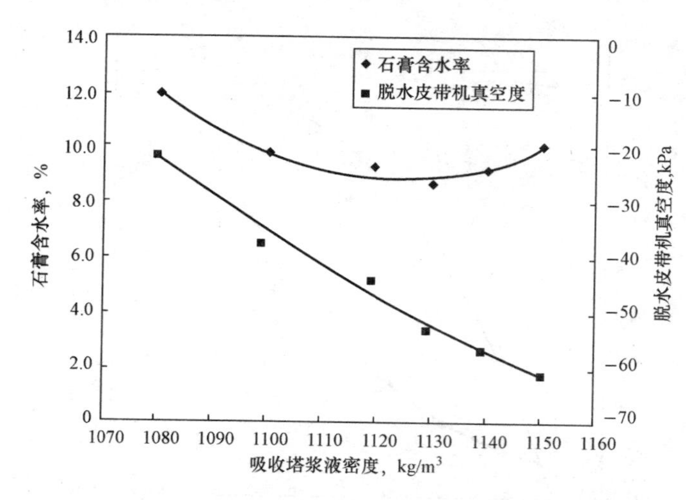

图 5-44　石膏含水率和脱水皮带机真空度随吸收塔浆液密度变化的曲线

增大，但是石膏含水率并没有随着吸收塔浆液密度的增大而减小。同时，较高的吸收塔浆液密度还会加剧设备的磨损和结垢，因此通过试验，确定吸收塔浆液密度的最佳运行区间为 1100～1130kg/m³。

（三）除雾器运行优化

除雾器冲洗程序的优劣对除雾器性能和脱硫系统内水平衡至关重要。针对宁海发电厂 6 号机组所采用的 MUNTERS 2 级屋脊式除雾器，经过优化调整试验，确定 1000MW 时除雾器冲洗程序如图 5-45 所示。

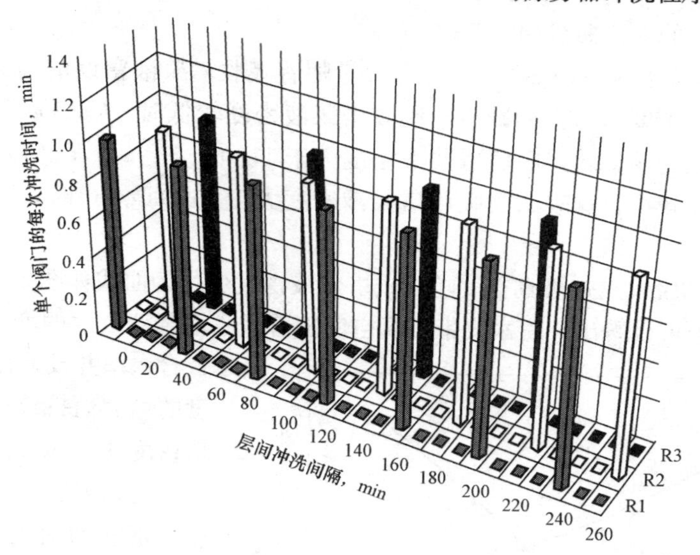

图 5-45　1000MW 负荷下除雾器冲洗程序

该冲洗程序的特点是，针对雾滴主要被第一级除雾器收集的特点，加强对第一级除雾器下面的冲洗强度。同时，根据脱硫系统内的水平衡情况，机组在 1000MW 负荷运行时设计单个阀门的冲洗时间为 1min，机组在 800MW 负荷运行时，单个阀门的冲洗时间为 0.8min，当机组运行在更低负荷时，可适当减少单个阀门的冲洗时间，以保证脱硫系统内水平衡的要求。

（四）浆液循环泵运行优化

6 号烟气脱硫系统设置四台浆液循环泵，各泵主要技术参数见表 5-65。

在满足脱硫效率要求的前提下，当不同负荷和不同进口 SO_2 浓度时，确定的最优吸收塔循环泵运行方案如图 5-46 所示。

表 5-65 浆液循环泵主要技术参数

设备名称	规　格	对应喷淋层喷射方向
浆液循环泵 A	流量 10 500m^3/h，扬程 21.3m	上下双向
浆液循环泵 B	流量 10 500m^3/h，扬程 23.3m	上下双向
浆液循环泵 C	流量 10 500m^3/h，扬程 25.3m	上下双向
浆液循环泵 D	流量 10 500m^3/h，扬程 27.3m	单向向下

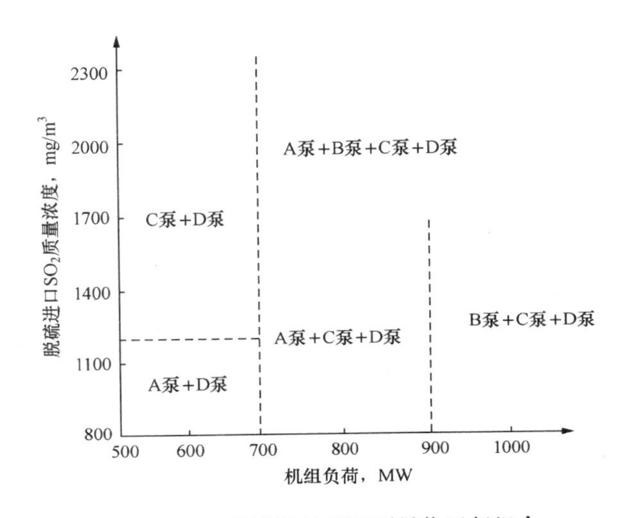

图 5-46　吸收塔浆液循环泵最优运行组合

总之，脱硫系统优化运行是一个复杂的系统工程，优化试验的方案也需要通过不断的实践予以改进，安全性是所有优化工作的前提，经济合理性是优化工作的最终目的，通过优化运行得到的试验结论随着脱硫系统烟气特性及设备性能的改变，其适应性也会发生改变，此时就需要进一步修正更新优化运行试验结论，为运行人员提供准确的运行操作指导，确保烟气脱硫系统的安全、稳定、连续、经济运行。

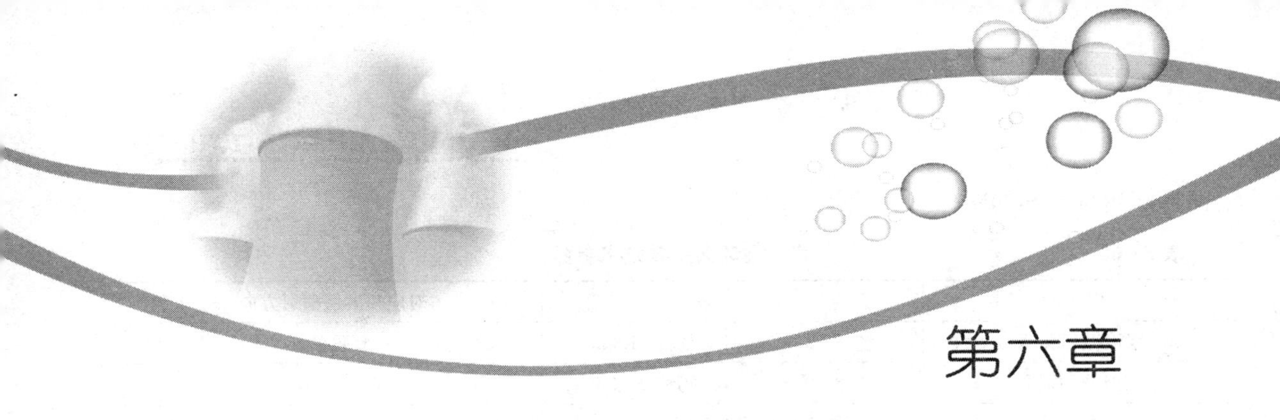

第六章

湿法烟气脱硫化学监督

从本质上而言，石灰石—石膏法烟气脱硫是一个气液传质的化学反应过程，反应原料的化学成分及反应过程中浆液的化学成分都对脱硫反应有显著影响，原料品质不合格及浆液品质恶化引起的脱硫运行问题十分常见。此外，脱硫石膏的化学成分不仅会对石膏的综合利用产生较大的影响，而且也能反映吸收塔内脱硫反应的进行情况，必须予以重视。

在脱硫装置实际运行中，化学监督是必不可少的一个监测手段，能够为脱硫反应的化学过程提供依据和指导，对实际运行中存在的问题进行分析和判断，进而找出有效的应对措施，是脱硫运行人员进行相关参数调整的主要依据。脱硫化学监督的主要作用有以下几点：

(1) 校验在线仪表，补充测试无仪表监测的各种流体、工质参数，为脱硫装置的良好、稳定运行提供准确可靠的运行参数环境；

(2) 监测运行工况，及时发现运行中存在的问题，并进行有针对性的预防和处理，提高脱硫系统运行的可靠性；

(3) 改善、优化运行工况，促进节能减排，提高脱硫系统运行的经济性。

对于石灰石—石膏湿法工艺，按照化学监督的目的通常分为在线仪表校验、日常性能监测、环保验收试验三个方面的内容。通常在线仪表校验属于热控专业范畴，环保验收试验由有专门资质的单位负责完成，本书主要介绍脱硫日常性能检测内容，主要包括原料（石灰石、工艺水）、浆液（石灰石浆液、吸收塔浆液）和产物（石膏、废水）的监督。

第一节　脱 硫 原 料 监 督

一、石灰石品质监督

通常石灰石监督项目包括石灰石活性、纯度、氧化镁、氧化铝、二氧化硅等。建议检测周期为半个月一次。石灰石成分分析主要检测依据为 GB/T 3286—1998《石灰石、白云石化学分析方法》和 GB/T 15057—1994。石灰石原料主要监督项目及标准见表 6-1。

表 6-1　　石灰石原料主要监督指标

项　目	单位	数据	项　目	单位	数据
CaO（质量分数）	%	≥50	H_2O（质量分数）	%	≤1
MgO（质量分数）	%	≤2～3	P_2O_3（质量分数）	%	≤0.01
SiO_2（质量分数）	%	≤1.5	S（质量分数）	%	≤0.02
Fe_2O_3（质量分数）	%	—	$CaCO_3$ 纯度	%	≥90
Al_2O_3（质量分数）	%	≤0.3	石灰石粒径	mm	≤20
TiO_2（质量分数）	%	—	烧失量（质量分数）	%	43.8
SO_3（质量分数）	%	—	石灰石粉粒径（250 或 300 目过筛率）	%	≥90 或 95

（一）试样溶液的制备

称取 0.5g 试样置于铂坩埚中，加 2g 碳酸钾—硼砂混合熔剂，混匀，再以少许熔剂擦洗玻璃棒，并铺于试样表面。盖上坩埚盖，从低温开始逐渐升高温度至气泡停止发生后，在 950～1000℃下继续熔融 3～5min。然后用坩埚钳夹持坩埚旋转，使熔融物均匀地附着于坩埚内壁。冷却至室温后将坩埚及盖一并放入内盛有 100mL 硝酸并加热至微沸的 300mL 烧杯中，并继续保持微沸状态，直至熔融物完全分解。用水洗净坩埚及盖，然后将溶液冷却至室温，移入 250mL 容量瓶中，加水稀释至标线，摇匀，供测定用。

（二）二氧化硅的测定

1. 方法提要

在微酸性（0.035～0.40N）溶液中单硅酸和钼酸铵生成硅钼酸络离子（钼黄），然后以抗坏血酸使钼黄还原为硅钼蓝。用分光光度计于 660nm 处测定吸光度。

2. 试剂

（1）无水碳酸钠：经研细后使用。

（2）盐酸（1＋11）：将 1 体积的盐酸与 11 体积的水混合。

（3）盐酸（1＋1）：将盐酸与同体积水混合。

（4）95％乙醇。

（5）5％钼酸铵溶液：将 5g 钼酸铵溶于 100mL 温水中，过滤后储存于塑料瓶。

（6）0.5％抗坏血酸溶液：将 0.5g 抗坏血酸溶于 100mL 水中，过滤后使用（用时配制）。

（7）二氧化硅标准溶液：准确称取 0.1000g 二氧化硅（光谱纯，已于 950℃灼烧 30min）置于铂坩埚中，加入 1g 碳酸钠搅拌均匀后，于高温下熔融 3～5min。冷却后用热水将熔块浸于盛有约 300mL 热水的烧杯中，待全部溶解后，移入 1L 容量瓶中，冷至室温，加水稀释至标线，摇匀，移入塑料瓶中保存。此标准溶液每毫升含有 0.1mg 二氧化硅。

3. 工作曲线的绘制

准确量取 0.00、1.00、2.00、3.00、4.00mL 二氧化硅标准溶液（分别相当于 0.00、0.10、0.20、0.30、0.40mg 二氧化硅），分别放入 100mL 容量瓶中，用水稀释至约 40mL。加入 5mL 盐酸（1＋11）、8mL 95％乙醇、6mL 5％钼酸铵溶液，按不同温度，放置不同的时间，放置时间与温度的对应关系见表6-2。

表6-2　　放置时间与温度的对应关系

温度（℃）	放置时间（min）
10～20	30
20～30	10～20
30～35	5～20

然后加20mL盐酸（1+1）、5mL 0.5%抗坏血酸溶液，用水衡释至标线，摇匀。放置1h后，用分光光度计以水作参比，使用10mm比色皿，在波长660nm处测定溶液的吸光度。同时按上述操作进行空白试验。然后，以测得的吸光度为纵坐标、比色溶液的浓度为横坐标，绘制工作曲线。

4. 分析步骤

准确吸取一定体积的试样溶液（视二氧化硅含量而定），放入100mL容量瓶中，用水稀释至约40mL，加入2～3mL盐酸（1+11）。余下操作同标准曲线绘制过程。

5. 结果计算

二氧化硅的百分含量（X_1）的计算式为

$$X_1 = \frac{CN}{1000m} \times 100 \tag{6-1}$$

式中 C——在工作曲线上查得每100mL被测定溶液中二氧化硅的含量，mg；

m——试样质量，g；

N——试样溶液的总体积与所分取试样溶液的体积之比。

（三）三氧化二铁的测定

1. 方法提要

以磺基水杨酸钠为指示剂，在溶液酸度为pH1.5～2.0、温度为60～70℃时，以EDTA滴定。磺基水杨酸与Fe^{3+}络合生成紫红色络合物后能为EDTA所取代，终点时溶液由紫红色变为亮黄色，如三氧化二铁含量低，则紫红色很浅，终点几乎为无色。以HIn^-代表磺基水杨酸根离子，以H_2Y^{2-}代表EDTA离子，络合滴定Fe^{3+}的反应为

指示剂反应：　　$Fe^{3+} + HIn^-$（无色）$= FeIn^+$（紫红色）$+ H^+$　　(6-2)

滴定反应：　　$Fe^{3+} + H_2Y^{2-} = FeY^- + 2H^+$　　(6-3)

终点时指示剂变色反应：

$H_2Y^{2-} + FeIn^+$（紫红色）$= FeY^-$（黄色）$+ HIn^-$（无色）$+ H^+$　　(6-4)

2. 试剂

(1) 精密试纸：pH0.5～5.0。

(2) 钙黄绿素—甲基百里香酚蓝—酚酞混合指示剂（简称CMP）：准确称取1g钙黄绿素、1g甲基百里香酚蓝、0.2g酚酞与50g已在105℃烘过的硝酸钾混匀研细，保存于磨口瓶中。

(3) 碳酸钙标准溶液：准确称取约0.6g碳酸钙（高纯试剂，已于105～110℃烘过2h）置于400mL烧杯中，加入约100mL水，盖上表面皿，沿杯口滴加盐酸（1+1）至碳酸钙全部溶解后，加热煮沸数分钟，将溶液冷至室温，移入250mL容量瓶中，用水稀释至标线，摇匀。

(4) 0.015M乙二胺四乙酸二钠（简称EDTA二钠）标准溶液：称取5.6g EDTA二钠置于烧杯中，加约200mL水，加热溶解，过滤，用水稀释至1L。

标定方法：吸取25mL碳酸钙标准溶液放入400mL烧杯中，用水稀释至约200mL，加

入适量的 CMP 混合指示剂，在搅拌下滴加 20%氢氧化钾溶液至出现绿色荧光，再过量 1～2mL，以 0.015M EDTA 二钠标准溶液滴定至溶液绿色荧光消失呈现红色。EDTA 二钠标准溶液对三氧化二铁、三氧化二铝、氧化钙、氧化镁的滴定度的计算式为

$$T_{Fe_2O_3}=\frac{25C}{V}\times\frac{M_{Fe_2O_3}}{2M_{CaCO_3}}=\frac{25C}{V}\times0.7977 \tag{6-5}$$

$$T_{Al_2O_3}=\frac{25C}{V}\times\frac{M_{Al_2O_3}}{2M_{CaCO_3}}=\frac{25C}{V}\times0.5094 \tag{6-6}$$

$$T_{CaO}=\frac{25C}{V}\times\frac{M_{CaO}}{2M_{CaCO_3}}=\frac{25C}{V}\times0.5603 \tag{6-7}$$

$$T_{MgO}=\frac{25C}{V}\times\frac{M_{MgO}}{2M_{CaCO_3}}=\frac{25C}{V}\times0.4028 \tag{6-8}$$

式中　$T_{Fe_2O_3}$——每毫升 EDTA 二钠标准溶液相当于三氧化二铁的毫克数；

$T_{Al_2O_3}$——每毫升 EDTA 二钠标准溶液相当于三氧化二铝的毫克数；

T_{CaO}——每毫升 EDTA 二钠标准溶液相当于氧化钙的毫克数；

T_{MgO}——每毫升 EDTA 二钠标准溶液相当于氧化镁的毫克数；

C——每毫升碳酸钙标准溶液含有碳酸钙的毫克数；

25——吸取碳酸钙标准溶液的体积，mL；

V——标定时消耗 EDTA 二钠标准溶液的体积，mL；

$M_{Fe_2O_3}$——三氧化二铁的分子量；

$M_{Al_2O_3}$——三氧化二铝的分子量；

M_{CaO}——氧化钙的分子量；

M_{MgO}——氧化镁的分子量；

M_{CaCO_3}——碳酸钙的分子量。

3. 分析步骤

准确吸取 50mL（铁、铝含量低时可吸取 100mL）试样溶液放入 300mL 烧杯中，加水稀释至约 100mL，用氨水（1+1）调节溶液 pH 值至 1.8～2.0（用精密 pH 试纸检验）。将溶液加热至 70℃，加 10 滴 10%磺基水杨酸钠指示剂溶液，以 0.015M 的 EDTA 二钠标准溶液缓慢地滴定至亮黄色（终点时温度应不低于 60℃左右）。

4. 计算公式

三氧化二铁的百分含量（X_2）的计算式为

$$X_2=\frac{T_{Fe_2O_3}VN}{1000m}\times100 \tag{6-9}$$

式中　V——滴定时消耗 EDTA 二钠标准溶液的体积，mL；

N——试样溶液总体积与所分取试样溶液的体积之比；

m——试样质量，g。

（四）三氧化二铝的测定

1. 方法提要

该法采用铜盐回滴法。在滴定完 Fe^{3+} 后的溶液中，加入对 Al^{3+} 过量的 EDTA 二钠标准

溶液（一般过量10mL左右），加热至70～80℃，调节溶液的pH值至3.8～4.0，将溶液煮沸1～2min，以PAN为指示剂，用铜盐标准溶液回滴过量的EDTA。此时溶液中钛也能与EDTA定量络合，因而测得的为铝钛合计含量，减去比色法测得的二氧化钛（以三氧化二铝表示）含量，即为三氧化二铝的含量。

络合反应为

$$Al^{3+} + H_2Y^{2-} = AlY^{-} + 2H^{+} \tag{6-10}$$

$$TiO^{2+} + H_2Y^{2-} = TiOY^{2-} + 2H^{+} \tag{6-11}$$

用铜盐回滴过量EDTA的反应式为

$$Cu^{2+} + H_2Y^{2-}(\text{过量}) = CuY^{2-}(\text{绿色}) + 2H^{+} \tag{6-12}$$

终点时变色反应为

$$Cu^{2+} + PAN(\text{红色}) = Cu\text{-}PAN(\text{紫红色}) \tag{6-13}$$

2. 试剂

（1）乙酸—乙酸钠缓冲溶液（pH4.3）：将42.3g无水乙酸钠溶于水中，加80mL冰乙酸，然后加水稀释至1L，摇匀（用pH计或精密试纸检验）。

（2）精密试纸：pH0.5～5.0。

（3）0.2%（2-吡啶偶氮）-2-萘酚（简称PAN）指示剂溶液：将0.2g PAN溶于100mL乙醇中。

（4）0.015M EDTA二钠标准溶液。

（5）0.015M硫酸铜标准溶液：将3.7g硫酸铜（$CuSO_4 \cdot 5H_2O$）溶于水中，加4～5滴硫酸（1+1），用水稀释至1L，摇匀。EDTA二钠标准溶液与硫酸铜标准溶液体积比的测定：从滴定管缓慢放出10～15mL 0.015M EDTA二钠标准溶液于300mL烧杯中，用水稀释至约150mL，加15mL乙酸—乙酸钠缓冲溶液（pH4.3），然后加热至沸，取下稍冷，加5～6滴0.2%PAN指示剂溶液，以硫酸铜标准溶液滴定至亮紫色。

EDTA二钠标准溶液与硫酸铜标准溶液的体积比（K）的计算式为

$$K = \frac{V_1}{V_2} \tag{6-14}$$

式中 K——每毫升硫酸铜标准溶液相当于EDTA二钠标准溶液的毫升数；

V_1——EDTA二钠标准溶液的体积，mL；

V_2——滴定时消耗硫酸铜标准溶液的体积，mL。

3. 分析步骤

在滴定三氧化二铁后的溶液中，准确加入10～15mL 0.015M EDTA二钠标准溶液，然后用水稀释至约150mL。将溶液加热至70～80℃后，以氨水（1+1）调节溶液pH值至4左右（用精密试纸检验），加15mL乙酸—乙酸钠缓冲溶液（pH4.3），煮沸1～2min，取下稍冷，加5～6滴0.2%PAN指示剂溶液，以硫酸铜标准溶液滴定至亮紫色。

4. 计算公式

三氧化二铝的百分含量（X_3）的计算式

$$X_3 = \frac{T_{Al_2O_3}(V_1 - KV_2)n}{1000m} \times 100 - 0.64X_4 \tag{6-15}$$

式中　V_1——加入 EDTA 二钠标准溶液的体积，mL；

V_2——滴定时消耗硫酸铜标准溶液的体积，mL；

K——每毫升硫酸铜标准溶液相当于 EDTA 二钠标准溶液的毫升数；

n——试样溶液的总体积与所分取试样溶液的体积之比；

m——试样质量，g；

0.64——二氧化钛对三氧化二铝的换算系数；

X_4——比色法测得二氧化钛的百分含量。

（五）氧化钙的测定

1. 方法提要

在 pH 值大于 12 的溶液中，以氟化钾（2%）掩蔽硅酸，三乙醇胺掩蔽铁、铝，以 CMP 为指示剂，用 EDTA 二钠标准溶液直接滴定钙。钙离子与钙黄绿素生成的络合物为绿色荧光，钙黄绿素指示剂本身为橘红色，因此滴定至终点时溶液绿色荧光消失，而呈现橘红色。

2. 试剂

（1）2%氟化钾溶液：将 2g 氟化钾（$KF \cdot 2H_2O$）溶于 100mL 水中，储存在塑料瓶中。

（2）三乙醇胺（1+2）：将 1 体积三乙醇胺与 2 体积的水混合。

3. 分析步骤

准确吸取试样溶液 25mL，放入 400mL 烧杯中，加 5mL 盐酸及 5mL 2%氟化钾溶液，搅拌并放置 2min 以上，然后用水稀释至约 200mL。加 4mL 三乙醇胺及适量的 CMP 混合指示剂，以 20%氢氧化钾溶液调节溶液出现绿色荧光后再过量 7～8mL（此时溶液 pH 值大于 13）。用 0.015M EDTA 二钠标准溶液滴定至溶液绿色荧光消失呈现红色。

4. 计算公式

氧化钙百分含量（X_5）的计算式为

$$X_5 = \frac{T_{CaO} V \times 10}{1000m} \times 100 \tag{6-16}$$

式中　V——滴定时消耗 EDTA 二钠标准溶液的体积，mL；

m——试样质量，g；

10——试样溶液的总体积与所分取试样溶液的体积之比。

（六）氧化镁的测定

1. 方法提要

在 pH10 的溶液中，以三乙醇胺、酒石酸钾钠掩蔽铁、铝，以酸性铬蓝 K-萘酚绿 B 为指示剂，用 EDTA 二钠标准溶液滴定钙镁含量。减去按上述“氧化钙的测定”测得的钙量后，求得氧化镁含量。

2. 试剂

（1）10%酒石酸钾钠溶液：将 10g 酒石酸钾钠溶于 100mL 水中。

（2）氨水—氯化铵缓冲溶液（pH10.5）：将 54g 氯化铵溶于水中，加 570mL 氨水，然后用水稀释至 1L（用 pH 计或精密试纸检验）。

（3）精密试纸：pH9.5～13.0。

（4）酸性铬蓝K-萘酚绿B（1+2.5）混合指示剂：称取0.3g酸性铬蓝K、0.75g萘酚绿B，与已在105℃温度下烘过的50g硝酸钾混合研细，储存在磨口瓶中。

3. 分析步骤

准确吸取25mL试样溶液放入400mL烧杯中，加5mL 2%氟化钾溶液，然后用水稀释至约200mL。加入1mL 10%酒石酸钾钠溶液，4mL三乙醇胺（1+2），以氨水（1+1）调节溶液pH值至约10（用精密试纸检验），加入20mL氨水—氯化铵缓冲溶液（pH10）及适量的酸性铬蓝K—萘酚绿B混合指示剂，以0.015M EDTA二钠标准溶液滴定，近终点时应缓慢滴定至纯蓝色。

4. 计算公式

氧化镁的百分含量（X_6）的计算式为

$$X_6 = \frac{T_{MgO}(V_2 - V_1) \times 10}{1000m} \times 100 \tag{6-17}$$

式中 V_1——滴定钙时消耗EDTA二钠标准溶液的体积，mL；

V_2——滴定钙、镁合量消耗EDTA二钠标准溶液的体积，mL；

m——试样质量，g；

10——试样溶液的总体积与所分取试样溶液的体积之比。

（七）烧失量的测定

1. 方法提要

试样中所含碳酸盐、有机物及其他易挥发性物质，经高温灼烧即分解逸出，灼烧所损失的质量即为烧失量。

2. 分析步骤

称取1g试样置于已灼烧恒重的瓷坩埚中，将盖斜置于坩埚上，放在高温炉内从低温开始逐渐升高温度，在950～1000℃下灼烧1h，取出坩埚，置于干燥器中冷至室温，称量。如此反复灼烧直至恒重。

3. 计算公式

烧失量的百分含量（X_7）的计算式为

$$X_7 = \frac{(m - m_1)}{m} \times 100 \tag{6-18}$$

式中 m——灼烧前试样质量，g；

m_1——灼烧后试样质量，g。

（八）石灰石浆液粒径的测定

（1）将筛子按筛孔孔径大小重叠放置（由大到小），取一定量的浆液，将浆液倒入筛盘。

（2）用细小的水流冲洗浆液过滤，注意少量多次，冲洗过程中留意下层筛漏水满以免从边缘接口缝溢出。分批冲洗完各层。

（3）将各筛上的残留物用水冲洗，于空抽的过滤装置截留后置于各自编号的器皿中，置烘箱内于40℃进行干燥直至恒重，称量，计算。

其中，分析过程使用两层筛，分别为250、325目，计算粒径分为三段：大于61um、

43～61um、小于43um，采用重量百分比计算过筛率。

根据上述分析方法，测得某厂脱硫用石灰石成分如表6-3所示。

表6-3　石灰石成分分析结果

项目	CaO	SiO_2	MgO	Fe_2O_3	Al_2O_3	>250目比例
含量	51.55	3.85	1.54	0.36	0.88	79.2

二、工艺水品质监督

（一）固体悬浮物的测定

1. 方法提要

采用重量分析法测定工艺水中过滤烘干后固体悬浮物的含量。

2. 分析步骤

用量筒量取50mL样品工艺水，将其倒入已烘干称重的砂芯漏斗中抽滤，抽滤过程中用20mL丙酮冲洗三次。将过滤后的砂芯漏斗在45℃下烘干冷却后称重，据此得出所需结果。

3. 计算公式

固体悬浮物的含量（X_8）的计算式为

$$X_8 = (m_1 - m) \times 1000/V \tag{6-19}$$

式中 m_1——过滤后的砂芯漏斗的质量，g；

m——过滤前的砂芯漏斗的质量，g；

V——试样体积，mL。

（二）氯离子含量的测定

1. 方法提要

当氯离子与银离子反应时，生成微溶物氯化银沉淀。当两者反应达到终点时，继续滴加的银离子与CrO_4^{2-}反应，生成红棕色Ag_2CrO_4，反应式为

$$Cl^- + Ag^+ = AgCl \tag{6-20}$$

$$2Ag^+ + CrO_4^{2-} = Ag_2CrO_4 \tag{6-21}$$

2. 分析步骤

用移液管吸取25mL试样于三角烧瓶中，加入去离子水稀释至100mL，再加入1匙K_2CrO_4，用0.1mol/L的$AgNO_3$标准溶液滴定至溶液呈现红棕色。

3. 计算公式

氯离子含量（X_{10}）的计算式为

$$X_{10} = 1000 \times V \times 3.5457/25 \tag{6-22}$$

式中 3.5457——1mL 0.1mol/L的$AgNO_3$标准溶液相当于3.5457mg Cl^-；

V——滴定过程中所消耗的$AgNO_3$标准溶液的体积，mL。

（三）总硬度的测定

1. 方法提要

测定工艺水的硬度，一般采用络合滴定法，用EDTA标准溶液滴定水中的Ca^{2+}、Mg^{2+}总量，然后换算为相应的硬度单位。用EDTA滴定Ca^{2+}、Mg^{2+}总量时，一般是在pH10的

氨性缓冲溶液中进行，用 EBT（铬黑 T）作指示剂。化学计量点前，Ca^{2+}、Mg^{2+}、EBT 生成紫红色络合物，当用 EDTA 溶液滴定至化学计量点时，游离出指示剂，溶液呈现纯蓝色。由于 EBT 与 Mg^{2+} 显色灵敏度高，与 Ca^{2+} 显色灵敏度低，所以当水样中 Mg^{2+} 含量较低时，用 EBT 作指示剂往往得不到敏锐的终点。这时，可在 EDTA 标准溶液中加入适量的 Mg^{2+}（标定前加入 Mg^{2+} 对终点没有影响）或者在缓冲溶液中加入一定量 Mg^{2+}—EDTA 盐，利用置换滴定法的原理来提高终点变色的敏锐性，也可采用酸性铬蓝 K—萘酚绿 B 混合指示剂，此时终点颜色由紫红色变为蓝绿色。

2. 试剂

(1) 氨性缓冲溶液（pH10）：称取 20g NH_4Cl 固体溶解于水中，加 100mL 浓氨水，用水稀释至 1L。

(2) 铬黑 T 溶液（5g/L）：称取 0.5g 铬黑 T，加入 25mL 三乙醇胺、75mL 乙醇。

(3) Na_2S 溶液（20g/L）。

(4) 甲基红：1g/L，60%的乙醇溶液。

(5) 镁溶液：1g $MgSO_4 \cdot 7H_2O$ 溶解于水中，稀释至 200mL。

(6) $CaCO_3$ 基准试剂：120℃干燥 2h。

(7) 金属锌（99.99%）：取适量锌片或锌粒置于小烧杯中，用 0.1mol/L 的 HCl 清洗 1min，以除去表面的氧化物，再用自来水和蒸馏水洗净，将水沥干，放入干燥箱中 100℃烘干，冷却。

3. 分析步骤

用移液管吸取 25mL 试样工艺水，加入三乙醇胺 3mL、氨性缓冲溶液 5mL、EBT 指示剂 2～3 滴，立即用 EDTA 标准溶液滴至溶液由红色变为纯蓝色即为终点。平行测定三份，计算水的总硬度，以 $CaCO_3$ 表示。

4. 计算公式

水的硬度（X_{11}）的计算式为

$$X_{11} = C \times V \times 100.09/25 \tag{6-23}$$

式中 C——EDTA 的浓度，mol/L；

V——反应中所消耗 EDTA 的体积，mL；

100.09——$CaCO_3$ 的摩尔质量。

根据上述分析方法，测得某厂脱硫用工艺水成分如表 6-4 所示。

表 6-4　工艺水分析结果

项　目	单位	结果	项　目	单位	结果
pH 值		7～8.5	总硬度（以 $CaCO_3$ 计）	mg/L	约 380
溶解固形物	mg/L	约 3120			
化学耗氧量	mg/L	约 27.51	总碱度（以 $CaCO_3$ 计）	mg/L	约 200
Cl^-	mg/L	≤1000	氨氮	mg/L	≤10
SO_4^{2-}	mg/L	约 690	总磷	mg/L	≤1

第二节　浆液及石膏品质监督

吸收塔浆液和石膏分析部分项目及分析方法相同，因此一并进行介绍。通常，吸收塔浆液监督项目包括pH值、温度、密度、浓度、亚硫酸根、镁离子、铝离子、氯离子、氟离子等，建议检测周期为每日一次；石膏监督项目包括游离水、硫酸盐、亚硫酸盐、碳酸盐及Cl^-、F^-等。

主要检测依据为GB/T 5484—2000《石膏化学分析方法》和GB/T 21508—2008《燃煤烟气脱硫设备性能测试方法》。石膏监督项目已在表3-24中列出，这里不再赘述。吸收塔浆液主要监督项目及标准见表6-5。

表6-5　　吸收塔浆液主要监督指标

项　目	单位	数据	项　目	单位	数据
吸收塔浆液Cl^-	mg/L	<20000	吸收塔浆液浓度（质量分数）	%	15～20
吸收塔浆液SO_3^{2-}	mmol/L	<100	石灰石浆液密度	g/cm³	1.18～1.26
吸收塔浆液pH值	—	5.2～5.8			
吸收塔浆液密度	g/cm³	1.10～1.15	石灰石浆液浓度（质量分数）	%	25～35

一、附着水的测定

1. 分析步骤

准确称取固体石膏试样5g，放入已烘干至恒重的带有磨口塞的称量瓶中，于40～50℃的烘箱内烘4h（烘干过程中称量瓶应敞开盖），取出，盖上磨口塞，放入干燥中冷至室温。将磨口塞紧密盖好，称量。再将称量瓶敞开盖放入烘箱中，在同样温度下烘干30min，如此反复烘干、冷却、称量，直至恒重。

2. 计算公式

附着水含量（X_{12}）的计算式为

$$X_{12}=\frac{(m-m_1)}{m}\times 100 \quad (6-24)$$

式中　m——烘干前试样质量，g；

m_1——烘干后试样质量，g。

二、结晶水的测定

1. 分析步骤

准确称取固体石膏试样1g，放入已烘干、恒重的带磨口塞的称量瓶中，在(250±10)℃的烘箱中加热1h，用坩埚钳将称量瓶取出，盖上磨口塞，放入干燥器中冷至室温，称量。再放烘箱中于同样温度下加热30min，如此反复加热、冷却、称量，直至恒重。

2. 计算公式

结晶水含量（X_{13}）的计算式为

$$X_{13}=\frac{(m-m_1)}{m}\times100-X_{12} \tag{6-25}$$

式中 m——加热前试样质量，g；

m_1——加热后试样质量，g。

三、酸不溶物的测定

1. 试剂

(1) 盐酸（1+5）：将1体积的盐酸与5体积的水混合。

(2) 1%的硝酸银溶液：将1g硝酸银溶于90mL水中，加入10mL硝酸混匀。

2. 分析步骤

准确称取试样0.5g，置于250mL烧杯中，用水润湿后盖上表面皿。从杯口慢慢加入40mL盐酸（1+5），待反应停止后，用水冲洗表面皿及杯壁并稀释至约75mL。加热煮沸3～4min，用慢速滤纸过滤，以热水洗至无氯根为止。滤液盛接于250mL容量瓶中，冷却，用水稀释至标线，摇匀，以供测定三氧化硫用。将沉淀和滤纸一并移入已灼烧恒重的瓷坩埚中，灰化，在950～1000℃的温度下灼烧20min，取出放入干燥器中冷却至室温称量。

3. 计算公式

酸不溶物的百分含量（X_{14}）的计算式

$$X_{14}=\frac{m_1}{m}\times100 \tag{6-26}$$

式中 m_1——灼烧后残渣质量，g；

m——试样质量，g。

四、亚硫酸钙的测定

1. 方法提要

该法采用终点滴定，测定在40℃干燥过的石膏中的二氧化硫，以计算亚硫酸盐的含量。亚硫酸盐在酸性条件下与过量的0.05mol/L的碘溶液反应，未反应的碘用0.1mol/L的硫代硫酸钠反滴定。

2. 分析步骤

称量0.2g已于40℃干燥过的石膏样品放入滴定瓶中，用150mL去离子水稀释，用剂量装置准确加入10mL 0.05mol/L的碘标准溶液，再加入10mL的盐酸（1+1），搅拌5min让固体溶解。过量的碘用0.1mol/L的硫代硫酸钠溶液滴定。

3. 计算公式

SO_2的百分含量（X_{15}）的计算式为

$$X_{15}=100\times V\times3.023/m \tag{6-27}$$

式中 V——已消耗了的碘溶液体积，mL；

m——试样质量，g；

3.023——1mL 0.05mol/L的碘溶液相当于3.023mg的SO_2。

亚硫酸钙含量（X_{16}）的计算式为

$$X_{16}=2.0159X_{15} \tag{6-28}$$

五、碳酸钙的测定

1. 方法提要

过量的0.1mol/L的盐酸可使碳酸盐释放出CO_2。在加入盐酸以前，用H_2O_2氧化亚硫酸盐，使其不再与盐酸反应。过量的0.1mol/L的HCl用0.1mol/L的NaOH滴定。其终点以电位法测定。

2. 分析步骤

精确称量1.0g已在40℃下干燥了的石膏放入滴定瓶中，用去离子水稀释，并加入一定量的过氧化氢（约1mL）静置约5min，用计量装置准确加入10mL 0.1mol/L的盐酸，搅拌溶液5min，过量的盐酸用0.1mol/L的NaOH滴定。

3. 计算公式

CO_2的百分含量（X_{17}）的计算式为

$$X_{17} = 100 \times V \times 2.200\,53/m \tag{6-29}$$

式中　V——已消耗了的盐酸溶液体积，mL；

m——试样质量，g；

2.200 53——1mL 0.1mol/L的盐酸溶液相当于2.200 53mg的CO_2。

碳酸钙含量（X_{18}）的计算式为

$$X_{18} = 2.2742X_{17} \tag{6-30}$$

六、氯离子含量的测定

1. 方法提要

在用过氧化氢氧化亚硫酸盐后，在酸性介质中用0.1M的$AgNO_3$对氯离子进行滴定。当亚硫酸盐含量较高时，必须在滴定前加入过氧化氢进行氧化，以免测定中会生成亚硫酸银而使测定结果偏大。

2. 分析步骤

用移液管准确吸取2～10mL滤液（视氯离子含量多少而定）置于滴定瓶中，加入10mL去离子水和2mL硫酸（1+4），然后用0.1N的$AgNO_3$滴定。

3. 计算公式

氯离子含量（X_{19}）的计算式为

$$X_{19} = 1000 \times V \times 3.545\,3/\text{滤液体积} \tag{6-31}$$

式中　V——已消耗了的硝酸银溶液体积，mL。

七、硫酸钙的测定

1. 方法提要

用过氧化氢氧化亚硫酸盐，用离子交换树脂去除大部分阳离子，生成的硫酸以偶氮磺Ⅲ为指示剂，用高氯酸钡滴定。所测得的值为硫酸盐和亚硫酸盐的总含量。亚硫酸盐的含量已由碘量法测定，对转化成硫酸盐的部分要扣除。

2. 试剂

0.005mol/L高氯酸钡溶液的配制和标定：准确称取1.951 6g结晶过的高氯酸钡，用去离子水稀释，量取800mL异丙醇溶液，用水稀释至1000mL。

用已经标定好的0.005M的硫酸溶液10mL，再加入10mL丙酮，加入5滴偶氮磺Ⅲ指示剂，用配制好的高氯酸钡溶液滴定至溶液显纯蓝色，记录其消耗量V_2，高氯酸钡溶液的摩尔浓度为：$0.05/V_2$。

3. 分析步骤

准确称量已于40℃下干燥了的石膏0.250 0g放入烧杯中，加入适量去离子水和10mL过氧化氢。用磁力搅拌器搅拌10min。加入3匙阳离子交换树脂，再搅拌10min。过滤样品，滤液置入250mL容量瓶中，仔细用去离子水冲洗，洗液一并转入容量瓶定容至250mL。用移液管吸取10mL样品溶液，加入10mL丙酮和4滴偶氮磺Ⅲ指示剂，加入少量去离子水，溶液显紫色。用0.005M的高氯酸钡滴定，直到溶液显纯蓝色。

4. 计算公式

计算公式为

$$SO_3\% = 100 \times V \times 0.4003/m \tag{6-32}$$

$$CaSO_4 \cdot 2H_2O\% = (SO_3\% - 1.2498 \times SO_2\%) \times 2.1505 \tag{6-33}$$

式中 0.400 3——1mL 0.005mol/L高氯酸钡相当于0.400 3mg SO_3；

V——滴定过程中消耗的高氯酸钡溶液体积，mL；

m——试样质量，g。

八、吸收塔浆液密度的测定

1. 分析步骤

精确称量已知精确体积的氧量瓶的质量，将氧量瓶装满石膏浆液，盖上塞子使浆液溢流。此时氧量瓶应是满的，其工况温度为40～70℃，不考虑在温度冷却过程中形成的气泡，所测的密度为该工况温度下的密度。将氧量瓶清洗干燥后称重，计算出石膏浆液的密度。

2. 计算公式

石膏浆液的密度（X_{20}）的计算式为

$$X_{20} = (m_1 - m)/V \tag{6-34}$$

式中 m_1——装有石膏浆液的氧量瓶烘干后的质量，g；

m——空氧量瓶的质量，g；

V——氧量瓶的精确体积，mL。

九、吸收塔浆液含固量的测定

1. 分析步骤

密度测定过程中的浆液样品质量已经称量，用一个已恒重的、称量过的玻璃过滤坩埚抽取，用丙酮冲洗三次，然后置于烘箱内在40℃时进行干燥直到恒重。

2. 计算公式

石膏浆液的固体物含量（X_{21}）的计算式为

$$X_{21} = 100 \times (m_1 - m_2)/m \tag{6-35}$$

式中 m_1——烘干后坩埚加石膏固体的质量，g；

m_2——空坩埚的质量，g；

m——所取石膏浆液的质量，g。

根据上述分析方法，测得某厂吸收塔浆液和石膏成分如表 6-6 和表 6-7 所示。

表 6-6　　吸收塔浆液分析结果

项　目	单位	结果	项　目	单位	结果
pH 值		5.59	$CaCO_3$（质量分数）	%	0.77
浆液密度	kg/m^3	1073	$CaSO_4 \cdot 2H_2O$（质量分数）	%	90.97
Cl^- 浓度	mg/L	2175	亚硫酸盐（半水），（质量分数）	%	0.55

表 6-7　　石膏分析结果

项　目	单位	结果	项　目	单位	结果
水分	%	9.59	$CaSO_3 \cdot 1/2H_2O$（质量分数）	%	83.88
$CaCO_3$（质量分数）	%	1.05	$CaSO_4 \cdot 2H_2O$（质量分数）	%	0.75
Cl^- 浓度	mg/L	3216	其他（质量分数）	%	4.73

第三节　脱硫废水监督

通常脱硫废水监督项目包括 pH 值、温度、COD、硫酸根、总汞、总铬、总砷、氟化物、硫化物等。建议检测周期为每月一次。

主要检测依据为 DL/T997—2006《火电厂石灰石—石膏湿法脱硫废水水质控制指标》、GB/T 8978—1996《污水综合排放标准》和 DL/T 938—2005《火电厂排水水质分析方法》。脱硫废水主要监督项目及标准见表 6-8。

表 6-8　　脱硫废水处理系统出口主要监督指标

项目	单位	控制值或最高容许浓度值	项目	单位	控制值或最高容许浓度值
硫酸盐	mg/L	2000	总薪	mg/L	2.0
总汞	mg/L	0.05	悬浮物	mg/L	70
总镉	mg/L	0.1	COD	mg/L	150
总铬	mg/L	1.5	氟化物	mg/L	2.0
总砷	mg/L	1.0	硫化物	mg/L	1.0
总铅	mg/L	1.18～1.26	pH 值		6～9
总镍	mg/L	1.0			

脱硫废水所有项目的分析均可按照 GB/T 8978—1996《污水综合排放标准》中规定的方法执行，采集的分析水样应按照 DL/T 938—2005《火电厂排水水质分析方法》的要求保存，书中不再进行详细介绍。

参 考 文 献

[1] 何育东．火电机组烟气脱硫装置运行优化．热力发电，2010，39（4）：4～6
[2] 周孟．湿法烟气脱硫经济性探讨．江西电力职业技术学院院报，2010，23（3）：15～18
[3] 刘静．电厂湿法脱硫系统优化研究．北京：华北电力大学，2008
[4] 李国勇．浆液循环泵运行电流影响因素分析．电力科技与环保，2010，26（2）：29～30
[5] 岑可法，姚强，曹欣玉等．煤浆燃烧、流动、传热和气化的理论与应用技术．浙江：浙江大学出版社．1997
[6] 曾庭华，杨华，马斌等．湿法烟气脱硫系统的安全性及优化．北京：中国电力出版社，2003
[7] 宋华，王雪芹，赵贤俊等．湿法烟气脱硫技术研究现状及进展．化学工业与工程，2009，26（5）：455～459
[8] 田宇，王文俊，赵海燕．烟气脱硫技术综述．山西建筑，2010，36（33）：354～355
[9] 任如山，黄学敏，石发恩等．湿法烟气脱硫技术研究进展．工业安全与环保，2010，36（6）：14～15
[10] 张秀云，郑继成．国内外烟气脱硫技术综述．电站系统工程，2010，26（4）：1～2
[11] 单选户，薛宝华．CT-121 鼓泡式吸收塔烟气脱硫技术工艺介绍．工程建设与设计，2004，8：9～12
[12] 金国根．CT-121 湿式脱硫工艺的技术特点及调试．电力建设，2005，26（8）：48～52
[13] 朱继红，彭卫华．湿式文丘里吸收塔烟气脱硫技术的特点．广东电力，2007，20（3）：20～22
[14] 邓荣喜，陈丽萍．石灰石—石膏湿法烟气脱硫之液柱塔（DCFS）技术．广东化工，2010，38（3）：191～193
[15] 郭如新．镁法烟气脱硫技术国内应用与研发近况．硫磷设计与粉体工程，2010，3：16～20
[16] 王思粉，冯丽娟，李先国．浅析我国海水烟气脱硫技术及改进．热力发电，2011，40（1）：4～7
[17] 卢芬，刘书敏，郑原超．钠—钙双碱法烟气脱硫工艺．广东化工，2010，37（3）：159～160
[18] 张睿．干法炭基烟气脱硫技术现状及前景．化学工程师，2010，10：34～36
[19] 钱敏．石灰石—石膏法烟气脱硫装置安全、经济运行研究．北京：华北电力大学，2007
[20] 唐从耿，邢小林，陈骁．火电厂 FGD 脱硫装置 GGH 硫酸盐垢的化学清洗．电力技术，2010，19（11）：71～73
[21] 吴凡．火电厂 FGD 系统 GGH 在线免拆卸化学清洗．浙江电力，2011，4：13～15
[22] 李俊．减缓火电厂 GGH 积灰堵塞的措施．华电技术，2010，32（9）：1～4
[23] 刘科勤，万艳雷．某电厂烟气脱硫机组 GGH 改造的分析与探讨．广州化工，2010，38（10）：178～180
[24] 程永新．湿法烟气脱硫系统中“石膏雨”问题的分析及对策．华中电力，2010，23（5）：27～30
[25] 孙相宇，宝志坚，周钦．FGD 脱硫装置浆液循环泵失效机理及防护措施．电力科学与工程，2009，25（4）：62～64
[26] 谢权云，曾庭华．沙角 C 电厂脱硫浆液循环泵磨损问题分析．广东电力，2007，20（9）：50～53
[27] 侯臣．脱硫系统吸收塔循环泵叶轮磨损原因分析与防范措施．河北电力技术，2008，27（增刊）：43～47
[28] 沈建军，武丽英，祁利明等．火电厂湿法烟气脱硫石膏脱水问题分析及处理措施．工业安全与环保，2010，36（11）：26～28

[29] 翁子懋．电站烟气脱硫装置的腐蚀机理及其防护选材．腐蚀与防护，2003，24（5）：200～205

[30] 杨道武，朱志平，周琼花等．湿法石灰石—石膏法烟气脱硫系统的防腐蚀．发电设备，2005，5：325～325

[31] 王颖聪．湿法脱硫装置的设备与管道的腐蚀及对策．电力建设，2003，24（10）：50～53

[32] 李建．湿法脱硫装置腐蚀环境及材料选用．石油化工腐蚀与防护，2006，23（3）：62～64

[33] 王海宁，蒋达华．湿法烟气脱硫的腐蚀机理及防腐技术．能源环境保护，2004，18（5）：22～24

[34] 时瑞生．湿法烟气脱硫系统的腐蚀原因及防腐材料的选择．有色冶金节能，2008，3：61～64

[35] 陈颖敏，邓海燕，马宵颖．湿式石灰石—石膏法烟气脱硫设备腐蚀与防护．中国电力教育，2006，研究综述与技术论坛专刊：247～249

[36] 赵毅，沈艳梅．湿式石灰石/石膏法烟气脱硫系统的防腐蚀措施．腐蚀与防护，2009，30（7）：495～498

[37] 杨晋萍．湿式烟气脱硫系统的腐蚀机理及各设备腐蚀情况．锅炉制造，2010，6：33～37

[38] 李新国，杜雅琴，霍伟彬．石灰石湿法脱硫系统中防止磨损与腐蚀对策探讨．山西高等电力专科学校学报，2006，12（1）：44～46

[39] 张建立，郑炜，卓小玲．燃煤电厂石灰石/石膏烟气脱硫系统结垢问题分析．黑龙江电力，2010，32（6）：464～465

[40] 肖辰畅．湿式烟气脱硫系统中阻垢添加剂的研究．长沙：湖南大学，2006

[41] 马磊，沈汉年，赵立冬．石灰石/石灰湿法烟气脱硫结垢的机理及控制．工业安全与环保，2007，33（9）：19～20

[42] 杜谦，吴少华，朱群益．石灰石/石灰湿法烟气脱硫系统的结垢问题．电站系统工程，2004，20（5）：41～44

[43] 顾咸志．湿法烟气脱硫装置烟气换热器的腐蚀及预防．中国电力，2206，39（2）：86～91

[44] 马永兴，曹军．300MW机组烟气湿法脱硫系统设备常见问题原因分析及防范措施优化．青海电力，2010，29（1）：41～47

[45] 程永新．FGD系统中吸收塔浆液起泡溢流的原因分析及解决办法．电力科技与环保，2011，27（1）：35～37

[46] 许雪松，金定强．浅论湿法烟气脱硫系统的氧化问题．电力科技与环保，2010，26（4）：41～42

[47] 金东春，吴广生，朱昶．湿法脱硫吸收塔浆液成分影响因素研究．浙江电力，2007，1：30～32

[48] 王剑贾，贾红勇，王建平．湿法脱硫吸收塔溢流分析．北京电力高等专科学校学报，2010，8：96

[49] 杨勇平，孙志春，龙国军等．湿法脱硫系统GGH结垢物清洗技术研究．热力发电，2010，39（9）：45～51

[50] 梁昌龙．湿法烟气脱硫GGH换热元件结垢问题探讨．电力建设，2009，30（8）：113～116

[51] 王小平．湿法烟气脱硫除雾器设计选型和维护．电力环境保护，2009，25（5）：24～25

[52] 顾圣秋，俞利强．石灰石—石膏湿法脱硫中吸收塔浆液泡沫过多问题探讨．上海电气技术，2010，3（4）：27～30

[53] 吕宏俊．石灰石/石灰—石膏湿法脱硫浆液溢流问题研究．电力环境保护，2006，25（6）：22～24

[54] 尚俊峰．脱硫GGH结垢离线冲洗效果和冲洗周期选择分析．黑龙江电力，2010，32（4）：302～305

[55] 赵红文．脱硫系统烟气换热器堵塞原因分析及对策．华电技术，2010，32（5）：71～73

[56] 邢长城，孙也，毕永刚．吸收塔溢流现象产生的原因及其控制措施．环境工程，2010，28（1）：65～67

[57] 张爽．湿法烟气脱硫装置采用湿烟囱排放的探讨．电力建设，2005，26（1）：64～66
[58] 周雷靖．燃煤电厂脱硫烟囱3种设计方案的比较．电力建设，：225，26（1）：62～66
[59] 罗传奎，沈又幸，应春华等．利用冷却塔排放湿法脱硫锅炉净烟气的技术．热能动力工程，2000，1：65～66
[60] 王新龙，葛介龙，汤丰等．浅谈湿法脱硫增压风机的选型、安装、运行及维护．电力环境保护，2007，23（1）：36～38
[61] 窦连玉，李乐丰．烟气脱硫增压风机的选型．山东电力技术，2005，5：66～68
[62] 马晓峰，毛玉如．湿法脱硫工艺中GGH取消后烟囱防腐方案探讨．锅炉制造，2007，4：36～38
[63] 孔庆琦．烟塔合一的技术经济分析．电力标准化与技术经济，2008，1：37～39
[64] 孙立本，鲁德云，杨军．引风机与脱硫增压风机合并方案论证．东北电力技术，2009，8：15～17
[65] 谭永强，彭国文．增压风机电动机变频改造的应用．广东电力，2011，24（1）：106～107
[66] 崔克强，李浩．燃煤发电厂烟塔合一环境影响之一——烟气抬升高度的对比计算．环境科学研究，2005，18（1）：27～30
[67] 陈方，梁喆，杨浩．火电厂湿法烟气脱硫系统取消GGH的技术经济分析．水电与新能源，2010，3：72～74
[68] 郑金，何建业，周欣安．330MW机组脱硫增压风机节能改造．热力发电，2011，40（3）：69～71
[69] 刘志刚，王宝福，王欣刚．冷却塔排烟技术在国内的应用．电力建设，2009，30（3）：55～58
[70] 蒋丛进，蒋诗远，封乾君．锅炉引风机与脱硫增压风机合一技术经济分析．电力技术经济，2009，21（2）：31～34
[71] 刘长东，胡达清，赵金龙．变频增压风机在湿法脱硫工程中的应用．电站系统工程，2009，25（5）：27～30
[72] 金定强．脱硫除雾器设计．电力环境保护，2001，17（4）：16～18
[73] 王宝华，张泽廷，李群生．新型高效丝网除雾器的研究与应用．现代化工，2004，24（5）：50～53
[74] 任相军，王振波，金有海．气液分离技术设备进展．过滤与分离，2008，18（3）：43～46
[75] 周至祥．介绍2种湿式FGD强制氧化方法．电力环境保护，2002，18（3）：52～54
[76] 颜俭．湿法脱硫工艺的控制氧化．电力环境保护，1997，13（2）：41～44
[77] 王月平．湿法烟气脱硫系统吸收塔的优化设计研究．北京：华北电力大学，2010
[78] 焦沛，陈勃．石膏—湿法脱硫系统中石膏脱水装置的选用．西北电力技术，2001，2：37～38
[79] 黄军，安连锁，吴智泉．石膏旋流器结构参数优化设计研究．热力发电，2009，38（5）：25～28
[80] 崔箫．1000MW机组石灰石—石膏湿法脱硫系统石灰石制浆方案比选．电力建设，2009，30（4）：68～70
[81] 何育东，屈小华，王鹏利．湿式球磨机系统及其运行特性．热力发电，2002，4：58～61
[82] 刘宾．石灰石—石膏湿法脱硫中磨机的选择．湖南电力，2006，26（2）：34～36
[83] 边小君．石灰石/石膏湿法烟气脱硫系统的运行优化及其对锅炉的影响. 杭州：浙江大学，2006
[84] 黄杰明．烟气脱硫用干、湿式制浆系统的比较．电力环境保护，2004，20（2）：22～24
[85] 吕宏俊．FGD脱硫废水处理工艺及其优化设计．中国环保产业，2009，4：40～42
[86] 高原，陈智胜．新型脱硫废水零排放处理方案．华电技术，2008，30（4）：73～75
[87] 王俊．火力发电厂石灰石—石膏湿法脱硫系统优化运行研究．北京：北京交通大学，2010
[88] 张兴法，阮翔．湿法烟气脱硫系统脱硫效率影响因素分析．能源环境保护，2010，24（3）：41～44
[89] 杨薇，杨璇．400MW热电厂烟气脱硫系统运行优化研究．华北电力技术，2010，5：1～6

[90] 李国勇．浆液循环泵运行电流影响因素分析研究．电力科技与环保，2010，26（6）：29～30
[91] 周祖飞．燃煤电厂烟气脱硫系统的运行优化．浙江电力，2008，5：39～42
[92] 周孟．湿法烟气脱硫经济运行探讨．江西电力职业技术学院学报，2010，23（3）：15～18
[93] 林健秋．石灰石湿法烟气脱硫系统运行优化．广西电力，2010，33（2）：56～59
[94] 张东平，潘效军，李乾军．石灰石—石膏湿法烟气脱硫系统运行分析．广东电力，2010，23（2）：23～26
[95] 聂鹏飞．王滩电厂脱硫系统经济运行初探．电力科技与环保，2010，26（4）：57～59
[96] 何望飞，李兴华．660MW 机组湿法烟气脱硫系统经济运行分析及优化研究．广东电力，2010，23（6）：20～22
[97] 曹志勇，陆建伟，史斌．1000MW 机组烟气脱硫系统优化调整试验研究．华东电力，2010，38（10）：1615～1617
[98] 郭浩杰．FGD 运行调整与石膏品质研究．华电技术，2010，32（2）：79～80
[99] 孙正杰，邵炜．北仑电厂脱硫系统经济运行优化探讨．电力科技与环保，2010，26（4）：54～56
[100] 顾金芳，茅睿，林伟．脱硫系统优化运行研究．华东电力，2008，36（8）：115～118
[101] 朱文彬．优化运行降低湿法烟气脱硫石膏水分．科技创新导报，2010，21：74